涡轮机械与推进系统出版项目
航天推进前沿丛书

核火箭推进原理

[美] 小威廉·埃姆里希（William Emrich, Jr.）著
安伟健　霍红磊　孙晓博　赵泽昊　张威震　译
郑日恒　苏著亭　胡　古　审校

Principles of
Nuclear Rocket Propulsion

ZHEJIANG UNIVERSITY PRESS
浙江大学出版社

ELSEVIER

涡轮机械与推进系统出版项目

序

涡轮机械与推进系统涉及航空发动机、航天推进系统、燃气轮机等高端装备。其中每一种装备技术的突破都令国人激动、振奋，但是由于技术上存在鸿沟，国人一直为之魂牵梦绕。对于所有从事该领域的工作者，如何跨越技术鸿沟，这是历史赋予的使命和挑战。

动力系统作为航空、航天、舰船和能源工业的“心脏”，是一个国家科技、工业和国防实力的重要标志。我国也从最初的跟随仿制，向着独立设计制造发展。其中有些技术已与国外先进水平相当，但由于受到基础研究和条件等种种限制，我国在某些领域与世界先进水平仍有一定的差距。为此，国家决策实施“航空发动机及燃气轮机”重大专项。在此背景下，出版一套反映国际先进水平、体现国内最新研究成果的丛书，既切合国家发展战略，又有益于我国涡轮机械与推进系统基础研究和学术水平的提升。“涡轮机械与推进系统出版项目”主要涉及航空发动机、航天推进系统、燃气轮机以及相应的基础研究。图书种类分为专著、译著、教材和工具书等，内容包括领域内专家目前所应用的理论方法和技术成果，也包括一线设计人员的实践成果。

“涡轮机械与推进系统出版项目”分为四个方向：航空发动机技术、航天推进技术、燃气轮机技术和基础研究。出版项目分别由科学出版社和浙江大学出版社出版。

出版项目凝结了国内外该领域科研与教学人员的智慧和成果，具有较强的系统性、实用性、前沿性，既可作为实际工作的指导用书，也可作为相关专业人员的参考用书。希望出版项目能够促进该领域的人才培养和技术发展，特别是为航空发动机及燃气轮机的研究提供借鉴。

张彦仲

2019 年 3 月

涡轮机械与推进系统出版项目：航天推进前沿丛书

序

中国航天事业在载人航天、卫星通信、运载火箭、深空探测等多个领域取得了一系列举世瞩目的伟大成就，极大地增强了我国国防、经济、科技实力和民族自信心。习近平总书记在2016年4月24日首个“中国航天日”做出的重要指示“探索浩瀚宇宙，发展航天事业，建设航天强国，是我们不懈追求的航天梦”，鼓舞着中华儿女为发展我国航天事业不懈地奋斗。

航天推进系统是航天领域国之重器的“心脏”。我国未来航天推进技术的突破，必将支撑我国航天事业的发展，也必将为我国建设成为航天强国保驾护航。然而，我国航天推进技术中仍然有许多“拦路虎”，研究的原创性还不足，基础和应用基础研究还不够，整体技术水平与国际先进水平还有一定的差距。

在空间进入、空间利用和空间控制方面持续提出的一系列重大战略需求，牵引着航天推进技术的战略方向。同时，航天推进技术在总体、气动、燃烧、传热、结构、强度、材料、控制、数值模拟、试验、制造等研究领域的创新，不断推动着航天技术的发展。航天推进技术就这样在“需求牵引，技术推动”的循环迭代中不断演进。

在张彦仲院士的带领和推动下，浙江大学出版社启动了涡轮机械与推进系统出版项目。该项目共设四个方向，“航天推进前沿丛书”为其中之一。

“航天推进前沿丛书”聚焦技术前沿与前瞻性研究，涵盖国内外固体火箭推进、液体火箭推进、核火箭推进、等离子体推进等多种推进系统的前沿研究进展，以及与航天推进相关的总体、燃烧、控制等基础科学问题和共性技术问题最新研究成果。丛书包含全球尖端科研机构的一线研究人员撰写的中英文原创著作，以及部分国外前沿技术的译著，其中英文原创著作由浙江大学出版社和斯普林格·自然出版集团（Springer Nature）合作出版。丛书编委会专家主要来自国内几大重要研究机构，他们邀约了大部分选题，也欢迎相关领域研究人员投稿。

国家的需要，就是出版的需要。航天强国建设的迫切需要，就是出版航天推进前沿丛书的迫切需要。航天报国，正是该丛书的核心价值所在。航天强军，正是该丛书的重要社会价值所在。

长江后浪推前浪。人类对航天推进的前沿探索与创新永无止境。期待着"航天推进前沿丛书"成为学术交流的平台、人才培养的园地、创新智慧的源泉！

2020 年 9 月 23 日

译者序

为了促进我国核火箭技术的发展，浙江大学郑耀教授推荐引进美国小威廉·埃姆里希（William Emrich, Jr.）的著作《核火箭推进原理》（*Principles of Nuclear Rocket Propulsion*）。

埃姆里希博士在 NASA 马歇尔中心从事核火箭研究工作多年，并在阿拉巴马大学（The University of Alabama）讲授核火箭推进课程。《核火箭推进原理》一书有两个特点：一是在核反应堆理论和火箭理论的融合上做了有益的探索；二是将工程研究和教学实践有机结合起来。该书涉及核火箭推进的理论分析、工程设计和航天应用等诸多方面。全书共 17 章，几乎每章都有例题，全书共有 31 个例题。这不仅是一本很好的核火箭推进技术专著，也是一本难得的专业教科书。

在 1963 年出版的《星际航行概论》中，钱学森首次在我国介绍了核火箭基本概念；在 2016 年出版的《空间核动力》中，苏著亭、杨继材和柯国土等进一步深入阐述了核火箭推进理论与应用。但这两本书都不是核火箭推进的专著。《核火箭推进原理》中文版将是我国首部从美国引进的核火箭中文译著，也是在我国出版的第一部系统阐述核火箭推进原理的著作，必将对我国核火箭工程技术的研究发展和相关科技人才的培养发挥重要的助推作用。

在本书的翻译出版工作中，中国原子能科学研究院安伟健、霍红磊、孙晓博、赵泽昊和张威震承担了翻译工作，中国原子能科学研究院苏著亭、胡古和中国航天科工集团第三研究院郑日恒承担了审校工作，并共同成立了以郑日恒为组长，胡古、苏著亭为副组长，安伟健、霍红磊、孙晓博、赵泽昊、张威震为组员的译审组。我们遵循“忠实原文、词语准确、文字流畅”的原则，对翻译中的一些问题（包括名词、术语的准确性和统一性，原文、图表和公式的错误等），经过细致讨论后，在中文版中予以修订或者更正，并在相应处做了标注说明。此外，本着科学严谨的态度，我们重新认真推导了原著中的全部公式，修正了原著中一些公式的错误，并在相应章节后面做了注释说明。

在相关名词、术语的翻译过程中，译者曾与中国航天科技集团六院张蒙正研究员、武汉大学蒋劲教授、北京航空航天大学李家文副教授等进行了讨论，并得到他们的中肯意见。在此，向他们表示衷心的感谢。

鉴于译者水平所限，译文中可能会有不足和错误，恳请广大读者不吝指正。

译审组

2021 年 6 月 29 日

原著前言

本书是基于一门我在阿拉巴马大学汉茨维尔分校教学多年的一学期课程——核火箭推进——而写就的。然而，若有需要，本书所提供的内容足以将课程扩展至一整个学年。本书旨在使读者理解核火箭发动机设计与运行的物理原理基础。有关火箭发动机理论及核反应堆理论的著作虽然已有不少，但尚未有将两者融合在一本书里的，由此带来了本书的写作需求。虽然本书的重点主要在核热火箭发动机（即利用核反应堆产生能量将推进剂加热至高温，并通过喷管排放出去以产生推力的装置），但也涉及了其他一些概念，例如书中有一节介绍了核脉冲火箭概念，其利用外部核爆炸的力量来加速航天器。

本课程的预备知识包括高等微积分以及热力学、传热学、流体力学等本科课程。了解核反应堆物理知识对理解本书会有所帮助，但不是必需的。本书提供了充分的核反应堆物理知识，以理解核反应堆运行机制以及这些机制如何影响核火箭发动机的运行。核反应堆内中子分布（及相应的功率分布），几乎仅通过中子扩散理论的框架来呈现。本书简略涉及了中子输运理论，仅仅为应用简单扩散理论近似提供依据。在本书的电子版中，通过使用计算机交互程序对许多的公式推导进行了图示说明，以描述组成参数的变化如何影响物理过程。希望这样对发生在核火箭发动机内的各种各样的物理过程进行可视化呈现，能帮助读者更清晰地掌握公式推导中哪些参数是重要的，哪些是不重要的。此外，本书中的很多三维图可被缩放或旋转，以在学习时更好呈现对象的本质。

对于任何一本体量有限的教材，都必须对其所含主题内容的取舍进行抉择。核火箭系统的研发涉及如此之多的工程领域，以致于毫无疑问，许多有趣且重要的、容易包含进本书的主题不得不被本书放弃。然而，希望本书已涵盖足够多的主题，以便读者对于设计一个可行的核火箭发动机所需的工程参与的多样性至少有适度的认识。

在编写本书过程中，我得到了许多人的帮助。多年以来，我的许多学生提供了很有益的建议与意见，以使本书更易理解、更符合他们的兴趣。此外，NASA马歇尔太空飞行中心的一些同事也对本书给出了意见，特别是添加了附加材料。非常感谢我的父母，他们从小就教导我热爱学习，并努力做到最好。我还要感谢我亲爱的孩子们，Ethan、Joshua 和 Rebekah，他们都用无尽的爱、理解和骄傲支持我的一切努力。最后，我要感谢我的妻子 Lady，感谢她在无数的漫漫长夜中打字、修改书稿，并鼓励我最终完成。

目　录

第1章　引言

长久以来，对于那些采用任何当前可预见的化学推进系统都无法实现的外层空间任务，应用核能的空间推进系统一直被视作一种可行方案。20 世纪下半叶，美国和苏联各自启动了核火箭推进研究项目。尽管相关工作在很大程度上取得了成功，但由于种种原因，即使实验表明这些核火箭发动机的效率比最好的化学火箭发动机还高出一倍之多，这些核火箭项目最终仍未能完成。

1.1　综述

几乎可以确定的是，未来超出近地轨道范围的载人深空任务，需要性能水平比现有最好的化学火箭发动机更高的推进系统。一种很有希望的候选推进系统就是固态堆芯核热火箭（nuclear thermal rocket，NTR），也称核火箭，其性能指标预计将显著高于当前所有化学火箭发动机所能达到的性能指标。总体上，核火箭发动机的概念原理十分简单，即利用核反应堆将气体工质（通常选用氢气）加热至高温后经由喷管喷出以产生推力；核火箭真正的困难之处在于设计上的工程细节，不仅需要考虑化学火箭发动机同样涉及的热工、流体和机械问题，还需要考虑核相互作用以及某些独特的材料限制。本书的目的就在于对核火箭发动机设计中必须加以重视的这些工程挑战进行介绍。

在进入正题之前，有必要对个别术语加以阐释。在化学火箭发动机中，燃料（fuel）燃烧形成气体并通过喷管喷出产生推力。在这种情况下，燃料实际上也就是推进剂（propellant），即用于产生推力的物质。因此在讨论化学火箭发动机时，“燃料”和“推进剂”这两个术语可以互换使用，因为两者指的是同一物质。但对于核火箭发动机，推进剂是指被核反应堆加热并产生推力的工质，而燃料实际上是核反应堆中发生裂变的铀。因此在讨论核火箭发动机时，术语“燃料”指核反应堆中发生裂变的铀，而术语“推进剂”则指经由喷管喷出的流体工质。

固态堆芯 NTR 发动机的效率预计至少可达到最好的液态氧/氢化学发动机效率的 2~3 倍。如后文所述，火箭发动机的效率取决于多种因素，其中包括发动机排出的推进剂气体的温度，温度越高则发动机效率越高。在化学火箭发动机中，排出气体的温度受燃料反应释放能量的限制，因此可以说化学火箭发动机的效率受能量限制。

NTR 发动机采用核裂变过程将推进剂气体加热至高温。由于核燃料裂变过程释放的能量远高于化学燃烧过程，因此 NTR 中推进剂温度可以达到远高于化学火箭发动机内可能的温度水平。对 NTR 发动机效率的主要限制在于能量从核燃料中释放并传递给推进剂的速率。能量传递速率受核燃料所能经受的最高温度限制，此限制也决定了该发动机所能达到最高效率的上限。综上所述，可以说 NTR 发动机的效率受功率密度限制。

1.2 历史回顾

1.2.1 背景

过去有一些工程计划曾尝试开发固态堆芯的核火箭发动机。在 20 世纪 50 年代末，美国实施了一个名为火箭飞行器用核发动机（Nuclear Engine for Rocket Vehicle Applications, NERVA）[1]的 NTR 计划，建造了很多原型核发动机。这些火箭发动机中的核反应堆采用六棱柱形的燃料元件，燃料元件轴向钻孔以容纳氢气推进剂流过。

自 20 世纪 70 年代的 NERVA 计划的最后测试以后，NTR 的开发工作以适度的水平断断续续地持续至今。特别是苏联 Lutch 研究院和美国的各个国家实验室对新燃料进行了研究，其运行特性表现有可能大大优于早期的燃料设计。这些燃料一般分为两组，分别是碳化铀和金属陶瓷（cermet）。在碳化物燃料中，铀或者以复合物形式均匀弥散在石墨基体中，或者包含在更先进的燃料设计中，形成包含有铀、锆、钽等与碳的化合物的固溶体。在金属陶瓷燃料中，二氧化铀（陶瓷）与一种高温难熔金属材料（比如钨）结合在一起。

美国空军也曾短暂地支持过一种称为颗粒床反应堆（Particle Bed Reactor, PBR）[2]的创新型 NTR 发动机概念的研究。在这种反应堆中，燃料元件中的氢径向流过燃料颗粒堆积床。这种发动机的推重比非常高，曾准备在一项叫作森林风（Timberwind）的绝密计划中用于弹道导弹拦截器上。然而，在20世纪90年代初苏联解体后，这项计划取消了。

作为对美国在 NERVA 计划中所做工作的回应，苏联也寻求开发一种核火箭发动机[3]。这项核火箭计划从1965年一直持续到20世纪80年代，最终开发出了RD-410核火箭发动机，它与NERVA发动机相比小很多。这个发动机的燃料元件是由碳化铀/锆材料制成的，该材料能够允许燃料元件运行的温度比在NERVA计划中成功达到的温度略高。因此，RD-410的效率比NERVA发动机略高一些。

1.2.2 NERVA

1953年，美国在洛斯阿拉莫斯国家实验室开始了NTR计划的反应堆开发部分的工作，称作ROVER*，其目的是设计出一种轻的高温反应堆，这些反应堆可以构成核动力火箭的基础。当时正在开发把有效载荷送入轨道的化学火箭发动机，这项计划认为是化学火箭发动机的一种替代选择。

核火箭开发项目的反应堆部分划归为几个不同的支持计划下，旨在分别改善核发动机不同方面的设计。第一个计划单元命名为Kiwi†。Kiwi计划如此命名的原因是其发动机设计的目的是为了改进核热火箭的基本技术，而不是为了飞行。Kiwi之后实施了称为Phoebus‡的计划，该计划继承了Kiwi的成果，并进一步开发适用于星际航行的发动机设计。到了该计划的末期，设计建造了Peewee§反应堆，以测试更小、更紧凑的反应堆设计，同时设计开发了核炉反应堆，以测试先进的高温燃料，并探讨减少放射性物质散发到大气中的基本原理。

1961年，基于之前在ROVER计划中的研究工作，NERVA计划开始设计和建造可工作的火箭。美国国家航空航天局（NASA）发布了一个建议书要求，并正式成立了美国空间核推进办公室（Space Nuclear Propulsion Office, SNPO）以管理NERVA计划。NERVA计划预想开发火箭以用于载人登陆火星及更远的探测任务。NERVA计划由当时的美国原子能委员会（Atomic Energy Commission,

---

* ROVER：漫游者，流浪者。

† Kiwi：几维鸟，鹬鸵，奇异鸟，新西兰的无翼鸟，两翼退化，不能飞行。

‡ Phoebus：福玻斯，太阳神，日神。

§ Peewee：即Pewee，一种美洲小燕。

AEC）与 NASA 共同组织。AEC 有专家并有权力来监督核反应堆设计应用在民用上，而 NASA 则负责开发使用核发动机的火箭和飞行器。

在整个工程计划周期内，NERVA 计划成功达成了以下里程碑节点：

- 1959 年到 1973 年间进行了核火箭测试。
- 总共执行了 23 次反应堆测试。
- 最高功率达到 4500 MW。
- 最高温度达到 4500 °F（2755 K）。
- 最大推力达到 250,000 磅。
- 最大比冲达到 850 s。
- 单次测试中的最大燃烧时间达到 90 min。

图 1.1 展示了一个完整的 NERVA 系统及其组成部件。图 1.2 是一幅正在测试中的 Phoebus 2A（250,000 磅推力）NERVA 发动机的照片。

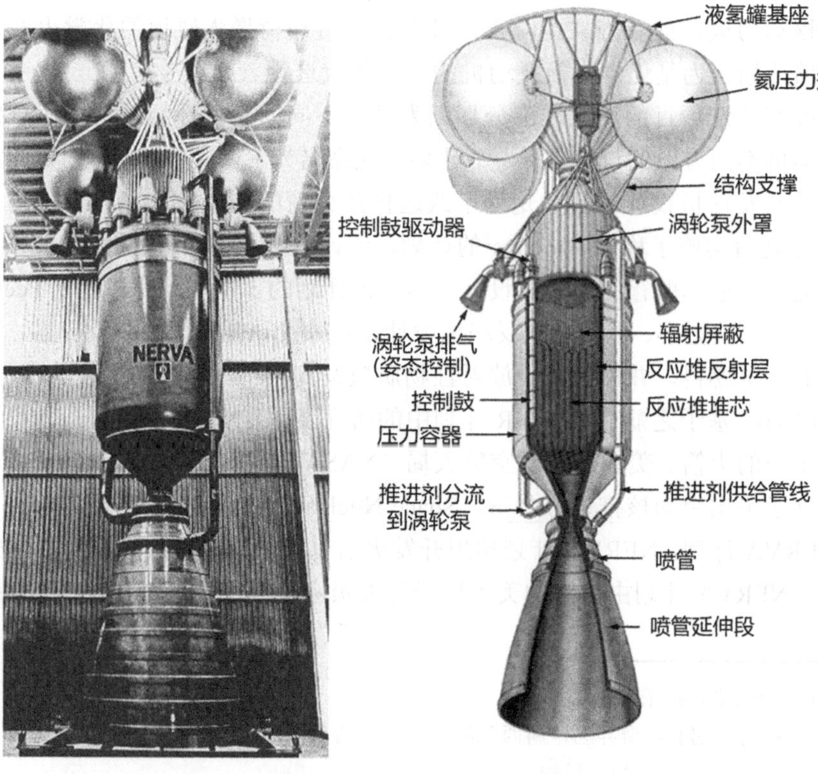

图 1.1　火箭飞行器用核发动机的应用（NERVA）

图 1.2 NERVA 试验点火（Phoebus 2A）

图 1.1 中展示了 NERVA 发动机的燃料元件是六棱柱形的。这些燃料元件长度大约为 55 英寸（≈140 cm），对边距大约为 1 英寸（2.54 cm）。此外，燃料元件有 19 个供氢气推进剂流通的孔道。最初这些燃料元件是由石墨基体构成的，其中嵌有带涂层的铀燃料颗粒。后期的燃料使用了一种铀/石墨复合物来制造。整个 NERVA 堆芯大概包含有 1000 根这样的燃料元件。燃料元件通过支撑元件固定在堆芯合适的位置上。这些支撑元件以一种称为簇的组合的形式支撑着 6 根相邻的燃料元件。

由铍组成的反射层区域包围着燃料和支撑元件。反射层用于将燃料中产生的中子反射回堆芯，而在通常情况下这些中子会逃离出反应堆。这种结构具有节省中子的效果，可使发动机的设计更小更紧凑。如果缺少反射层，太多的中子会逃离堆芯，将导致反应堆无法运行。其物理原理将在后面讨论。

嵌入反射层中的控制鼓充当了控制机构，反应堆功率可借助控制鼓来改变。控制鼓通过改变逃离堆芯的中子数来起作用。这些鼓由铍圆柱体及附着在其一侧的一片中子强吸收材料组成。当吸收材料（一般是碳化硼）靠近堆芯时，许多本来会反射回堆芯的中子将被吸收，从而降低反应堆功率或停堆。当吸收材料远离堆芯时，控制鼓的铍部分将逃离的中子反射回堆芯以被燃料利用，从而启动发动机或者提升功率。

图 1.3 展示了一簇燃料及其在反应堆内的排布方式，该反应堆带有反射层区及控制鼓。

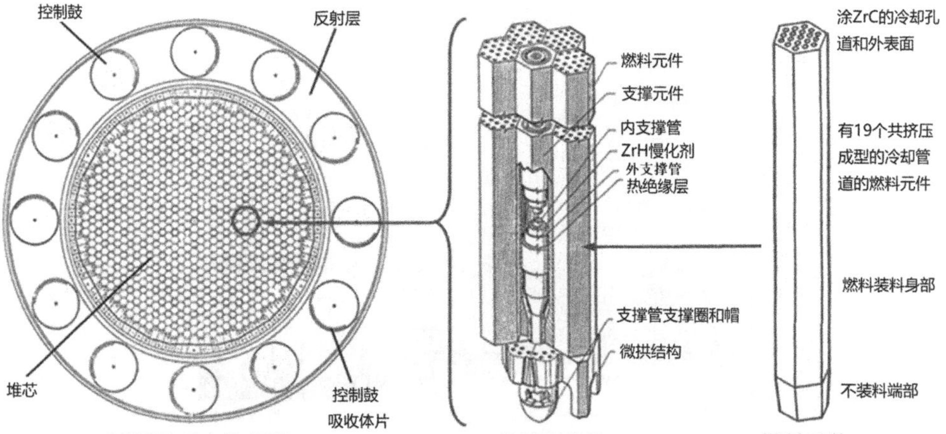

图 1.3　NERVA 堆芯和燃料元件簇细节

1.2.3　颗粒床反应堆

对 PBR 系统的浓厚兴趣可以追溯到 1982 年，当时有关 PBR 的讨论聚焦于它能供应高水平推力模式电能的潜力上。几年后，美国空军认为 PBR 是一种很有潜在吸引力的轨道转移飞行器应用的候选者。最终，1987 年底，美国战略主动防御机构确立了一项高度机密的计划，编码名为 Timberwind，以评估 PBR 火箭发动机用于长距离的反导弹拦截的可行性。

1991 年初，Timberwind 计划中的很多工作解密，相关技术也做了评估，以在更广范围应用，包括空间发射飞船和载人星际航行任务。这种概念通过显著增加颗粒燃料元件的传热表面积，有希望能显著减少固态堆芯反应堆的系统质量。颗粒燃料元件的表面积与体积的比值比 NERVA 中使用的棱柱形的燃料相应比值高出 20 倍，使得 PBR 的传热特性极其优异。此外，由于通过颗粒床的流道短，PBR 的堆芯压降也比 NERVA 衍生系统的堆芯压降低。

在整个工程计划周期内，PBR Timberwind 计划成功达成了以下里程碑节点。

- 在 1988 和 1989 年开展了核元件测试。
- 开展了验证物理基准的零功率临界实验。
- 在环形堆芯研究堆（PIPE-1 和 PIPE-2）上进行了两组发热的燃料元件测试。
- 功率密度达到 1.5~2.0 MW/L。
- 氢气出口温度达到 2950 °F（1894 K）。
- 热循环导致的 PIPE-2 中的冷“烧结管”流动阻塞造成了严重的堆芯损伤。
- 后期的分析也表明堆芯容易受热不稳定性的影响。

图 1.4 展示了 PBR 燃料元件的几个组成部件以及构成燃料床的燃料颗粒。

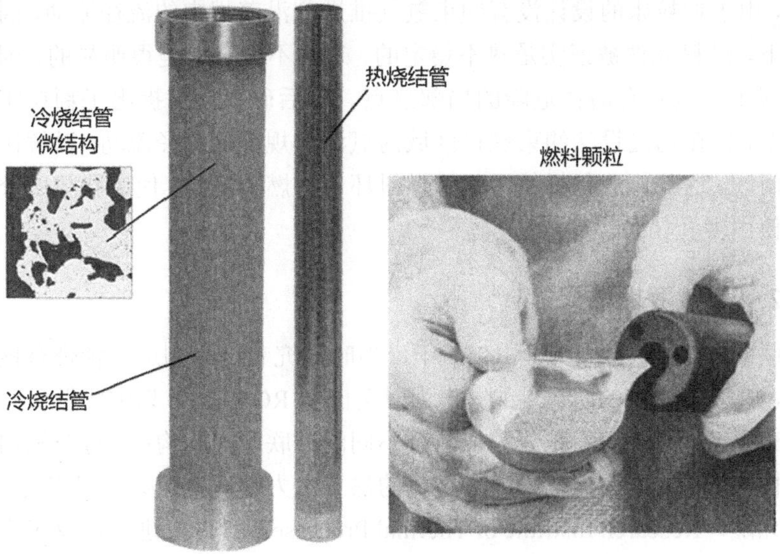

图 1.4　PBR 烧结管和燃料颗粒

在 PBR 中，通过燃料元件的流径与 NERVA 燃料元件中的流径有很大不同。特别是，PBR 燃料元件采用一种径向流动结构，主要由两个同心多孔管（称为烧结管）组成，其间支撑着一床微小的燃料颗粒。氢气推进剂流过外部冷烧结管的壁面，通过燃料颗粒床，在那里加热到高温，并最终通过内部热烧结管的壁流出。如图 1.5 所示，推进剂然后通过中心腔离开燃料元件，通过喷管喷出。

由于 PBR 概念中燃料颗粒的表面积与体积比高，所以可以实现极高的传热率，这可能导致具有高推重比的非常紧凑的反应堆设计。不幸的是，在测试过程

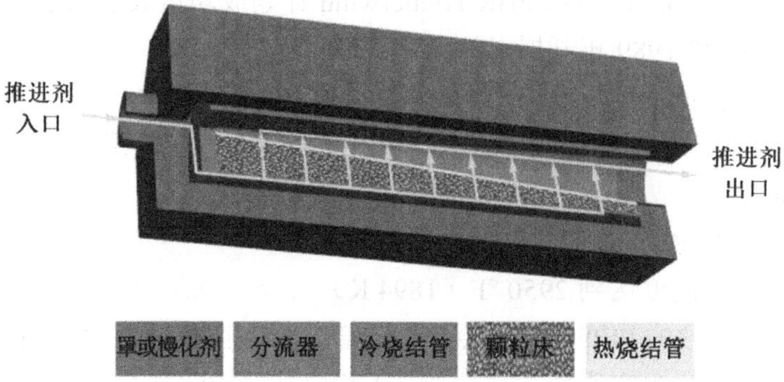

图 1.5　PBR 燃料元件细节

中发现，由于颗粒床的设计没有约束氢气推进剂沿着规定的流径流动，因而在某些情况下，燃料元件被证实是热不稳定的。这种不稳定性是很明显的，因为燃料床内出现了一些具有潜在危险的局部热点。随后研究人员提出了颗粒床设计的修改方案，旨在通过设法约束燃料区域内氢沿着规定的路径流动，以解决流动不稳定性问题。这些修改包括使用凹槽燃料环代替燃料颗粒，使用孔隙度分级的烧结管，使用多孔箔片燃料等。

1.2.4　俄罗斯核火箭

苏联的 NTR 的开发始于 1955 年，当时研究者提议制造一种带有核发动机的火箭，以增强国家的防御能力，作为对美国在 ROVER 计划中所做研究工作的回应。核发动机的开发工作分散在几个不同的苏联研究机构中，每个机构负责监管发动机设计的若干不同方面。发动机的热工水力学研究在第一研究院（现为热过程研究院，Research Institute of Thermal Processes, RITP）进行，反应堆中子学研究在奥布宁斯克物理能源研究院（Obninsk Physical Energy Institute, PEI）和库尔恰托夫原子能研究院（Kurchatov' Atomic Energy Institute, AEI）进行，燃料元件设计工作在第九研究院（现为俄罗斯波兹瓦全俄无机材料研究院，A.A. Bochvar All-Union Research Institute of Inorganic Materials, ARIIM）进行。1962 年底，苏联成立了另一个研究院，目的是提供一个能迅速开发和生产新型核燃料的实验设施。该研究院称为释热元件研究院，RIHRE（现为“NPO Luch”研究和生产联合体，“NPO Luch” Research and Production Association, RPA）。

最开始时，苏联计划开发两种独立的核发动机设计。在第一种发动机设计（A 方案）中，将使用难熔材料来开发一个简单的固态堆芯反应堆。在更先进的第二种设计（B 方案）中，将开发一种可约束和控制裂变铀等离子体的气态堆芯反应堆。由于 B 方案存在严重的加热问题，后来决定只进行 A 方案设计，而将 B 方案设计作为一项研究继续进行。

为反应堆开发燃料的苏联科学家走了与美国同行有些不同的道路。苏联科学家选择研究碳化铀混合物燃料元件，而不是石墨基燃料元件。石墨基燃料元件虽然具有良好热强度，但其与热氢的化学反应实际上很剧烈。碳化铀混合物在热氢气环境中非常稳定，但碰到的现实问题是它非常脆，易于发生裂纹和破裂。苏联科学家的理由是，与设计能够抵抗由高热应力造成的断裂的燃料元件相比，通过使用涂层来保护石墨不与氢气发生反应，是一个更困难的问题。最终，一种由许多小的“扭条”状燃料板绑在一起并填充在一根管道中的燃料元件被开发了出来。氢气推进剂将沿着燃料板盘旋向下流过管道。图 1.6 给出了这些燃料元件的设计。

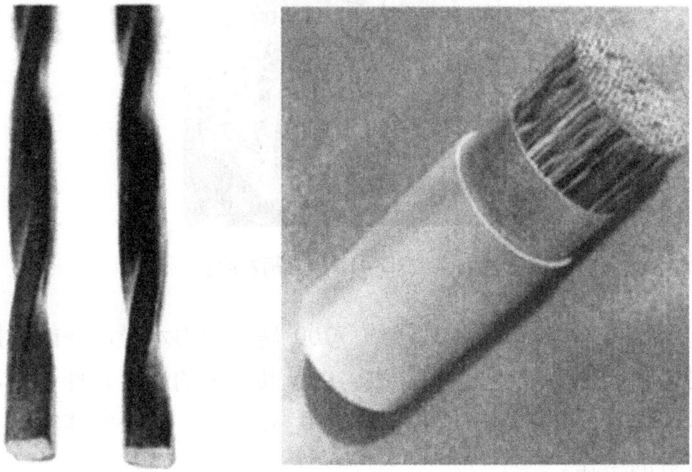

图 1.6　“扭条”状燃料片和 RD-410 燃料元件

在 1971 年至 1978 年期间，NPO Luch 开始在塞米巴拉金斯克-21（现为哈萨克斯坦的库尔恰多夫）西南部的一个设施上测试原型“科斯伯格（Kosberg）”核发动机。在 1970 年至 1988 年期间，塞米巴拉金斯克-21 南部又建造了一个更先进的设施，用于测试另一种称为贝加尔-1（Baikal-1）的原型核发动机。对这些核发动机总共进行了 30 次测试，没有发生一次故障。通过这项工作，最终开发出一个名为 RD-410 的“最小”发动机。图 1.7 展示了最终建造的 RD-410 核火箭发动机。

图 1.7 RD-410 核火箭发动机

RD-410 火箭发动机成功实现了约 7700 磅的推力水平，并能够持续点火长达一个小时。它还可以重新启动 10 次。由于其先进的燃料元件设计，该发动机所达到的效率比 NERVA 发动机获得的效率高出 7%。苏联解体实际上终止了所有关于核推进的工作。

参考文献

[1] J.L. Finseth. Overview of Rover Engine Tests—Final Report. NASA George C. Marshall Space Flight Center, February 1991. Contract NAS 8-37814, File No. 313-002-91-059.

[2] R.A. Haslett. Space Nuclear Thermal Propulsion Final Report. Phillips Laboratory, May 1995. PL-TR-95—1064.

[3] B. Harvey. Russian Planetary Exploration History, Development, Legacy, and Prospects. Springer-Praxis Books in Space Exploration, 2007. ISBN: 0-387-46343-7.

第2章　火箭发动机基本原理

火箭发动机通过喷管排出高温气体来产生推力。这种推力的作用是通过运用艾萨克・牛顿（Isaac Newton）的第三运动定律（“对于每一个作用，都有一个大小相等、方向相反的反作用”）来使航天器沿着与排出气体相反的方向加速。在化学火箭发动机中，通过在燃烧室中点燃和燃烧推进剂以产生热气体；而核热火箭发动机则利用核反应堆来提供将推进剂加热到高温所需的热量。离开火箭发动机的高温推进剂气体流入喷管，气体的热能以定向高速排气流的形式转化为动能。

2.1　概念与定义[*]

火箭发动机的主要目的，无论是化学的还是核的，都是向航天器施加推进力或推力，以使火箭加速到高速。在核火箭发动机中，从核反应堆排出的热气体推进剂通过喷管排出，从而产生推力。喷管的目的是将热推进剂中的热能转换成与平行于飞行线但方向相反的定向高速排气流形式的动能。按照牛顿在其第三运动定律中提出的动量守恒原理，这种推进剂的高速排气流动具有如图 2.1 所示推动航天器前进的作用。

推力室的推力定义为当火箭发动机工作时，作用在推力室内外壁面上诸力的合力（如图 2.2 所示），可用式(2.1)表示：

---

[*] 译者对本节中的式(2.1)~式(2.20)作了修改。原著在图 2.1 中用 M 表示质量，本译著修改为 m。

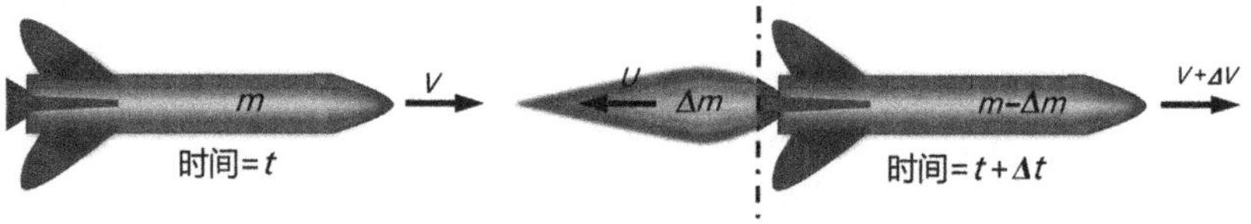

图 2.1 火箭推力和动量守恒*

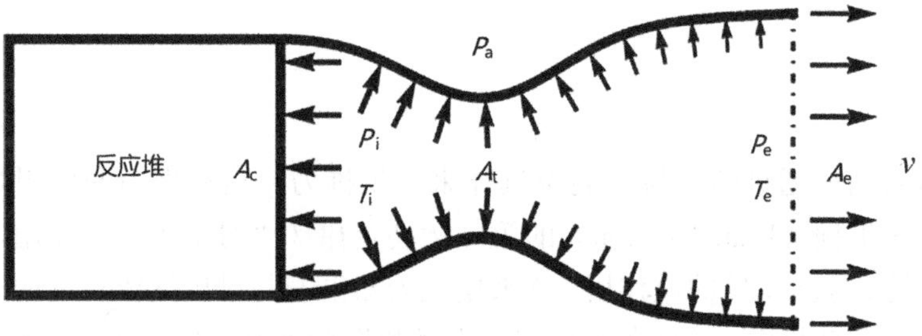

图 2.2 作用在火箭发动机推力室内外壁表面上的力†

$$F = \int_{A_{in}} P_i \boldsymbol{n} \mathrm{d}A + \int_{A_{ex}} P_a \boldsymbol{n} \mathrm{d}A \tag{2.1}$$

其中，P_i=作用在推力室内壁面上的推进剂压强（Pa），P_a=作用在推力室外壁面上的大气压强（Pa），A=表面积，$\boldsymbol{n}$=单位法向向量。

由于压强 P_i 沿推力室位置不同而变化，故式(2.1)无法直接求解。利用动量定理，对推力室物理模型作一些简化处理。

取图 2.2 推力室内壁面和喷管出口截面所围成的体积为控制体，假设：

(1) 推力室为轴对称，推力室内的推进剂为一维定常流，不计推进剂重力；

(2) 推力室处于不变的外界环境压力中。

作用在控制体上的力包括推力室推进剂作用在内壁的力和喷管出口的反力。这两个力的合力为：$\boldsymbol{F}_{in}+\boldsymbol{F}_{ex}$，其中 $\boldsymbol{F}_{in} = -\int_{A_{in}} P_i \boldsymbol{n} \mathrm{d}A$，$\boldsymbol{F}_{ex}=-P_e \boldsymbol{n} A_e$。

根据质量守恒定律，从推力室喷管出口排出的推进剂质量等于流入推力室的推进剂质量，即 $\dot{m}_{in}=\dot{m}_e$。

---

* 图中右边火箭内原文为“$m+\Delta m$”，有误。

† 图 2.2 标题的英文原文为“Rocket nozzle characteristics”，为方便理解，译文对其作了适当修改。图中 T_i 及 P_i 在原文中分别为 T_c 及 P_c，译者做了修改。

设 $\dot{m}$ 为发动机稳定工作时的推进剂的质量流量，则：

$$\dot{m}=\dot{m}_{\text{in}}=\dot{m}_{\text{e}} \tag{2.2}$$

对图 2.2 中的控制体应用动量定理（即力=动量变化率），则作用在控制体上的力为 $\boldsymbol{F}_{\text{in}}+\boldsymbol{F}_{\text{ex}}$，即 $-\int_{A_{\text{in}}} P_{\text{i}}\boldsymbol{n}\text{d}A-P_{\text{e}}\boldsymbol{n}A_{\text{e}}$，因此该控制体的动量变化率为：

$$\frac{\text{d}(m\boldsymbol{V})}{\text{d}t}=\lim_{\Delta t\to 0}\frac{m_{\text{e}}\boldsymbol{V}_{\text{e}}-m_{\text{in}}\boldsymbol{V}_{\text{in}}}{\Delta t}=\lim_{\Delta t\to 0}\left(\frac{m_{\text{e}}}{\Delta t}\boldsymbol{V}_{\text{e}}-\frac{m_{\text{in}}}{\Delta t}\boldsymbol{V}_{\text{in}}\right)=\dot{m}_{\text{e}}\boldsymbol{V}_{\text{e}}-\dot{m}_{\text{in}}\boldsymbol{V}_{\text{in}}$$

其中，m_{e}、m_{in} 分别为流出、流入控制体的质量。因此有：

$$-\int_{A_{\text{in}}} P_{\text{i}}\boldsymbol{n}\text{d}A-P_{\text{e}}\boldsymbol{n}A_{\text{e}}=\dot{m}_{\text{e}}\boldsymbol{V}_{\text{e}}-\dot{m}_{\text{in}}\boldsymbol{V}_{\text{in}}=\dot{m}\left(\boldsymbol{V}_{\text{e}}-\boldsymbol{V}_{\text{in}}\right) \tag{2.3}$$

对于一个封闭表面，其矢量积分总是等于零，即：

$$\int_{A_{\text{ex}}+A_{\text{e}}} P_{\text{a}}\boldsymbol{n}\text{d}A=\int_{A_{\text{ex}}} P_{\text{a}}\boldsymbol{n}\text{d}A+\int_{A_{\text{e}}} P_{\text{a}}\boldsymbol{n}\text{d}A=0$$

亦即，$\int_{A_{\text{ex}}} P_{\text{a}}\boldsymbol{n}\text{d}A=-\int_{A_{\text{e}}} P_{\text{a}}\boldsymbol{n}\text{d}A=-P_{\text{a}}\boldsymbol{n}A_{\text{e}}$。

由式(2.3)可得：

$$\int_{A_{\text{in}}} P_{\text{i}}\boldsymbol{n}\text{d}A=-\dot{m}\left(\boldsymbol{V}_{\text{e}}-\boldsymbol{V}_{\text{in}}\right)-P_{\text{e}}\boldsymbol{n}A_{\text{e}}$$

代入式(2.1)，可得：

$$\boldsymbol{F}=-\dot{m}\left(\boldsymbol{V}_{\text{e}}-\boldsymbol{V}_{\text{in}}\right)-P_{\text{e}}\boldsymbol{n}A_{\text{e}}-P_{\text{a}}\boldsymbol{n}A_{\text{e}}$$

由于推力室为轴对称体，作用在推力室上的力只有轴向力分量。取火箭运动方向为正，即图 2.2 中向左的方向为正，则有：

$$F=\dot{m}\left(V_{\text{e}}-V_{\text{in}}\right)+\left(P_{\text{e}}-P_{\text{a}}\right)A_{\text{e}} \tag{2.4}$$

在太空中，$P_{\text{a}}\approx 0$，则有：

$$F=\dot{m}\left(V_{\text{e}}-V_{\text{in}}\right)+P_{\text{e}}A_{\text{e}}$$

进一步地，由于推力室喷管的排气速度高达数千米每秒，而推进剂流入推力室的速度一般仅数十米每秒，即 $V_{\text{e}}\gg V_{\text{in}}$，所以 V_{in} 可以忽略不计，则有：

$$F=\dot{m}V_{\text{e}}+P_{\text{e}}A_{\text{e}}$$

由上式可知，火箭发动机的推力与喷管出口推进剂速度和喷管出口面积有关。另外还可知火箭发动机推力与飞行器飞行速度无关。

将上式写成：

$$F = \dot{m}V_{eg} = \dot{m}\left(V_e + \frac{A_e}{\dot{m}}P_e\right) \tag{2.5}$$

其中，V_{eg}=有效排气速度（m/s）。

$$\text{比冲为：}\quad I_{sp} = \frac{F}{\dot{m}} = V_{eg} \tag{2.6}$$

火箭的飞行速度是火箭最重要的性能参数之一。在不考虑大气阻力和引力场的情况下，火箭的质心运动方程为：

$$m\frac{\mathrm{d}\boldsymbol{V}}{\mathrm{d}t} = \boldsymbol{F} \tag{2.7}$$

其中，m=火箭的瞬时质量，$\boldsymbol{V}$=火箭相对于未被扰动介质的速度矢量，$\boldsymbol{F}$=发动机总推力矢量。

取推力矢量方向与速度矢量方向重合，则式(2.7)的标量形式为：

$$m\frac{\mathrm{d}V}{\mathrm{d}t} = F \tag{2.8}$$

由式(2.5)和式(2.8)以及 $I_{sp} = \dfrac{F}{\dot{m}}$ 可得：

$$m\frac{\mathrm{d}V}{\mathrm{d}t} = \dot{m}I_{sp} \tag{2.9}$$

或者可以写为：$\mathrm{d}V = \dfrac{\dot{m}}{m}I_{sp}\mathrm{d}t$。

设 I_{sp} 为常数，则对上式积分可得：

$$V - V_0 = I_{sp}\ln\left(\frac{m_0}{m}\right)$$

其中，V=某一时刻火箭的飞行速度，V_0=火箭的初始速度，m_0=火箭的初始质量。

设火箭发动机工作结束时，火箭携带的推进剂全部用完，火箭的结构质量为 m_f，则火箭的最大飞行速度为：

$$V_{\max,i} - V_0 = I_{sp}\ln\left(f_m\right) \tag{2.10}$$

其中，$f_{\mathrm{m}}=\dfrac{m_0}{m_{\mathrm{f}}}$ 为火箭的质量分数。

式(2.10)就是齐奥尔科夫斯基公式，它确定了火箭在大气层外飞行和不存在重力的情况下，火箭所能达到的最大速度。式(2.10)揭示了火箭最大速度与比冲和火箭质量分数的关系。

由式(2.5)可知，为了计算比冲 $I_{\mathrm{sp}}=\dfrac{F}{\dot{m}}$，需要知道喷管出口排气速度 V_{e}，因此，下面来推导 V_{e} 的表达式。首先，根据能量守恒方程可得：

$$\dot{m}c_{\mathrm{p}}T_{\mathrm{c}}+\frac{1}{2}\dot{m}V_{\mathrm{c}}^2=\dot{m}c_{\mathrm{p}}T_{\mathrm{e}}+\frac{1}{2}\dot{m}V_{\mathrm{e}}^2 \tag{2.11}$$

其中，c_{p}=推进剂的比热容，T_{c}=反应堆腔室内推进剂温度，T_{e}=喷管出口推进剂温度，V_{c}=反应堆腔室内推进剂速度。

由于 $\frac{1}{2}\dot{m}V_{\mathrm{c}}^2 \ll \frac{1}{2}\dot{m}V_{\mathrm{e}}^2$，忽略 $\frac{1}{2}\dot{m}V_{\mathrm{c}}^2$ 项，重新变换式(2.11)可以得到：

$$c_{\mathrm{p}}T_{\mathrm{c}}=c_{\mathrm{p}}T_{\mathrm{e}}+\frac{1}{2}V_{\mathrm{e}}^2 \tag{2.12}$$

$$V_{\mathrm{e}}^2=2c_{\mathrm{p}}\left(T_{\mathrm{c}}-T_{\mathrm{e}}\right) \tag{2.13}$$

$$V_{\mathrm{e}}=\sqrt{2c_{\mathrm{p}}T_{\mathrm{c}}\left(1-\frac{T_{\mathrm{e}}}{T_{\mathrm{c}}}\right)} \tag{2.14}$$

由热力学可知

$$c_{\mathrm{p}}=\frac{\gamma}{\gamma-1}\ \frac{R_0}{mw} \tag{2.15}$$

其中，γ=比热比，R_0=通用气体常数，mw=推进剂平均分子量。

对于绝热过程，有

$$\frac{T_{\mathrm{e}}}{T_{\mathrm{c}}}=\left(\frac{P_{\mathrm{e}}}{P_{\mathrm{c}}}\right)^{\frac{\gamma-1}{\gamma}} \tag{2.16}$$

将式(2.15)、式(2.16)代入式(2.14)，可得：

$$V_{\mathrm{e}}=\sqrt{\frac{2\gamma}{\gamma-1}\ \frac{R_0}{mw}T_{\mathrm{c}}\left[1-\left(\frac{P_{\mathrm{e}}}{P_{\mathrm{c}}}\right)^{\frac{\gamma-1}{\gamma}}\right]} \tag{2.17}$$

式(2.17)说明，V_{e}随着压力比$\dfrac{P_{\mathrm{e}}}{P_{\mathrm{c}}}$的减小而增大。

由式(2.5)和式(2.6)可得：

$$I_{\mathrm{sp}}=V_{\mathrm{e}}+\frac{A_{\mathrm{e}}}{\dot{m}}P_{\mathrm{e}} \tag{2.18}$$

将式(2.17)代入式(2.18)，可得：

$$I_{\mathrm{sp}}=\sqrt{\frac{2\gamma}{\gamma-1}\ \frac{R_0}{mw}T_{\mathrm{c}}\left[1-\left(\frac{P_{\mathrm{e}}}{P_{\mathrm{c}}}\right)^{\frac{\gamma-1}{\gamma}}\right]}+\frac{A_{\mathrm{e}}}{\dot{m}}P_{\mathrm{e}} \tag{2.19}$$

为了快速估算发动机比冲，假设在喷管出口推进剂压力接近于零，则式(2.19)可简化为：

$$I_{\mathrm{sp}}=\sqrt{\frac{2\gamma}{\gamma-1}\ \frac{R_0}{mw}T_{\mathrm{c}}} \tag{2.20}$$

式(2.20)中比冲是温度和推进剂分子量的函数，经常被用来对发动机比冲进行快速估算。然而，由于任何有限尺寸喷管的出口压力总是大于零，因此其结果会高估了比冲值。

2.2 喷管热力学

为了确定有限尺寸喷管的出口压力，需要假设喷管中的流动是等熵的，并需要进行一种简单的可压缩流动分析（参见文献[1]）。在进行这种分析时，首先使用热力学第一定律来计算焓值（或等效温度）变化，其计算公式如下：

$$\dot{m}(h_0-h)=\dot{m}c_{\mathrm{p}}(T_0-T)=\frac{1}{2}\dot{m}V^2 \ \Rightarrow\ T_0=T+\frac{V^2}{2c_{\mathrm{p}}} \tag{2.21}$$

其中，T=静温（和流体一同运动的观察者所感受到的流体温度），T_0=滞止温度

（流速降到零后的流体温度）。

从热力学考虑[1]，流体中声音的速度 c 可由下式给出：

$$c = \sqrt{\gamma RT} \tag{2.22}$$

注意到马赫（Mach）数 M 定义为流体速度与流体中的音速之比，由式(2.22)可以得到：

$$M = \frac{V}{c} = \frac{V}{\sqrt{\gamma RT}} \Rightarrow V = Mc = M\sqrt{\gamma RT} \tag{2.23}$$

当 $M<1$ 时，流体以小于音速的速度流动，这种流动称为亚音速的。类此，当 $M>1$ 时，流体以大于音速的速度流动，这种流动称为超音速的。把式(2.23)代入式(2.21)，并使用式(2.12)中的比热定义，可得：

$$\begin{aligned} T_0 &= T + \frac{V^2}{2c_\mathrm{p}} = T + \frac{\gamma RT}{2c_\mathrm{p}}M^2 = T\left(1 + \frac{\gamma R}{2c_\mathrm{p}}M^2\right) = T\left(1 + \frac{\gamma - 1}{\gamma R}\frac{\gamma R}{2}M^2\right) \\ &= T\left(1 + \frac{\gamma - 1}{2}M^2\right) \end{aligned} \tag{2.24}$$

式(2.24)可以理解为当可压缩流体等熵滞止时，其中所发生的温度变化。为了确定由可压缩流体等熵滞止引起的压力变化，将式(2.18)进行合适的变量变换后代入式(2.24)得到：

$$\left(\frac{P_0}{P}\right)^{\frac{\gamma-1}{\gamma}} = \frac{T_0}{T} = 1 + \frac{\gamma - 1}{2}M^2 \Rightarrow \frac{P_0}{P} = \left(1 + \frac{\gamma - 1}{2}M^2\right)^{\frac{\gamma}{\gamma-1}} \tag{2.25}$$

注意到推进剂的质量流率可以由下面的连续性方程确定：

$$\dot{m} = \rho VA \tag{2.26}$$

现在可以使用式(2.26)中的推进剂质量流率，式(2.23)中的马赫数的定义，以及式(2.15)中的理想气体关系式，得到一个新的推进剂质量流率表达式：

$$\dot{m} = \rho VA = \rho AM\sqrt{\gamma RT} = \frac{P}{RT}AM\sqrt{\gamma RT} = \frac{P}{R}AM\sqrt{\frac{\gamma R}{T}} \tag{2.27}$$

变换式(2.27)，并利用式(2.25)所表示的温度和压力关系，可以得到推进剂质量流率的另一个表达式，即：

$$\dot{m}=\frac{P}{R}AM\sqrt{\frac{\gamma R}{T}}=P_0\frac{P}{P_0}\frac{AM}{R}\sqrt{\gamma R}\sqrt{\frac{T_0}{T}}\sqrt{\frac{1}{T_0}}$$

$$=\frac{P_0}{\sqrt{T_0}}AM\sqrt{\frac{\gamma}{R}}\left(1+\frac{\gamma-1}{2}M^2\right)^{\frac{-\gamma}{\gamma-1}}\sqrt{1+\frac{\gamma-1}{2}M^2}=\frac{AM\sqrt{\frac{\gamma}{RT_0}}P_0}{\sqrt{\left(1+\frac{\gamma-1}{2}M^2\right)^{\frac{\gamma+1}{\gamma-1}}}} \tag{2.28}$$

由于在喷管中的任何轴向点处，无论该处横截面积大小为多少，推进剂质量流率都必须保持恒定，因此可将音速点（即 M=1）处的条件与喷管中任何其他点处的条件关联起来。因此，式(2.28)可以表示如下：

$$\dot{m}=\frac{AM\sqrt{\frac{\gamma}{RT_0}}P_0}{\sqrt{\left(1+\frac{\gamma-1}{2}M^2\right)^{\frac{\gamma+1}{\gamma-1}}}}=\frac{A^*(1)\sqrt{\frac{\gamma}{RT_0}}P_0}{\sqrt{\left[1+\frac{\gamma-1}{2}1^2\right]^{\frac{\gamma+1}{\gamma-1}}}}\Rightarrow\frac{A}{A^*}=\frac{1}{M}\sqrt{\left[\frac{2\left(1+\frac{\gamma-1}{2}M^2\right)}{\gamma+1}\right]^{\frac{\gamma+1}{\gamma-1}}} \tag{2.29}$$

其中，X^*=X 在喷管喉部 M=1 处评估的量（X 指 A、P、T 等）。

式(2.29)被称为马赫数–流道面积关系。这种关系可用以确定在喷管任何点处相对于喷管音速点处的面积比。上述面积比所对应的压力比可以通过式(2.25)确定如下：

$$\frac{P_0/P^*}{P_0/P}=\frac{P}{P^*}=\frac{\left[1+\frac{\gamma-1}{2}(1)^2\right]^{\frac{\gamma}{\gamma-1}}}{\left(1+\frac{\gamma-1}{2}M^2\right)^{\frac{\gamma}{\gamma-1}}}=\left[\frac{\gamma+1}{2\left(1+\frac{\gamma-1}{2}M^2\right)}\right]^{\frac{\gamma}{\gamma-1}} \tag{2.30}$$

同样，由式(2.29)给出的马赫数–流道面积关系所得到的面积比，其对应的温度比可以通过式(2.25)计算如下：

$$\frac{T_0/T^*}{T_0/T}=\frac{T}{T^*}=\frac{1+\frac{\gamma-1}{2}(1)^2}{1+\frac{\gamma-1}{2}M^2}=\frac{\gamma+1}{2\left(1+\frac{\gamma-1}{2}M^2\right)} \tag{2.31}$$

图 2.3 中的曲线说明了 γ=1.4 时的马赫数–流道面积和马赫数–压力及温度的关系。注意在马赫数–流道面积图中，要将推进剂的排出速度加速到超音速，必

须首先减小亚音速区域内的横截面以提高推进剂流速。随着音速条件的达到，推进剂流转变为超音速方式，流道面积必须开始增加以进一步提高推进剂的流速。为一个特定的喷管选择的收缩/扩张面积的精确方案取决于许多因素，这些因素通常与确保流动尽可能接近于等熵有关。还要注意，马赫数–流道面积关系趋近于某个有限最大马赫数，该马赫数对应于无限面积比，能够产生最大可能的发动机比冲。

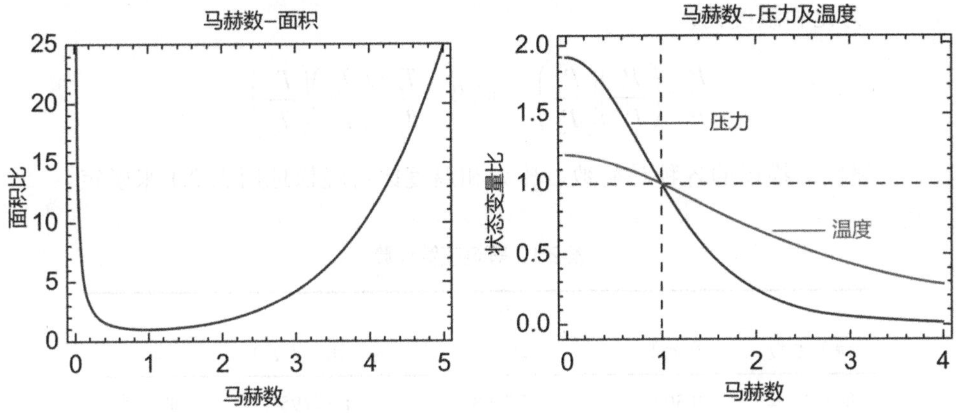

图 2.3　可压缩流关系*

由图 2.3 所示的关系，当给定喷管入口与喉部之间以及喷管出口与喉部之间的面积比时，可以计算出发动机排气腔室和喷管出口之间的压力比和温度比。因此，使用这些面积比，可以通过以下步骤确定喷管出口温度比和压力比：

(1) 通过式(2.29)计算堆芯出口马赫数（亚音速值），得到发动机排气腔室与喷管喉部之间的面积比$\left(\dfrac{A_c}{A^*}\right)$；

(2) 通过式(2.30)和式(2.31)以及步骤 1 中得到的马赫数计算发动机排气腔室与喷管喉部之间的压力比$\left(\dfrac{P_c}{P^*}\right)$和温度比$\left(\dfrac{T_c}{T^*}\right)$；

(3) 通过式(2.29)计算喷管出口马赫数（超音速值），得到喷管出口和喷管

* 原文为“Compressible flow relationships”，意为可压缩流马赫数与流道面积、压力、温度之间的关系。

喉部之间的面积比 $\left(\dfrac{A_e}{A^*}\right)$；

(4) 通过式(2.30)和式(2.31)以及步骤 3 得到的马赫数计算喷管出口和喷管喉部之间的压力比 $\left(\dfrac{P_e}{P^*}\right)$ 和温度比 $\left(\dfrac{T_e}{T^*}\right)$；

(5) 利用步骤(2)和步骤(4)得到的亚音速和超音速的压力比计算发动机总压力比和温度比：

$$\frac{P_e}{P_c}=\left(\frac{P_e}{P^*}\right)\left(\frac{P^*}{P_c}\right) \quad 以及 \quad \frac{T_e}{T_c}=\left(\frac{T_e}{T^*}\right)\left(\frac{T^*}{T_c}\right)$$

上述段落描述的各种马赫数、压力和温度比可轻松地用表 2.1 来确定。

表 2.1 等熵喷管计算

输入参数	马赫数	压力比（P/P^*）	温度比（T/T^*）	
面积比=2	0.3059	1.77398	1.17795	亚音速
γ=1.4	2.1972	0.17781	0.61052	超音速

通过调整图 2.4 中的参数，可以检测推进剂的分子量和各种面积比的效果以及它们对式(2.19)所描述的发动机比冲的影响。

在图 2.4 的交互式版本中可以看出，对于航天飞机主发动机（space shuttle main engine，SSME），假设其混合比为 6（等效分子量约为 10），喷管面积比为 77，比热比为 1.33，腔室温度为 3500 K，则该发动机能够达到的最大比冲约为 450 s。另一方面，一个使用分子量为 2 的氢推进剂核热火箭，若喷管面积比为 77，比热比为 1.41，腔室温度为 3000 K，则产生的比冲大约为 900 s。通过这个例子应该注意到，核热火箭发动机的比冲优势不是通过高腔室温度（实际上要低于 SSME 产生的温度），而是通过的低分子量（氢推进剂的特征）获得的。

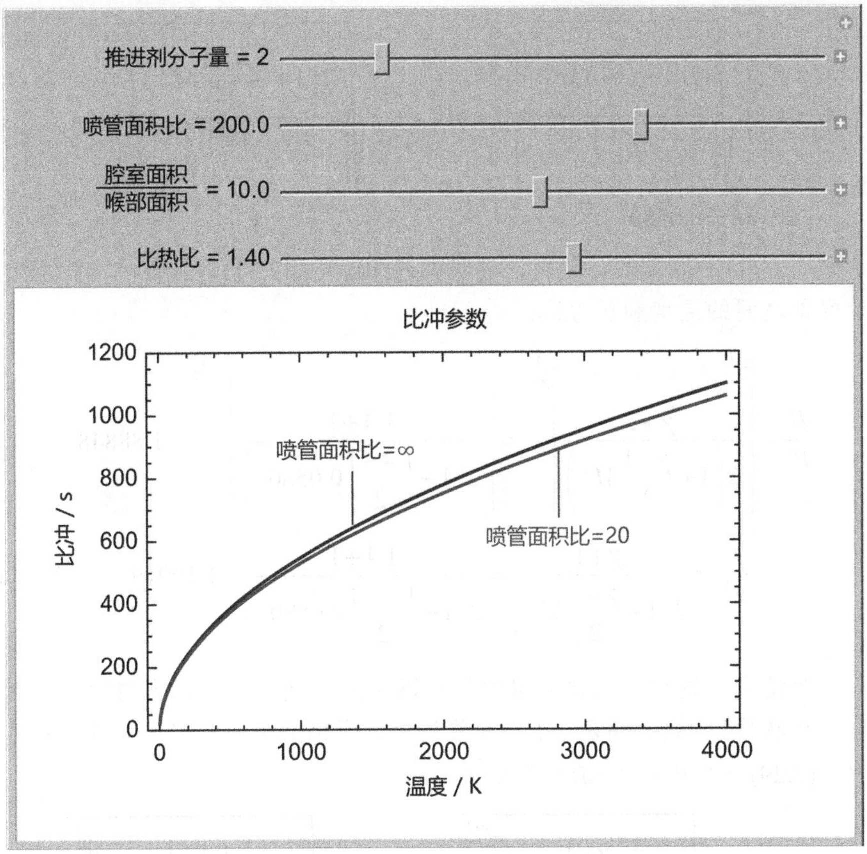

图 2.4 比冲参数

例题

一个如上节描述的膨胀循环核火箭发动机，氢气推进剂被引入到反应堆堆芯中，并被加热至 3000 K。当反应堆排气腔室和喷管喉部之间的面积比为 10、喷管喉部和喷管出口面积比为 200 时，求该核火箭发动机的比冲。假设氢的比热比是 1.4。

解答

计算的第一步是确定堆芯出口腔室中氢气推进剂的亚音速马赫数。为此，必须先隐式求解式(2.29)所表示的马赫数–流道面积关系。请注意，这个计算和后面的计算均可以使用表 2.1 中的计算器轻松实现：

$$\frac{A_{\mathrm{c}}}{A^*}=\frac{1}{M}\sqrt{\left[\frac{2\left(1+\dfrac{\gamma-1}{2}M^2\right)}{\gamma+1}\right]^{\frac{\gamma+1}{\gamma-1}}}=10=\frac{1}{M}\sqrt{\left[\frac{2\left(1+\dfrac{1.4-1}{2}M^2\right)}{1.4+1}\right]^{\frac{1.4+1}{1.4-1}}}\tag{1}$$

$$\Rightarrow M=0.0580$$

利用式(1)中得到的马赫数，通过式(2.30)和式(2.31)确定堆芯出口腔室和喷管喉部之间的温度和压力比：

$$\frac{P_{\mathrm{c}}}{P^*}=\left[\frac{\gamma+1}{2\left(1+\dfrac{\gamma-1}{2}M^2\right)}\right]^{\frac{\gamma}{\gamma-1}}=\left[\frac{1.4+1}{2\left(1+\dfrac{1.4-1}{2}0.0580^2\right)}\right]^{\frac{1.4}{1.4-1}}=1.88848\tag{2}$$

$$\frac{T_{\mathrm{c}}}{T^*}=\frac{\gamma+1}{2\left(1+\dfrac{\gamma-1}{2}M^2\right)}=\frac{1.4+1}{2\left(1+\dfrac{1.4-1}{2}0.0580^2\right)}=1.19919\tag{3}$$

这时还需要进行与上述类似的计算以确定氢气推进剂离开喷管组件时的超音速马赫数。在这种情况下，必须使用喷管喉部和喷管出口之间的面积比来求解式(2.29)中的马赫数–流道面积关系：

$$\frac{A_{\mathrm{e}}}{A^*}=\frac{1}{M}\sqrt{\left[\frac{2\left(1+\dfrac{\gamma-1}{2}M^2\right)}{\gamma+1}\right]^{\frac{\gamma+1}{\gamma-1}}}=200=\frac{1}{M}\sqrt{\left[\frac{2\left(1+\dfrac{1.4-1}{2}M^2\right)}{1.4+1}\right]^{\frac{1.4+1}{1.4-1}}}\tag{4}$$

$$\Rightarrow M=8.0893$$

利用式(4)中得到的马赫数，再次通过式(2.30)和式(2.31)确定喷管出口和喷管喉部之间的温度和压力比：

$$\frac{P_{\mathrm{e}}}{P^*}=\left[\frac{\gamma+1}{2\left(1+\dfrac{\gamma-1}{2}M^2\right)}\right]^{\frac{\gamma}{\gamma-1}}=\left[\frac{1.4+1}{2\left(1+\dfrac{1.4-1}{2}8.0893^2\right)}\right]^{\frac{1.4}{1.4-1}}=0.00018\tag{5}$$

$$\frac{T_e}{T^*} = \frac{\gamma+1}{2\left(1+\frac{\gamma-1}{2}M^2\right)} = \frac{1.4+1}{2\left(1+\frac{1.4-1}{2}8.0893^2\right)} = 0.08518 \qquad (6)^*$$

通过式(2)[†]和式(5)，可以计算出堆芯出口腔室和喷管出口之间压力比为：

$$\frac{P_e}{P_c} = \left(\frac{P_e}{P^*}\right)\left(\frac{P^*}{P_c}\right) = 0.00018 \times \frac{1}{1.88848} = 9.5315\times 10^{-5} \qquad (7)$$

利用式(7)得到的压力比和式(2.19)，可得该核火箭发动机的比冲的值为：

$$I_{sp} = \frac{1}{g_c}\sqrt{\frac{2\gamma}{\gamma-1}\ \frac{R_u}{mw}T_c\left[1-\left(\frac{P_e}{P_c}\right)^{\frac{\gamma-1}{\gamma}}\right]}$$

$$= \frac{1}{9.8\frac{\text{m}}{\text{s}^2}}\sqrt{\frac{2\times 1.4}{1.4-1}\times\frac{8314.5\frac{\text{g}\cdot\text{m}^2}{\text{K}\cdot\text{mol}\cdot\text{s}^2}}{2\frac{\text{g}}{\text{mol}}}\times 3000\,\text{K}\left[1-\left(9.5315\times 10^{-5}\right)^{\frac{1.4-1}{1.4}}\right]} \qquad (8)$$

$$= 919\,\text{s}$$

式(8)中的比冲值可以与图 2.4 中给出的曲线进行比较，以验证这些计算结果，并解释随着各种参数变化，比冲如何受到影响。

参考文献

[1] A.H. Shapiro. The Dynamics and Thermodynamics of Compressible Fluid Flow, vol. 1. Ronald Press, 1953. ISBN: 978-0-471-06691-0.

* 式(5)及式(6)中的“T_e”及“P_e”，在原文中分别为“T_c”及“P_c”，有误。

† 式(2)：原文写为式(3)，有误。

习题

1. 火星任务已确定所需的速度总增量为 14.2 km/s。装有核热火箭发动机的航天器将用于该任务。假定推进工质为氢气，并且其离开反应堆的出口温度为 2845 K。同时假定火箭喷管收缩段的面积比为 5，扩张段的面积比为 300。通过这些信息确定发动机的比冲以及航天器的质量分数。

第3章 核火箭发动机循环

核火箭以复杂性和效率各异的热力循环方式中的一种方式运行。对于核热火箭而言，这些热力学循环是“开放式”的，因为在运行期间，工质仅在发动机系统中循环一次之后就通过喷管排出产生推力。这些发动机通常使用涡轮泵对推进剂进行增压，然后推进剂被引入反应堆中并加热到高温，再进入喷管中。泵通常由集成式涡轮机系统驱动，涡轮机系统则由已用反应堆废热稍微加热的推进剂提供动力。为某些类型电火箭或离子火箭供电而设计的核系统通常采用“封闭式”的热力学循环，其工质始终保持在系统内并在运行期间连续循环。除了涡轮泵组件之外，核电系统还需要辐射器来排出热电转换过程中所产生的废热。

3.1 核热火箭热力学循环

3.1.1 热排气循环

热排气循环（hot bleed cycle）是被 NERVA 和 Timberwind 项目所共同选择的火箭发动机循环。但是在 Timberwind 项目中，这种循环方式并未达到应用于发动机系统的开发阶段，而仅仅是该项目的循环设计参考。另一方面，NERVA 项目则已进入发动机系统能够实现热排气循环的开发阶段，并且事实上在各种发动机试验中，该循环均被证明是相当成功的。

热排气循环的主要优点是，驱动涡轮泵所需的低排气流量和发动机的相对简单性所导致的高循环效率。该循环的主要缺点是，从堆芯出口腔室抽出的那部分流体温度很高，在与进入反应堆堆芯前分流抽出的流体混合之前，需要与其接触的各种阀门和管道都难以实现。图 3.1 给出了热排气循环的示意图及其热力学特性。

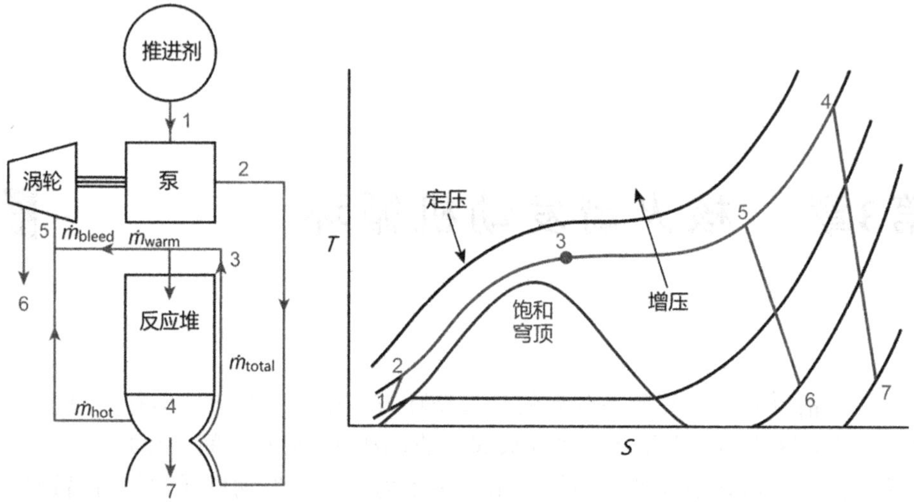

图 3.1 热排气循环

热排气循环的特性如下：

1–2：来自储罐的液体推进剂通过涡轮泵的泵部分后，升高到工作压力。

2–3：推进剂通过涡轮泵后，通过喷管环腔、支撑元件、室壁等，推进剂被气化。

3–4：气体推进剂被分流，大部分流体被导入反应堆堆芯中，并被加热到几千摄氏度之后从堆芯排出，进入发动机排气腔室。

3–5：其余的气体推进剂流体与从反应堆排气腔室抽出的热推进剂混合，并进入涡轮泵的涡轮部分。

5–6：混合后的推进剂流，其温度与涡轮叶片材料可承受的最大极限相一致。它通过涡轮泵的涡轮部分，释放出一部分能量来驱动涡轮泵的泵部分。通过涡轮泵后，推进剂流经一个小喷管并喷出。

4–7：发动机排气腔室中剩余的热推进剂气体被导入通过主喷管，热能在此被转化为定向动能以产生推力。

$$\dot{m}_{\text{total}}\left(h_2-h_1\right)=\dot{m}_{\text{bleed}}\left(h_5-h_6\right) \tag{3.1}$$

这里，

$$\dot{m}_{\text{bleed}}h_5=(\dot{m}_{\text{warm}}+\dot{m}_{\text{hot}})h_5=\dot{m}_{\text{warm}}h_3+\dot{m}_{\text{hot}}h_4 \Rightarrow h_5=\frac{\dot{m}_{\text{warm}}h_3+\dot{m}_{\text{hot}}h_4}{\dot{m}_{\text{warm}}+\dot{m}_{\text{hot}}}$$

其中，$\dot{m}_{\text{bleed}}$=转到用于驱动涡轮泵涡轮的推进剂总质量流率，$\dot{m}_{\text{warm}}$=从反应堆入口转出的推进剂质量流率，$\dot{m}_{\text{hot}}$=从反应堆出口转出的推进剂质量流率，$\dot{m}_{\text{total}}$=总推进剂质量流率，h_n=循环中 n 位置的焓。

3.1.2 冷排气循环

冷排气循环（cold bleed cycle）是一种火箭发动机循环，可以作为 NERVA 和 Timberwind 采用的热循环的替代循环。然而，迄今为止它尚未在任何类型的火箭发动机中实现过。

冷排气循环的主要优点是，由于涡轮入口温度低，发动机相对简单，使得涡轮泵可靠性高。该循环的主要缺点包括：由于通过喷管和腔室再生冷却流获得的驱动涡轮泵的可用功率有限，导致腔室压力往往较低；由于浪费了从涡轮泵排出的大量的支流推进剂，导致循环效率比较低。图 3.2 给出了冷排气循环的示意图及其热力学特性。

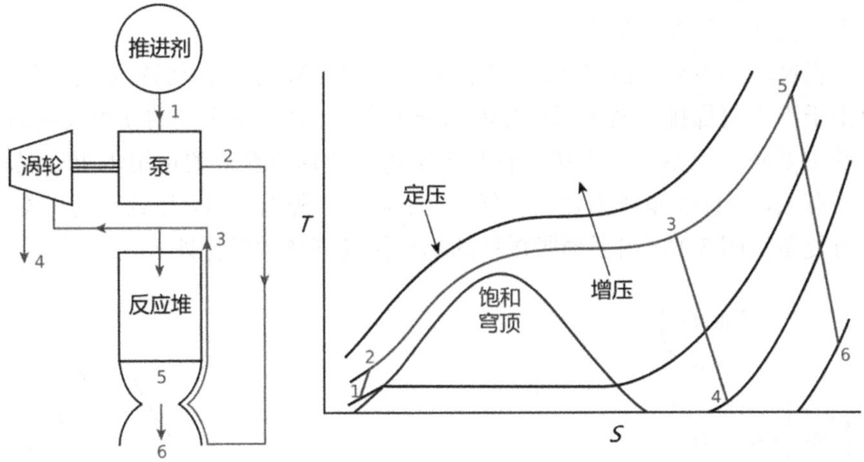

图 3.2 冷排气循环

冷排气循环的特性如下：

1–2：来自储罐的液体推进剂通过涡轮泵的泵部分后，被增压到工作压力。

2–3：推进剂通过涡轮泵后，通过喷管环腔、支撑元件、室壁等，被气化并加热。

3–4：温热的气体推进剂被分流，其部分流体（支流）被导入到涡轮泵的涡轮部分。在此，随着其部分能量被释放以驱动涡轮泵的泵部分，推进剂的压力和温度下降。通过涡轮泵后，此支流通过一个小喷管排放到外界。

3–5：推进剂流的其余部分被导入到反应堆堆芯中，并被加热到几千摄氏度之后，再被导入到发动机排气腔室中。

5–6：发动机排气腔室内的热气体推进剂被引导通过主喷管，在那里热能转化成产生推力的定向动能。

为成功实现期望的反应堆入口处的推进剂压力，对于来自喷管再生冷却段、支撑元件、腔室壁等的推进剂，其所需要的足以驱动涡轮泵的抽气流和加热率，可以根据系统能量平衡式确定如下：

$$\dot{m}_{\text{total}}\left(h_2-h_1\right)=\dot{m}_{\text{bleed}}\left(h_3-h_4\right) \tag{3.2}$$

3.1.3 膨胀循环

膨胀循环（expander cycle）是一种非常高效的火箭发动机循环，曾引人注目地被用于普惠公司的 RL-10 型化学火箭发动机。但迄今为止，该循环从未被考虑应用于核热火箭发动机中。

膨胀循环的主要优点包括：由于涡轮入口温度较低，从而涡轮泵可靠性高；以及由于不需要像排气循环那样分流部分推进剂，从而推进剂的使用效率高。该循环的主要缺点包括：由于从喷管和腔室再生冷却流获得的可用于驱动涡轮泵的功率有限，因此腔室压力往往较低；由于需要额外的流道，导致发动机本身结构相对复杂。图 3.3 给出了膨胀循环的示意图及其热力学特性。

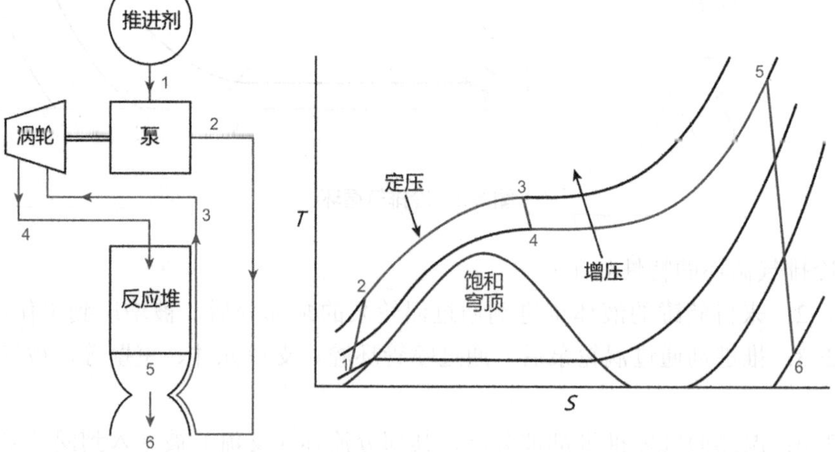

图 3.3 膨胀循环

膨胀循环的特性如下：

1–2：来自储罐的液体推进剂通过涡轮泵的泵部分后，被增压至工作压力。

2–3：推进剂通过涡轮泵后，依次通过喷管环腔、支撑元件、室壁等，逐渐被气化和加热。

3–4：温热的气体推进剂被导入到涡轮泵的涡轮部分，在这里随着其部分能量被释放以驱动涡轮泵的泵部分，推进剂的压力和温度下降。

4–5：离开涡轮泵后，推进剂被导入到反应堆堆芯中，并被加热到几千摄氏度，然后被导入到发动机排气腔室。

5–6：发动机排气腔室内的热气体推进剂被转移通过主喷管，在那里热能被转换成定向动能产生推力。

为成功实现期望的反应堆入口处的推进剂压力，对于来自喷管再生冷却段、支撑元件、腔室壁等处的推进剂，其所需要的足以驱动涡轮泵的加热率，可以根据系统能量平衡式确定如下：

$$\dot{m}_{\text{total}}\left(h_2-h_1\right)=\dot{m}_{\text{total}}\left(h_3-h_4\right)\Rightarrow h_2-h_1=h_3-h_4\Rightarrow h_3-h_2=h_4-h_1 \tag{3.3}$$

例题

一个以膨胀循环模式运行的核火箭发动机，使用氢作为推进剂，氢引入到发动机涡轮泵的泵部分时，处于 20 K 的饱和流体状态。泵对氢等熵增压，使其循环通过热反应堆结构，氢被汽化，温度升高到 100 K。问：如果将氢气以 7 MPa 的压力引入反应堆，那么在进入涡轮泵的涡轮部分之前，氢气压力必须增加到多少？假设涡轮泵的涡轮部分也是等熵运行的。

解答

从涡轮泵的泵部分的入口开始，可以得到氢气的热力学条件为：

$$\begin{aligned}&T_1=20\ \text{K}\left(\text{饱和态}\right)\\&\Rightarrow\ P_1=0.09072\ \text{MPa}\ \ \&\ \ h_1=-3.6672\frac{\text{kJ}}{\text{kg}}\ \ \&\ \ s_1=-0.17429\frac{\text{kJ}}{\text{kg}\cdot\text{K}}\end{aligned} \tag{1}$$

猜测流过涡轮泵的涡轮部分所需的压降可以忽略不计，并假定涡轮的入口压力为 7 MPa。从问题描述中已知涡轮也是等熵的。因此：

$$s_1 = s_2 = -0.17429\frac{\text{kJ}}{\text{kg}\cdot\text{K}} \ \& \ P_2 = 7\,\text{MPa} \Rightarrow T_2 = 23\,\text{K} \ \& \ h_2 = 90.179\frac{\text{kJ}}{\text{kg}} \tag{2}$$

假定氢气循环通过热的反应堆结构时，没有压降发生，从而可得：

$$T_3 = 100\,\text{K} \ \& \ P_2 = P_3 = 7\,\text{MPa} \Rightarrow h_3 = 1221.56\frac{\text{kJ}}{\text{kg}} \ \& \ s_3 = 20.9\frac{\text{kJ}}{\text{kg}\cdot\text{K}} \tag{3}$$

已知涡轮是等熵的，可用式(3.3)确定涡轮出口焓，得到：

$$\begin{aligned} &h_4 = h_3 - h_2 + h_1 = 1135.05\frac{\text{kJ}}{\text{kg}} \ \& \ s_3 = s_4 = 20.9\frac{\text{kJ}}{\text{kg}\cdot\text{K}} \\ &\Rightarrow T_4 = 92\,\text{K} \ \& \ P_4 = 5.64\,\text{MPa} \end{aligned} \tag{4}$$

通过式(4)得到的反应堆入口压力为 5.64 MPa，那么很明显，涡轮两端的压降可以忽略的初始猜测是不正确的。对于下一次迭代，需猜测一个较高的泵出口压力的值。对于该迭代，假定泵出口压力为 10 MPa。由于泵的进口条件没有改变，因而得到：

$$s_1 = s_2 = -0.17429\frac{\text{kJ}}{\text{kg}\cdot\text{K}} \ \& \ P_2 = 10\,\text{MPa} \Rightarrow T_2 = 24\,\text{K} \ \& \ h_2 = 129.36\frac{\text{kJ}}{\text{kg}} \tag{5}$$

再次假定氢气循环通过热反应堆结构时没有压降，得到：

$$T_3 = 100\,\text{K} \ \& \ P_2 = P_3 = 10\,\text{MPa} \Rightarrow h_3 = 1201.2\frac{\text{kJ}}{\text{kg}} \ \& \ s_3 = 19.17\frac{\text{kJ}}{\text{kg}\cdot\text{K}} \tag{6}$$

已知涡轮是等熵的，可用式(3.3)确定涡轮出口焓，得到：

$$\begin{aligned} &h_4 = h_3 - h_2 + h_1 = 1068.17\frac{\text{kJ}}{\text{kg}} \ \& \ s_3 = s_4 = 19.17\frac{\text{kJ}}{\text{kg}\cdot\text{K}} \\ &\Rightarrow T_4 = 89\,\text{K} \ \& \ P_4 = 7.17\,\text{MPa} \end{aligned} \tag{7}$$

在这种情况下，通过式(7)得到的反应堆入口压力略高，为 7.17 MPa。对下一次迭代，利用式(4)和式(7)的结果对泵出口压力进行线性插值。从插值得到泵的出口压力为 9.67 MPa。由于泵的入口条件没有改变，因而再一次得到：

$$s_1 = s_2 = -0.17429\frac{\text{kJ}}{\text{kg}\cdot\text{K}} \ \& \ P_2 = 9.67\,\text{MPa} \Rightarrow T_2 = 24\,\text{K} \ \& \ h_2 = 125.09\frac{\text{kJ}}{\text{kg}} \tag{8}$$

如前所述，假定氢气循环通过热反应堆结构时没有压降发生，得到：

$$T_3 = 100\,\mathrm{K} \ \& \ P_2 = P_3 = 9.67\,\mathrm{MPa} \Rightarrow h_3 = 1202.98\frac{\mathrm{kJ}}{\mathrm{kg}} \ \& \ s_3 = 19.34\frac{\mathrm{kJ}}{\mathrm{kg}\cdot\mathrm{K}} \tag{9}$$

再次，已知涡轮是等熵运行的，并用式(3.3)确定涡轮出口焓，于是得到：

$$h_4 = h_3 - h_2 + h_1 = 1074.24\frac{\mathrm{kJ}}{\mathrm{kg}} \ \& \ s_3 = s_4 = 19.34\frac{\mathrm{kJ}}{\mathrm{kg}\cdot\mathrm{K}}$$

$$\Rightarrow T_4 = 89\,\mathrm{K} \ \ \& \ \ P_4 = 7\,\mathrm{MPa} \tag{10}$$

在这种情况下，通过式(10)得到的反应堆入口压力几乎已精确到所期望的值（即 7 MPa），故泵的出口压力需为 9.67 MPa。

3.2 核电热力学循环

3.2.1 布雷顿循环

布雷顿循环是一种相当古老的动力循环，由乔治·布雷顿（George Brayton）于 19 世纪 70 年代首次提出，并应用于往复式燃油发动机。今天，布雷顿循环被广泛用于为飞机、船舶和固定式发电厂供电。布雷顿循环与核反应堆和空间辐射器相结合时，也适用于空间发电，如作为电推进系统的电源。

图 3.4 给出了基于布雷顿循环的核电离子推进系统的示意图，及其热力学状态点特征。

布雷顿循环的特性如下：

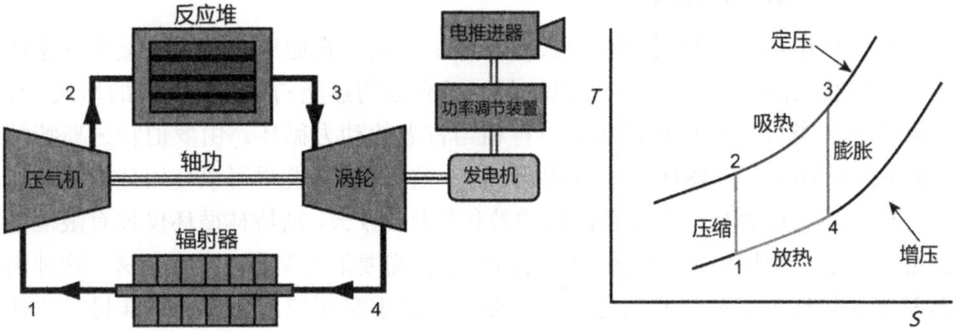

图 3.4 布雷顿循环

1−2：气态工质通过涡轮泵的压气机部分，在那里被绝热地（理想等熵）增压到高压。

2−3：通过压气机后，工质进入恒压核反应堆，加热到高温。

3−4：热工质一旦离开反应堆，就进入涡轮泵的涡轮部分，工质的焓被绝热地（并且理想等熵地）转化为机械能。来自涡轮的一部分能量用于驱动涡轮泵的压气机部分，而剩余的能量用于驱动发电机。

4−1：离开涡轮泵的涡轮部分后，处于低压状态的工质进入空间辐射器，在这里工质的温度被降低，直到达到涡轮泵的压气机部分的入口状态条件。

布雷顿循环功率平衡（忽略发电机和功率转换系统中的损耗）由下式给出：

$$W = \dot{m}\left(h_3 - h_4\right) - \dot{m}\left(h_2 - h_1\right) = \dot{m}\left(h_3 - h_4 - h_2 + h_1\right) \tag{3.4}$$

其中，W=循环完成的净功，$\dot{m}$=工质的质量流率，h_n=在循环中位置 n 处的焓。

从核反应堆流出到涡轮的入口温度受到涡轮叶片可承受的最高温度的限制。这个温度也限制了循环中可以使用的最大压比。高的压比可使系统更有效进而更紧凑。为了在不要求更高压比的情况下提高布雷顿循环系统的效率，有几种技术可以实现良好的效果，但需要以增加系统复杂性作为代价。

在一种被称为回热的技术中，从涡轮流出的依然很热的工质被用于加热离开压气机的工质。该技术减少了系统的热排放部分必须排放的热量，因此减小了辐射器的尺寸和重量。布雷顿循环系统经常采用的另一种提高效率的方法称为中间冷却，即采用多级压气机配置以实现级间工质的冷却。通过使用多级中间冷却，压缩过程可以接近等温，因此显著减少了压缩工质所需的功的总量。

3.2.2 斯特林循环

斯特林循环发动机是一种闭式循环再生热机，它通过在不同的温度下循环压缩和膨胀气态工质而运行，所以这是一种有效的热能向机械功转换的形式。与布雷顿循环类似，斯特林循环是一种相当古老的动力循环，由罗伯特·斯特林（Robert Stirling）于 1816 年首先提出。由于效率高，且几乎可以使用任何热源，斯特林循环起初曾被认为是蒸汽机的替代循环。今天，斯特林循环仅被有限地用到某些特定的应用中，其原因在于其高效运行需要沿着装置实现高温差。这种高温差要求导致了对材料和制造的严苛要求。对于空间应用而言，特殊材料的使用及其相关成本不是问题，因此斯特林循环发动机是很可能被选择的一种动力循环[1]。

斯特林发动机的结构有几种可能性。在阿尔法结构中，两个动力活塞被包含在独立的热的和冷的气缸内，活塞驱动工质在两个气缸之间运动。在贝塔结构中，只有一个气缸，内含一个动力活塞和一个配气活塞，用以驱动发动机冷热部分之间的工质。在伽马结构中，也有两个气缸，一个气缸包含动力活塞，另一个气缸包含配气活塞。在容纳活塞机构的空腔中，热的部分和冷的部分之间通常还有回热器。这个可以连接到配气活塞上的换热器具有双重目的，即既充当热空腔和冷空腔之间的热屏障，又用作冷工质从冷空腔转移到热空腔时预热冷工质的储热介质。通常这种换热器由工质可通过的多孔材料构成。图 3.5 给出了基于斯特林发动机的核电推进系统的示意图，及其热力学状态点特征。

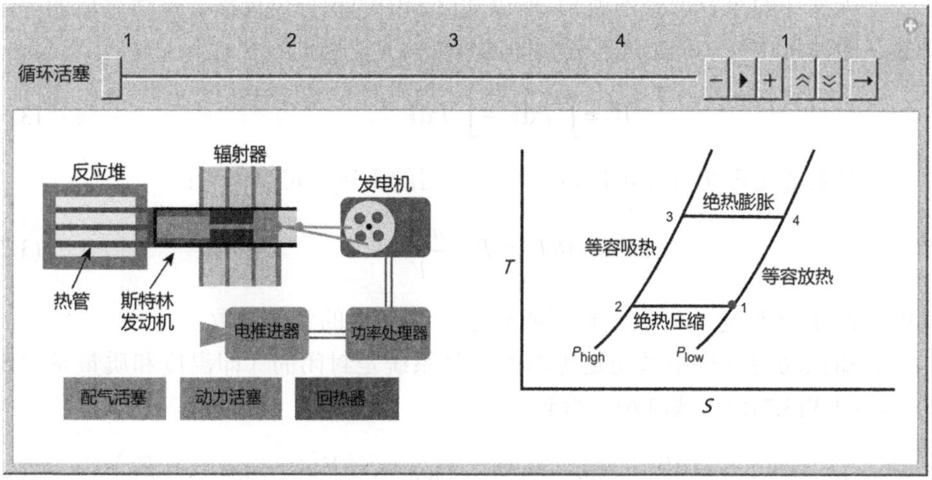

图 3.5 斯特林循环（贝塔结构）

斯特林循环的特性如下：

1–2：动力活塞等温（恒温）压缩冷端温度的工质。由于工质是冷的，压缩工质所需的功相对较小。配气活塞也同时开始移动，以将工质转移到发动机的热端。

2–3*：配气活塞继续将工质运送到发动机的热端，在这里工质被等容（恒定体积）加热。

---

* 此处原文为“1–3”，有误。

3–4*：被加热了的工质压力升高，并等温（恒温）膨胀，以便将动力活塞向前推动到最大的行程。通过动力活塞运动释放的能量大于后续工质压缩所需的能量。

4–1：配气活塞移动，使工质等容（恒定体积）回到发动机的冷端，通过辐射器排出工质中的热量。

通过对动力活塞运动期间做功的循环 PdV 进行积分，可以计算出斯特林发动机的净功率平衡。这个积分式可以表示为：

$$W = \oint P\mathrm{d}V \tag{3.5}$$

其中，P=工质压力，V=工质体积。

因为循环的等容部分不做功，所以式(3.5)中的积分仅仅需要评估循环的等温排热（即冲程 1–2）和加热部分（即冲程 3–4），因此：

$$W = \int_3^4 P\mathrm{d}V + \int_1^2 P\mathrm{d}V \tag{3.6}$$

此时若假定理想气体定律适用于所使用的工质，可以得到：

$$PV = mRT \Rightarrow P = \frac{mRT}{V} \tag{3.7}$$

其中，T=工质温度，m=发动机工质质量，R=工质的气体常数。

已知在动力冲程中做功是等温的，且系统是封闭的（即温度和质量是恒定的），把式(3.7)代入式(3.6)，得到：

$$W = mRT_{\text{high}}\int_3^4 \frac{\mathrm{d}V}{V} + mRT_{\text{low}}\int_1^2 \frac{\mathrm{d}V}{V} = mRT_{\text{high}}\ln\left(\frac{V_4}{V_3}\right) + mRT_{\text{low}}\ln\left(\frac{V_2}{V_1}\right) \tag{3.8}$$

注意到在状态 1 和状态 4 以及状态 2 和状态 3 下工质的体积是相同的，式(3.8)可以被改写成如下的最终方程，用以计算一个理想斯特林循环的输出功：

$$W = mR\left(T_{\text{high}} - T_{\text{low}}\right)\ln\left(\frac{V_4}{V_3}\right) \tag{3.9}$$

式(3.9)表明，可以通过增加热源和排热温度之间的温度差，以及通过增加工质的压缩比，来增大斯特林循环发动机的输出功。该方程还表明，可以通过增加

---

* 此处原文为“1–4”，有误。

发动机内工质的质量，或通过提高工质的气体常数，来提高斯特林循环发动机的输出功。表 3.1 列出了几种可用于斯特林发动机的工质的气体常数。

表 3.1 一些气体的气体常数

工质	气体常数/R/(J·kg·K)
空气	319.3
氨气	488.2
氩气	208.0
二氧化碳	188.9
氦气	2077.0
氢气	4124.2
氮气	296.8

从表 3.1 可以有趣地发现，作为一个例子，通过使用氦气而不是氩气作为工质，斯特林发动机可以将其可能的输出功提高一个数量级。

参考文献

[1] P. McClure, D. Poston. Design and Testing of Small Nuclear Reactors for Defense and Space Applications, Invited Talk to ANS Trinity Section. Santa Fe, LA-UR-13e27054, 2013.

习题

1. 给定一台额定氢气质量流量为 15 kg/s 的涡轮泵，设计一套 NTR 发动机系统。据估计，因屏蔽、冷却以及材料强度等方面的考虑，发动机系统的质量随氢气出口温度的升高而增大，其关系式如下：

$$\text{发动机质量（kg）} = 2000 + \frac{500}{2.5 - \left(\frac{T_4}{2700}\right)^3} \quad \text{（氢气腔室出口温度 } T_4 < 3600\ \text{K）}$$

假设发动机采用热排气循环，并且在计算中可忽略旁路抽气流量。同时还假设氢气进入反应堆时的入口温度为：

$$T_3=300\ \text{K}\ \ 并且\ \ \gamma_{H_2}=1.4$$

对于所述的条件，使用给定的信息确定以下参数，以得到一个推重比最大化的发动机系统。

a. 反应堆出口（腔室）温度

b. 反应堆功率水平

c. 假定喷管出口压力为零时的比冲

d. 发动机质量

e. 假定喷管出口压力为零时的推力水平

注意到：$R_u=8.314\ \text{J}\cdot\text{mol}^{-1}\cdot\text{K}^{-1}$

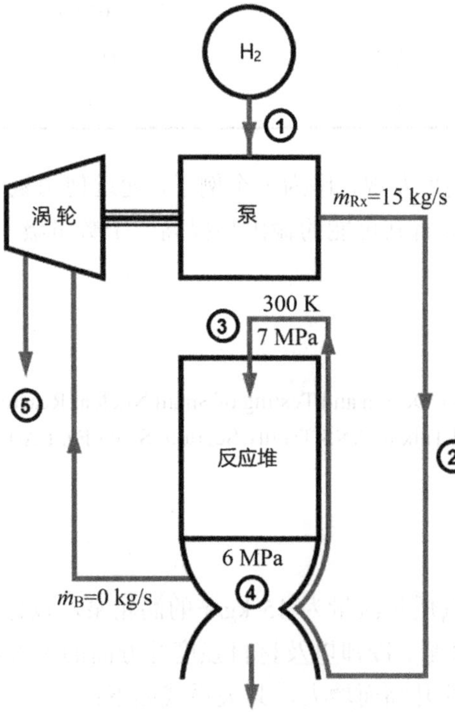

2. 火星“蚱蜢（hopper）”被用于在火星表面以“跳跃”的方式变换位置，采用火星的大气（主要是二氧化碳）作为其 NTR 推进系统的推进工质，该 NTR 推进系统采用冷排气循环。假设“蚱蜢”现已在火星表面，并且二氧化碳已被灌入工质储箱。基于下面图片中给出的条件，确定以下参数：

a. 反应堆入口的热力学条件

b. 所需的最小抽气功率

c. 流经涡轮泵的质量流量

d. 所需的涡轮泵的泵功率

e. 流经反应堆的质量流量

f. 发动机的比冲

g. 喷管出口的马赫数

h. 喷管出口的热力学条件

i. 发动机的推力水平

此外，在二氧化碳的 T-S 图（见附录）中绘制热力学循环图，确保其中显示出所有过程，并说明您所做的任何假设的合理性。不要认为涡轮是等熵的。

已知：γ=1.184, A_{Rx}/A^*=8, $A_{出口}/A^*$=475

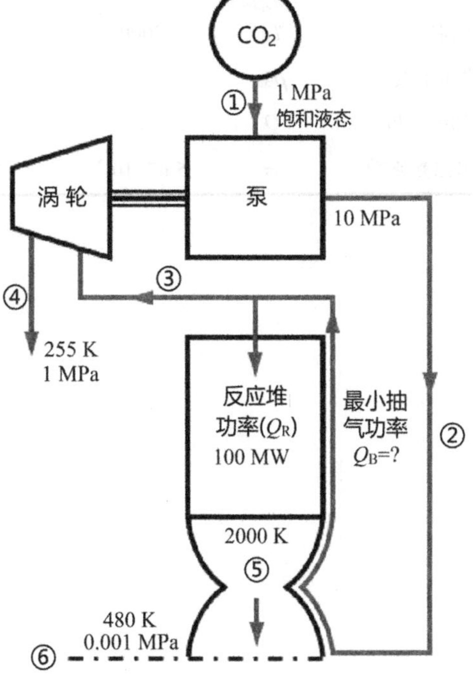

3. 有一台核电源被设计用于给电推进单元供电。假设在设计中采用理想的斯特林循环。确定向太空排放热量的温度（T_L），使得产生指定电功率所需的质量最小（即系统比功率α最大）；另外，给出反应堆质量、辐射器质量以及系统比功率α（单位 kW_e/kg）。

$$\text{注意：}\alpha = \frac{Q_e}{\text{反应堆系统质量} + \text{辐射器质量}}$$

其中，理想斯特林循环的热电转换效率为：

$$\eta = \left(1 - \frac{T_L}{T_H}\right)\eta_{me}$$

另外，热量将按照斯特藩–玻尔兹曼定律向太空排放：$Q_{rad} = \varepsilon\sigma A T_L^4$。

参数	符号	数值	单位
输出电功率	Q_e	100	kW_e
机械能向电能的转换效率	η_{me}	0.9	
翅片辐射率	ε	0.85	
加热后的温度	T_H	2000	K
辐射器的面密度	ρ_{rad}	1.5	gm/cm^2
反应堆热功率密度	Q	1	kW/kg
斯特藩–玻尔兹曼常数	σ	5.67×10^{12}	$W/(cm^2\cdot K^4)$

第4章 行星际任务分析

大多数使用大推力推进系统的行星际飞行任务，并不是在整个飞行过程中都提供推力，而是在较长的航行周期中，在出发地以及目标行星附近进行一系列的推动操纵。通常，往返任务至少需要四次主要的推进机动。这些主推进系统的启动包括：①从家园行星出发时的加速启动；②目标行星到达时的减速启动；③从目标行星出发时的加速启动；④家园行星到达时的减速启动。这些任务的轨道力学方程的闭式解通常是不可能求解的；然而，通过使用所谓的拼接圆锥曲线近似，可以高精度水平确定行星际航行的任务特征。

4.1 概述

尽管利用式(2.19)计算比冲不失为估算火箭发动机效率的一种简单手段，但进一步分析以研究比冲对不同行星际任务运行特性的影响程度，可以提供用来评估不同火箭发动机方案性能的一种更为有用的方法。为此，推导出了方程，以将火箭发动机的比冲与完成行星际任务所需的航行时间以及对燃料要求联系起来。这种任务分析会很复杂，但可以通过使用所谓的拼接圆锥曲线近似来大大简化问题[1]。这种近似在大多数情况下被认为是相当准确的，它将一个不可解析的N体问题分解成几个可解析的两体问题，这些两体问题通过开普勒（Kepler）轨道的圆锥截面“拼接”在一起。拼接发生在所谓的行星的影响范围内，这个范围被定义为行星中心（以行星为中心）对航天飞行器的引力效应结束和以日心（以太阳为中心）的引力效应开始的半径范围。在接下来的分析中，假定从太阳的角度来看，任何行星周围的影响范围都是零；从任一行星的角度来看，它自己的影响范围是无限的。因为与行星相比，太阳的尺寸巨大，并且行星与太阳间的距离也极大，因而这种假设在计算中不会引起任何大的误差，并且不需要知道任何特定的行星周围的影响范围的半径。

4.2 任务分析基本方程

在本节中，为了确定物体在大质量中心体引力作用下将要采取的路径，导出了轨道物体的比角动量和比能量的方程。在推导这些方程时，假定牛顿运动定律和牛顿万有引力定律是成立的，并且其他一些物体或者很小（因此质量小），或者很远（因此施加在研究对象上的力很小），因而可以被忽略。在这些假设下，分析被简化为一个简单的可以解析的两体问题。令牛顿第二定律与牛顿万有引力定律相等，开始推导物体的轨道比角动量，可得：

$$\boldsymbol{F} = -G\frac{m_1 m_2}{r^2}\frac{\boldsymbol{r}}{|r|} = m_2\frac{\mathrm{d}^2\boldsymbol{r}}{\mathrm{d}t^2} \Rightarrow \frac{\mathrm{d}^2\boldsymbol{r}}{\mathrm{d}t^2} = -G\frac{m_1}{r^3}\boldsymbol{r} \tag{4.1}$$

其中，G=万有引力常数=$6.673\times10^{-11}\ \mathrm{m^3/(kg\cdot s^2)}$，$\boldsymbol{F}$=物体 1 和物体 2 之间的引力，$m_i$=物体 i 的质量，r=两个物体之间的距离。

如果$\mu=Gm_1$，其中μ是标准引力常数，那么通过式(4.1)可以得到：

$$\frac{\mathrm{d}^2\boldsymbol{r}}{\mathrm{d}t^2} = -\frac{\mu}{r^3}\boldsymbol{r} \Rightarrow \frac{\mathrm{d}^2\boldsymbol{r}}{\mathrm{d}t^2} + \frac{\mu}{r^3}\boldsymbol{r} = 0 \tag{4.2}$$

使用式(4.1)和式(4.2)，可以定义一个表达式如下：

$$\boldsymbol{r}\times\boldsymbol{F} = \boldsymbol{r}\times m_2\frac{\mathrm{d}^2\boldsymbol{r}}{\mathrm{d}t^2} = \boldsymbol{r}\times\left(\frac{-\mu m_2}{r^3}\right)\boldsymbol{r} = \left(\frac{-\mu m_2}{r^3}\right)\boldsymbol{r}\times\boldsymbol{r} \tag{4.3}$$

因为 $\boldsymbol{r}\times\boldsymbol{r}=0$，式(4.3)可以变换为：

$$0 = \boldsymbol{r}\times m_2\frac{\mathrm{d}^2\boldsymbol{r}}{\mathrm{d}t^2} = m_2\frac{\mathrm{d}}{\mathrm{d}t}\left(\boldsymbol{r}\times\frac{\mathrm{d}\boldsymbol{r}}{\mathrm{d}t}\right) = m_2\frac{\mathrm{d}}{\mathrm{d}t}(\boldsymbol{r}\times\boldsymbol{V}) \Rightarrow \frac{\text{constant}}{m_2} = \boldsymbol{h} = \boldsymbol{r}\times\boldsymbol{V} \tag{4.4}$$

其中，$\boldsymbol{h}$=轨道比角动量（单位质量的角动量）=常数，$\boldsymbol{V}$=物体之间的相对速度。

由于 $\boldsymbol{h}$ 是一个常数，式(4.4)意味着任何给定轨道上的物体都具有恒定的比角动量。

利用式(4.1)和式(4.2)结合机械功的定义，开始推导物体轨道比能量表达式，得到以下关系：

$$\mathrm{d}E = \boldsymbol{F}\cdot\mathrm{d}\boldsymbol{r} = m_2\frac{\mathrm{d}^2\boldsymbol{r}}{\mathrm{d}t^2}\cdot\frac{\mathrm{d}\boldsymbol{r}}{\mathrm{d}t}\mathrm{d}t = m_2\left(\frac{-\mu}{r^3}\right)\boldsymbol{r}\cdot\mathrm{d}\boldsymbol{r} \tag{4.5}$$

其中，E=轨道能量。

使用链式法则并注意到：

$$m_2\frac{\mathrm{d}^2\boldsymbol{r}}{\mathrm{d}t^2}\cdot\frac{\mathrm{d}\boldsymbol{r}}{\mathrm{d}t}\mathrm{d}t = m_2\frac{\mathrm{d}}{\mathrm{d}t}\left(\frac{\mathrm{d}\boldsymbol{r}}{\mathrm{d}t}\right)\cdot\frac{\mathrm{d}\boldsymbol{r}}{\mathrm{d}t}\mathrm{d}t = m_2\mathrm{d}\left(\frac{\mathrm{d}\boldsymbol{r}}{\mathrm{d}t}\right)\cdot\frac{\mathrm{d}\boldsymbol{r}}{\mathrm{d}t} = m_2\frac{1}{2}\mathrm{d}\left(\frac{\mathrm{d}\boldsymbol{r}}{\mathrm{d}t}\right)^2 = m_2\mathrm{d}\left(\frac{V^2}{2}\right) \tag{4.6}$$

同时注意到：

$$m_2\left(\frac{-\mu}{r^3}\right)\boldsymbol{r}\cdot\mathrm{d}\boldsymbol{r} = m_2\left(\frac{-\mu}{r^3}\right)r\mathrm{d}r = -m_2\left(\frac{\mu}{r^2}\right)\mathrm{d}r = m_2\mathrm{d}\left(\frac{\mu}{r}\right) \tag{4.7}$$

以及将式(4.6)和式(4.7)的结果代入式(4.5)，得到：

$$m_2\mathrm{d}\left(\frac{V^2}{2}\right) - m_2\mathrm{d}\left(\frac{\mu}{r}\right) = 0 \tag{4.8}$$

对式(4.8)积分得到一个如下的方程：

$$\frac{V^2}{2} - \frac{\mu}{r} = \frac{\text{constant}}{m_2} = E_\mathrm{o} \quad \Rightarrow \quad V = \sqrt{2E_\mathrm{o} + \frac{2\mu}{r}} \tag{4.9}$$

其中，E_o=轨道比能量（每单位质量的能量）=常数。

由于 E_o 是一个常数，式(4.9)表明任何给定轨道上的物体都有恒定的比能量。比能量可以看作是轨道上物体的单位质量的总能量。式(4.9)中，第一项代表物体的动能，第二项代表物体的势能。接下来的几个推导步骤致力于根据其他轨道参数来确定 E_o 的值。

写出平面极坐标中位置、速度和加速度的矢量方程，可以得到：

$$\boldsymbol{r} = r\hat{r} \tag{4.10a}$$

$$\frac{\mathrm{d}\boldsymbol{r}}{\mathrm{d}t} = \boldsymbol{V} = \frac{\mathrm{d}r}{\mathrm{d}t}\hat{r} + r\frac{\mathrm{d}\phi}{\mathrm{d}t}\hat{\phi} \qquad (4.10\mathrm{b})^1$$

$$\frac{\mathrm{d}^2\boldsymbol{r}}{\mathrm{d}t^2} = \boldsymbol{a} = \left[\frac{\mathrm{d}^2 r}{\mathrm{d}t^2} - r\left(\frac{\mathrm{d}\phi}{\mathrm{d}t}\right)^2\right]\hat{r} + \left[r\frac{\mathrm{d}^2\phi}{\mathrm{d}t^2} + 2\frac{\mathrm{d}r}{\mathrm{d}t}\frac{\mathrm{d}\phi}{\mathrm{d}t}\right]\hat{\phi} \qquad (4.10\mathrm{c})^2$$

注意到引力只作用于径向方向，切向力为零，式(4.10)中径向加速度项的矢量分量可写成：

$$-\frac{\mu}{r^2}=\frac{\mathrm{d}^2 r}{\mathrm{d}t^2}-r\left(\frac{\mathrm{d}\phi}{\mathrm{d}t}\right)^2 \tag{4.11}$$[3]

且式(4.10)中切向加速项的矢量分量可写成：

$$0=r\frac{\mathrm{d}^2\phi}{\mathrm{d}t^2}+2\frac{\mathrm{d}r}{\mathrm{d}t}\frac{\mathrm{d}\phi}{\mathrm{d}t}=\frac{1}{r}\frac{\mathrm{d}}{\mathrm{d}t}\left(r^2\frac{\mathrm{d}\phi}{\mathrm{d}t}\right)\Rightarrow r^2\frac{\mathrm{d}\phi}{\mathrm{d}t}=h\Rightarrow\frac{\mathrm{d}\phi}{\mathrm{d}t}=\frac{h}{r^2} \tag{4.12}$$

正如所预期的，式(4.12)再次表明轨道上物体的比角动量为一常数。现在，对式(4.11)使用链式法则并结合式(4.12)的结果，从而可以从结果中消除时间分量，得到：

$$\begin{aligned}-\frac{\mu}{r^2}&=\frac{\mathrm{d}^2 r}{\mathrm{d}t^2}-r\left(\frac{\mathrm{d}\phi}{\mathrm{d}t}\right)^2=\frac{\mathrm{d}}{\mathrm{d}t}\left(\frac{\mathrm{d}r}{\mathrm{d}t}\right)-r\left(\frac{\mathrm{d}\phi}{\mathrm{d}t}\right)^2=\left(\frac{\mathrm{d}\phi}{\mathrm{d}t}\right)^2\frac{\mathrm{d}}{\mathrm{d}\phi}\left(\frac{\mathrm{d}r}{\mathrm{d}\phi}\right)-r\left(\frac{\mathrm{d}\phi}{\mathrm{d}t}\right)^2\\&=\left(\frac{h}{r^2}\right)^2\frac{\mathrm{d}}{\mathrm{d}\phi}\left(\frac{\mathrm{d}r}{\mathrm{d}\phi}\right)-r\left(\frac{h}{r^2}\right)^2=\frac{h}{r^2}\frac{\mathrm{d}}{\mathrm{d}\phi}\left(\frac{h}{r^2}\frac{\mathrm{d}r}{\mathrm{d}\phi}\right)-\frac{h^2}{r^3}\end{aligned} \tag{4.13}$$[4]

为了求解式(4.13)，做变量代换使$\psi=1/r$ 会十分有帮助。将这个变量代入式(4.13)则得到：

$$-\mu\psi^2=h\psi^2\frac{\mathrm{d}}{\mathrm{d}\phi}\left[h\psi^2\left(\frac{-1}{\psi^2}\frac{\mathrm{d}\psi}{\mathrm{d}\phi}\right)\right]-h^2\psi^3\Rightarrow\frac{\mu}{h^2}=\frac{\mathrm{d}^2\psi}{\mathrm{d}\phi^2}+\psi \tag{4.14}$$[5]

微分式(4.14)现在可以很容易解析求解，得到：

$$\psi(\phi)=A\sin(\phi)+B\cos(\phi)+\frac{\mu}{h^2}\Rightarrow\frac{\mathrm{d}\psi}{\mathrm{d}\phi}=A\cos(\phi)-B\sin(\phi) \tag{4.15}$$

若如下设定初始条件，则有：

$$\text{设}\ \phi=0\ \text{时}\ \frac{\mathrm{d}\psi}{\mathrm{d}\phi}=0\Rightarrow\left.\frac{\mathrm{d}\psi}{\mathrm{d}\phi}\right|_{\phi=0}=A\cos(0)-B\sin(0)\Rightarrow A=0 \tag{4.16}$$

现在可以用前面所定义的ψ来改写式(4.15)，得：

$$\psi(\phi)=B\cos(\phi)+\frac{\mu}{h^2}=\frac{\mu}{h^2}\left[\varepsilon\cos(\phi)+1\right]\Rightarrow r(\phi)=\frac{h^2}{\mu\left[\varepsilon\cos(\phi)+1\right]} \tag{4.17}$$

其中，$\varepsilon=\dfrac{Bh^2}{\mu}$=常数，$\phi$=真近点角。

一个物体在一个巨大的中心体的引力作用下行进时，式(4.17)表示该物体的运动方程或轨迹方程，为一个具有偏心率ε的圆锥截面。这个方程给出了轨道内的某个物体到中心体 m_1 的距离，为一个真近点角ϕ与该物体的比角动量 h 的函数，其中 m_1 位于轨道圆锥截面的一个焦点上。在图 4.1 中，参数 a 被称为主半径，参数 b 被称为次半径。当真近点角等于 90 度时，到中心体（图 4.1 中用太阳表示）的径向距离 r 等于所谓的半焦弦，等于 h^2/μ。图 4.1 说明了在中心体引力影响下，一个物体的各种轨道参数如何作为轨道偏心率的函数而变化。请注意，当偏心率小于 1 时，轨道上的物体的飞行轨迹是椭圆形的。在偏心率为零的特殊情况下，飞行轨迹为圆形。在偏心率大于 1 时，物体的运动轨迹是双曲线而不是椭圆形的，在中心体周围没有实际的轨道。此时沿着双曲线轨道飞行的物体，不再受中心物体的引力束缚，而仅仅在飞行方向上经历着多次改变。在轨道偏心率恰好等于 1 的特殊情况下，物体的轨迹是抛物线而不是双曲线。

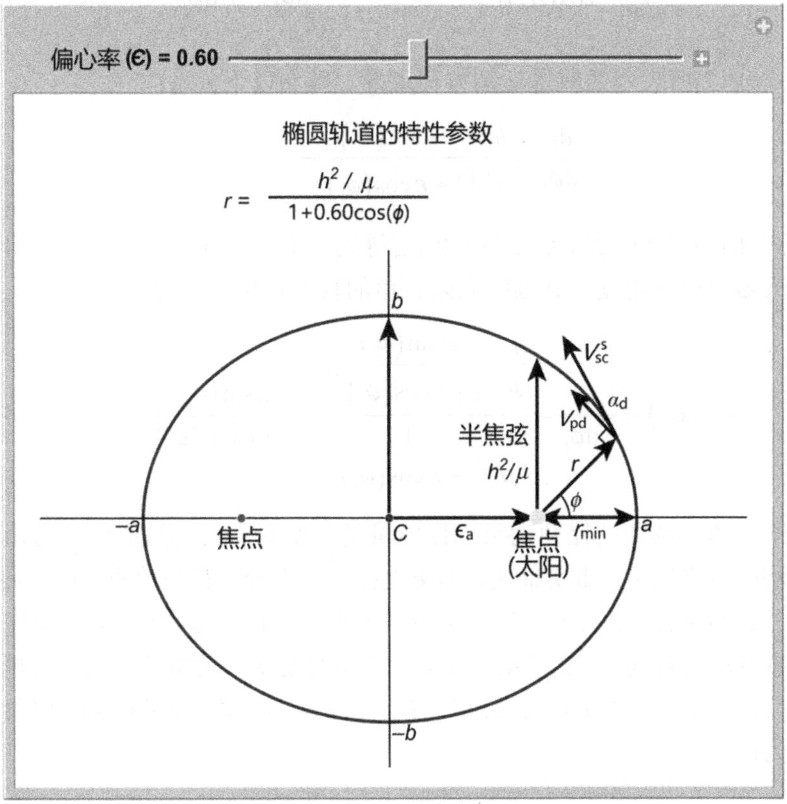

图 4.1　轨道参数

在影响边界的行星上出发的航天器的速度矢量 V_{si}，与该行星的行星轨道速度矢量 V_{pd}，其夹角被定义为航天器的出发角α_d。出发角可能与围绕太阳的航天器的真近点角有关，注意到：

$$V_r = \sin(\alpha_d)\, V_{si} = \frac{dr}{dt} \tag{4.18}$$

以及

$$V_\phi = \cos(\alpha_d) V_{si} = r\frac{d\phi_d}{dt} \tag{4.19}$$

式(4.18)除以式(4.19)，然后得到：

$$\frac{V_r}{V_\phi} = \frac{\sin(\alpha_d)V_{si}}{\cos(\alpha_d)V_{si}} = \tan(\alpha_d) = \frac{1}{r}\frac{\frac{dr}{dt}}{\frac{d\phi_d}{dt}} = \frac{1}{r}\frac{dr}{d\phi_d} \tag{4.20}$$

对式(4.17)所表示的轨道运动方程求导，得到以下关系：

$$\frac{dr}{d\phi_d} = \frac{h^2}{\mu}\frac{\varepsilon\sin(\phi_d)}{\left[1+\varepsilon\cos(\phi_d)\right]^2} \tag{4.21}$$

把式(4.17)和式(4.21)代入式(4.20)则得到一个表达式，以将一个行星际轨道上的航天器的出发角度与其围绕太阳轨道的真近点角联系起来：

$$\tan(\alpha_d) = \frac{1}{r}\frac{dr}{d\phi_d} = \frac{\frac{h^2}{\mu}\frac{\varepsilon\sin(\phi_d)}{\left[1+\varepsilon\cos(\phi_d)\right]^2}}{\frac{h^2}{\mu}\frac{1}{\left[1+\varepsilon\cos(\phi_d)\right]}} = \frac{\varepsilon\sin(\phi_d)}{1+\varepsilon\cos(\phi_d)} \tag{4.22}$$

由于轨道上物体的比角动量和比能量是不变的，它们的值可以用该轨道上任何便利的点来确定。事实证明，如果选择轨道半径的最小值点（或近心点）作为开始计算的位置（请注意，轨道半径的最大值点称为远心点），轨道比能量表达式的推导就会被简化。在近心点上，航天器的速度矢量和半径矢量是相互垂直的；而且正是在这一点上，真近点角被定义为零。因此根据式(4.4)，比角动量可以表示为：

$$\boldsymbol{h} = \boldsymbol{r}\times\boldsymbol{V} \Rightarrow h = r_{min}V\sin\left(\frac{\pi}{2}\right) \;\Rightarrow\; h = r_{min}V \;\Rightarrow\; V = \frac{h}{r_{min}} \tag{4.23}$$

把式(4.23)代入式(4.9)，轨道比能量的表达式变为：

$$E_o = \frac{h^2}{2r_{\min}^2} - \frac{\mu}{r_{\min}} \tag{4.24}$$

假定真近点角为零（即当 $r=r_{\min}$），利用式(4.17)~式(4.24)中的轨道半径表达式，可以得到：

$$E_o = \left\{\frac{h^2}{2}\left[\frac{\mu(\varepsilon+1)}{h^2}\right]\right\}^2 - \frac{\mu[\mu(\varepsilon+1)]}{h^2} = \frac{\mu}{2}\left[\frac{\mu(\varepsilon^2-1)}{h^2}\right] \tag{4.25}$$

通过检验式(4.25)，可观察到轨道总能量的变化，如表 4.1 所示。

表 4.1 轨道能量特性

总轨道能量（E_o）	偏心率（ε）	轨迹	动能和势能
负值	0	圆	$\lvert KE\rvert < \lvert PE\rvert$
负值	<1	椭圆	$\lvert KE\rvert < \lvert PE\rvert$
0	=1	抛物线	$\lvert KE\rvert = \lvert PE\rvert$
正值	>1	双曲线	$\lvert KE\rvert > \lvert PE\rvert$

从图 4.1 还可以看出，$r_{\min}=a-\varepsilon a=a(1-\varepsilon)$。在零真近点角时，利用该关系和式(4.17)，可以导出以下关系：

$$r_{\min} = a(1-\varepsilon) = \frac{h^2}{\mu[1+\varepsilon\cos(0)]} = \frac{h^2}{\mu(1+\varepsilon)} \Rightarrow a(1-\varepsilon^2) = \frac{h^2}{\mu} \Rightarrow a = \frac{h^2}{\mu(1-\varepsilon^2)} \tag{4.26}$$

可以使用式(4.26)中表示的关系，来改写式(4.17)中的轨迹表达式，得到：

$$r(\phi) = \frac{h^2}{\mu[\varepsilon\cos(\phi)+1]} = \frac{a(1-\varepsilon^2)}{\varepsilon\cos(\phi)+1} \tag{4.27}$$

注意，对于偏心率大于 1 的情况（即双曲线轨道），式(4.26)求得的 a 值为负值；对于偏心率等于 1 的情况（即抛物线轨道），式(4.26)求得的 a 值为无穷大。利用式(4.26)，现在可以将描述总轨道能量的式(4.25)改写为：

$$E_o = -\frac{\mu}{2a} \tag{4.28}$$

最后，利用式(4.28)，可以将式(4.9)描述的轨道比能量变换为仅用到已知轨道参数的形式：

$$\frac{V^2}{2}-\frac{\mu}{r}=-\frac{\mu}{2a} \tag{4.29}$$

如前所述，一个物体受到一个巨大的中心体的引力影响时，式(4.29)把该物体（变化的）动能和势能与它的（恒定的）总能量联系起来。这个将在后面章节中使用的基础方程，可以用来把物体的速度与其相对于中心体的径向位置联系起来。因此重新整理式(4.29)，得到：

$$V=\sqrt{\frac{2\mu}{r}-\frac{\mu}{a}} \tag{4.30}$$

4.3 拼接圆锥曲线方程

计算在两个行星之间转移轨道的第一步，是确定航天器要遵循的日心轨道的特性。这些性质可以通过式(4.30)中给出的轨道比能量公式和式(4.4)给出的比角动量公式确定。这些方程将航天器的速度和出发角度与其相对于太阳和中心行星体的径向位置相联系起来。航天器能够达到理想轨迹的程度，取决于航天器推进系统的比冲以及航天器上可携带的相对于航天器重量的燃料总量。图 4.2 给出了各种轨道参数的定义，在确定实现期望的行星际轨道所需的推进机动时，这些参数是必不可少的。

根据上述的问题分析，可以使用推进系统的特性来确定其能够成功实现的轨道参数；或者通过知道所需的轨道参数，可以推导出对航天器的推进系统的一系列要求。在接下来的具体分析中，假设期望的轨道参数是预先知道的，并用这些参数来确定航天器推进系统的要求。根据对期望任务要求的了解，由式(4.30)可以确定不可缺少的日心行星转移轨道参数。一旦航天器离开出发行星的影响范围（即在拼接点处），通过式(4.30)就能得到航天器相对于太阳所需的速度。该速度由下式给出：

$$V_{\mathrm{pd}}^{\mathrm{hv}}=\sqrt{\frac{2\mu_{\mathrm{s}}}{R_{\mathrm{pd}}}-\frac{\mu_{\mathrm{s}}}{a_{\mathrm{sc}}^{\mathrm{s}}}} \tag{4.31}$$

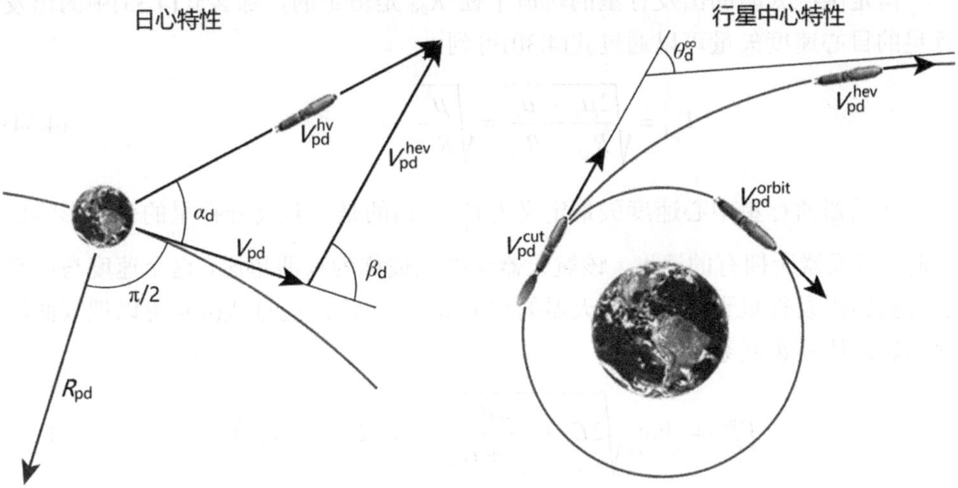

图 4.2 离开行星的轨道参数

其中，V_{pd}^{hv}=离开出发行星的影响范围后航天器的日心速度，μ_s=太阳标准引力参数，R_{pd}=飞船（或出发行星）与太阳的距离，a_{sc}^{s}=飞船轨迹相对于太阳的主半径。

完成行星际轨道转移所需的时间，以及离开出发行星之后航天器的日心速度，决定了航天器相对于围绕太阳的出发行星的轨道路径所需的出发角度。然后可以使用航天器的日心速度和出发角度，根据式(4.4)来确定它的日心比角动量如下：

$$\boldsymbol{h}=\boldsymbol{r}\times\boldsymbol{V}\Rightarrow h_s=R_{pd}V_{pd}^{hv}\sin\left(\alpha_d+\frac{\pi}{2}\right)\ \Rightarrow\ h_s=\cos(\alpha_d)R_{pd}V_{pd}^{hv} \tag{4.32}$$

其中，α_d=航天器相对于行星及其绕太阳的轨道速度矢量的出发角，h_s=航天器日心比角动量。

之前段落中提到的时间因素将在下一节中进一步讨论。式(4.31)中描述的航天器的日心轨道速度实际上由另外两个矢量组成，包括出发行星的日心速度矢量和航天器的行星中心速度矢量。图 4.2 所示的这些矢量可以通过使用余弦定律相互联系起来，其结果如下：

$$\left(V_{pd}^{hev}\right)^2=-2V_{pd}\cos(\alpha_d)V_{pd}^{hv}+V_{pd}^2+\left(V_{pd}^{hv}\right)^2 \tag{4.33}$$

其中，V_{pd}^{hev}=航天器的行星中心速度矢量，V_{pd}=出发行星的日心速度矢量。

假定围绕太阳的出发行星的轨道半径 R_{pd} 是恒定的，那么式(4.33)中的出发行星的日心速度矢量可以通过式(4.30)得到：

$$V_{\mathrm{pd}}=\sqrt{\frac{2\mu_{\mathrm{s}}}{R_{\mathrm{pd}}}-\frac{\mu_{\mathrm{s}}}{R_{\mathrm{pd}}}}=\sqrt{\frac{\mu_{\mathrm{s}}}{R_{\mathrm{pd}}}} \tag{4.34}$$

航天器的行星中心速度矢量定义为 $V_{\mathrm{pd}}^{\mathrm{hev}}$，指的是一旦离开行星的引力影响范围时，航天器所拥有的速度。该航天器速度也被称为双曲超速，这个速度与已经航行到距出发行星无穷远的航天器的动能成正比。注意通过式(4.9)可以把双曲超速与轨道比能量联系起来：

$$V_{\mathrm{pd}}^{\mathrm{hev}}=\lim_{H_{\mathrm{pd}}\to\infty}\sqrt{2E_{\mathrm{o}}+\frac{2\mu_{\mathrm{pd}}}{r_{\mathrm{pd}}+H_{\mathrm{pd}}}}\ \Rightarrow\ 2E_{\mathrm{o}}=\left(V_{\mathrm{pd}}^{\mathrm{hev}}\right)^2 \tag{4.35}$$

其中，μ_{pd}=出发行星的标准引力常数，r_{pd}=出发行星的半径，H_{pd}=在出发行星上方的在轨航天器的高度。

如果航天器从距行星中心给定距离 $r_{\mathrm{pd}}+H_{\mathrm{pd}}$ 的圆形停泊轨道上出发离开行星，那么可以再次利用式(4.9)及式(4.35)，计算出发动机关闭时相对出发行星的航天器速度。该速度是成功实现插入期望的行星际转移轨道所需的双曲超速的必要条件。

$$V_{\mathrm{pd}}^{\mathrm{cut}}=\sqrt{2E_{\mathrm{o}}+\frac{2\mu_{\mathrm{pd}}}{r_{\mathrm{pd}}+H_{\mathrm{pd}}}}=\sqrt{\frac{2\mu_{\mathrm{pd}}}{r_{\mathrm{pd}}+H_{\mathrm{pd}}}+\left(V_{\mathrm{pd}}^{\mathrm{hev}}\right)^2} \tag{4.36}$$

其中，$V_{\mathrm{pd}}^{\mathrm{cut}}$=成功进入期望的行星际转移轨道所需的航天器速度。

假定航天器从地球轨道开始其行星际转移，那么核发动机仅需要将航天器从其标称的地球轨道速度加速到所需的双曲超速。再次利用式(4.30)确定航天器的轨道速度，得到：

$$V_{\mathrm{pd}}^{\mathrm{orbit}}=\sqrt{\frac{2\mu_{\mathrm{pd}}}{r_{\mathrm{pd}}+H_{\mathrm{pd}}}-\frac{\mu_{\mathrm{pd}}}{r_{\mathrm{pd}}+H_{\mathrm{pd}}}}=\sqrt{\frac{\mu_{\mathrm{pd}}}{r_{\mathrm{pd}}+H_{\mathrm{pd}}}} \tag{4.37}$$

因此，由航天器推进系统提供的所需要的速度增量，可以通过式(4.36)减去式(4.37)得到：

$$\Delta V_{\mathrm{pd}}=V_{\mathrm{pd}}^{\mathrm{cut}}-V_{\mathrm{pd}}^{\mathrm{orbit}}=\sqrt{\frac{2\mu_{\mathrm{pd}}}{r_{\mathrm{pd}}+H_{\mathrm{pd}}}+\left(V_{\mathrm{pd}}^{\mathrm{hev}}\right)^{2}}-\sqrt{\frac{\mu_{\mathrm{pd}}}{r_{\mathrm{pd}}+H_{\mathrm{pd}}}} \tag{4.38}$$

双曲线行星逃逸轨道的半长轴 a_{pd} 可以用式(4.30)，以及式(4.36)所确定的发动机关机时速度来计算：

$$V_{\mathrm{pd}}^{\mathrm{cut}}=\sqrt{\frac{2\mu_{\mathrm{pd}}}{a_{\mathrm{pd}}}-\frac{\mu_{\mathrm{pd}}}{a_{\mathrm{pd}}}}=\sqrt{\frac{\mu_{\mathrm{pd}}}{a_{\mathrm{pd}}}} \Rightarrow a_{\mathrm{pd}}=\frac{\mu_{\mathrm{pd}}}{\left(V_{\mathrm{pd}}^{\mathrm{cut}}\right)^{2}} \tag{4.39}$$

逃逸轨道的偏心率现在可以通过式(4.26)得到：

$$a_{\mathrm{pd}}=\frac{h_{\mathrm{s}}^{2}}{\mu_{\mathrm{pd}}\left(1-\varepsilon_{\mathrm{pd}}^{2}\right)} \Rightarrow \varepsilon_{\mathrm{pd}}=\sqrt{1-\frac{h_{\mathrm{s}}^{2}}{\mu_{\mathrm{pd}}a_{\mathrm{pd}}}} \tag{4.40}$$

接下来的几个方程涉及拼接条件，这些条件将行星中心轨道参数与出发行星上的日心轨道参数联系起来。从图 4.2 中可以看出：

$$V_{\mathrm{pd}}^{\mathrm{hv}}\sin\left(\alpha_{\mathrm{d}}\right)=V_{\mathrm{pd}}^{\mathrm{hev}}\sin\left(\beta_{\mathrm{d}}\right) \text{ 并且 } V_{\mathrm{pd}}^{\mathrm{hv}}\cos\left(\alpha_{\mathrm{d}}\right)=V_{\mathrm{pd}}^{\mathrm{hev}}\cos\left(\beta_{\mathrm{d}}\right)+V_{\mathrm{pd}} \qquad (4.41)^{6}$$

使用式(4.41)定义的几何关系，求解出发的航天器的行星中心速度矢量与出发行星的日心轨道速度矢量之间的角度β_{d}，得到：

$$\tan\left(\beta_{\mathrm{d}}\right)=\frac{V_{\mathrm{pd}}^{\mathrm{hv}}\sin\left(\alpha_{\mathrm{d}}\right)}{V_{\mathrm{pd}}^{\mathrm{hv}}\cos\left(\alpha_{\mathrm{d}}\right)-V_{\mathrm{pd}}} \qquad (4.42)^{7}$$

假定双曲线行星喷气发动机沿着平行于停泊轨道矢量方向启动（亦即在行星真近点角等于零的近极距点启动），那么在行星影响范围的边缘处（或者等价于 $r\approx\infty$处）的极限行星中心真近点角 $\theta_{\mathrm{d}}^{\infty}$，可由式(4.15)给出的双曲线轨迹分布确定，结果如下：

$$r=\frac{-h_{\mathrm{s}}^{2}/\mu_{\mathrm{pd}}}{1+\varepsilon_{\mathrm{pd}}\cos\left(\theta_{\mathrm{d}}^{\infty}\right)}\approx\infty \Rightarrow 0=1+\varepsilon_{\mathrm{pd}}\cos\left(\theta_{\mathrm{d}}^{\infty}\right) \Rightarrow \cos\left(\theta_{\mathrm{d}}^{\infty}\right)=\frac{-1}{\varepsilon_{\mathrm{pd}}} \tag{4.43}$$

现在可以确定航天器围绕行星的角度位置，在该位置处，发动机必须启动以确保成功实现所期望的行星际轨迹。该角度位置通过式(4.42)所给出的航天器的行星中心出发速度矢量与行星围绕太阳的日心轨道速度矢量之间的夹角角度，加上由式(4.43)确定的极限行星中心真近点角 $\theta_{\mathrm{d}}^{\infty}$ 计算而得：

$$\theta_{\mathrm{d}}=\theta_{\mathrm{d}}^{\infty}+\beta_{\mathrm{d}} \tag{4.44}$$

其中，θ_{d}=航天器围绕出发行星的角度位置，在该位置处必须开始启动航天器。

在到达目标行星时，对插入期望的到达行星停泊轨道的拼接计算，基本上与前面段落中描述的计算相反。与行星出发方程一样，这些方程将航天器的速度和到达角度与其相对于太阳和中心行星体的径向位置联系起来。

航天器到达目标行星的日心速度可以由总能量守恒定律确定。由于航天器在出发地和目标行星处，其总的比能量是相等的，利用式(4.9)得到：

$$E_{\mathrm{o}}=\frac{\left(V_{\mathrm{pd}}^{\mathrm{hv}}\right)^{2}}{2}-\frac{\mu_{\mathrm{s}}}{R_{\mathrm{pd}}}=\frac{\left(V_{\mathrm{pa}}^{\mathrm{hv}}\right)^{2}}{2}-\frac{\mu_{\mathrm{s}}}{R_{\mathrm{pa}}} \Rightarrow V_{\mathrm{pa}}^{\mathrm{hv}}=\sqrt{\left(V_{\mathrm{pd}}^{\mathrm{hv}}\right)^{2}-2\mu_{\mathrm{s}}\left(\frac{1}{R_{\mathrm{pd}}}-\frac{1}{R_{\mathrm{pa}}}\right)} \tag{4.45}$$

其中，R_{pa}=从航天器（或目标行星）到太阳的距离，$V_{\mathrm{pa}}^{\mathrm{hv}}$ = 到达目标（即将到达的）行星时航天器的日心速度。

重新整理式(4.27)，可以确定目标行星处的真近点角如下：

$$r_{\mathrm{pa}}=\frac{a\left(1-\varepsilon^{2}\right)}{\varepsilon\cos\left(\phi_{\mathrm{pa}}\right)+1} \Rightarrow \phi_{\mathrm{pa}}=\arccos\left(\frac{a\left(1-\varepsilon^{2}\right)-r_{\mathrm{pa}}}{\varepsilon r_{\mathrm{pa}}}\right) \tag{4.46}$$

到达的航天器的日心速度矢量与目标行星的日心轨道速度矢量之间的夹角角度可以由角动量守恒来确定。令由式(4.32)所确定的在出发行星拼接点处的角动量与航天器在目标行星拼接点处的角动量相等，那么可以得到：

$$h_{\mathrm{s}}=R_{\mathrm{pd}}V_{\mathrm{pd}}^{\mathrm{hv}}\cos\left(\alpha_{\mathrm{d}}\right)=R_{\mathrm{pa}}V_{\mathrm{pa}}^{\mathrm{hv}}\cos\left(\alpha_{\mathrm{a}}\right) \Rightarrow \alpha_{\mathrm{a}}=\arccos\left[\frac{R_{\mathrm{pd}}V_{\mathrm{pd}}^{\mathrm{hv}}\cos\left(\alpha_{\mathrm{d}}\right)}{R_{\mathrm{pa}}V_{\mathrm{pa}}^{\mathrm{hv}}}\right] \tag{4.47}$$

图 4.3 说明目标行星的日心速度矢量和航天器的行星中心速度矢量是如何在拼接点处相互联系起来的。利用余弦定律，可再次确定航天器的速度矢量相对于目标行星的日心速度矢量的表达式如下：

$$\left(V_{\mathrm{pa}}^{\mathrm{hev}}\right)^{2}=\left(V_{\mathrm{pa}}^{\mathrm{hv}}\right)^{2}+\left(V_{\mathrm{pa}}\right)^{2}-2V_{\mathrm{pa}}^{\mathrm{hv}}V_{\mathrm{pa}}\cos\left(\alpha_{\mathrm{a}}\right) \tag{4.48}$$

其中，$V_{\mathrm{pa}}^{\mathrm{hev}}$=航天器的行星中心速度矢量，$V_{\mathrm{pa}}$=目标星球的日心速度矢量，$\alpha_{\mathrm{a}}$=航天器和目标行星的日心速度矢量之间的夹角。

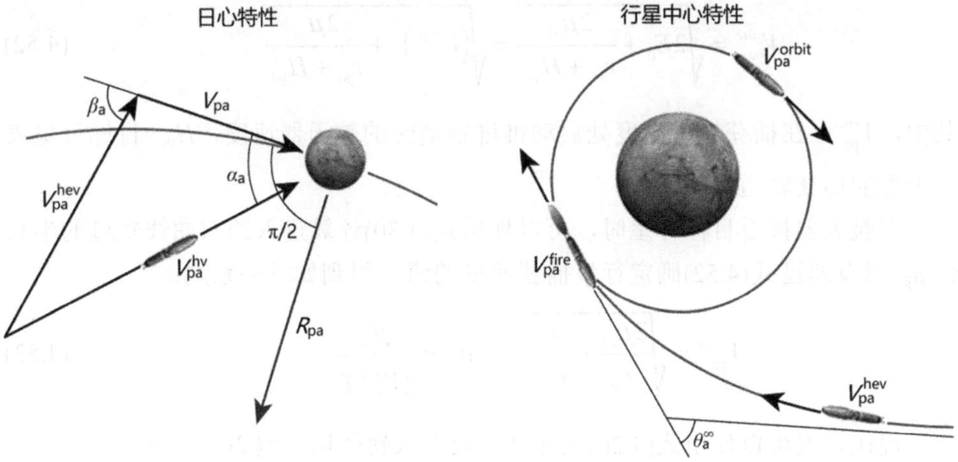

图 4.3 到达行星的轨道参数

图 4.3 也说明拼接条件如何确定相对于行星的日心速度矢量的航天器接近角。由下面公式，可以把这些航天器的接近角（日心的和行星中心的）相互联系起来：

$$V_{pa}^{hv}\sin(\alpha_a)=V_{pa}^{hev}\sin(\beta_a),\quad V_{pa}^{hv}\cos(\alpha_a)=V_{pa}^{hev}\cos(\beta_a)+V_{pa} \tag{4.49}$$

使用式(4.49)定义的几何关系，可以推导出如下方程式，以求解航天器的行星中心到达速度矢量与行星围绕太阳的日心轨道速度矢量之间的夹角β_a：

$$\tan(\beta_a)=\frac{V_{pa}^{hv}\sin(\alpha_a)}{V_{pa}^{hv}\cos(\alpha_a)-V_{pa}} \tag{4.50}$$

假定航天器需要捕获进入到目标行星周围半径为r_{pa}的圆形停泊轨道，遵循前述的行星出发有关方程的相同推导逻辑，则航天器在行星影响范围处（或相当于离行星无穷远处）的动能与轨道比能量可以再次通过式(4.9)联系起来：

$$V_{pa}^{hev}=\lim_{H_{pa}\to\infty}\sqrt{2E_o+\frac{2\mu_{pa}}{r_{pa}+H_{pa}}}\ \Rightarrow\ 2E_o=\left(V_{pa}^{hev}\right)^2 \tag{4.51}$$

当拥有双曲超速V_{pa}^{hev}的航天器进入目标行星的影响范围时，再次使用式(4.9)，并与式(4.51)相联合，可计算在期望的停泊轨道半径上实现行星捕获所需的速度。

$$V_{\mathrm{pa}}^{\mathrm{fire}}=\sqrt{2E_{\mathrm{o}}+\frac{2\mu_{\mathrm{pa}}}{r_{\mathrm{pa}}+H_{\mathrm{pa}}}}=\sqrt{\left(V_{\mathrm{pa}}^{\mathrm{hev}}\right)^{2}+\frac{2\mu_{\mathrm{pa}}}{r_{\mathrm{pa}}+H_{\mathrm{pa}}}} \tag{4.52}$$

其中，$V_{\mathrm{pa}}^{\mathrm{fire}}$=在捕获轨道高度处启动推进制动时的航天器速度，$H_{\mathrm{pa}}$=目标行星表面上方的捕获轨道高度。

当航天器接近目标行星时，可以使用式(4.30)计算进入的双曲线轨迹的半长轴 a_{pa} 以及通过式(4.52)确定行星捕获速度的值，得到如下关系式：

$$V_{\mathrm{pa}}^{\mathrm{fire}}=\sqrt{\frac{2\mu_{\mathrm{pa}}}{a_{\mathrm{pa}}}-\frac{\mu_{\mathrm{pa}}}{a_{\mathrm{pa}}}} \Rightarrow a_{\mathrm{pa}}=\frac{\mu_{\mathrm{pa}}}{\left(V_{\mathrm{pa}}^{\mathrm{fire}}\right)^{2}} \tag{4.53}$$

现在，也可以使用式(4.26)来计算航天器入轨轨迹的偏心率如下：

$$a_{\mathrm{pa}}=\frac{h_{\mathrm{s}}^{2}}{\mu_{\mathrm{pa}}\left(1-\varepsilon_{\mathrm{pa}}^{2}\right)} \Rightarrow \varepsilon_{\mathrm{pa}}=\sqrt{1-\frac{h_{\mathrm{s}}^{2}}{\mu_{\mathrm{pa}}a_{\mathrm{pa}}}} \tag{4.54}$$

为了实现最有效的行星捕获，航天器必须在最接近行星（即近心点）处且与目标行星的半径矢量相垂直时启动发动机。这次启动发生处就是航天器停泊轨道的半径。在行星影响范围边缘（或相当于 $r\approx\infty$处）的航天器和行星捕获启动的近心点（这也是行星中心的极限真近点角，即 $\theta_{\mathrm{a}}^{\infty}$）之间的接近角，可以由式(4.15)给出的双曲线轨迹曲线得到，结果如下：

$$r=\frac{-h_{\mathrm{sc}}^{2}/\mu_{\mathrm{pd}}}{1+\varepsilon_{\mathrm{pa}}\cos\left(\theta_{\mathrm{a}}^{\infty}\right)}\approx\infty \Rightarrow 0=1+\varepsilon_{\mathrm{pa}}\cos\left(\theta_{\mathrm{a}}^{\infty}\right) \Rightarrow \cos\left(\theta_{\mathrm{a}}^{\infty}\right)=\frac{-1}{\varepsilon_{\mathrm{pa}}} \tag{4.55}$$

被期望的停泊轨道所捕获而必需的航天器围绕目标行星的角位置，现在可以确定为，式(4.50)中表示的航天器的行星中心到达速度矢量与行星围绕太阳的日心轨道速度矢量之间的夹角，再加上由公式(4.54)确定的行星中心真近点角极限，因此得到：

$$\theta_{\mathrm{a}}=\theta_{\mathrm{a}}^{\infty}+\beta_{\mathrm{a}} \tag{4.56}$$

其中，θ_{a}=航天器围绕目标行星的角位置，在该位置处必须开始启动捕获点火。

4.4 飞行时间方程

第 4.3 节曾推导了一些表达式，以建立航天器的位置和速度与真近点角（即航天器相对于它轨迹近心点的角位移）之间的关系。在这些推导过程中，暂时消除了时间变量。本节将重新引入时间变量，以确定行星际任务的航行时间。重新引入时间变量的过程可以从改写式(4.12)开始：

$$\frac{\mathrm{d}\phi}{\mathrm{d}t}=\frac{h}{r^2} \Rightarrow \mathrm{d}t=\frac{r^2}{h}\mathrm{d}\phi \tag{4.57}$$

如果将式(4.17)中的轨迹表达式代入式(4.57)，可以得到：

$$\mathrm{d}t=\frac{1}{h}\left\{\frac{h^2}{\mu\left[1+\varepsilon\cos(\phi)\right]}\right\}^2\mathrm{d}\phi=\frac{h^3}{\mu^2}\frac{\mathrm{d}\phi}{\left[1+\varepsilon\cos(\phi)\right]^2} \tag{4.58}$$

通过对式(4.58)沿着航天器轨迹从零真近点角（近心点）到任意真近点角积分，可以得到这两个真近点角之间的航天器航行时间的表达式：

$$\begin{aligned}t&=\frac{h^3}{\mu^2}\int_0^{\phi}\frac{\mathrm{d}\phi'}{\left[1+\varepsilon\cos(\phi')\right]^2}\\&=\frac{h^3}{\mu^2}\frac{1}{\left(1-\varepsilon^2\right)^{3/2}}\left\{2\arctan\left[\sqrt{\frac{1-\varepsilon}{1+\varepsilon}}\tan\left(\frac{\phi}{2}\right)\right]-\frac{\epsilon\sqrt{1-\varepsilon^2}\sin(\phi)}{1+\varepsilon\cos(\phi)}\right\}\end{aligned} \tag{4.59}$$

通过引入一个称为偏近点角 E 的新变量，可以大大简化式(4.59)。这个变量的几何解释如图 4.4 所示。在该图中，航天器的轨道路径包含在一个圆内，该圆的半径等于轨道半长轴 a，且该圆刚好在航天器轨道的近心点和远心点处与航天器轨道接触。图 4.4 还说明了真近点角ϕ与偏近点角 E 之间存在的关系的本质。

此时，用偏近点角来表示航天器到其轨迹焦点的径向距离是有用的。首先，用轨迹的主焦点作为笛卡尔（Cartesian）坐标系的原点，写出航天器在此坐标系中的轨迹的方程如下：

$$\frac{\left(x+a\varepsilon\right)^2}{a^2}+\frac{y^2}{b^2}=1 \tag{4.60}$$

参考图 4.4，还可得到：

$$x=a\cos(E)-a\varepsilon \tag{4.61}$$

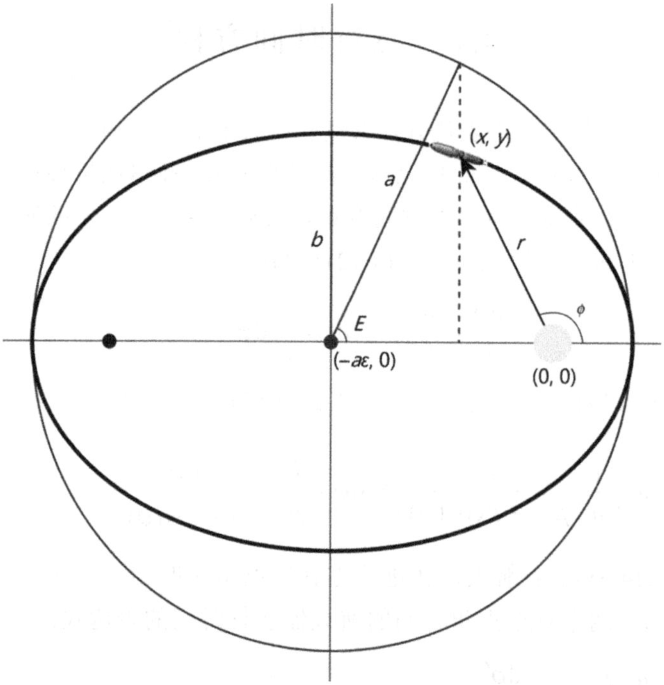

图 4.4 真近点角与偏近点角之间的几何关系

把式(4.61)代入式(4.60)后得到：

$$1=\frac{\left[a\cos\left(E\right)-a\varepsilon+a\varepsilon\right]}{a^{2}}+\frac{y^{2}}{b^{2}}=\cos^{2}\left(E\right)+\frac{y^{2}}{b^{2}} \tag{4.62}$$

从椭圆的数学描述中可以发现，偏心率可以表示为：

$$\varepsilon=\sqrt{\frac{a^{2}-b^{2}}{a^{2}}}\ \Rightarrow\ b=a\sqrt{1-\varepsilon^{2}} \tag{4.63}$$

如果把式(4.63)代入式(4.62)，变换各项可得：

$$\begin{gathered}1=\cos^{2}\left(E\right)+\frac{y^{2}}{a^{2}\left(1-\varepsilon^{2}\right)}\\ \Rightarrow\ y^{2}=a^{2}\left(1-\varepsilon^{2}\right)\left[1-\cos^{2}\left(E\right)\right]=a^{2}\left(1-\varepsilon^{2}\right)\sin^{2}\left(E\right)\end{gathered} \tag{4.64}$$

应用毕达哥拉斯定理并结合式(4.61)和式(4.64)，最终得到用偏近点角表示的航天器轨迹的半径如下：

$$r^2 = x^2 + y^2 = \left[a\cos(E) - a\varepsilon\right]^2 + a^2\left(1-\varepsilon^2\right)\sin^2(E) = a^2\left[1-\varepsilon\cos(E)\right]^2 \\ \Rightarrow\ r = a\left[1-\varepsilon\cos(E)\right] \tag{4.65}$$

令式(4.27)中用真近点角表示的轨迹半径与式(4.65)中用偏近点角表示的轨迹半径相等，则真近点角与偏近点角之间的数学关系可以表示为如下形式：

$$r = \frac{a\left(1-\varepsilon^2\right)}{\varepsilon\cos(\phi)+1} = a\left[1-\varepsilon\cos(E)\right] \ \Rightarrow\ \cos(E) = \frac{\varepsilon+\cos(\phi)}{1+\varepsilon\cos(\phi)} \tag{4.66}$$ [8]

利用三角恒等式，还可以从式(4.61)得到：

$$\sin(\phi) = \sqrt{1-\cos^2(\phi)} = \frac{\sqrt{1-\varepsilon^2}\sin(E)}{1-\varepsilon\cos(E)} \tag{4.67}$$

以及：

$$\tan\left(\frac{\phi}{2}\right) = \frac{1-\cos(\phi)}{\sin(\phi)} = \frac{1-\varepsilon\cos(E)-\cos(E)+\varepsilon}{\sqrt{1-\varepsilon^2}\sin(E)} = \frac{(\varepsilon+1)\left[1-\cos(E)\right]}{\sqrt{1-\varepsilon^2}\sin(E)} \\ = \sqrt{\frac{1+\varepsilon}{1-\varepsilon}}\frac{1-\cos(E)}{\sin(E)} = \sqrt{\frac{1+\varepsilon}{1-\varepsilon}}\tan\left(\frac{E}{2}\right) \tag{4.68}$$

如果把式(4.66)~式(4.68)代入行星际航行时间式(4.59)中，可以得到一个形式更简单的航行时间方程，该方程中用偏近点角代替了真近点角：

$$t = \frac{h^3}{\mu_s^2}\frac{1}{\left(1-\varepsilon^2\right)^{3/2}}\left\{2\arctan\left[\sqrt{\frac{1-\varepsilon}{1+\varepsilon}}\sqrt{\frac{1+\varepsilon}{1-\varepsilon}}\tan\left(\frac{E}{2}\right)\right] - \frac{\varepsilon\sqrt{1-\varepsilon^2}\dfrac{\sqrt{1-\varepsilon^2}\sin(E)}{1-\varepsilon\cos(E)}}{1+\varepsilon\dfrac{\cos(E)-\varepsilon}{1-\varepsilon\cos(E)}}\right\} \\ = \frac{h^3}{\mu_s^2}\frac{E-\varepsilon\sin(E)}{\left(1-\varepsilon^2\right)^{3/2}} \tag{4.69}$$

使用式(4.26)，式(4.69)的航行时间关系可以进一步简化，得到：

$$t = \frac{h^3}{\mu_s^2}\frac{E-\varepsilon\sin(E)}{\left(1-\varepsilon^2\right)^{3/2}} = a^{3/2}\left(1-\varepsilon^2\right)^{3/2}\frac{E-\varepsilon\sin(E)}{\sqrt{\mu_s}\left(1-\varepsilon^2\right)^{3/2}} = \left[E-\varepsilon\sin(E)\right]\sqrt{\frac{a^3}{\mu_s}} \tag{4.70}$$

其中，t=从 0 度偏近点角到 E 度偏近点角的航行时间。

式(4.70)被称为开普勒方程，经常用于计算行星际航行时间。图 4.5 说明了从地球到火星的各种任务的轨道轨迹特征。能量最低的任务可能遵循所谓的霍曼（Hohmann）轨道。在霍曼轨道上，飞船转移轨道的远地点恰好等于目标行星围绕太阳的轨道半径，而飞船转移轨道的近地点恰好等于围绕太阳的出发行星的轨道半径。虽然霍曼行星际转移是可实现的最低能量的任务，但它也是最慢的，需要大约 259 天时间才能完成一次地球到火星的转移。

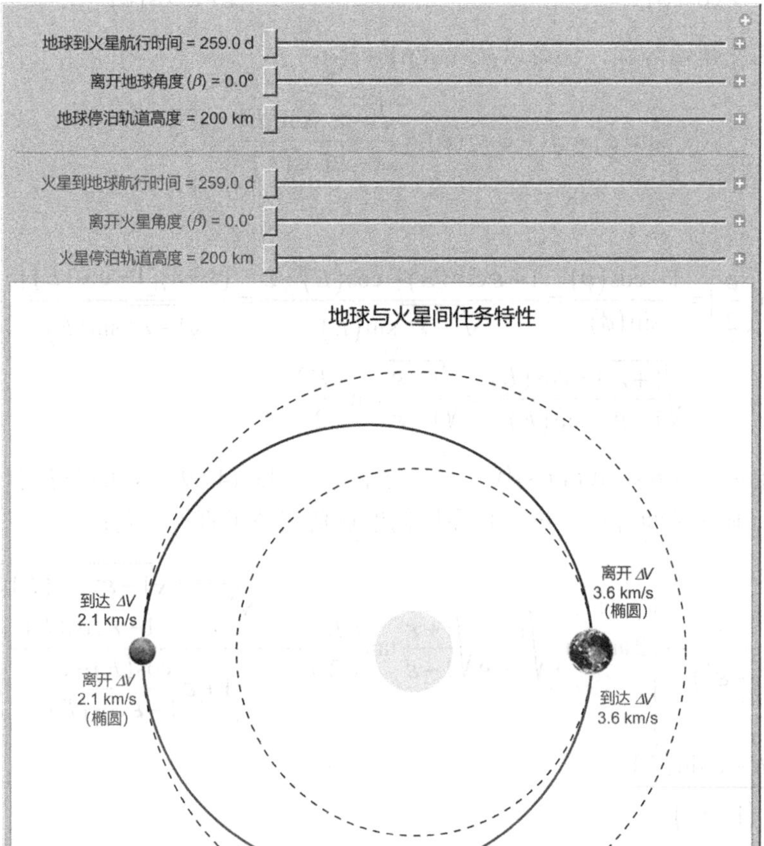

图 4.5　地球-火星任务特性

图 4.5 的交互式版本也说明了，当超过霍曼转移所需速度时，相对较小的速度增加，是如何相对较大地减少了航行时间。这些航行时间的减少主要不是由于可利用的速度增量的增加，而是由于所需航行的距离的减少。假定所有出发角都与出发行星的轨道速度矢量相切，随着任务总速度增量*增加，航行距离的减小幅度逐渐变小，并且渐近地接近与半焦弦相等的最小值。

完成某个特定任务所需的所有速度变化的总和称为任务总速度增量，其不仅包括从围绕出发行星的轨道逃离（所需的速度增量）以及捕获进入围绕目标行星的轨道所需的速度增量，还包括其他所有需要的速度变化，如调整转移轨道的轨道平面、中途修正等。因此，为一个特定的行星际任务所选择的推进系统必须能够实现这个任务总速度增量，否则将无法完成任务。通过应用式(2.8)所表示的火箭方程，可以将这个任务的总速度增量与火箭的质量分数和发动机比冲联系起来。现在的目标是对于一个特定的行星际任务，确定一些任务速度增量的组合，其和等于火箭方程中的最大火箭速度。这些任务速度增量是各种轨道参数（例如，真近点角）的函数，并且选择的原则是使得对于给定的任务总速度增量，最小化行星际航行时间。这个计算没有闭式解，因此必须数值求解。作为一个例子，如果我们假设所讨论的任务是一次单向航行，该航行（仅）捕获进入围绕目标行星的轨道，那么问题将以如下方式建立：

$$t_{\min} = \text{Minimum}\left[t\left(a,\varepsilon,\phi\right)\right]\text{，约束条件为: } V_{\text{tm}}\left(I_{\text{sp}},f_{\text{m}}\right)=\Delta V_{\text{pd}}\left[a,\varepsilon,\phi_{\text{d}}\right]+\Delta V_{\text{pa}}\left[a,\varepsilon,\phi_{\text{a}}\right] \tag{4.71}$$

其中，$t_{\min}$=最小总航行时间，$t(a,\varepsilon,\phi)$=航行时间式(4.70)的等价函数形式。

例题

假定转移火箭的质量分数为 0.25，并且采用一个比冲为 850 s 的核热火箭发动机，计算从地球轨道到火星轨道的单向航行时间。假定转移火箭从一个 200 km 高的轨道沿着与地球围绕太阳的速度矢量相同的方向离开地球（$\beta_{\text{earth}}=0° \Rightarrow \alpha_{\text{earth}}=0° \Rightarrow \phi_{\text{earth}}=0°$），并且捕获进入一个 100 km 高的火星轨道。同时假定：

* 任务总速度增量：原文为“total mission velocity”，直译应为“总任务速度”，指的是把飞行任务中各阶段所需速度增量△V 累加。

参数	值	单位
从太阳到地球距离	149,700,000	km
地球半径	6378	km
地球标准引力常数	398,600	km^3/s^2
从太阳到火星的距离	228,000,000	km
火星半径	3393	km
火星标准引力常数	42,830	km^3/s^2
太阳标准引力常数	1.327×10^{11}	km^3/s^2

请注意，由于问题中飞船的出发角度已经固定，因此本次计算不要求将地球到火星的航行时间最小化。

解答

计算的第一步是确定目标任务总速度增量，它是核发动机比冲和转移火箭质量分数的函数。根据前面表示的火箭方程，可以通过式(2.8)计算火箭可用于任务机动的总速度增量如下：

$$\Delta V_{\text{vehicle}} = -0.0098 I_{\text{sp}} \ln\left(f_{\text{m}}\right) = -0.0098\frac{\text{km}}{\text{s}^2}\times 850\text{ s}\times \ln\left(0.25\right) = 11.548\frac{\text{km}}{\text{s}} \tag{1}$$

下一步分析是确定地球到火星转移机动的轨迹特征。要进行这个计算，需要了解太阳轨道偏心率。由于这个参数尚不知道，因此先猜测一个太阳轨道偏心率，直到找到一个值，由此得到的任务总速度增量与火箭的总速度增量相匹配。现在，假定太阳轨道偏心率 ε 为 0.4。有了这个轨道偏心率，火箭转移轨道主半径的值可以由式(4.27)确定如下：

$$\begin{aligned} a &= \frac{R_{\text{earth}}\left[1+\varepsilon\cos\left(\phi_{\text{earth}}\right)\right]}{1-\varepsilon^2} = \frac{149,700,000\text{ km}\left[1+0.4\times\cos\left(0\right)\right]}{1-0.4^2} \\ &= 249,500,000\text{ km} \end{aligned} \tag{2}$$

通过式(2)知道了火箭转移轨道的主半径，则离开地球轨道后的航天器的日心速度可以由式(4.31)计算得到：

$$
\begin{aligned}
V_{\text{earth}}^{\text{hv}} &= \sqrt{\mu_{\text{s}}\left(\frac{2}{R_{\text{earth}}}-\frac{1}{a}\right)} \\
&= \sqrt{1.327\times10^{11}\,\frac{\text{km}^3}{\text{s}^2}\left(\frac{2}{149{,}700{,}000\ \text{km}}-\frac{1}{249{,}500{,}000\ \text{km}}\right)} = 35.23\,\frac{\text{km}}{\text{s}}
\end{aligned} \tag{3}
$$

为了计算航天器从地球的双曲超速，还必须计算地球围绕太阳的速度。地球围绕太阳的速度可以使用式(4.34)得到：

$$
V_{\text{earth}}^{\text{hv}} = \sqrt{\frac{\mu_{\text{s}}}{R_{\text{earth}}}} = \sqrt{\frac{1.327\times10^{11}\,\frac{\text{km}^3}{\text{s}^2}}{149{,}700{,}000\ \text{km}}} = 29.773\,\frac{\text{km}}{\text{s}} \tag{4}
$$

双曲超速是航天器离开地球的引力影响范围之后的速度，现在可以利用式(3)和式(4)的结果，通过式(4.33)得到：

$$
\begin{aligned}
V_{\text{earth}}^{\text{hev}} &= \sqrt{\left(V_{\text{earth}}^{\text{hv}}\right)^2 + V_{\text{earth}}^2 - 2V_{\text{earth}}^{\text{hv}}V_{\text{earth}}^{\text{hv}}\cos\left(\alpha_{\text{earth}}\right)} \\
&= \sqrt{35.23^2\,\frac{\text{km}^2}{\text{s}^2} + 29.773^2\,\frac{\text{km}^2}{\text{s}^2} - 2\times35.23\,\frac{\text{km}}{\text{s}}\times29.773\,\frac{\text{km}}{\text{s}}\cos(0)} \\
&= 5.455\,\frac{\text{km}}{\text{s}}
\end{aligned} \tag{5}
$$

从式(5)知道了双曲超速，现在可以确定在发动机关闭时相对于地球的航天器速度，该速度是将航天器插入期望的火星转移轨道所必需的。根据式(4.36)，发动机关闭时的航天器速度可以确定为：

$$
\begin{aligned}
V_{\text{earth}}^{\text{cut}} &= \sqrt{\frac{2\mu_{\text{earth}}}{r_{\text{earth}} + H_{\text{earth}}} + \left(V_{\text{earth}}^{\text{hev}}\right)^2} \\
&= \sqrt{\frac{2\times398{,}600\,\frac{\text{km}^3}{\text{s}^2}}{6378\ \text{km} + 200\ \text{km}} + 5.455^2\,\frac{\text{km}^2}{\text{s}^2}} = 12.286\,\frac{\text{km}}{\text{s}}
\end{aligned} \tag{6}
$$

[9]

为了确定将航天器从地球停泊轨道插入所期望的火星转移轨道所需的速度增量，必须计算出航天器的轨道速度。使用式(4.37)来计算航天器的轨道速度可得：

$$V_{\text{earth}}^{\text{orbit}} = \sqrt{\frac{\mu_{\text{earth}}}{r_{\text{earth}} + H_{\text{earth}}}} = \sqrt{\frac{398,600 \frac{\text{km}^3}{\text{s}^2}}{6378 \text{ km} + 200 \text{ km}}} = 7.784 \frac{\text{km}}{\text{s}} \tag{7}$$

使用式(6)和式(7)的结果，得到由核推进系统提供的、将航天器射入所期望的火星转移轨道所需的速度增量如下：

$$\Delta V_{\text{earth}} = V_{\text{earth}}^{\text{cut}} - V_{\text{earth}}^{\text{orbit}} = 12.286 \frac{\text{km}}{\text{s}} - 7.784 \frac{\text{km}}{\text{s}} = 4.502 \frac{\text{km}}{\text{s}} \tag{8}$$

到达火星后，将航天器插入所期望的停泊轨道时所需的计算，与航天器离开地球轨道时所需的计算相反。第一步需要的计算是确定航天器到达火星时的日心速度。这个速度可以利用式(4.45)和式(3)的结果得到，如下：

$$\begin{aligned} V_{\text{Mars}}^{\text{hv}} &= \sqrt{\left(V_{\text{earth}}^{\text{hv}}\right)^2 + 2\mu_{\text{s}}\left(\frac{1}{R_{\text{earth}}} - \frac{1}{R_{\text{Mars}}}\right)} \\ &= \sqrt{35.228^2 \frac{\text{km}^2}{\text{s}^2} + 2 \times 1.327 \times 10^{11} \frac{\text{km}^3}{\text{s}^2}\left(\frac{1}{149,700,000 \text{ km}} - \frac{1}{228,000,000 \text{ km}}\right)} \\ &= 25.143 \frac{\text{km}}{\text{s}} \end{aligned} \tag{9}$$

除了航天器到达时的日心速度之外，还需要确定航天器到达火星时相对于行星的轨道速度矢量的角度。使用式(4.47)确定这个角度如下：

$$\begin{aligned} \alpha_{\text{Mars}} &= \arccos\left[\frac{R_{\text{earth}} V_{\text{earth}}^{\text{hv}} \cos(\alpha_{\text{earth}})}{R_{\text{Mars}} V_{\text{Mars}}^{\text{hv}}}\right] \\ &= \arccos\left[\frac{149,700,000 \text{ km} \times 35.228 \frac{\text{km}}{\text{s}} \times \cos(0)}{228,000,000 \text{ km} \times 25.143 \frac{\text{km}}{\text{s}}}\right] = 23.08^\circ \end{aligned} \tag{10}$$

为了将航天器相对于火星的到达速度与其到达时的日心速度联系起来，有必要首先确定火星围绕太阳的轨道速度。如前所述，使用式(4.34)可得：

$$V_{\text{Mars}} = \sqrt{\frac{\mu_{\text{s}}}{R_{\text{Mars}}}} = \sqrt{\frac{1.327 \times 10^{11} \frac{\text{km}^3}{\text{s}^2}}{228,000,000 \text{ km}}} = 24.125 \frac{\text{km}}{\text{s}} \tag{11}$$

现在可以使用式(4.48)计算航天器相对于火星的到达速度（等于双曲线逃逸速度），得到：

$$
\begin{aligned}
V_{\text{Mars}}^{\text{hev}} &= \sqrt{\left(V_{\text{Mars}}^{\text{hv}}\right)^2 + V_{\text{Mars}}^2 - 2V_{\text{Mars}}^{\text{hv}} V_{\text{Mars}} \cos\left(\alpha_{\text{Mars}}\right)} \\
&= \sqrt{25.143^2 \frac{\text{km}^2}{\text{s}^2} + 24.125^2 \frac{\text{km}^2}{\text{s}^2} - 2 \times 25.143 \frac{\text{km}}{\text{s}} \times 24.125 \frac{\text{km}}{\text{s}} \times \cos(23.08°)} \\
&= 9.908 \frac{\text{km}}{\text{s}}
\end{aligned} \tag{12}
$$

[10]

当火星引力开始影响飞船时，在火星表面上方的捕获轨道高度上启动推进制动机动。可以使用式(12)的结果，并通过式(4.52)，得到制动机动开始时的航天器速度：

$$
\begin{aligned}
V_{\text{Mars}}^{\text{fire}} &= \sqrt{\left(V_{\text{Mars}}^{\text{hev}}\right)^2 + \frac{2\mu_{\text{Mars}}}{r_{\text{Mars}} + H_{\text{Mars}}}} = \sqrt{9.908^2 \frac{\text{km}^2}{\text{s}^2} + \frac{2 \times 42{,}830 \frac{\text{km}^3}{\text{s}^2}}{3393\ \text{km} + 100\ \text{km}}} \\
&= 11.077 \frac{\text{km}}{\text{s}}
\end{aligned} \tag{13}
$$

为了确定航天器捕获进入到其火星停泊轨道所需的速度增量，还必须计算航天器在所期望的火星捕获高度处的轨道速度。使用式(4.37)来计算火星上的航天器轨道速度，这时得到：

$$
V_{\text{Mars}}^{\text{orbit}} = \sqrt{\frac{\mu_{\text{Mars}}}{r_{\text{Mars}} + H_{\text{Mars}}}} = \sqrt{\frac{42{,}830 \frac{\text{km}^3}{\text{s}^2}}{3393\ \text{km} + 100\ \text{km}}} = 3.502 \frac{\text{km}}{\text{s}} \tag{14}
$$

由核推进系统提供的、航天器捕获进入到所期望的火星停泊轨道所需要的速度增量，可以由式(13)和式(14)得到：

$$
\Delta V_{\text{Mars}} = V_{\text{Mars}}^{\text{fire}} - V_{\text{Mars}}^{\text{orbit}} = 11.077 \frac{\text{km}}{\text{s}} - 3.502 \frac{\text{km}}{\text{s}} = 7.575 \frac{\text{km}}{\text{s}} \tag{15}
$$

核推进系统执行任务必须提供的总速度增量，是离开地球和火星捕获的速度增量之和。使用式(8)和式(15)，得到所需的任务总速度增量为：

$$
\Delta V_{\text{mission}} = \Delta V_{\text{earth}} + \Delta V_{\text{Mars}} = 4.502 \frac{\text{km}}{\text{s}} + 7.575 \frac{\text{km}}{\text{s}} = 12.077 \frac{\text{km}}{\text{s}} \tag{16}
$$

比较核发动机所能提供的$\Delta V_{\text{vehicle}}$（11.548 km/s）和任务$\Delta V_{\text{mission}}$（12.077 km/s），可以看出太阳轨道偏心率取0.4时太低。因此，需要取更高的火星转移轨道的轨道偏心率的值（这意味着更高的能量和更快速的行星转移），以匹配核发动机能够提供的额外ΔV。尝试几个其他的火星转移轨道偏心率值，得到如表1中的结果。

知道航天器从地球到火星转移轨道的特点后，现在可以确定行星之间的航行时间。使用表1中的转移轨道参数和式(4.46)，可以确定到达火星时，航天器的真近点角为：

表1 作为轨道偏心率的函数的火星转移轨道特性

ε	a/km	$\Delta V_{\text{mission}}$/(km/s)	$\Delta V_{\text{vehicle}}-\Delta V_{\text{mission}}$/(km/s)
0.400	2.495×10^{8}	12.077	−0.529
0.300	2.139×10^{8}	9.127	2.421
0.350	2.303×10^{8}	10.655	−0.893
0.381	2.418×10^{8}	11.547	0.001（接近）

$$\begin{aligned}\phi_{\text{Mars}} &= \arccos\left[\frac{a(1-\varepsilon^2)-R_{\text{Mars}}}{\varepsilon R_{\text{Mars}}}\right]\\ &= \arccos\left[\frac{241{,}800{,}000\ \text{km}(1-0.381^2)-228{,}000{,}000\ \text{km}}{0.381\times 228{,}000{,}000\ \text{km}}\right]=104.19^\circ\end{aligned}\tag{17}$$

有了通过式(17)得到的到达火星时的真近点角，现在可以使用式(4.66)来计算到达火星时航天器的偏近点角如下：

$$\begin{aligned}E_{\text{Mars}} &= \arccos\left[\frac{\varepsilon+\cos(\phi_{\text{Mars}})}{1+\varepsilon\cos(\phi_{\text{Mars}})}\right]=\arccos\left[\frac{0.381+\cos(104.19)}{1+0.381\cos(104.19)}\right]\\ &=1.402\ \text{rad}=81.385^\circ\end{aligned}\tag{18}$$

最后，使用式(4.70)可以确定在地球和火星之间航行所需的时间。已知预设在航天器的转移轨道近心点（即 $E_{\text{earth}}=0$）上出发发动机点火（沿地球切向出发点火所致），因而只需要通过式(18)得到的偏近点角，即可确定行星之间的航行时间。从而到火星的航行时间如下：

$$t=\sqrt{\frac{a^3}{\mu_s}}\left[E_{\text{Mars}}-\varepsilon\sin\left(E_{\text{Mars}}\right)\right]$$

$$=\frac{1}{86400}\frac{\text{d}}{\text{s}}\sqrt{\frac{\left(2.418\times10^{8}\right)^{3}\text{km}^{3}}{1.327\times10^{11}\frac{\text{km}^{3}}{\text{s}^{2}}}}\left[1.420-0.381\times\sin\left(81.385°\right)\right]=124.64\text{ d} \tag{19}$$

在图 4.6 中，地球和火星之间的往返任务的特征，被表示为航天器及其推进系统的性能特征的函数。在这些计算中，往返时间已经最小化，以便尽可能有效使用可用的任务总速度增量预算。需要指出的是，这些计算仅仅考虑了航天器出发和捕获机动，而忽略了所有其他的速度变化的需要（例如，中途修正机动及各种偶然事件）。另外，在其各自的平均太阳轨道半径上，地球和火星的轨道均被假定是完美的圆形，因此两个行星的所有轨道偏心率都被忽略了。虽然在详细任务分析时不能采用这些假定，因为高精度对于确保任务成功至关重要，但通过比较可以发现，这些忽略仅仅导致了很小的差异。

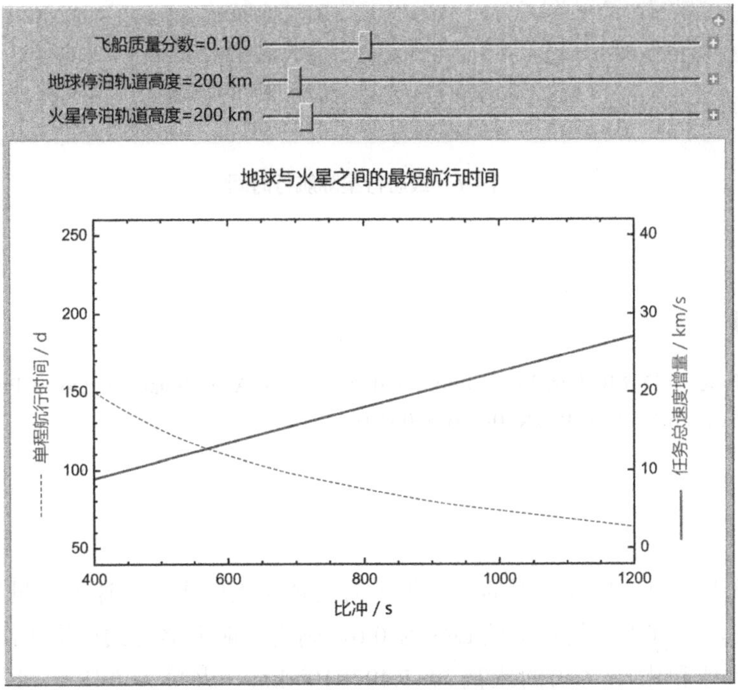

图 4.6 地球到火星之间的最短航行时间

尽管大多数行星际任务研究聚焦于往火星的航行，但是具有高比冲的核推进或其他先进推进系统，也可以用于执行各种其他行星际任务的航天器上，以满足各种科学目的。对于那些难以或无法使用化学推进系统来执行的外行星（内行星）的任务，会因使用更有效的推进系统而变得容易可行。图 4.7 中，使用前面推导的轨道关系，对某些其他行星际任务的轨迹特征作了粗略计算，以确定完成这些任务所必需的推进系统的要求。同样，通过假设只进行基本的行星出发和到达推进机动，并且行星轨道是完美的圆形，来计算最短的航行时间。

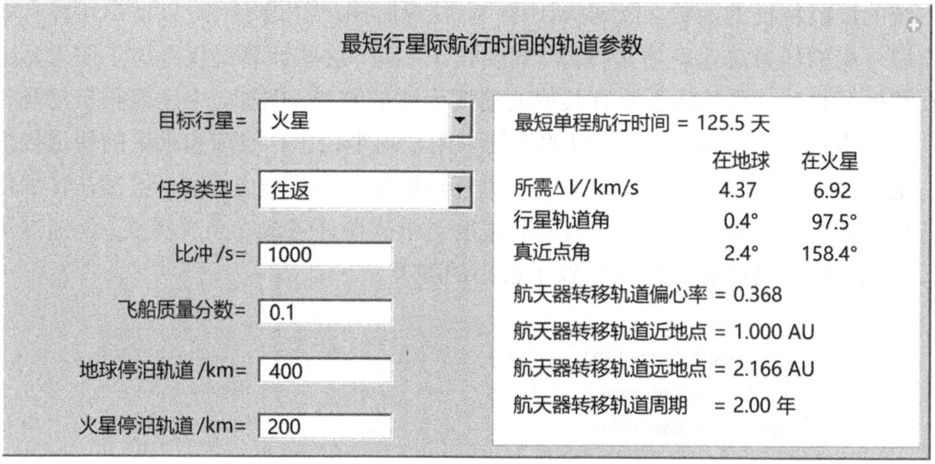

图 4.7 最短行星际航行时间

参考文献

[1] R.R. Bate, D.D. Mueller, J.E. White. Fundamentals of Astrodynamics. Dover Publications, Inc., NewYork, 1971. ISBN: 0-486-60061-0.

习题

1. 假设航天器由地球发射时的速度矢量与地球绕太阳飞行的速度矢量处于同一个方向，并且太阳的轨道偏心率为 0.6，确定该航天器飞到火星所需的时间。假设地球和太阳之间的距离为 1.497×10^8 km，火星和太阳之间的距离为 2.25×10^8 km。同时假设太阳的引力常量为 1.327×10^{11} km^3/s^2。

2. 如果问题 1 中描述的航天器是从 200 km 高的地球轨道发射并进入 100 km 高的火星轨道，确定对于单程火星任务所需的发动机比冲。假设航天器有效载荷的质量分数为 0.15，地球和火星的半径分别为 6378 km 和 3393 km。同时假设地球的引力常量为 398,600 km³/s²，火星的引力常量为 42,830 km³/s²。*

注释

1 原文方程为 $\frac{\mathrm{d}\boldsymbol{r}}{\mathrm{d}t}=V=\frac{\mathrm{d}r}{\mathrm{d}t}\hat{r}+r\frac{\mathrm{d}\phi}{\mathrm{d}t}\hat{\phi}$，有误。

2 原文方程为 $\frac{\mathrm{d}^2\boldsymbol{r}}{\mathrm{d}t^2}=\boldsymbol{a}=\left[\frac{\mathrm{d}^2\boldsymbol{r}}{\mathrm{d}t^2}-r\left(\frac{\mathrm{d}\phi}{\mathrm{d}t}\right)^2\right]\hat{r}+\left[r\frac{\mathrm{d}^2\phi}{\mathrm{d}t^2}+2\frac{\mathrm{d}r}{\mathrm{d}t}\frac{\mathrm{d}\phi}{\mathrm{d}t}\right]\hat{\phi}$，有误。

3 原文方程为 $-\frac{\mu}{r^2}=\frac{\mathrm{d}^2\boldsymbol{r}}{\mathrm{d}t^2}-r\left(\frac{\mathrm{d}\phi}{\mathrm{d}t}\right)^2$，有误。

4 原文方程为 $-\frac{\mu}{r^2}=\frac{\mathrm{d}^2\boldsymbol{r}}{\mathrm{d}t^2}-r\left(\sin(\alpha)V_{\mathrm{si}}\right)^2=\frac{\mathrm{d}}{\mathrm{d}t}\left(\frac{\mathrm{d}\boldsymbol{r}}{\mathrm{d}t}\right)-r\left(\frac{\mathrm{d}\phi}{\mathrm{d}t}\right)^2=\left(\frac{\mathrm{d}\phi}{\mathrm{d}t}\right)^2\frac{\mathrm{d}}{\mathrm{d}\phi}\left(\frac{\mathrm{d}\boldsymbol{r}}{\mathrm{d}\phi}\right)-r\left(\frac{\mathrm{d}\phi}{\mathrm{d}t}\right)^2$

$$=\left(\frac{h}{r^2}\right)^2\frac{\mathrm{d}}{\mathrm{d}\phi}\left(\frac{\mathrm{d}\boldsymbol{r}}{\mathrm{d}\phi}\right)-r\left(\frac{h}{r^2}\right)^2=\frac{h}{r^2}\frac{\mathrm{d}}{\mathrm{d}\phi}\left(\frac{h}{r^2}\right)\frac{\mathrm{d}\boldsymbol{r}}{\mathrm{d}\phi}-\frac{h^2}{r^3}$$，有误。

5 原文方程为 $-\mu\psi^2=h\psi^2\frac{\mathrm{d}}{\mathrm{d}\phi}\left[h\psi^2\left(\frac{1}{\psi^2}\frac{\mathrm{d}\psi}{\mathrm{d}\phi}\right)\right]-h^2\psi^3\Rightarrow\frac{\mu}{h^2}=\frac{\mathrm{d}^2\psi}{\mathrm{d}\phi^2}+\psi$，有误。

6 原文方程为 $V_{\mathrm{pd}}^{\mathrm{hv}}\sin(\alpha_{\mathrm{d}})=V_{\mathrm{pd}}^{\mathrm{hv}}\sin(\beta_{\mathrm{d}})$ 并且 $V_{\mathrm{pd}}^{\mathrm{hv}}\cos(\alpha_{\mathrm{d}})=V_{\mathrm{pd}}^{\mathrm{hv}}\cos(\beta_{\mathrm{d}})+V_{\mathrm{pd}}$，有误。

7 原文方程为 $\tan(\beta_{\mathrm{d}})=\frac{V_{\mathrm{pd}}^{\mathrm{hv}}\sin(\alpha_{\mathrm{d}})}{V_{\mathrm{pd}}^{\mathrm{hv}}\cos(\beta_{\mathrm{d}})+V_{\mathrm{pd}}}$，有误。

8 原文方程为 $r=\frac{a(1-\varepsilon^2)}{\varepsilon\cos(\phi)+1}=a\left[1-\varepsilon\cos(\phi)\right]\Rightarrow\cos(E)=\frac{\varepsilon+\cos(\phi)}{1+\varepsilon\cos(\phi)}$，有误。

9 原文方程为 $V_{\mathrm{earth}}^{\mathrm{cut}}=\sqrt{\frac{2\mu_{\mathrm{earth}}}{r_{\mathrm{earth}}+H_{\mathrm{earth}}}+\left(V_{\mathrm{earth}}^{\mathrm{hev}}\right)^2}=\sqrt{\frac{2,398,600\frac{\mathrm{km}^3}{\mathrm{s}^2}}{6378\ \mathrm{km}+200\ \mathrm{km}}+5.455^2\frac{\mathrm{km}^2}{\mathrm{s}^2}}$

$$=12.286\frac{\mathrm{km}}{\mathrm{s}}$$，有误。

---

* 原文中两个引力常量的单位为 m³/s²，有误。

10 原文方程为$V_{\text{Mars}}^{\text{hev}}=\sqrt{\left(V_{\text{Mars}}^{\text{hv}}\right)^2+V_{\text{Mars}}^2-2V_{\text{Mars}}^{\text{hv}}V_{\text{Mars}}\cos\left(\alpha_{\text{Mars}}\right)}$

$$=\sqrt{25.143^2\frac{\text{km}^2}{\text{s}^2}+24.125^2\frac{\text{km}^2}{\text{s}^2}-2\times 25.125\frac{\text{km}}{\text{s}}\times 24.125\frac{\text{km}}{\text{s}}\times\cos\left(23.08°\right)}$$

$=9.908\frac{\text{km}}{\text{s}}$，有误。

第5章　基本核结构与核过程

通常，原子核被简单地看作主要由质子和中子组成的束缚核子的集合。这种观点虽然是正确的，但是它只描述了原子核的一部分。原子核实际上包含了大量的其他结构，我们至今仍然只理解了其部分工作原理。幸运的是，我们不必充分了解原子核的工作原理，就可以开发核能并获取巨大的能量。通过利用核裂变或者未来可能的核聚变的反应过程，原子核的能量能够被提取出来，并用于发电和火箭推进等不同领域。

5.1　核结构

在开始研究与核火箭发动机有关的核反应堆物理之前，先对原子核本身的特性进行简短的定性讨论，是很有指导意义的。

如今的原子结构，尤其是原子核结构，是在 1911 年首次阐明的。当时，欧内斯特・卢瑟福（Ernest Rutherford）[*]在一系列的经典实验中证明，原子核只占原子总体积的一小部分。从那时起，后续的各种实验表明原子的经典“直径”大约为 10^{-8} cm，而原子核的“直径”则远远小于 10^{-12} cm。但即使原子核也无法被认为是实心固体，因为构成原子核的质子和中子的“直径”约为 10^{-13} cm，或者说比原子核的直径小 10 倍。

原子核通常由亚原子粒子组成，这些粒子被称为质子和中子（也称核子），它们属于一种被称为强子的基本粒子。强子本身由更基本的粒子——夸克组成。

---

* 欧内斯特・卢瑟福（Ernest Rutherford）：新西兰物理学家。

基本粒子的夸克模型由默里・盖尔曼（Murray Gell-Mann）*与乔治・茨威格（George Zweig）†在 1964 年提出，用来描述当时粒子加速器实验中发现的大量的基本粒子。在目前的夸克模型中，有六种不同味性质的夸克，分别是上夸克（up）、下夸克（down）、粲夸克（charm）、奇异夸克（strange）、顶夸克（top）和底夸克（bottom）。理论上夸克带有分数电荷，即所谓的色荷。色荷可以是红色、绿色或者蓝色，并且与强相互作用有关，强相互作用将夸克在强子内部结合在一起。夸克可以带有任何色荷。色荷与实际的颜色无关，而是一套描述强相互作用的有力工具。所有的强子都是色荷中性的，也就是说所有的强子都由夸克组合构成，而夸克组合的色荷呈白色。反夸克也可以存在，并具有反红色、反绿色和反蓝色。表 5.1 给出了各种不同味性质的夸克。

表 5.1　夸克的味性质

夸克	符号	质量/(MeV/c^2)	电荷
上夸克	u	1.7~3.1	+2/3
下夸克	d	4.1~5.7	−1/3
粲夸克	c	1180~1340	+2/3
奇异夸克	s	80~130	−1/3
顶夸克	t	172,000~173,800	+2/3
底夸克	b	4130~4370	−1/3

只有上夸克和下夸克是稳定的，它们是构成质子和中子的夸克组合。质子和中子属于强子的一个子类，即重子。重子由三个夸克组成，每个夸克具有不同的色荷。质子带有+1 净电荷，因而由两个上夸克和一个下夸克组成（*uud*）。中子不带电荷，因而由两个下夸克和一个上夸克组成（*udd*）。重子内夸克之间的色荷，由一种叫作胶子的基本粒子介导，胶子带有色荷与反色荷，其作用是在夸克之间交换色荷。通过胶子，强相互作用将夸克束缚在重子内部。

除了质子和中子，还有几十种重子可以在某些极端的条件下存在，它们由不同风味的夸克组合构成。这些重子包括 Λ 粒子（*uds*）、Ξ_c 粒子（*dsc*）和 Ω_{cb} 粒

* 默里・盖尔曼（Murray Gell-Mann）：美国物理学家。

† 乔治・茨威格（George Zweig）：美国物理学家、神经生物学家。

子（scb）等。所有的这些重子都是高度不稳定的，只能在极高的能量态下短暂存在，比如可能存在于大型的粒子加速器或爆炸的恒星中。由于这些奇异的重子不能在随后要讨论的任何常见的核反应中被创造出来，所以下文中将不再提及。

另一类强子叫作介子。这些基本粒子只在原子核中短暂存在，由夸克和反夸克组成。与重子类似，介子通过强相互作用结合在一起，同样由胶子介导。介子充当强核力的载体，核力将重子束缚在原子核中。参与质子和中子之间强相互作用的特殊介子是 π 介子（pion）。π 介子的质量约为质子和中子质量的 2/3，而且只有在违背质量和能量守恒定律时才能产生。根据海森堡（Heisenberg）测不准原理，这种情况是允许的，前提是违背质量和能量守恒的时间足够短，即：

$$\Delta E \times \Delta t \lesssim \frac{h}{4\pi} \Rightarrow \Delta t \lesssim \frac{h}{4\pi \Delta E} \tag{5.1}$$

其中，ΔE=与 π 介子产生相关的能量，Δt=在不违反海森堡测不准原理时 π 介子能够存在的时间，h=普朗克（Planck）常数。

因为存在时间有限，π 介子在存在期间穿行的距离也是有限的。假设 π 介子的运动速度接近光速，而且与 π 介子产生相关的能量由著名的爱因斯坦（Einstein）质能守恒方程（$E=mc^2$）决定，式(5.1)可以改写为：

$$\Delta t = \frac{d}{c} \lesssim \frac{h}{4\pi mc^2} \Rightarrow d \lesssim \frac{hc}{4\pi mc^2} \tag{5.2}$$

其中，d=π 介子穿行的距离，m=π 介子质量，c=光速。

将数值代入式(5.2)，得到：

$$d \lesssim \frac{1.24\ \text{eV}\cdot\mu\text{m}}{4\pi \times 135 \dfrac{\text{MeV}}{c^2} \times c^2 \times 10^6 \dfrac{\text{eV}}{\text{MeV}}} \approx 10^{-9}\ \mu\text{m} \tag{5.3}$$

式(5.3)粗略给出了强核力作用于相邻核子使其相互结合的有效距离，其大小与质子和中子的大小有关。图 5.1 阐释了一些在重子内部可能存在的、经由胶子传递的夸克相互作用，以及在重子之间耦合的、经由 π 介子传递的强相互作用。

π 介子和重子之间的强核力的强度可以用所谓的汤川势（Yukawa potential）[1]来近似描述。当介导粒子具有非零质量，例如 π 介子通过粒子交换，在重子之间产生强核力时，这种势能就会上升。汤川势形式如下：

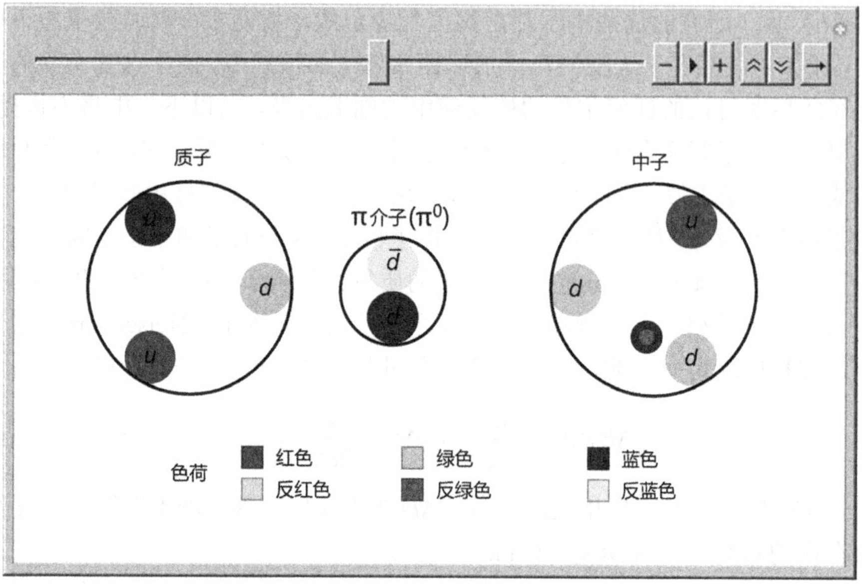

图 5.1 原子核内夸克-胶子相互作用

$$V = -g^2 \frac{e^{-kMr}}{r} \tag{5.4}$$

其中，V=汤川势，g=与相互作用类型有关的耦合常数，k=与相互作用类型有关的比例常数，M=介导强相互作用的粒子的质量，r=到介导强相互作用粒子的距离。

在式(5.4)中汤川势的耦合常数为负，说明作用在核子上的力为引力。如果介导粒子的质量为零，就像介导粒子是光子时的静电势能一样，汤川势将减小到库伦势（Coulomb potential），即：

$$V_{\text{coul}} = g_{\text{coul}}^2 \frac{e^{-k(0)r}}{r} = g_{\text{coul}}^2 \frac{1}{r} \tag{5.5}$$

在式(5.5)中耦合常数为正，表明核子之间的作用力为斥力，就如同多质子原子核内的情况。通常汤川势的耦合常数导致强核力比静电力强约 100 倍。汤川势和库伦势相加产生一个净势，它近似于在原子核中观察到的电势。该净势如图 5.2 所示，其中 g 正比于强力与静电力的耦合常数之比。比例常数 k 假定为 1。值得注意的是，由于汤川势下降的速度远大于库伦势，因此存在一个分隔距离，在分隔距离前后，核子引起的原子核净势由吸引变为排斥。如果原子核变得很大或者很扭曲，导致核子之间的临界距离变得很大，以至于净势变为排斥力，这时静电力在核子间相互作用中占据主导地位，原子核会在裂变过程中分裂。

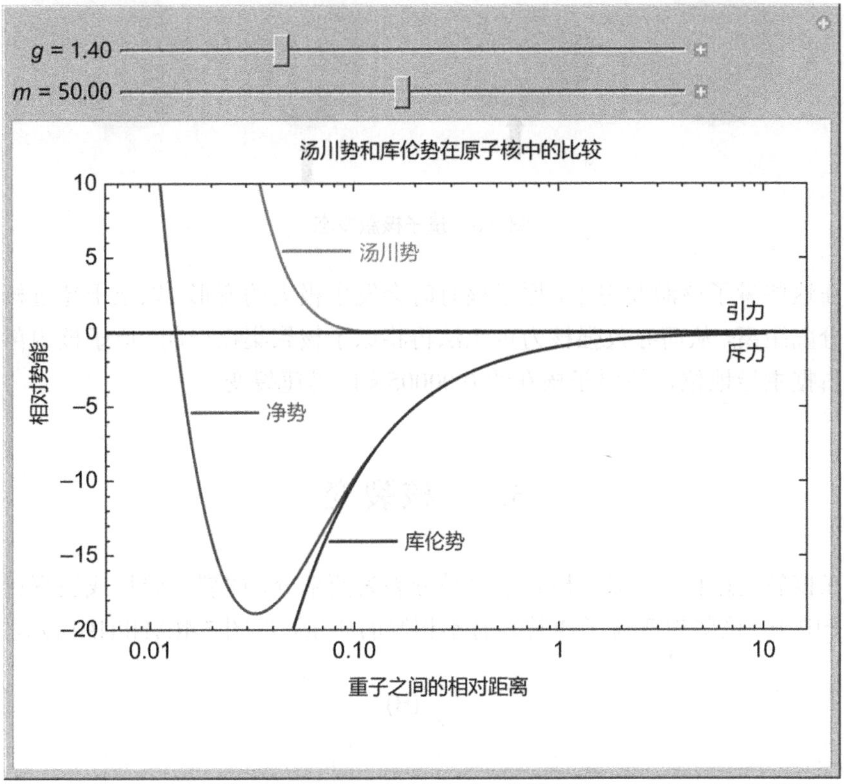

图 5.2 原子核中的汤川势和库伦势

一般而言，原子核内核子的集合可以作为一个球体处理，在超过 10^{-16} s 的时间尺度上，原子核看起来就像一个模糊的球体。然而，如果在 10^{-18} s 左右的时间尺度上观察的话，原子核的形状就会看起来略微呈椭圆球形。对于较大的原子，如果椭球体的长度使得核子间距离超过核子势变为斥力的距离，这种变形就会导致原子核自发裂变。

在人工诱导的核裂变中，自由中子被较大的原子核（如 ^{235}U）捕获，使原子核进入量子激发态，类似于在原子中发生的当电子处于量子原子激发态时的情况。中子可以轻易地穿过原子核，因为它们没有电荷，也不受静电影响。图 5.3 展示了量子核激发态的一些特征。

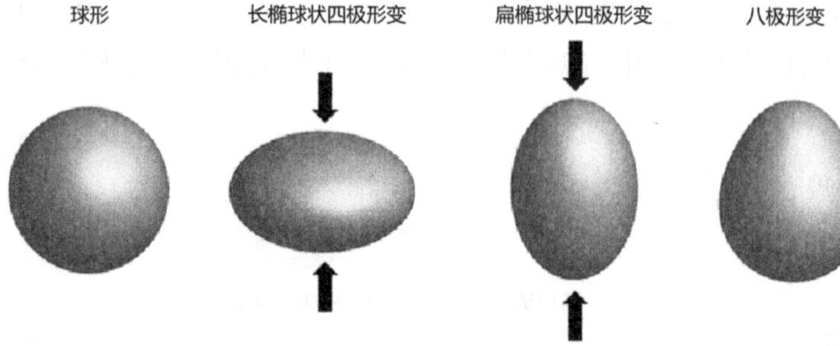

图 5.3　量子核激发态

在这些量子核激发态中，原子核有时会发生极大的变形，以至于超过核子之间的分隔距离，从而导致强核力也无法再将原子核聚集在一起。原子核内部的静电力占据主导地位，使原子核在约 0.00005 s 内迅速裂变。

5.2　核裂变

在核裂变过程中，原子核几乎总是分裂为两部分，即裂变碎片或裂变粒子和 1~3 个中子。这些裂变粒子通常具有不相等的质量，如图 5.4(A)和(B)所示，这表

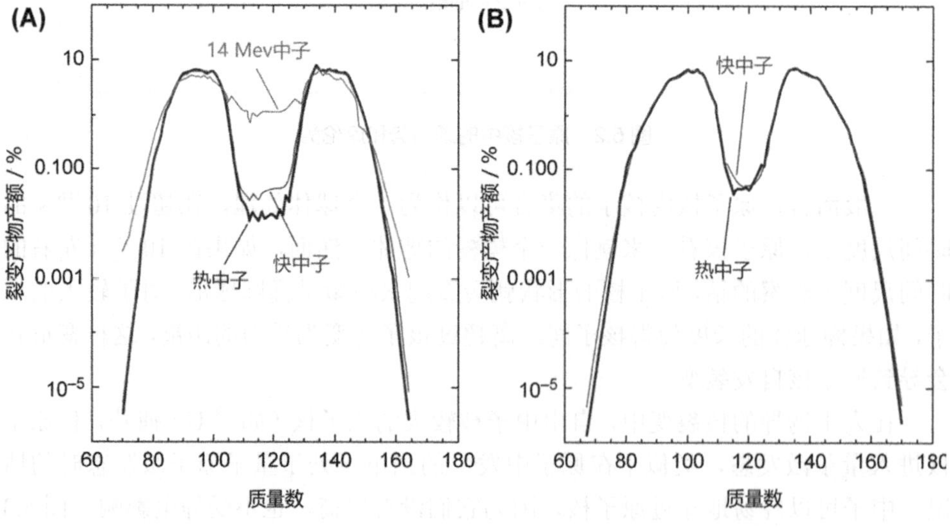

图 5.4　裂变产物的分布 (A) ^{235}U; (B) ^{239}Pu

明裂变产物是原子质量的函数。由于原子核内与粒子数量有关的某些稳定因素，导致裂变产生的粒子质量不相等。某一裂变产物产生的概率一般用符号 γ 表示。

在裂变过程中，裂变产物的质量之和总是小于原始靶核与入射中子质量之和。这个质量差被称为质量亏损，等价于靶核的总结合能与裂变产物的总结合能的能量差。结合能被定义为平均到每个核子上，将原子核分裂为组成该原子核的单个核子所需的能量。图 5.5 所示为原子核中核子结合能随原子质量变化的情况。值得注意的是，对于质量大于铁元素的核，结合能有利于裂变反应，而对于质量小于铁元素的核，结合能有利于聚变反应。

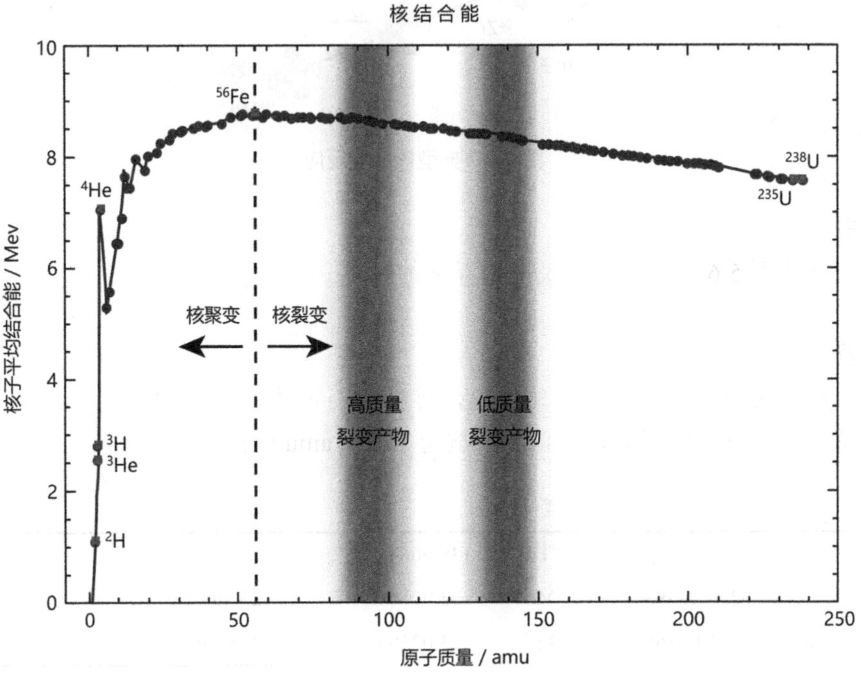

图 5.5 核结合能与原子质量的函数关系

裂变反应释放的能量确实是惊人的。图 5.6 展示了数百种可能的裂变反应中的一个典型的裂变反应过程。在这个裂变反应中，^{235}U 发生核裂变，分裂为氙和锆。然而，这些同位素因为有太多的中子而高度不稳定。因此氙和锆会立即发生一系列 β 衰变，迅速产生镧和钼。有趣的是，由于类似的与原子核稳定性有关的原因，几乎所有的易裂变核素都有奇数个核子。

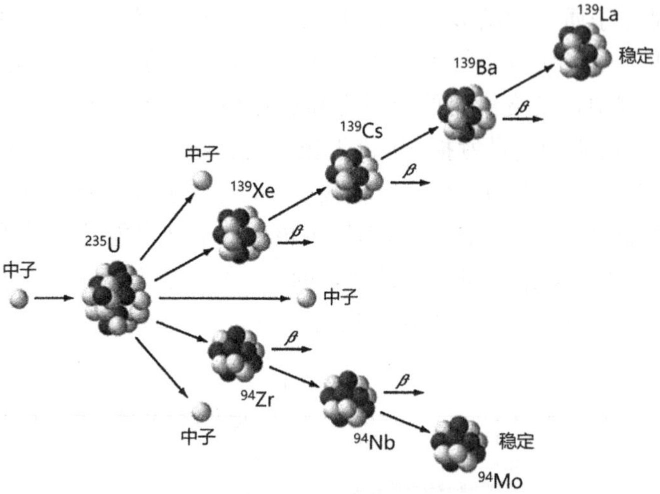

图 5.6 典型核裂变反应

例题

计算图 5.6 中所示裂变反应所释放的能量。

解答

计算这个裂变反应释放的能量，首先要确定反应前核素与反应后核素的质量差（即质量亏损），并以原子质量单位（amu）表示。

裂变反应物		裂变产物				
		^{139}La	138.90635			
^{235}U	235.04393	^{94}Mo	93.90509		236.05259	裂变反应物
n	1.00866	$3n$	3.02599	⇒	−235.84017	裂变产物
		5B	0.00274		0.21242	质量亏损
	236.05259		235.84017			

下面使用著名的爱因斯坦质能守恒方程 $E=mc^2$，发现 1 个原子质量单位的物质如完全转化后可以产生 931 MeV 的能量。因此，一次裂变反应因质量亏损所释放的能量为：

$$E = 931\frac{\text{MeV}}{\text{amu}} \times 0.21242\frac{\text{amu}}{\text{fission}} = 197.8\frac{\text{MeV}}{\text{fission}} \approx 200\frac{\text{MeV}}{\text{fission}} \qquad (1)$$

裂变反应过程中所释放的 200 MeV 能量大致分配如下：

裂变产物≈167 MeV	β 粒子≈8 MeV
中子≈5 MeV	中微子≈12 MeV
γ 射线≈8 MeV	

大部分释放的能量能够以热量的形式被捕获，因为与环境的散射作用使得各种粒子的速度被降低。唯一的例外情况是中微子的能量只能损失掉。因为中微子没有电荷，而且几乎没有质量，所以它们与周围物质的相互作用极其微弱。裂变过程释放出的中子的能量具有明确的分布规律，即$\chi(E)$分布，它可以用以下经验公式很好地表示出来：

$$\chi(E)=0.453\mathrm{e}^{-1.036E}\sinh\left(\sqrt{2.29E}\right) \tag{5.6}$$

$\chi(E)$的分布图如图 5.7 所示，其中$\int_0^\infty \chi(E)\mathrm{d}E=1$。

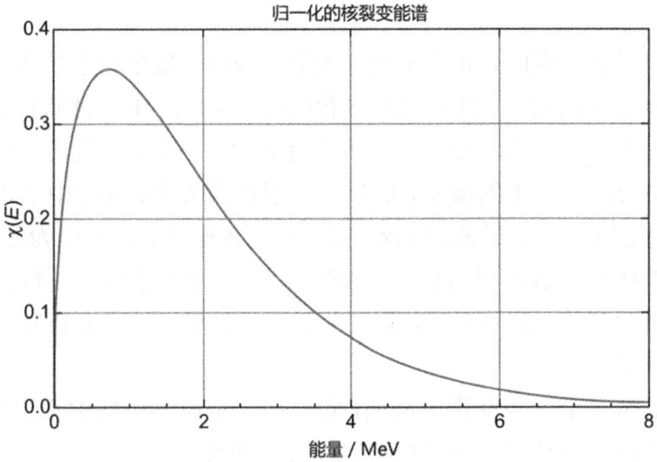

图 5.7 $\chi(E)$裂变能量分布

在上面的计算中应用一些背景知识，计算出从完全裂变的 1 克 ^{235}U 中获得的能量，将会具有重要的指导意义：

$$E=1\,\mathrm{g}\times\frac{1}{235}\frac{\mathrm{mol}}{\mathrm{g}}\times 6.02\times10^{23}\frac{\mathrm{atom}}{\mathrm{mol}}\times(200-12)\frac{\mathrm{MeV}}{\mathrm{fission}}\times 1\frac{\mathrm{fission}}{\mathrm{atom}}\times 1.6\times10^{-13}\frac{\mathrm{W\cdot s}}{\mathrm{MeV}}$$
$$=7.7\times10^{10}\ \mathrm{W\cdot s}$$

从这个方程中，可以得到一个相当有用的换算关系式，即 1 J=1 W·s=3×10^{10}次裂变能。我们以后会发现这个关系式在本章中非常有用。

在使用 NTR 执行火星任务时，上述关系式能够得到有价值的应用。在 NERVA 的测试中发现，一个能产生 100,000 磅推力的 NTR 发动机，需要一个约 2000 MW 功率的核反应堆。对于整个火星任务来说，需要运行火箭发动机约 90 分钟。使用上述质量–能量裂变关系式，产生整个火星任务所需的能量，需消耗的 ^{235}U 质量大概是：

$$^{235}\text{U质量} = \frac{1}{7.7\times10^{10}}\frac{\text{g}}{\text{W}\cdot\text{s}}\times 2,000,000,000\ \text{W}\times 90\ \text{min}\times 60\frac{\text{s}}{\text{min}} \approx 140\ \text{g}$$

从上面提到的方程式可以看出，如果使用裂变反应提供能量，仅需要 140 g 的 ^{235}U 就可以完成整个火星任务！

5.3 核截面

中子与原子核相遇时，并非都会导致裂变反应。根据核素的不同，中子可能只是简单地被原子核散射，或者被原子核吸收，从而产生一种新核素。中子也可以使原子核进入不稳定的激发态，并释放两个中子，或者导致其他反应的发生。一种特定的核反应 x 发生的概率，取决于原子核的类型、入射中子以及中子能量等因素。我们使用微观中子截面（σ_x）来表示这种概率，其单位为靶恩（barn），1 靶恩被定义为 10^{-24} cm^2。核截面在物理上，是一个中子与原子核在有效区域内发生相互作用的量度。总的来说，除了非常高的能量外，这个相互作用区域与原子核的大小无关。

有很多类型的中子相互作用截面，它们在许多研究领域中都很有价值。然而在本书中，只有以下几种类型的反应截面比较重要：

σ_f=裂变截面	σ_c=捕获截面	σ_s=散射截面
σ_{tr}=输运截面	σ_a=吸收截面：$\sigma_c+\sigma_f$	σ_t=总截面：$\sigma_a+\sigma_s+\cdots$

中子截面随能量的变化通常可以分为三个区域，每个区域表现出完全不同的行为。这三个区域在下文中描述。

5.3.1 1/V区

在该能区内，截面相对平稳地下降，与中子速度成反比。这是核素截面的低能特性，根据核素不同，能量范围上限可以从几分之一 eV 延伸到几个 keV。通常使用温度为 20 °C 的材料的热中子截面作为参考截面，其对应的中子能量为 0.025 eV，速度为 2200 m/s。在 1/V 规律主导的低能量范围内，可以利用这个参考截面计算其他能量下的中子截面。1/V 截面规律可以表述如下：

$$\sigma_{1/V}(E)=\sigma_{1/V}(2200)\frac{2200}{V}=\sigma_{1/V}(0.025)\sqrt{\frac{0.025}{E}} \tag{5.7}$$

5.3.2 共振区

在这一区域内，由于各种量子力学效应，截面的大小呈现出急剧变化。一般来说，随着中子能量的增加，这些共振峰变得越来越小。

5.3.3 不可分辨共振区或快区

在该区域内，共振峰非常紧密并相互重叠，随着中子能量的增加，振幅变小并最终形成了一个相当平坦的曲线。该区域内截面大小与原子核的“经典”截面大致相同。

图 5.8 中的 ^{242}Pu 总微观截面清楚地阐释了上述这些不同的能区。

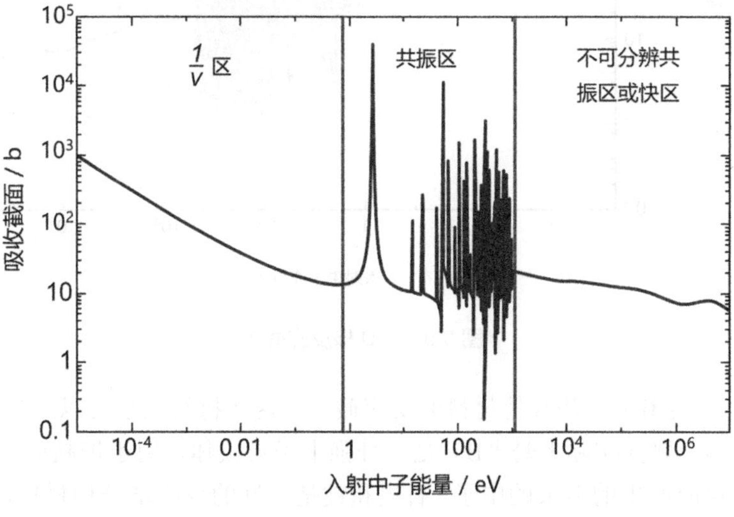

图 5.8 核反应截面随中子能量变化示意图（^{242}Pu）

只有在重核的某些少数同位素（称为裂变核素），例如 ^{235}U 和 ^{239}Pu 中，裂变截面才具有较大的数值。如前所述，考虑到稳定性因素，具有较大裂变截面的原子核中通常带有奇数个核子，尽管随着原子核质量的增加，这种效应变得不那么明显。这一点在图 5.9 和图 5.10 中得到了体现，其中 ^{235}U 的裂变截面占据了总截面的大部分，^{238}U 在除中子能量很高的部分外，其裂变截面只占总截面的很小一部分。

NTR 系统最常见的核燃料材料是 ^{235}U 和 ^{239}Pu。这些材料很常见，并且在大多数核反应堆中都能正常工作。目前为止，反应堆系统最常见的核燃料材料是 ^{235}U，只有少数几个试验反应堆系统使用了钚燃料。尽管这些材料很好，但是它们的裂变截面却不是最佳的。图 5.11 显示，^{242m}Am 的裂变截面比 ^{235}U 的或 ^{239}Pu 的高了一个数量级。然而可惜的是，^{242m}Am 很难大量生产。

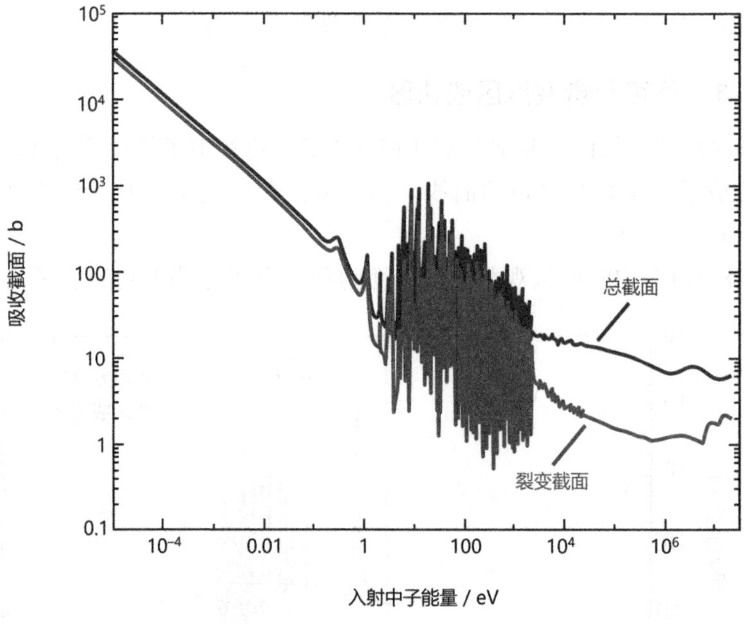

图 5.9 ^{235}U 核反应截面

图 5.12 给出了一些其他材料的反应截面，这些材料几乎可以肯定会在 NTR 系统中使用。硼（实际上是 ^{10}B）是一种强中子吸收体，用于控制单元可以吸收链式裂变反应产生的多余的中子。石墨和铍是很好的反应堆结构材料，因为它们不容易吸收中子，却能将其散射，从而使中子能量降低。散射导致的中子能量降

低，有利于核反应过程，而且可以减少建造堆芯所需的裂变材料，其原因将在后续章节中进行讨论。图 5.12 也给出了氢的截面变化，因为氢通常用作 NTR 系统的推进剂，而且其散射特性能够显著影响反应堆的状态。

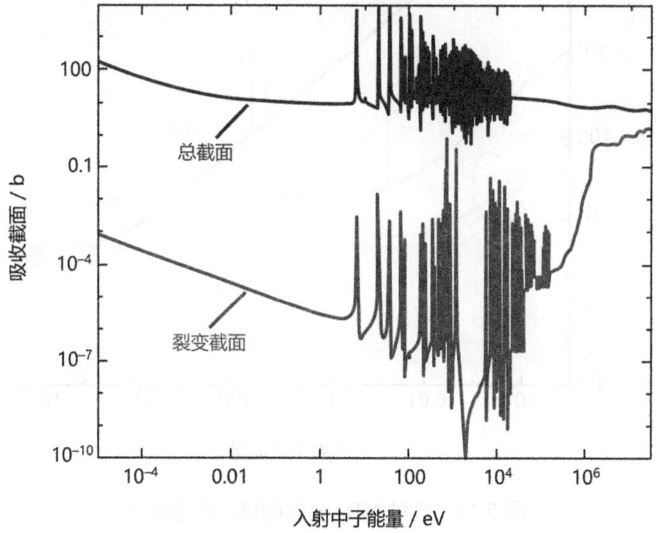

图 5.10 ^{238}U 核反应截面

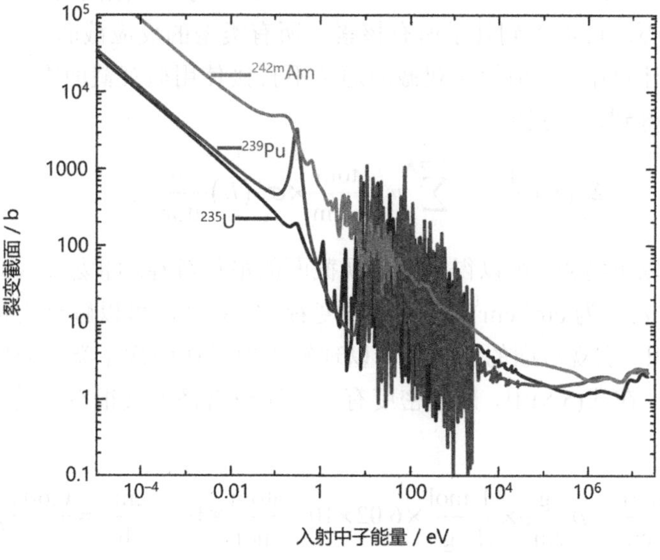

图 5.11 几种核素的裂变反应截面

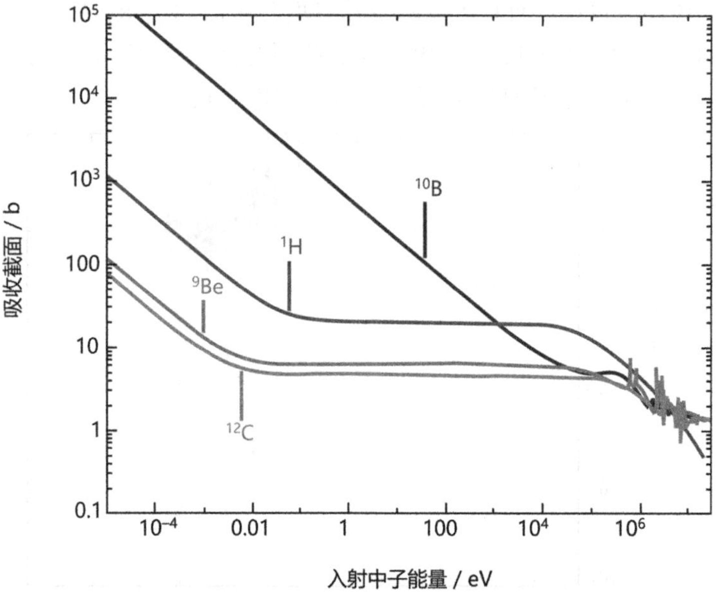

图 5.12　几种 NTR 材料的核反应总截面

图 5.11 和图 5.12 所示的截面数据来自美国国家核数据中心的评价核数据库（Evaluated Nuclear Data File, ENDF/B）。美国国家核数据中心是所有核数据的信息交换中心，可以查到几乎所有核素、所有类型的反应截面。

在多数计算中，所谓的宏观截面通常不直接使用微观截面本身，而是通过乘以原子密度得到，公式如下：

$$\Sigma_x(E)\frac{1}{\text{cm}}=\sum_{j=1}^{\text{所有核素}} n_j\frac{\text{atom}}{\text{b}\cdot\text{cm}}\times\sigma_x^j(E)\frac{\text{b}}{\text{atom}} \tag{5.8}$$

注意到以下特点，可以得到对宏观截面的最佳解释，即宏观截面的常用单位 1/cm 也可以表示为 cm^2/cm^3。从这个角度看，宏观截面可以解释为每 cm^3 中反应 x 的有效面积。宏观截面的倒数也可以理解为中子在两次 x 类型的反应之间穿行的平均距离。在式(5.8)中，原子密度有一些比较奇怪但又很有用的单位，这些单位推导如下：

$$n\frac{\text{atom}}{\text{b}\cdot\text{cm}}=\rho\frac{\text{g}}{\text{cm}^3}\times\frac{1}{A}\frac{\text{mol}}{\text{g}}\times6.02\times10^{23}\frac{\text{atom}}{\text{mol}}\times10^{-24}\frac{\text{cm}^2}{\text{b}}=\frac{0.602}{A}\rho \tag{5.9}$$

其中，A=原子质量。

5.4 核通量密度与反应率

为了确定在反应堆某特定位置处的混合核素中，由中子诱导的各种相互作用的反应率，需要给出中子通量密度的定义，中子通量密度通常表示为$\phi(r,E)$。为了计算中子通量密度，首先必须确定穿过位置 r 处的微分体积元 dV 表面的能量为 E 的中子数，如图 5.13 所示。

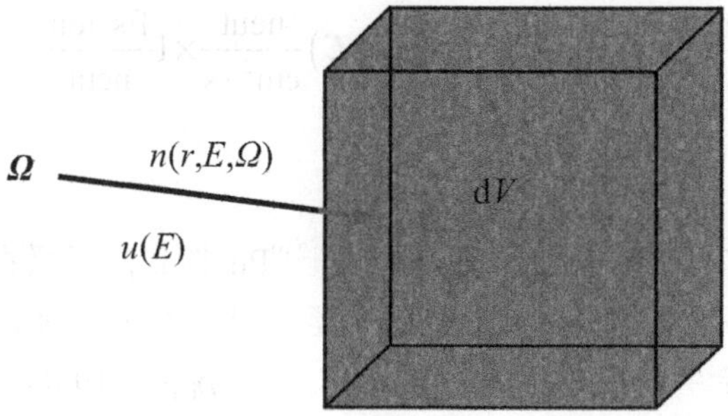

图 5.13 穿过体积元表面的中子流

中子通量密度可以表示如下：

$$\phi\left(r,E\right)\frac{\text{neut}}{\text{cm}^2\cdot\text{s}}=\int_{\text{all}}n\left(r,E,\boldsymbol{\Omega}\right)u\left(E\right)\mathrm{d}\boldsymbol{\Omega} \tag{5.10}$$

其中，$n(r,E,\boldsymbol{\Omega})$=在 r 处能量为 E、运动方向为 $\boldsymbol{\Omega}$ 的中子密度，$u(E)$=能量为 E 的中子运动速度。

从物理上来说，式(5.10)的中子通量密度可以解释为单位体积（每 cm^3）中，能量为 E 附近 dE 能量间隔内的所有中子穿行距离的总和。将中子通量密度的单位写为 $\frac{\text{neut}}{\text{cm}^3}\frac{\text{cm}}{\text{s}}$ *可以更好地理解上述说法。反应率正比于中子通量密度水平和宏观截面，因此：

---

* 原文中此单位写为 $\frac{\text{neut}}{\text{cm}^2}\frac{\text{cm}}{\text{s}}$，有误。

$$R_x(r,E)\frac{\mathrm{x}}{\mathrm{cm^3\cdot s}}=\boldsymbol{\Sigma}_x(r,E)\frac{1}{\mathrm{cm}}\times\phi(r,E)\frac{\mathrm{neut}}{\mathrm{cm^2\cdot s}}\times1\frac{\mathrm{x}}{\mathrm{neut}} \tag{5.11}$$

举例来说，通过裂变截面来确定反应堆某特定位置处的功率密度：

$$Q(r,E)\frac{\mathrm{W}}{\mathrm{cm^3}}=\boldsymbol{\Sigma}_{\mathrm{f}}(r,E)\frac{1}{\mathrm{cm}}\times\phi(r,E)\frac{\mathrm{neut}}{\mathrm{cm^2\cdot s}}\times1\frac{\mathrm{fission}}{\mathrm{neut}}\times\frac{1}{3\times10^{10}}\frac{\mathrm{W\cdot s}}{\mathrm{fission}} \tag{5.12}$$

此外，每单位体积产生的中子数可以通过引入 v 来确定，v 表示平均每场裂变释放的中子数。一般来说，v 约为 2.5：

$$R_{\mathrm{f}}\frac{\mathrm{neut}}{\mathrm{cm^3\cdot s}}=\nu\frac{\mathrm{neut}}{\mathrm{fission}}\times\boldsymbol{\Sigma}_{\mathrm{f}}(r,E)\frac{1}{\mathrm{cm}}\times\phi(r,E)\frac{\mathrm{neut}}{\mathrm{cm^2\cdot s}}\times1\frac{\mathrm{fission}}{\mathrm{neut}} \tag{5.13}$$

例题

使用一个产生 1 eV 单能中子的中子源辐照 ^{239}Pu 样品，辐照在样品中产生的裂变速率相当于一个典型的核火箭发动机运行时的功率密度。计算达到所需的功率密度时，样品中的中子通量密度水平。假定ρ_{Pu239}=19.84 g/cm^3, Q=5 kW/cm^3。

解答

首先通过查询美国国家核数据中心的 ENDF/B 库，确定入射中子能量为 1 eV 时 ^{239}Pu 的微观裂变截面。通过对图像的分析，可以得到 $\sigma_{\mathrm{f}}^{\mathrm{Pu239}}(1\,\mathrm{eV})=34\,\mathrm{b/atom}$，下一步计算将 ^{239}Pu 的质量密度转化为原子密度。从式(5.9)可以得出原子密度为：

$$n_{\mathrm{Pu239}}=\frac{0.602}{A_{\mathrm{Pu239}}}\rho_{\mathrm{Pu239}}=\frac{0.602}{239}19.84=0.05\frac{\mathrm{atom}}{\mathrm{b\cdot cm}} \tag{1}$$

^{239}Pu 的宏观裂变截面可以从其微观裂变截面得出，原子密度可以从式(1)得出，其结果为：

$$\boldsymbol{\Sigma}_{\mathrm{f}}^{\mathrm{Pu239}}(1\,\mathrm{eV})=n_{\mathrm{Pu239}}\frac{\mathrm{atom}}{\mathrm{b\cdot cm}}\times\sigma_{\mathrm{f}}^{\mathrm{Pu239}}\frac{\mathrm{b}}{\mathrm{atom}}=0.0534=1.7\frac{1}{\mathrm{cm}} \tag{2}$$

由式(5.12)，功率密度可以由式(2)的宏观裂变截面和中子通量密度得出，其结果为：

$$Q(1\ \text{eV}) = \Sigma_{\text{f}}(1\ \text{eV}) \times \phi(1\ \text{eV})$$

$$\Rightarrow \phi(1\ \text{eV}) = \frac{Q(1\ \text{eV})\dfrac{\text{W}}{\text{cm}^3}}{\Sigma_{\text{f}}^{\text{Pu}\,239}(1\ \text{eV})\dfrac{1}{\text{cm}}} = \frac{5000}{1.7} = 2940\frac{\text{W}}{\text{cm}^2} \tag{3}$$

式(3)计算得到的中子通量密度，可以使用近似的换算关系式转换为如下单位：

$$\phi(1\ \text{eV}) = 2940\frac{\text{W}}{\text{cm}^2} \times 3\times10^{10}\frac{\text{fission}}{\text{W}\cdot\text{s}} \times 1\frac{\text{neut}}{\text{fission}} = 8.82\times10^{13}\frac{\text{neut}}{\text{cm}^2\cdot\text{s}} \tag{4}$$

5.5 截面的多普勒展宽

前面图像中介绍的核截面，仅仅是相互作用的中子能量的函数。然而实际上，核反应发生时的能量是接近的中子与靶核之间净速度（或能量）的函数。因此为了消除靶核热运动的影响，通常使用温度为 0 K 时的核截面数值。这种热运动影响在低共振截面中最为明显。多普勒（Doppler）展宽是一种由于靶核的热振动而使共振截面有效展宽的机制。振动使得能量区间变宽，使给定能量的中子可以在共振中被捕获。多普勒展宽的作用是低中子能量下增加核素的平均有效吸收截面。在下文将会看到，多普勒展宽是维持反应堆稳定的一个极其重要的机制。

为了确定这些共振截面在温度升高后的展宽程度，需要将共振截面在适当的以作为中子与靶核相对速度的函数的粒子分布范围内进行积分。积分通常采用麦克斯韦粒子分布（Maxwellian particle distribution），该分布虽然只严格适用于气态物质，但也已被发现足以表征固体中温度诱导的振动效应而不会产生严重误差。通过对某一特定温度下的麦克斯韦粒子分布特性的积分，可以确定热平均截面与能量和温度的函数关系，例如：

$$\bar{\Sigma}_{\text{c}}(E_{\text{n}},T)\phi(E_{\text{n}}) = N_0\bar{\sigma}_{\text{rc}}(E_{\text{n}},T)nV_{\text{n}} = \int_{-\infty}^{\infty} N(V_{\text{t}})\sigma_{\text{rc}}(E_{\text{r}})nV_{\text{r}}\text{d}V_{\text{r}} \tag{5.14}$$

其中，N_0=靶核的原子密度，n=中子密度，E_{n}=中子能量，V_{n}=中子速度，V_{t}=靶核

速度，V_r=中子与靶核的相对速度=V_n+V_t*，$N(V_t)$=作为 V_t 的函数的麦克斯韦原子密度分布，$\sigma_{rc}(E_r)$=对应于 V_r 的能量为 E_r 的微观俘获共振截面，T=靶核温度。

前一段描述的给定靶核速度和温度的粒子数的麦克斯韦分布定义为：

$$N(V_t)=N_0\sqrt{\frac{M}{2\pi kT}}e^{-\frac{MV_t^2}{2kT}} \tag{5.15}$$

其中，k=玻尔兹曼（Boltzmann）常量，M=靶核质量。

在式(5.15)中，靶核的速度可以改写成下面的关系式：

$$V_t=V_r-V_n \text{ 且 } E_r=\frac{1}{2}\mu V_r^2 \Rightarrow V_r=\sqrt{\frac{2E_r}{\mu}} \text{ 且 } E_n=\frac{1}{2}\mu V_n^2 \Rightarrow V_n=\sqrt{\frac{2E_n}{\mu}} \tag{5.16}$$

其中，约化质量 $\mu=\dfrac{mM}{m+M}$ 质心坐标系≈m(当 $M\gg m$ 时)，m=中子质量，E_r=质心坐标系内中子与靶核的相对能量。

将式(5.16)中的定义代入式(5.15)的麦克斯韦粒子速度分布中，可以得到：

$$N(E_r)=N_0\sqrt{\frac{M}{2\pi kT}}e^{-\frac{M\left(\sqrt{\frac{2E_r}{\mu}}-\sqrt{\frac{2E_n}{\mu}}\right)^2}{2kT}}\approx N_0\sqrt{\frac{M}{2\pi kT}}e^{-\frac{A\left(\sqrt{E_r}-\sqrt{E_n}\right)^2}{kT}} \tag{5.17}$$

其中，$A=\dfrac{M}{m}$=靶核的原子质量。

接下去要推导出一个通用的函数用来表示单个孤立中子俘获共振的多普勒展宽。首先注意到：

$$\sqrt{E_r}=\sqrt{E_n-E_n+E_r}=\sqrt{E_n\left(\frac{E_r}{E_n}-\frac{E_n}{E_n}+1\right)}=\sqrt{E_n}\sqrt{\frac{E_r-E_n}{E_n}+1} \tag{5.18}$$

将式(5.18)中括号项用泰勒（Taylor）级数展开，得到：

$$\sqrt{1+\frac{E_r-E_n}{E_n}}=1+\frac{1}{2}\frac{E_r-E_n}{E_n}-\frac{1}{8}\left(\frac{E_r-E_n}{E_n}\right)^2+\cdots \tag{5.19}$$

把式(5.19)截断为前两项（线性化），然后将其结果代入式(5.18)中，得到如下形式的方程：

---

* 原文为“$V_r=\cdots=V_n-V_t$”，有误。

$$\sqrt{E_{\mathrm{r}}} \approx \sqrt{E_{\mathrm{n}}}\left(1+\frac{E_{\mathrm{r}}-E_{\mathrm{n}}}{2E_{\mathrm{n}}}\right) \tag{5.20}$$

将式(5.20)代入式(5.17)的指数表达式，得到：

$$-\frac{A}{kT}\left(\sqrt{E_{\mathrm{r}}}-\sqrt{E_{\mathrm{n}}}\right)^2 \approx -\frac{A}{kT}\left[\sqrt{E_{\mathrm{n}}}\left(1+\frac{E_{\mathrm{r}}-E_{\mathrm{n}}}{2E_{\mathrm{n}}}\right)-\sqrt{E_n}\right]^2 = -\frac{A}{4kE_{\mathrm{n}}T}\left(E_{\mathrm{r}}-E_{\mathrm{n}}\right)^2 \tag{5.21}$$

式(5.21)等号右边的表达式可以稍加修改，即得到：

$$\begin{aligned} -\frac{A}{kT}\left(\sqrt{E_{\mathrm{r}}}-\sqrt{E_{\mathrm{n}}}\right)^2 &\approx -\frac{A}{4kTE_{\mathrm{n}}}\left[\left(E_{\mathrm{r}}-E_0\right)-\left(E_{\mathrm{n}}-E_0\right)\right]^2 \\ &= -\frac{1}{4}\left(\frac{A\Gamma^2}{4kTE_{\mathrm{n}}}\right)\left[\frac{2\left(E_{\mathrm{r}}-E_0\right)}{\Gamma}-\frac{2\left(E_{\mathrm{n}}-E_0\right)}{\Gamma}\right]^2 \end{aligned} \tag{5.22}$$

其中，Γ=所有中子诱导反应的共振能量宽度，E_0=共振峰能量。

现在可以将式(5.22)代入式(5.17)的麦克斯韦粒子速度分布中，得到：

$$N\left(E_{\mathrm{r}}\right) = N_0\sqrt{\frac{M}{2\pi kT}}\mathrm{e}^{-\frac{1}{4}\left(\frac{A\Gamma^2}{4kTE_{\mathrm{n}}}\right)\left[\frac{2\left(E_{\mathrm{r}}-E_0\right)}{\Gamma}-\frac{2\left(E_{\mathrm{n}}-E_0\right)}{\Gamma}\right]^2} \tag{5.23}$$

为了表示式(5.14)中单个共振截面的未展宽形状，有必要提出所谓的单能级布赖特–维格纳（Breit–Wigner）截面公式[3]。这个公式准确地描述了单个孤立中子俘获共振的能量依赖关系。对于更复杂的情况，例如低能处重叠的裂变截面共振峰，通常需要更复杂的多级公式来准确地描述共振结构。但对此处所考虑的特例，不需要使用此类多级公式，同时也不做进一步讨论。对于任何情况下的共振区附近的中子俘获截面，布赖特–维格纳公式为：

$$\sigma_{\mathrm{rc}}\left(E_{\mathrm{r}}\right) = \frac{\sigma_0\Gamma_{\mathrm{c}}}{\Gamma}\sqrt{\frac{E_0}{E_{\mathrm{r}}}}\frac{1}{1+\frac{4}{\Gamma^2}\left(E_{\mathrm{r}}-E_0\right)^2} \tag{5.24}$$

其中，σ_0=能量 E_0 处微观中子俘获截面，Γ_{c}=中子俘获共振能量宽度。

把式(5.23)和式(5.24)代入式(5.14)中，整理得到：

$$\bar{\sigma}_{\rm rc}(E_{\rm n},T)$$
$$=\frac{1}{N_0 n}\int_{-\infty}^{\infty}\frac{\sigma_0\Gamma_{\rm c}}{\Gamma}\sqrt{\frac{E_0}{E_{\rm r}}}\frac{1}{1+\frac{4}{\Gamma^2}(E_{\rm r}-E_0)^2}N_0\sqrt{\frac{M}{2\pi kT}}{\rm e}^{-\frac{1}{4}\left(\frac{A\Gamma^2}{4kTE_{\rm n}}\right)\left[\frac{2(E_{\rm r}-E_0)}{\Gamma}-\frac{2(E_{\rm n}-E_0)}{\Gamma}\right]^2}n\frac{V_{\rm r}}{V_{\rm n}}{\rm d}\left(\sqrt{\frac{2E_{\rm r}}{m}}\right)$$

(5.25)

从式(5.16)中的关系可以注意到：

$$\frac{V_{\rm r}}{V_{\rm n}}=\sqrt{\frac{E_{\rm r}}{E_{\rm n}}} \tag{5.26}$$

将式(5.26)代入式(5.25)中，将不依赖 $V_{\rm r}$ 的项整理到积分项外，可以得到与温度有关的俘获截面：

$$\bar{\sigma}_{\rm rc}(E_{\rm n},T)=\frac{\sigma_0\Gamma_{\rm c}}{\Gamma}\sqrt{\frac{E_0}{E_{\rm n}}}\sqrt{\frac{M}{2\pi kT}}\sqrt{\frac{1}{2mE_{\rm r}}}\int_{-\infty}^{\infty}\frac{{\rm e}^{-\frac{1}{4}\left(\frac{A\Gamma^2}{4kTE_{\rm n}}\right)\left[\frac{2(E_{\rm r}-E_0)}{\Gamma}-\frac{2(E_{\rm n}-E_0)}{\Gamma}\right]^2}}{1+\frac{4}{\Gamma^2}(E_{\rm r}-E_0)^2}{\rm d}E_{\rm r} \tag{5.27}$$

现在引入以下变量，以简化式(5.27)：

$$\zeta=\sqrt{\frac{A\Gamma^2}{4kTE_{\rm n}}},\ x=\frac{2(E_{\rm n}-E_0)}{\Gamma},\ y=\frac{2(E_{\rm r}-E_0)}{\Gamma}\ \Rightarrow\ {\rm d}y=\frac{2}{\Gamma}{\rm d}E_{\rm r} \tag{5.28}$$

注意到除 $E_{\rm r}$ 和 $E_{\rm n}$ 接近 E_0 的情况外，式(5.27)中的积分项约为零。利用这个关系及式(5.28)的定义，式(5.27)可以重写为：

$$\begin{aligned}\bar{\sigma}_{\rm rc}(E_{\rm n},T)&=\frac{\sigma_0\Gamma_{\rm c}}{\Gamma}\sqrt{\frac{E_0}{E_{\rm n}}}\sqrt{\frac{M}{2\pi kT}}\sqrt{\frac{1}{2mE_0}}\frac{\Gamma}{2}\int_{-\infty}^{\infty}\frac{{\rm e}^{-\frac{1}{4}\zeta^2(y-x)^2}}{1+y^2}{\rm d}y\\&=\frac{\sigma_0\Gamma_{\rm c}}{\Gamma}\sqrt{\frac{E_0}{E_{\rm n}}}\frac{\zeta}{2\sqrt{\pi}}\int_{-\infty}^{\infty}\frac{{\rm e}^{-\frac{1}{4}\zeta^2(y-x)^2}}{1+y^2}{\rm d}y\end{aligned} \tag{5.29}$$

从式(5.29)的结果来看，有必要定义一个称为多普勒积分的新函数：

$$\psi(\zeta,x)=\frac{\zeta}{2\sqrt{\pi}}\int_{-\infty}^{\infty}\frac{{\rm e}^{-\frac{1}{4}\zeta^2(y-x)^2}}{1+y^2}{\rm d}y \tag{5.30}$$

多普勒函数不能显式求解，但已经被广泛地制成表格，而且文献[4]中有许多很好的数值近似方法。将式(5.29)变换成多普勒函数形式，可以得到对于单个孤立共振峰由温度调节的中子俘获共振截面，该截面是温度和中子能量的函数：

$$\bar{\sigma}_{\mathrm{rc}}\left(E_{\mathrm{n}},T\right)=\frac{\sigma_0\Gamma_{\mathrm{c}}}{\Gamma}\sqrt{\frac{E_0}{E_{\mathrm{n}}}}\psi(\zeta,x) \tag{5.31}$$

为了理解随着材料温度的不同，多普勒展宽是如何影响中子俘获截面形状的，图 5.14 展示了 ^{238}U 在 6.67 eV 处的大俘获共振截面，该截面由式(5.31)表示的平均俘获共振截面加上式(5.7)表示的 $1/V$ 俘获截面组成。

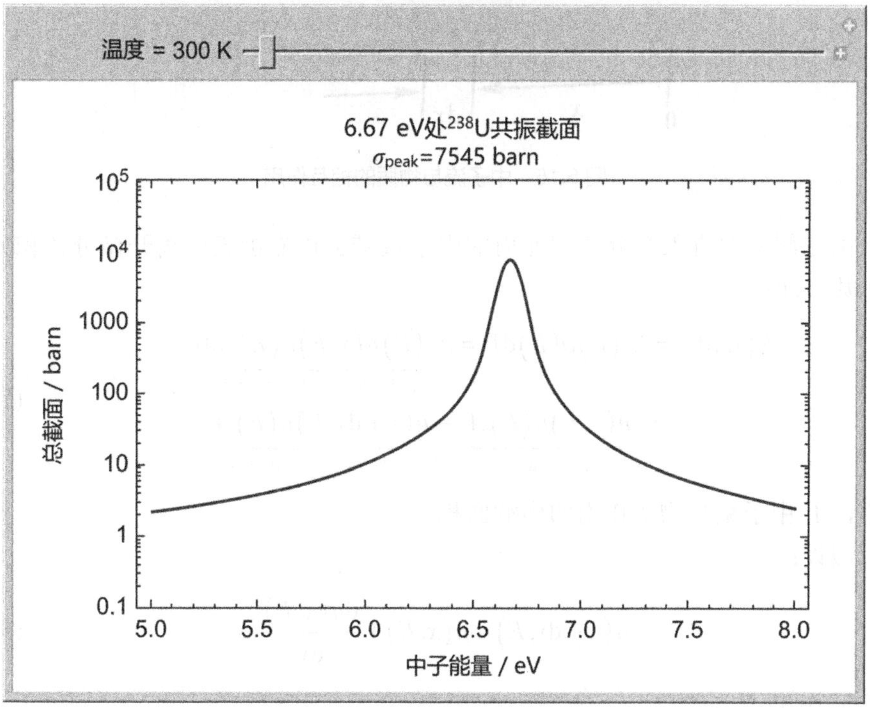

图 5.14　共振峰附近截面的多普勒展宽

5.6　中子束与物质的相互作用

如果中子束指向总反应截面为$\Sigma_t(E)$的一块材料，可以观察到，当中子束穿过材料时会发生衰减。在接下来的分析中，我们假设中子在经历一次相互作用后，会消失在该系统中。

如图 5.15 所示，材料的微分体积元（$\mathrm{d}V=A\mathrm{d}x$）中的核反应的数量可以表示

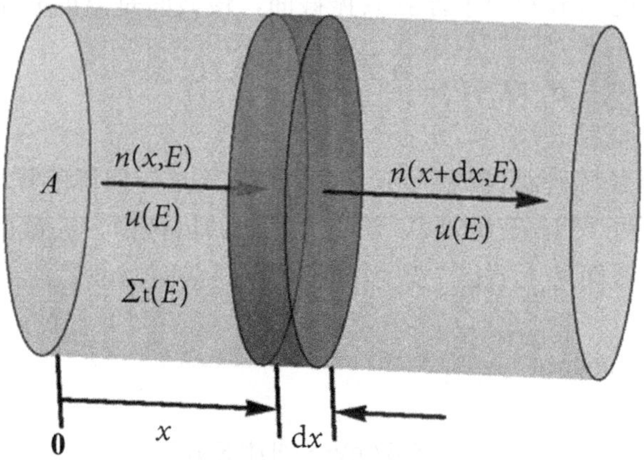

图 5.15　中子流与物质的相互作用

为，由左侧表面进入微分体积元内的中子数减去由右侧表面离开微分体积元的中子数，即：

$$\begin{aligned}R(E)\mathrm{d}V=\Sigma_{\mathrm{t}}(E)\phi(E)\mathrm{d}V&=\underbrace{\Sigma_{\mathrm{t}}(E)n(x,E)u(E)A\mathrm{d}x}_{\text{由于核反应而消失的中子数}}\\&=\underbrace{n(x,E)u(E)A}_{\text{由左侧表面进入d}V\text{的中子数}}-\underbrace{n(x+\mathrm{d}x,E)u(E)A}_{\text{由右侧表面离开d}V\text{的中子数}}\end{aligned}\tag{5.32}$$

其中，A=中子束与物质作用的横截面积。

假设：

$$n(x+\mathrm{d}x,E)=n(x,E)+\frac{\mathrm{d}n(x,E)}{\mathrm{d}x}\mathrm{d}x\tag{5.33}$$

式(5.32)可以重写为：

$$\begin{aligned}&\Sigma_{\mathrm{t}}(E)n(x,E)u(E)A\mathrm{d}x=u(E)\left[n(x,E)-n(x,E)-\frac{\mathrm{d}n(x,E)}{\mathrm{d}x}\mathrm{d}x\right]A\\&\Rightarrow\Sigma_{\mathrm{t}}(E)\mathrm{d}x=-\frac{\mathrm{d}n(x,E)}{n(x,E)}\end{aligned}\tag{5.34}$$

当 x=0 时，如果 $n(x,E)$为 $n_0(E)$，则对式(5.34)积分可以得到：

$$\Sigma_{\mathrm{t}}(E)\int_0^x\mathrm{d}x=-\int_{n_0(E)}^{n(x,E)}\frac{\mathrm{d}n'(x,E)}{n'(x,E)}\Rightarrow n(x,E)=n_0(E)\mathrm{e}^{-\Sigma_{\mathrm{t}}(E)x}\tag{5.35}$$

中子在与物质相互作用前所经历的平均路程被称为中子平均自由程。通过计算中子束在 x 与 x+dx 之间所损失的中子数，再将其乘以距离 x，可以确定平均自由程。这个值表示在 dx 区域内，中子束损失的中子厘米数。把所有区域的贡献加在一起，就能得到从中子束损失的所有中子穿行的总厘米数。将总厘米数除以中子束的初始总中子数，就得到了中子束内中子穿行的平均路程：

$$\begin{aligned}\lambda_{\mathrm{mfp}}(E)&=\frac{\int_0^\infty\left[x\Sigma_{\mathrm{t}}(E)u(E)n(x,E)\mathrm{d}x\right]\mathrm{d}S\mathrm{d}E}{n_0(E)u(E)\mathrm{d}S\mathrm{d}E}\\&=\frac{\int_0^\infty x\Sigma_{\mathrm{t}}(E)u(E)n_0(E)\mathrm{e}^{-\Sigma_{\mathrm{t}}(E)x}\mathrm{d}x}{n_0(E)u(E)}=\frac{1}{\Sigma_{\mathrm{t}}(E)}\end{aligned}\tag{5.36}$$

表 5.2 给出了各种材料在 2200 m/s(0.025 eV)时中子的平均自由程。因为中子是中性粒子，所以在很多材料中，平均自由程都非常大，从零点几毫米到若干厘米不等。

表 5.2 中子在不同物质中的平均自由程

物质	Σ_t(0.025 eV)	λ_{mfp}(0.025 eV)/cm
H_2O	3.47	0.3
H_2	（液体）	1.60
H_2(STP)	0.002	500
B	103	0.01
C	0.385	2.6
^{238}U	0.764	1.3
不锈钢	~1.5	0.7

5.7 核聚变

除了核裂变之外，还有一种可用于空间推进方面的核反应需特别被提及，这就是核聚变。在核聚变过程中，两个小而轻的原子核相互融合，形成一个更重的原子核，并释放大量的能量。图 5.16 所示的是一种比较常见的核聚变反应，其反应物为氘和氚。

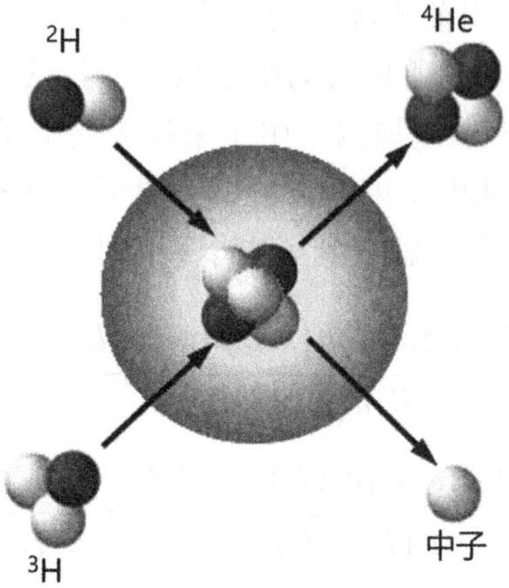

图 5.16 氘和氚的聚变

通过吸收中子产生大而重的核，进而引发核裂变反应相对要容易些，激发核聚变则要困难得多。引起核聚变的困难在于，带正电的原子核必须距离足够近才能进行融合，而且核子之间的强核力必须能够克服原子核中质子之间的静电斥力。克服这种静电斥力所需要的激发能相当大，并且要求原子核具有数亿度的能量当量温度。虽然聚变反应所需的能量很大，但是其释放的能量却要大得多。

将裂变和聚变反应产生的能量进行比较，可以发现在单位质量上，聚变反应生成的能量要大得多。图 5.5 给出了聚变反应比裂变反应能量大的原因。与典型的裂变反应相比，普通聚变反应中反应物与产物的结合能差异更大。聚变反应通常用来产生能量，或者作为聚变动力火箭发动机的基础。聚变通常使用氢和氦的同位素，主要是氘、氚和 ^{3}He。下面是一些常见的反应：

$$^{2}_{1}\mathrm{H} + ^{3}_{1}\mathrm{H} \rightarrow ^{4}_{2}\mathrm{He}(3.5\,\mathrm{MeV}) + ^{1}_{0}n(14.1\,\mathrm{MeV}) \tag{5.37}$$

$$^{2}_{1}\mathrm{H} + ^{2}_{1}\mathrm{H} \begin{array}{l} \xrightarrow{50\%} ^{3}_{1}\mathrm{H}(1.01\,\mathrm{MeV}) + ^{1}_{1}p(3.02\,\mathrm{MeV}) \\ \xrightarrow{50\%} ^{3}_{2}\mathrm{He}(0.82\,\mathrm{MeV}) + ^{1}_{0}n(2.45\,\mathrm{MeV}) \end{array} \tag{5.38}$$

$$^{2}_{1}\mathrm{H} + ^{3}_{2}\mathrm{He} \rightarrow ^{4}_{2}\mathrm{He}(3.6\,\mathrm{MeV}) + ^{1}_{1}p(14.7\,\mathrm{MeV}) \tag{5.39}$$

如果式(5.37)~式(5.39)中的聚变截面取不同温度下麦克斯韦速度分布特性的平均值，就可以得到图 5.17 所示的在温度上平均的聚变反应速率[5]。需要注意的是，由于需要较高的激发能，各种聚变反应的反应速率只有在几亿度的高温下才会比较大。在这种高温状态下，所有的电子都从原子中剥离出来，反应物处于完全电离的气体等离子态，由裸露的原子核与自由运动的电子组成。

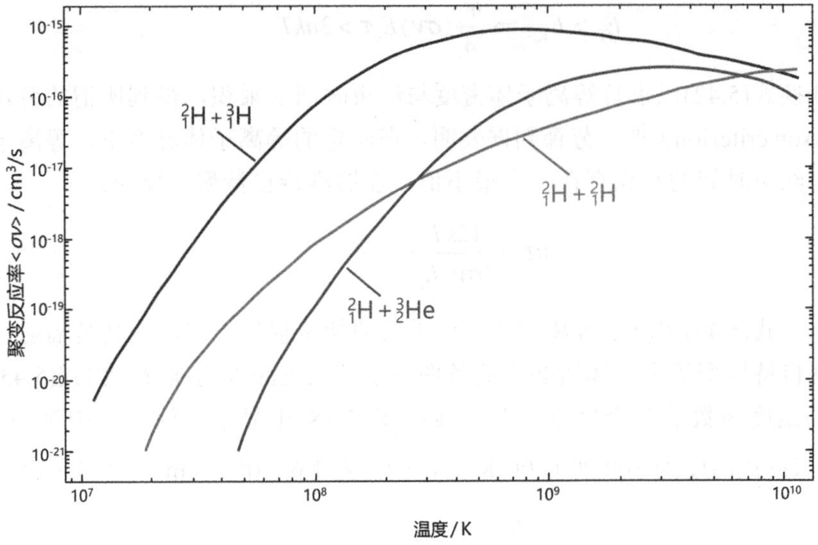

图 5.17 麦克斯韦温度分布平均聚变截面

为了使聚变反应能够自持，必须将聚变等离子体限制足够长的时间，使带电粒子释放的聚变能足以加热反应物到能维持聚变反应速率恒定所需的温度。在功率平衡中通常不考虑中子产生的能量，因为它们没有电荷，且具有较大的平均自由程，因而对等离子体的加热贡献很小。原子比例为 50/50 混合物通过聚变反应产生的能量为：

$$E_f = n_1 n_2 \langle \sigma v \rangle E_c \tau = \frac{n^2}{4} \langle \sigma v \rangle E_c \tau \tag{5.40}$$

其中，E_f=带电粒子聚变反应产生的能量，n_1 和 n_2=聚变反应物 1 和 2 的原子密度，n=总原子密度（即 n_1+n_2），$\langle \sigma v \rangle$=随温度变化的每粒子聚变反应速率（图 5.17），τ=粒子约束时间，E_c=每次聚变反应释放的带电粒子总能量。

根据气体动力学理论，气体中粒子平均动能与温度的函数可以表示为：

$$E_{KE} = 3nkT \tag{5.41}$$

其中，E_{KE}=气体中粒子平均动能，k=玻尔兹曼常数，T=气体温度。

为了达到自持，聚变等离子体在特定温度下产生的能量必须超过等离子体达到该温度所需要的能量。聚变等离子体能够自持的点称为损益平衡点。所以根据式(5.40)和式(5.41)，损益平衡点的最小值需要满足：

$$E_{\mathrm{f}} > E_{\mathrm{KE}} \Rightarrow \frac{n^2}{4}\langle\sigma v\rangle E_{\mathrm{c}}\tau > 3nkT \tag{5.42}$$

变换式(5.42)以求解等离子体密度与约束时间的乘积，得到所谓的劳森判据（Lawson criterion）[6]。劳森判据表明，在确定的等离子体温度下，等离子体的密度与约束时间的乘积存在一个最小值，能够维持自持聚变反应：

$$n\tau > \frac{12kT}{\langle\sigma v\rangle E_{\mathrm{c}}} \tag{5.43}$$

虽然式(5.43)忽略了等离子体一些重要的能量损失机制，尤其是辐射，但它对实现自持聚变等离子体所必需的条件有了某些更深入的理解。由式(5.43)得到的作为温度函数的劳森判据，其曲线在图 5.18 中显示。注意图中氘–氚反应$\left({}_1^2\mathrm{H}+{}_1^3\mathrm{H}\right)$在温度为 300,000,000 K 时，$n\tau$值为 1.6×10^{14} s/cm^3，此时劳森判据数值最小。*

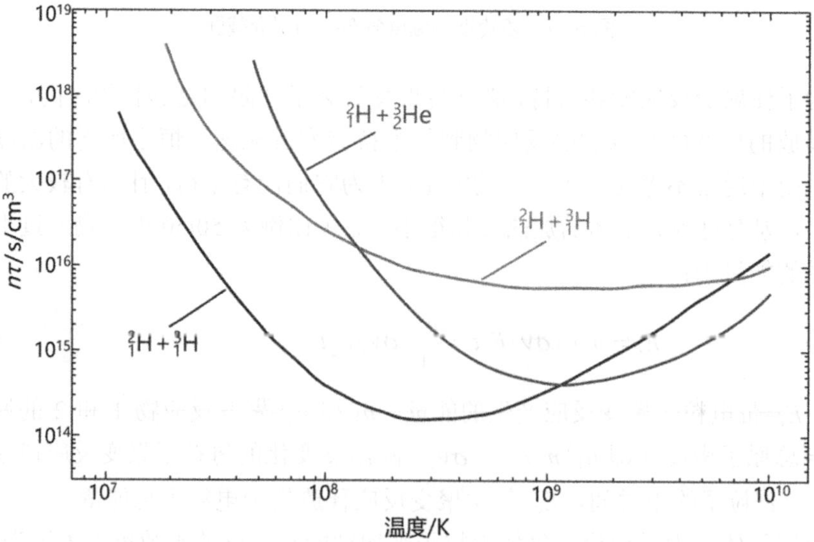

图 5.18 自持聚变等离子体的劳森判据

* 此处、图 5.18 及随后例题的图 1 及解答中，原书中 $n\tau$的单位均为 cm^3/s，有误。

由于聚变反应所需要的温度非常高，任何类型的固体容器都无法容纳聚变等离子体。因此必须采取其他技术来约束等离子体。一般来说，有两种方法可以在所需要的时间内约束等离子体。一种约束方法是在一个特别配置的称为磁瓶的磁场中，磁瓶与等离子体中的带电粒子相互作用，以防止等离子体从磁场中逃逸。这种方法约束的等离子体粒子密度通常较低，约束时间为几秒甚至几分钟。另一种约束方法是通过所谓的惯性约束。在这种方法中，特殊构造的聚变反应物小颗粒被超级压缩，并通过汇聚激光器或离子束以提高到聚变温度。依靠参加聚变的粒子的惯性，有可能约束高密度的等离子体在极短的时间内获得大量的聚变能。这两种约束方法的一般工作区域如图 5.19 所示，其中绘制了图 5.18 所示的反应类型中 $n\tau$ 的最小值。

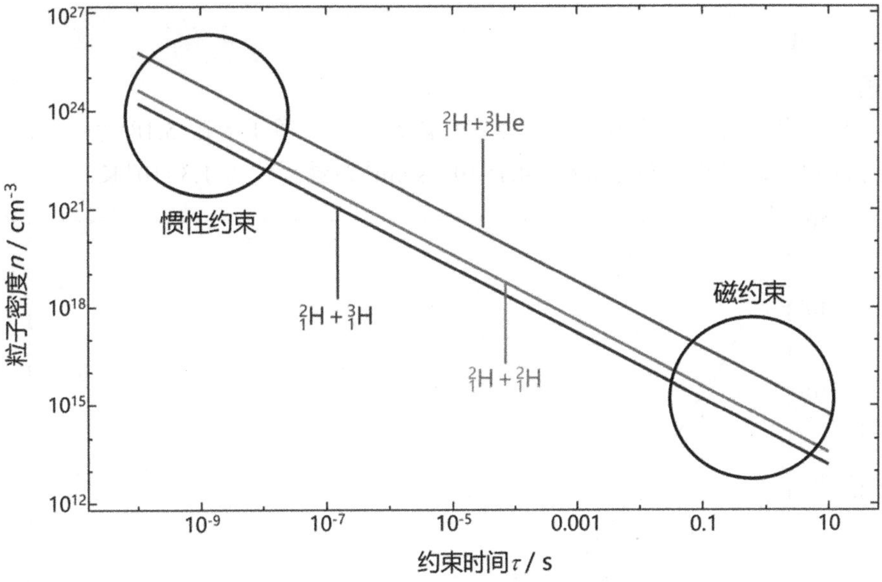

图 5.19 惯性约束聚变和磁约束聚变的工作区域

尽管多年来已经提出了很多用于聚变电源和推进系统的磁约束和惯性约束装置，但截止到本书写作之时，还没有一种方案能够实现损益平衡[7]。很多聚变推进设计方案只是概念性的，几乎没有可用的实验数据来支持这些方案的最终可行性。实用的聚变推进系统要求聚变等离子体产生的能量超过维持聚变所需的能量，超过损益平衡点的额外能量是为了补偿推进系统各种操作所损耗的能量。这些操作损耗包括寄生辐射、电转换效率低下、排气中等离子体损耗等。聚变等离子体产生的功率超过损耗功率的比例被定义为聚变能量增益因子，或 Q 因子。实用的聚变推进系统的聚变增益因子需要在 5 左右或更大。

如果能够建造一个实用的聚变推进系统，其在星际旅行中的意义将十分巨大。对人类的太空旅行而言，几乎整个太阳系都将是开放的。在实际应用中，基于聚变的推进系统将突破任务窗口的限制，并允许我们不受限制地对行星进行载人探索。下面的示例说明了聚变推进系统的比冲究竟能够达到多大。

例题

计算一个使用氘和 ^{3}He 作为推进剂的聚变系统的比冲和推进剂质量流量。假设推进剂的比热比是 1.67，平均分子量为 3，发动机产生的推力为 100,000 N。

解答

分析聚变发动机的第一步是估算火箭的比冲。图 1 为图 5.18 的注解，从中可以知道，对应于最小 $n\tau$ 值 4.1×10^{14} s/cm^3 的温度约为 1.3×10^9 K。

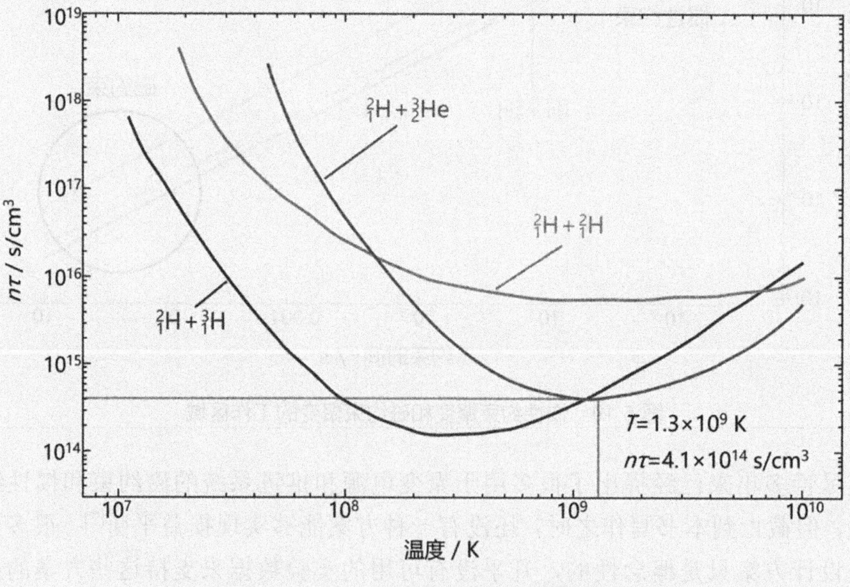

图 1 氘-^{3}He 聚变发动机最佳工作点*

* 原书图中横、纵坐标的刻度全为 10，译者已作更正。

将氘-^{3}He 反应最小 $n\tau$ 值对应的温度与式(2.20)得到的比冲-温度函数表达式结合起来，得到：

$$I_{sp}=\frac{1}{g_c}\sqrt{\frac{2\gamma}{\gamma-1}\frac{R_u}{M}T_c}=\frac{1}{9.8\frac{m}{s^2}}\sqrt{\frac{2\times1.67}{1.67-1}\times\frac{8314.5\frac{g\cdot m^2}{K\cdot mol\cdot s^2}}{3\frac{g}{mol}}\times1.3\times10^9\ K} \tag{1}$$

$$=432,000\ s$$

为了确定推进剂的质量流量，需要使用比冲的定义，即：

$$I_{sp}=\frac{F}{g_c\dot{m}}\Rightarrow\dot{m}=\frac{F}{I_{sp}}=\frac{100,000\ N}{9.8\frac{m}{s^2}\times432,000\ s}=0.0236\frac{kg}{s}=23.6\frac{g}{s} \tag{2}$$

一个 432,000 s 的比冲确实令人震惊，该比冲比目前展望的任何裂变推进系统都要高得多。不幸的是，由于能够工作的聚变反应堆在实践中被证明是极其难以建造的，因此不太可能在不远的将来出现一个可用的系统。

参考文献

[1] H. Yukawa. On the interaction of elementary particles. *Proceedings of the Physico-Mathematical Society of Japan*, **17**(1935):48-57.

[2] C.J. Lister, J. Butterworth. Nuclear physics: exotic pear-shaped nuclei. Nature, 497(2013):190-191.

[3] G. Breit, E. Wigner. Capture of slow neutrons. Physical Review, 49(1936):519.

[4] D.A.P. Palma, S. Aquilino, A.S. Martinez, F.C. Silva. The derivation of the Doppler broadening function using Frobenius method. Journal of Nuclear Science and Technology, 43(6)(2006):617-622.

[5] W.R. Arnold, J.A. Phillips, G.A. Sawyer, E.J. Stovall Jr., J.L. Tuck. Cross Sections for the reactions D(d, p)T, D(d, n)He3, T(d, n)He4, and He3(d, p)He4 below 120 keV. Physical Review, 93(1954):483-497.

[6] J.D. Lawson. Some criteria for a power producing thermonuclear reaction. Proceedings of Physical Society of London, Section B, 70(1957):1-6.

[7] T. Kammash (Ed.) Fusion energy in space propulsion. American Institute of Aeronautics and Astronautics, Progress in Astronautics and Aeronautics, 167(1995).

习题

1. 已知核火箭发动机的反应堆为圆柱形（$D=L=2m$），堆内为全富集的 UC 燃料（100%的 ^{235}U）以及氢气推进工质孔道（孔道所占体积份额为 0.3）。在一次火星任务中，该发动机以 4000 MW 的功率共运行了 100 min：

a. 您觉得该反应堆的平均中子通量密度水平是多少？

b. 该任务中，燃料的燃耗份额是多少？

注意：σ_f=577 b　ρ_{UC}=13,500 kg/m^3

2. ^{238}U 的裂变阈能通常被认为是 1.4 MeV，因为低于该能量的裂变截面很小。采用该阈能，裂变中子中能够引起 ^{238}U 裂变的中子所占的份额是多少？

3. 瞬发裂变中子能谱经常由以下函数给出：

$$\chi(E)=C\mathrm{e}^{-aE}\sinh\sqrt{bE}$$

其中，C、a、b 均为常数。

a. 如果函数$\chi(E)$被规格化为 1.0，即：

$$\int_0^\infty \chi(E)\,\mathrm{d}E=1$$

给出常数 C 的表达式。

b. 为最可能的能量找出一个超越函数。

c. 证明瞬发裂变中子的平均能量为：

$$\overline{E}=\frac{3}{2a}+\frac{b}{4a^2}$$

4. 某材料具有 $1/V$ 中子吸收截面，对于 2200 m/s（0.025 eV）的中子，其平均吸收自由程为 1.0 cm。对应的反应率为 10^{12} *abs*/(s·cm^3)。该材料的原子质量为 10 amu，密度为 2.0 g/cm^3。求：

a. 2200 m/s 的中子的通量密度。

b. 对于 10 eV 的中子，该材料的微观吸收截面（σ_a），以 b 为单位。

第6章 中子通量能量分布

裂变过程中，一个原子核通常分裂成两个裂变碎片，同时释放 2~3 个中子。这些裂变中子能量极高，其能量在几兆电子伏（MeV）范围内。裂变中子通过散射碰撞损失能量，且若未被原子核俘获，中子最终将达到具有零点几电子伏能量的热平衡态。研究发现，诸如氢（H）和铍（Be）等轻核在慢化中子方面最有效。在慢化过程中，中子总数将呈现一个能谱分布，该能谱取决于其他因素，如可裂变材料数量、中子被散射相对于被吸收的概率等。

6.1 中子散射相互作用的经典推导

从前面章节阐述的核截面图中，可以发现中子能量越低则典型地其核截面越高。所以，找到方法将中子能量从裂变产生的快中子的 MeV 能区降低到几 eV 热能区是有益的，因为热中子更可能与有价值的核素发生相互作用。降低中子能量的方法几乎总是采用中子与邻近原子核发生多重散射相互作用来实现。

中子与其他原子核之间可能的散射角度的详细预测，需要复杂的与实验耦合的量子力学分析。这些分析是必需的，因为一般不清楚碰撞过程中存在的非弹性度。然而基于能量守恒以及线性动量守恒考虑，除去一些限制情况，还是可以简单地推导出几个有用的散射角和碰撞能量之间的关系。

在接下来的推导中，假设运动的中子使得静止的核子在实验室坐标系（L）内发生散射。实际的推导证明是比较容易进行的，但是如果在质心坐标系（C 或 COM）内进行推导，那么粒子总的线性动量等于 0。如图 6.1 所示，在这个坐标系中，粒子的质心系统是静止的。

物体的轨迹是抛物线型的而不是双曲型的。

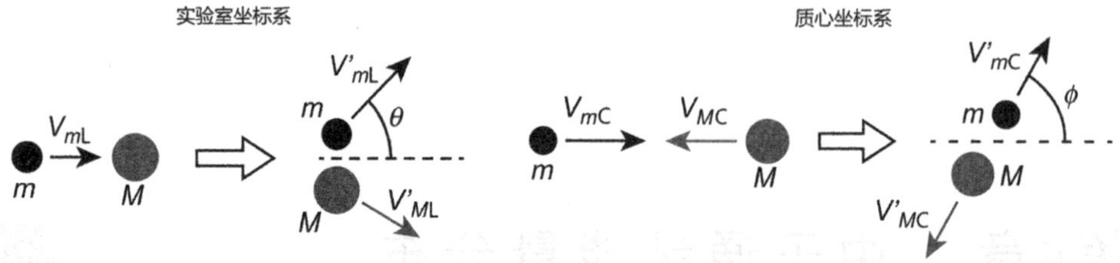

图 6.1　坐标系描述（m=中子质量，M=原子核质量，V=速度）

推导的第一步是写出粒子的动量守恒方程式：

$$mV_{mC} - MV_{MC} = 0 \tag{6.1}$$

$$mV'_{mC} - MV'_{MC} = 0 \tag{6.2}$$

以及粒子能量守恒方程式：

$$\frac{1}{2}mV_{mC}^2 + \frac{1}{2}MV_{MC}^2 = \frac{1}{2}mV'^2_{mC} + \frac{1}{2}MV'_{MC} \tag{6.3}$$

利用式(6.1)~式(6.3)来消除 V_{MC} 以及 V'_{MC}：

$$\left[\frac{1}{2}M\left(\frac{m}{M}\right)^2 + \frac{1}{2}m\right]V_{mC}^2 = \left[\frac{1}{2}M\left(\frac{m}{M}\right)^2 + \frac{1}{2}m\right]V'^2_{mC} \qquad (6.4)[1]$$

因此，

$$V_{mC}^2 = V'^2_{mC}\text{，同时也隐有 } V_{MC}^2 = V'^2_{MC} \tag{6.5}$$

从图 6.1 中可以将 COM 坐标下的散射与 L 坐标下的散射联系起来：

$$V_{mC} = V_{mL} - V_{MC} \tag{6.6}$$

将式(6.6)代入式(6.1)可以得到：

$$V_{mC} = \frac{MV_{mL}}{M+m} \tag{6.7}$$

中子和目标核子在碰撞完后，两者间的向量关系如图 6.2 所示。从这个向量关系中可知，所有的散射三角关系均可由下列公式确定：

$$V'_{mL}\cos(\theta) = V'_{mC}\cos(\phi) + V_{MC} \tag{6.8}$$

$$V'_{mL}\sin(\theta) = V'_{mC}\sin(\phi) \tag{6.9}$$

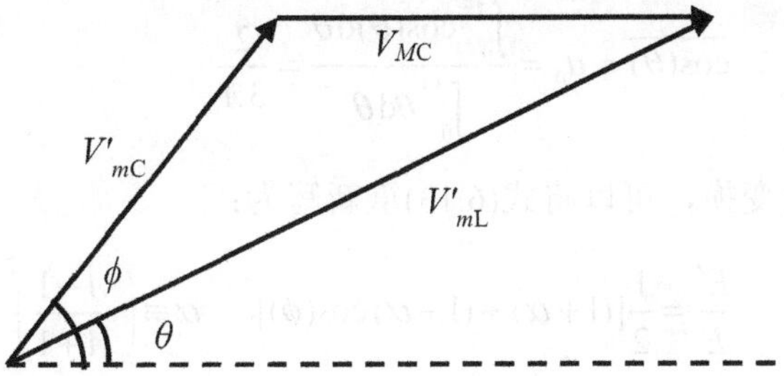

图 6.2 散射相互作用中各向量关系

此时需要做的工作就是推导出中子与核子碰撞之前与之后的散射角与中子动能之间的相互关系。用余弦定理得到：

$$V'^2_{m\text{L}} = V'^2_{m\text{C}} + V^2_{MC} + 2V'_{MC}\cos(\phi) \tag{6.10}$$

将式(6.2)、式(6.5)、式(6.7)和式(6.10)结合起来可以得到：

$$V'^2_{m\text{L}} = \left[\left(\frac{M}{m}\right)^2 + 1 + 2\frac{M}{m}\cos(\phi)\right]\left(\frac{mV_{m\text{L}}}{M+m}\right)^2 \tag{6.11}$$

如果定义质量比 $A = \dfrac{M}{m}$，可以注意到：

$$\frac{E'}{E} = \frac{\frac{1}{2}mV'^2_{m\text{L}}}{\frac{1}{2}mV^2_{m\text{L}}} = \frac{V'^2_{m\text{L}}}{V^2_{m\text{L}}} \tag{6.12}$$

在式(6.12)中使用式(6.11)可以得到：

$$\frac{E'}{E} = \frac{A^2 + 2A\cos(\phi) + 1}{(1+A)^2} \tag{6.13}$$

从式(6.2)、式(6.5)、式(6.8)以及式(6.9)中还可以得出：

$$\tan(\theta) = \frac{\sin(\phi)}{\cos(\phi) + \frac{1}{A}} \Rightarrow \cos(\theta) = \frac{A\cos(\phi) + 1}{\sqrt{A^2 + 2A\cos(\phi) + 1}} \tag{6.14}$$

从式(6.14)得到的结果现在可以用来确定平均散射角的余弦值，定义如下：

$$\overline{\cos(\theta)} = \mu_0 = \frac{\int_0^{4\pi} \cos(\theta)\mathrm{d}\theta}{\int_0^{4\pi} \theta \mathrm{d}\theta} = \frac{2}{3A} \tag{6.15}$$

对变量做变换，可以将式(6.13)重新写为：

$$\frac{E'}{E} = \frac{1}{2}[(1+\alpha)+(1-\alpha)\cos(\phi)], \quad \alpha \equiv \left(\frac{A-1}{A+1}\right)^2 \tag{6.16}$$

事实证明，引入一个称为对数能量损失的新变量 u 会十分有用，$u \equiv \ln\left(\frac{E_0}{E}\right)$。$E_0$ 是位于最大裂变能区内任意的固定能量，一般这个能量取为 10 MeV~15 MeV。这样，在最大能区里中子一开始时的对数能量损失为 0，随着它和周围介质发生碰撞而失去能量，中子逐渐获得对数能量损失。

假定 $\cos(\phi)$ 从−1 到 1 之间的散射概率相同，并且 αE 是碰撞过程中的最大可能能量损失，那么式(6.16)可以用来确定每次碰撞的平均对数能量衰减，记为 ξ。这个值也等于每次碰撞的平均对数能量损失：

$$\xi = \overline{\ln\left(\frac{E}{E'}\right)} = \frac{\int_{\alpha E}^{E} \ln\left(\frac{E}{E'}\right)\mathrm{d}E'}{\int_{\alpha E}^{E} \mathrm{d}E'} = \frac{-\int_{-1}^{1} \ln\left\{\frac{1}{2}[(1+\alpha)+(1-\alpha)\cos(\phi)]\right\}\mathrm{d}[\cos(\phi)]}{\int_{-1}^{1} \mathrm{d}[\cos(\phi)]} \tag{6.17}$$

$$= 1 + \frac{\alpha}{1-\alpha}\ln(\alpha)$$

为计算出热化裂变产生中子所需要的中子散射事件平均次数，只需要简单地用快中子能量与热中子能量之比的对数值除以 ξ 即可。如果 E_{fast}=2 MeV 且 E_{thermal}=0.025 eV，那么：

$$N = \frac{\ln\left(\frac{E_{\mathrm{fast}}}{E_{\mathrm{thermal}}}\right)}{\xi} = \frac{\ln\left(\frac{2,000,000}{0.025}\right)}{\xi} = \frac{18.2}{\xi} \tag{6.18}$$

表 6.1 中给出了将公式(6.18)应用于各种核素而得到的结果，通过这些数据可以确定热化裂变中子所需要的平均散射相互作用次数。

表 6.1 不同核素的散射参数

元素	A	α	ξ	N
H	1	0	1	18
Be	9	0.640	0.206	86
C	12	0.716	0.158	114
^{235}U	235	0.983	0.00084	2172

6.2 中子在慢化区的能量分布

至此，已经建立了表达式来描述中子是如何通过与其他核素的散射相互作用而慢化下来的，该表达式对于量化中子由于这些相互作用而引起的能量分布是十分有用的。这些多次散射相互作用导致中子从它们在裂变过程中出生的快能区迁移到与周围环境达到热平衡的热能区。假设没有中子吸收，那么由图 6.3 可以看出散射到能量区间 E'到 $E-\mathrm{d}E'$的中子数量等于散射到能量区间 E 到 $E-\mathrm{d}E$ 中的平均中子数。

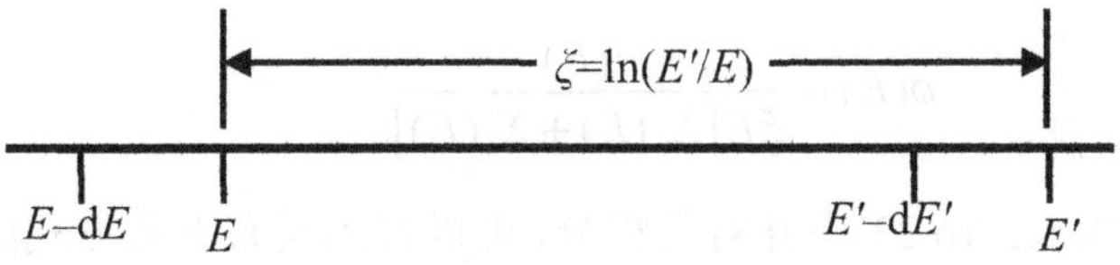

图 6.3 慢化散射相互作用

如果令 q 为能量 E 处的中子慢化密度，则从 $\mathrm{d}E$ 散射到 $\mathrm{d}E'$ 的中子散射速率为：

$$q\frac{\ln(E)-\ln(E-\mathrm{d}E)}{\xi}=\frac{q\mathrm{d}E}{\xi E} \tag{6.19}$$

同时，$\mathrm{d}E$ 能量间隔内的中子散射反应速率可以表示为：

$$R_{\mathrm{s}}\mathrm{d}E=\phi(E)\Sigma_{\mathrm{s}}(E)\mathrm{d}E \qquad (6.20)^2$$

如果散射过程是稳态的，且式(6.19)与式(6.20)相等，则有：

$$\Sigma_{\mathrm{s}}(E)\phi(E)\mathrm{d}E=\frac{q\mathrm{d}E}{\xi E} \tag{6.21}$$

在没有中子吸收的慢化区，能量相关的中子通量可以通过变换式(6.21)得到：

$$\phi(E)=\frac{q}{E\xi\Sigma_{\mathrm{s}}(E)} \tag{6.22}$$

如果在慢化过程中发生了中子吸收，则慢化密度 q 不再是与能量无关，而是因在 dE 能量间隔内的一定量的中子吸收而减少。如果只存在弱吸收，那么吸收的中子数量可以表示为：

$$\frac{\mathrm{d}q(E)}{\mathrm{d}E}\mathrm{d}E=-\Sigma_{\mathrm{c}}(E)\phi(E)\mathrm{d}E\Rightarrow\frac{\mathrm{d}q(E)}{\mathrm{d}E}=-\Sigma_{\mathrm{c}}(E)\phi(E) \qquad (6.23)^{3}$$

如果存在弱吸收，中子离开 dE 时的速率可以通过修改式(6.20)而得到：

$$R_{\mathrm{sa}}=\left[\Sigma_{\mathrm{s}}(E)+\Sigma_{\mathrm{c}}(E)\right]\phi(E) \tag{6.24}$$

中子进入 dE 的速率只是它们从 dE' 散射出去时的速度的函数，并且可以修改式(6.21)来近似，从而有：

$$\left[\Sigma_{\mathrm{s}}(E)+\Sigma_{\mathrm{c}}(E)\right]\phi(E)\mathrm{d}E\approx\frac{q}{\xi E}\mathrm{d}E \tag{6.25}$$

为了求解中子通量，对式(6.25)的各项进行变换后得到：

$$\phi(E)\approx\frac{q(E)}{\xi E\left[\Sigma_{\mathrm{c}}(E)+\Sigma_{\mathrm{s}}(E)\right]} \tag{6.26}$$

将式(6.26)代入式(6.23)中并对其积分，可以得到具有下列形式的能量相关的慢化密度：

$$\int_{E}^{E_0}\frac{\mathrm{d}q(E')}{q(E')}=\int_{E}^{E_0}\frac{\Sigma_{\mathrm{c}}(E')}{\xi E'\left[\Sigma_{\mathrm{s}}(E')+\Sigma_{\mathrm{c}}(E')\right]}\mathrm{d}E'\Rightarrow q(E)=q_0\mathrm{e}^{\int_{E}^{E_0}\frac{\Sigma_{\mathrm{c}}(E')}{\xi E'\left[\Sigma_{\mathrm{s}}(E')+\Sigma_{\mathrm{c}}(E')\right]}\mathrm{d}E'} \tag{6.27}$$

将式(6.27)代入式(6.26)，就可以得到在有中子弱吸收的慢化区内作为能量函数的中子通量：

$$\phi(E)\approx\frac{q_0\mathrm{e}^{\int_{E}^{E_0}\frac{\Sigma_{\mathrm{c}}(E')}{\xi E'\left[\Sigma_{\mathrm{s}}(E')+\Sigma_{\mathrm{c}}(E')\right]}\mathrm{d}E'}}{\xi E\left[\Sigma_{\mathrm{s}}(E)+\Sigma_{\mathrm{c}}(E)\right]} \qquad (6.28)^{4}$$

假设 $\dfrac{\Sigma_{\mathrm{c}}(E)}{\Sigma_{\mathrm{c}}(E)+\Sigma_{\mathrm{s}}(E)}$ 是能量的弱函数，则可以解出式(6.28)中的积分，以便在

有中子弱吸收的慢化区中对作为能量函数的中子通量做进一步的近似，从而可以得到：

$$\phi(E)=\frac{q_0\left(\dfrac{E_0}{E}\right)^{\frac{E\Sigma_c}{\xi(E\Sigma_c+E\Sigma_s)}}}{\xi E\left[\Sigma_c(E)+\Sigma_s(E)\right]} \tag{6.29}$$

6.3 裂变源区中的中子能量分布

裂变源能区定义为中子能量都是源于裂变事件的能量区间。一般来讲，这个能区从 10 keV 一直扩展到 10 MeV 左右且服从之前讨论过的$\chi(E)$分布。如果忽略这个能区中的散射，中子平衡方程可以写为：

移出率=产生率

上述中子平衡方程也可以写为：

$$\Sigma_t(E)\phi(E)=\chi(E)\int_0^\infty \nu(E')\Sigma_f(E')\phi(E')\mathrm{d}E' \tag{6.30}$$

其中，$\nu(E')$是每次裂变的中子产生个数。这个方程实际上是非常弱的能量的函数，因此通常将其当成常数。在式(6.30)中，积分可以估成一个常数，因此：

$$\Sigma_t(E)\phi(E)=C\chi(E) \tag{6.31}$$

用式(6.31)，中子通量可以写为：

$$\phi(E)=\frac{C\chi(E)}{\Sigma_t(E)} \tag{6.32}$$

由于$\Sigma_t(E)$在高能量下是一个常数，因此中子通量在裂变源能区近似地服从$\chi(E)$分布。

6.4 热能区的中子能量分布

热能区的特征是，中子在此区间内的散射相互作用，有时可以使中子获得能量，而有时可以使中子失去能量。最终是获得能量还是失去能量，取决于与中子发生散射的原子核的热运动。如果不存在中子吸收并且也没有裂变中子源，那么热中子的能量将会服从麦克斯韦分布。

$$n(v)\mathrm{d}v = Cv^2 \mathrm{e}^{-\frac{1}{2}\frac{mv^2}{kT}} \mathrm{d}v \tag{6.33}$$

其中，C=常数，v=中子速度，$n(v)\mathrm{d}v$=单位体积内 v 和 $v+\mathrm{d}v$ 范围内的中子个数，m=中子质量，T=散射介质的温度，k=玻尔兹曼常数。

上述方程中，$n(v)\mathrm{d}v$ 也对应于单位体积内在 E 和 $E+\mathrm{d}E$ 之间的中子个数，其中 $E=\frac{1}{2}mv^2$，因此：

$$n(v)\mathrm{d}v = n(E)\mathrm{d}E = \frac{[n(E)v(E)]\mathrm{d}E}{v(E)} = \frac{\phi(E)\mathrm{d}E}{v(E)} \tag{6.34}$$

同时注意到：

$$E = \frac{1}{2}mv^2 \Rightarrow \mathrm{d}E = mv\mathrm{d}v \Rightarrow \mathrm{d}v = \frac{1}{mv}\mathrm{d}E \tag{6.35}$$

如果将式(6.34)和式(6.35)代入式(6.33)中，可以得到：

$$\frac{\phi(E)}{v(E)}\mathrm{d}E = CE\mathrm{e}^{\frac{-E}{kT}} \frac{1}{mv(E)}\mathrm{d}E \Rightarrow \phi(E) = C'E\mathrm{e}^{\frac{-E}{kT}} \tag{6.36}$$

麦克斯韦分布的最可几能量出现在 $E=kT$ 处。如前所述，材料的热中子截面通常使用参考温度为 20 °C 时的值。温度 20 °C 对应于能量为 0.025 eV 或者等同于中子速度为 2200 m/s 时的麦克斯韦分布峰值。参考温度为 20 °C 时，麦克斯韦分布如图 6.4 所示。

6.5 中子能量分布谱的总结

总结前面几节的结果，可以发现在所有中子能量区间内，中子通量水平的变化可以近似地写为：

裂变源区间：$\phi(E) = \frac{C\chi(E)}{\Sigma_{\mathrm{t}}(E)}$， $10\ \mathrm{keV} < E < 10\ \mathrm{MeV}$

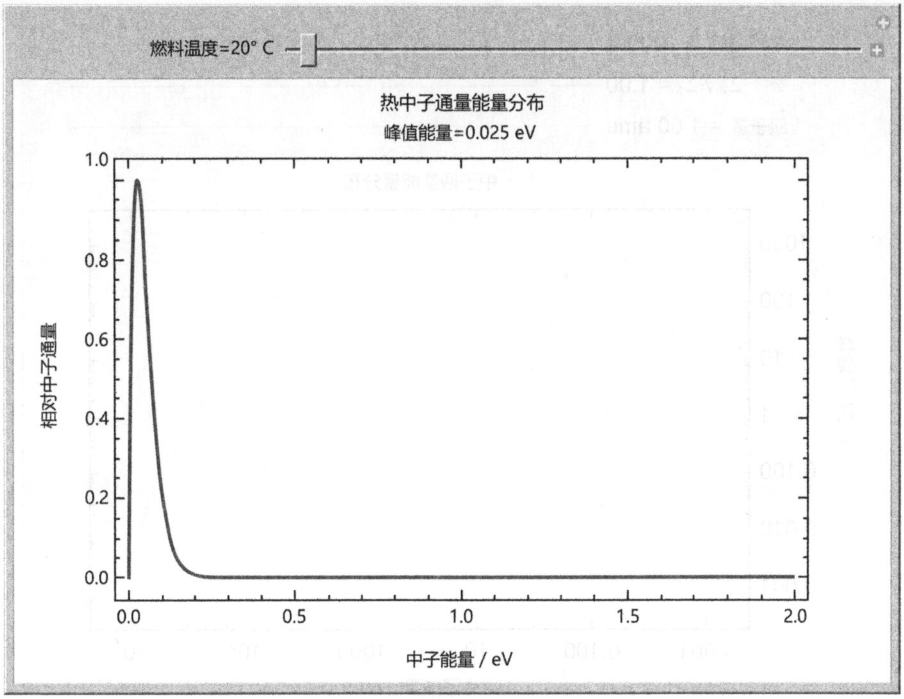

图 6.4 麦克斯韦分布

$$\text{慢化区：}\phi(E)=\frac{q_0\left(\dfrac{E_0}{E}\right)^{\frac{E\Sigma_c}{\xi[E\Sigma_c+E\Sigma_s]}}}{\xi E\left[\Sigma_c(E)+\Sigma_s(E)\right]},\quad E_c<E<10\ \text{keV}\quad 5$$

$$\text{热能区：}\phi(E)=C_2Ee^{\frac{-E}{kT}},\quad 0\ \text{eV}<E<E_c$$

当人们试图确定热能区转变为慢化能区的分界点能量 E_c 时，很快会发现定义单独一个能量分界点将导致不合理的结果。这一困难归因于，在反应堆运行期间，描述热中子能量分布的麦克斯韦能量分布会显著地移动到通常有实践经验的温度分布之上。分界点能量随着堆芯温度的变化而变化，变化范围通常发现在 0.1 eV 到 1 eV 之间。图 6.5 为前述的不同能量区间中的中子能量定性分布图。

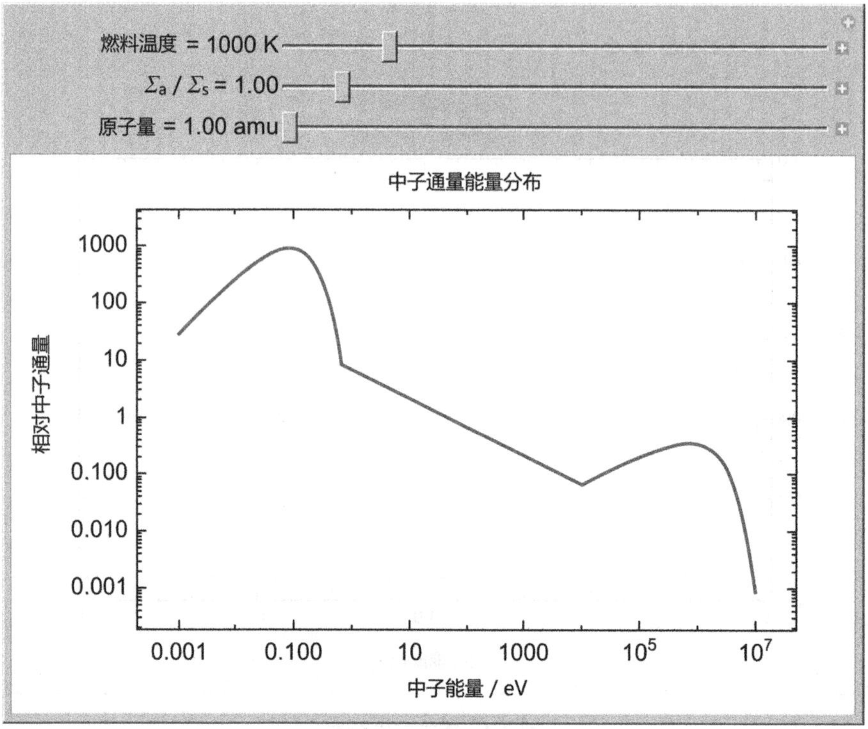

图 6.5 中子能量分布

习题

1. 假定在一次非弹性散射碰撞中，靶核吸收的能量为 Q。

$$\frac{E'}{E}=\frac{A^2+1+2A\cos(\phi)}{(1+A)^2}$$

将上式转化为：

$$\frac{E'}{E}=\frac{A^2\tau^2+1+2A\tau\cos(\phi)}{(1+A)^2}$$

其中：$\tau=\sqrt{1-\frac{Q}{E}\frac{A}{1+A}}$

2. 对于碰撞中的平均对数能降：

$$\xi = 1 + \frac{\alpha}{1-\alpha}\ln(\alpha)$$

证明对于靶核原子量 A 较大的情况下，上式可近似为：

$$\xi = \frac{2}{A + \frac{2}{3}}$$

式中：$\alpha = \left(\frac{A-1}{A+1}\right)^2$

提示：可令 $\lambda = \frac{1}{\xi}$，$B = \frac{1}{A}$，然后做级数展开。

注释

[1] 原文方程为 $\left[\frac{1}{2}m\left(\frac{M}{m}\right)^2 + \frac{1}{2}M\right]V_{mC}^2 = \left[\frac{1}{2}m\left(\frac{M}{m}\right)^2 + \frac{1}{2}M\right]V_{mC}'^2$，有误。

[2] 原文方程为 $R_s = \phi(E)\Sigma_s(E)\mathrm{d}E$，有误。

[3] 原文方程为 $\frac{\mathrm{d}q(E)}{\mathrm{d}E}\mathrm{d}E = \Sigma_c(E)\phi(E)\mathrm{d}E \Rightarrow \frac{\mathrm{d}q(E)}{\mathrm{d}E} = \Sigma_c(E)\phi(E)$，有误。

[4] 原文方程为 $\phi(E) \approx \frac{q_0 \mathrm{e}^{\int_E^{E_0} \frac{\Sigma_c(E')}{\xi E'\left[\Sigma_s(E') + \Sigma_c(E')\right]}\mathrm{d}E'}}{\xi E\left[\Sigma_s(E) + \Sigma_a(E)\right]}$，有误。

[5] 原文方程为：$\phi(E) = \frac{q_0\left(\frac{E_0}{E}\right)^{\frac{E\Sigma_c}{\xi[E\Sigma_c + E\Sigma_s]}}}{\xi E\left[\Sigma_c(E) + E\Sigma_s(E)\right]}$，$E_c < E < 10\ \mathrm{keV}$，有误。

第7章　中子平衡方程和输运理论

反应堆内中子密度的时间变化率，依赖于反应堆中中子的产生速率和消失速率之比。在反应堆稳态运行时，产生率和消失率可以完全相互抵消，因此中子密度保持为一个常数。准确确定反应堆内中子密度的空间相关性所必需的中子计算，通常需要用到称为输运理论的计算技术。从计算的角度输运理论是极具挑战性的；而在所需的中子计算中，经常采用一种输运理论的近似算法，称为扩散理论。研究发现，在不需要很高的计算精度或者是当反应堆中的中子密度梯度不是很大时，扩散理论是可以接受的。

7.1　中子平衡方程

为了确定在核反应堆堆芯内的中子通量，有必要给出在堆芯中发生的逐点核反应过程的关系式。这个关系式可以用下面给出的中子平衡方程来表达：

$$\frac{\mathrm{d}n}{\mathrm{d}t}=-\text{中子泄漏率}+\text{中子产生率}-\text{中子消失率}=0\text{（稳态条件下）} \tag{7.1}$$

其中，n 等于中子密度。

7.1.1　泄漏（L）

为了计算中子泄漏，必须定义一个新的变量——中子流。这个量与中子通量具有相同的单位，不同的是它是一个矢量。中子流在物理上可以理解为在能量 E 附近 $\mathrm{d}E$ 区间内沿着$\boldsymbol{\Omega}$指向的 $\mathrm{d}\boldsymbol{\Omega}$ 附近的每 cm^3 内的中子的总径迹长度，如图 7.1 所示。

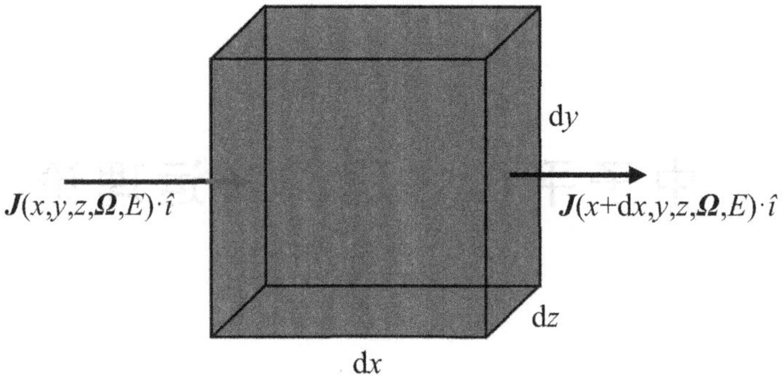

图 7.1 一个微元内的中子泄漏
($\boldsymbol{J}(x,y,z,E,\boldsymbol{\Omega})$=在$(x,y,z)$处沿着矢量方向能量为 E 的中子流)

因此，在垂直于 x 轴的表面（例如 dy,dz）上由于泄漏引起的中子净损失就为：

$$\left[\frac{\boldsymbol{J}(x+\mathrm{d}x,y,z,E,\boldsymbol{\Omega})-\boldsymbol{J}(x,y,z,E,\boldsymbol{\Omega})}{\mathrm{d}x}\right]\cdot\hat{i}\mathrm{d}x\mathrm{d}y\mathrm{d}z\mathrm{d}E$$
$$=\left[\left(\hat{i}\frac{\partial}{\partial x}\right)\cdot\boldsymbol{J}(x,y,z,E,\boldsymbol{\Omega})\right]\mathrm{d}x\mathrm{d}y\mathrm{d}z\mathrm{d}E \tag{7.2}$$
[1]

在微元体 $\mathrm{d}V=\mathrm{d}x\mathrm{d}y\mathrm{d}z$ 内所有面上的总中子净损失，可以通过将公式(7.2)扩展至三维而得到：

$$L=\left[\left(\hat{i}\frac{\partial}{\partial x}\right)+\left(\hat{j}\frac{\partial}{\partial y}\right)+\left(\hat{k}\frac{\partial}{\partial y}\right)\right]\cdot\boldsymbol{J}(x,y,z,E,\boldsymbol{\Omega})\mathrm{d}x\mathrm{d}y\mathrm{d}z\mathrm{d}E=\nabla\cdot\boldsymbol{J}(r,E,\boldsymbol{\Omega})\mathrm{d}V\mathrm{d}E \tag{7.3}$$

7.1.2 裂变产生率（P_f）

为了确定与能量相关的裂变中子产生率，首先必须对所有的裂变核素 j 在所有中子能量下的裂变反应速率进行积分，从而计算出总的裂变中子产生率。然后，用$\chi(E)$对总的裂变产生率进行计算，以得到在 E 和 $E+\mathrm{d}E$ 区间内的裂变产生率：

$$P_{\mathrm{f}}=\chi(E)\int_0^{\infty}\nu\Sigma_{\mathrm{f}}(r,E')\phi(r,E')\mathrm{d}E'\mathrm{d}V\mathrm{d}E \tag{7.4}$$

7.1.3 散射产生率（P_s）

与能量有关的内散射中子产生率，是中子从所有其他能量范围经由散射相互作用，散射入 E 和 $E+\mathrm{d}E$ 能量区间的结果。为了获得散射产生率，必须在所有能量和所有核素的范围内，对内散射相互作用关系式进行积分：

$$P_s = \int_0^{\infty} \Sigma_s\left(r, E' \to E\right)\phi\left(r, E'\right)\mathrm{d}E'\mathrm{d}V\mathrm{d}E \tag{7.5}$$

7.1.4 吸收消失率（R_a）

能量相关的中子消失率，是在 E 和 $E+\mathrm{d}E$ 能量区间内所有的核素吸收中子的结果。任何一种导致中子消失的反应都计入其中。除了显然应计入的中子俘获外，中子裂变相互作用也必须包含在内，因为只有中子被吸收后才会发生裂变反应。中子向外散射也可以包含在其中，但它常常是单独进行计算的：

$$R_a = \left[\Sigma_c(r, E) + \Sigma_f(r, E)\right]\phi(r, E)\mathrm{d}V\mathrm{d}E = \Sigma_a(r, E)\phi(r, E)\mathrm{d}V\mathrm{d}E \tag{7.6}$$

7.1.5 散射消失率（R_s）

与能量相关的向外散射中子消失率，是中子从能量区间 E 到 $E+\mathrm{d}E$，散射到该区间以外的所有能量区间的结果。为了计算这一项，必须对所有能量区间及所有核素的向外散射相互作用速率进行积分：

$$R_s = \int_0^{\infty} \Sigma_s\left(r, E \to E'\right)\phi\left(r, E\right)\mathrm{d}E'\mathrm{d}V\mathrm{d}E = \Sigma_s(r, E)\phi(r, E)\mathrm{d}V\mathrm{d}E \qquad (7.7)^2$$

7.1.6 稳态中子平衡方程

将式(7.3)~式(7.7)所给出的中子产生和消失项代入式(7.1)中，可以得到稳态中子平衡方程：

$$\begin{aligned} 0 &= -L + P_f + P_s - R_a - R_s \\ &= -\nabla \cdot \boldsymbol{J}(r, E, \boldsymbol{\Omega}) + \chi(E)\int_0^{\infty} \nu^j \Sigma_f^j\left(r, E'\right)\phi\left(r, E'\right)\mathrm{d}E' \\ &\quad + \int_0^{\infty} \Sigma_s^j\left(r, E' \to E\right)\phi\left(r, E'\right)\mathrm{d}E' - \Sigma_a^j(r, E)\phi(r, E) - \Sigma_s^j(r, E)\phi(r, E) \end{aligned} \tag{7.8}$$

应该注意到式(7.8)没有做任何近似；然而由于该方程包含两个未知量，即中子通量 $\phi(r,E)$ 和中子流 $\boldsymbol{J}(r,E,\boldsymbol{\Omega})$，因此这个公式目前无法求解。要求解中子平衡方程，需要有另外的将中子通量和中子流联系起来的表达式。中子通量到中子流的表达式一般由称为输运理论的方法来确定，具体内容将在下节讨论。

7.2 输运理论

在输运理论中，中子通量及散射截面的估算是与角度相关的。特别引入一个新变量——中子角通量密度，其定义如下：

$$\psi(r,E,\boldsymbol{\Omega})=u(E)n\psi(r,E,\boldsymbol{\Omega}) \tag{7.9}$$

利用式(7.9)，标量中子通量及中子流可以分别表达如下：

$$\phi(r,E)=\int_{\text{all }\Omega}\psi(r,E,\boldsymbol{\Omega})\mathrm{d}\boldsymbol{\Omega}=u(E)\int_{\text{all }\Omega}n(r,E,\boldsymbol{\Omega})\mathrm{d}\boldsymbol{\Omega} \tag{7.10}$$

$$\boldsymbol{J}(r,E)=\int_{\text{all }\Omega}\boldsymbol{\Omega}\psi(r,E,\boldsymbol{\Omega})\mathrm{d}\boldsymbol{\Omega} \tag{7.11}$$

用于求解中子通量和中子流的通用的输运理论方法（虽然不是唯一的方法）是球谐函数方法。其他的输运理论方法包括傅里叶（Fourier）变换方法、离散纵标技术[1]以及蒙特卡罗（Monte Carlo）方法[2,3]。这些方法尽管在很多情况下很强大且有用，但不再在此赘述。球谐函数方法的主要优点是其轴向的变化是恒定的。这种轴向变化稳定性十分有用，因为当方向的选择对$\psi(r,E,\boldsymbol{\Omega})$的求解帮助很大时，它的数值不会随着所选择方向的不同而改变。球谐函数需要对中子通量和中子流进行勒让德（Legendre）多项式展开。在求解球坐标系下的拉普拉斯（Laplace）方程以及相关的偏微分方程时会出现勒让德微分方程，勒让德多项式构成了勒让德微分方程的解。勒让德微分方程如下：

$$\left(1-x^2\right)\frac{\mathrm{d}^2P_l}{\mathrm{d}x^2}-2x\frac{\mathrm{d}P_l}{\mathrm{d}x}+l(l+1)P_l=0 \tag{7.12}$$

勒让德多项式组成了式(7.12)的解集，其定义如下：

$$P_0(x)=1,\ P_1(x)=x,\ (2l+1)xP_l(x)=(l+1)P_{l+1}(x)+lP_{l-1}(x) \tag{7.13}$$[3]

与将函数展开成正弦和余弦级数的傅里叶展开相似，函数可以用勒让德多项式来展开。在勒让德展开式中，函数是用勒让德多项式之和来表示的：

$$F(x)\equiv\sum_{l=0}^{\infty}A_l(2l+1)P_l(x) \tag{7.14}$$

式(7.14)中的展开系数 A_l 可以用如下的勒让德多项式的正交关系得到：

$$\frac{1}{2}(2l-1)\int_{-1}^{1} P_l(x)P_m(x)\mathrm{d}x = \delta_{lm} \tag{7.15}$$

其中，δ_{lm} = 克罗内克函数（Kronecker delta function）$=\begin{cases}0: l\neq m\\1: l=m\end{cases}$。

利用式(7.15)给出的正交关系式，展开系数可以由下式确定：

$$A_l \equiv \frac{1}{2}\int_{-1}^{1} F(x)P_l(x)\mathrm{d}x \tag{7.16}$$

将式(7.14)应用到一维情形，其中 $\psi(r,E,\boldsymbol{\Omega})$ 只依赖于 z 和 μ，则中子有向通量密度可以展开成下式：

$$\psi(r,E,\mu) = \sum_{l=0}^{\infty}(2l+1)\psi_l(r,E)P_l(\mu) \tag{7.17}$$

其中，$\psi_l(r,E) = \frac{1}{2}\int_{-1}^{1}\psi(r,E,\mu)P_l(\mu)\mathrm{d}\mu^{4}$，$\mu = \boldsymbol{\Omega}\cdot\hat{k}$。

中子散射截面可以展开为：

$$\boldsymbol{\Sigma}_{\mathrm{s}}(r,E'\to E,\mu_0) = \sum_{l=0}^{\infty}(2l+1)\boldsymbol{\Sigma}_{\mathrm{s}l}(r,E'\to E)P_l(\mu_0) \tag{7.18}$$

其中，$\boldsymbol{\Sigma}_{\mathrm{s}l}(r,E'\to E) = \frac{1}{2}\int_{-1}^{1}\boldsymbol{\Sigma}_{\mathrm{s}}(r,E'\to E,\mu_0)P_l(\mu_0)\mathrm{d}\mu$，$\mu_0 = \boldsymbol{\Omega}\cdot\boldsymbol{\Omega}$。

为了让接下来的分析能更轻松地进行，现将式(7.8)表示的中子平衡方程改写为仅带一种同位素的一维形式，可得：

$$\frac{\partial \boldsymbol{J}(r,E)}{\partial z} + \boldsymbol{\Sigma}_{\mathrm{t}}(r,E)\phi(r,E) = \int_0^{\infty}\left[\chi(E)\nu\boldsymbol{\Sigma}_{\mathrm{f}}(r,E') + \boldsymbol{\Sigma}_{\mathrm{s}}(r,E'\to E)\right]\phi(r,E')\mathrm{d}E' \tag{7.19}$$

如果再次变换式(7.19)以包含式(7.10)与式(7.11)表示的中子通量和中子流，就可以得到：

$$\begin{aligned}&\mu\frac{\partial}{\partial z}\psi(r,E,\mu)+\boldsymbol{\Sigma}_{\mathrm{t}}(r,E)\psi(r,E,\mu)\\&\quad=\frac{1}{2}\chi(E)\int_0^\infty\int_{-1}^1\nu\boldsymbol{\Sigma}_{\mathrm{f}}\left(r,E'\right)\psi\left(r,E',\mu'\right)\mathrm{d}\mu'\mathrm{d}E'\\&\quad\quad+\frac{1}{4\pi}\int_0^\infty\int_0^{2\pi}\int_{-1}^1\boldsymbol{\Sigma}_{\mathrm{s}}\left(r,E'\to E,\mu_0\right)\psi\left(r,E',\mu\right)\mathrm{d}\mu'\mathrm{d}\varphi'\mathrm{d}E'\end{aligned}\tag{7.20}$$

式(7.20)表示的中子平衡关系，现可以用式(7.17)和式(7.18)表示的勒让德多项式展开成球谐函数，如下：

$$\begin{aligned}&\sum_{n=0}^\infty\left[(2n+1)\mu P_n(\mu)\frac{\partial}{\partial z}\psi_n(r,E)+\boldsymbol{\Sigma}_{\mathrm{t}}(r,E)(2n+1)P_n(\mu)\psi_n(r,E)\right]\\&\quad=\frac{1}{2}\chi(E)\int_0^\infty\int_{-1}^1\nu\boldsymbol{\Sigma}_{\mathrm{f}}\left(r,E'\right)\sum_{n=0}^\infty(2n+1)P_n\left(\mu'\right)\psi_n\left(r,E'\right)\mathrm{d}\mu'\mathrm{d}E'\\&\quad\quad+\frac{1}{4\pi}\int_0^\infty\int_0^{2\pi}\int_{-1}^1\left[\sum_{n=0}^\infty\boldsymbol{\Sigma}_{\mathrm{s}n}\left(r,E'\to E\right)(2n+1)P_n\left(\mu_0\right)\right]\\&\quad\quad\times\left[\sum_{m=0}^\infty(2m+1)P_m\left(\mu'\right)\psi_m\left(r,E'\right)\right]\mathrm{d}\mu'\mathrm{d}\varphi'\mathrm{d}E'\end{aligned}\tag{7.21}$$

为求解式(7.21)，需要用μ、μ'、φ以及φ'来表示 $P_n(\mu_0)$。可以利用勒让德多项式的角度增加原理来实现这个目的，角度增加定理表示如下：

$$P_n\left(\mu_0\right)=P_n\left(\mu'\right)P_n(\mu)+2\sum_{m=1}^n\frac{(m-n)!}{(m+n)!}P_n^m\left(\mu'\right)P_n^m(\mu)\cos\left[m\left(\varphi'-\varphi\right)\right]\tag{7.22}$$

其中，$P_n^m(\mu)\equiv\left(1-\mu^2\right)^{\frac{m}{2}}\dfrac{\mathrm{d}^mP_n(\mu)}{\mathrm{d}\mu^m}\equiv$相应的勒让德多项式。

将式(7.22)代入中子平衡表达式(7.21)中，同时利用式(7.15)表示的勒让德多项式的正交条件，稍加计算后可以得到下列方程：

$$\begin{aligned}&n\frac{\partial}{\partial z}\psi_{n-1}(r,E)+(n+1)\frac{\partial}{\partial z}\psi_{n+1}(r,E)+(2n+1)\boldsymbol{\Sigma}_{\mathrm{t}}(r,E)\psi_n(z,E)\\&=\delta_{0n}\chi(E)\int_0^\infty\nu\boldsymbol{\Sigma}_{\mathrm{f}}\left(r,E'\right)\psi_0\left(r,E'\right)\mathrm{d}E'+(2n+1)\int_0^\infty\boldsymbol{\Sigma}_{\mathrm{s}n}\left(r,E'\to E\right)\psi_n\left(r,E'\right)\mathrm{d}E'\end{aligned}\tag{7.23}$$

式(7.23)表示无穷多组代数方程，它与式(7.20)表示的微积分方程完全相等。如果将式(7.23)在 $n=N$ 处截断，忽略后面的 $\dfrac{\partial}{\partial z}\psi_{n+1}(r,E)$ 项，此时就可以求解剩余的ψ项($\psi_0,\psi_1,\ldots,\psi_N$)，从而获得球谐函数中子输运方程的近似解 P_N。由于勒让德展开式一般来说会很快收敛，因此 P_3 阶通常是对输运进行近似时的最高阶。

7.3 扩散理论近似

如果球谐方程在 P_1 处截断，就可以为输运理论得到所谓的扩散理论近似。该近似允许中子平衡方程以比其他可能的方式更易于处理的方式进行求解。利用扩散理论，可以对中子通量在时间和能量上进行分析计算，这样就可以获得中子在反应堆中是如何分布的感性认识。在 P_1 近似中只有常数项和 1 次项。带有 $n=0$（零次项）的式(7.23)可以变换为：

$$\begin{aligned}&\frac{\partial}{\partial z}\psi_1(r,E)+\Sigma_t(r,E)\psi_0(z,E)\\&=\int_0^\infty\left[\chi(E)\nu\Sigma_f\left(r,E'\right)+\Sigma_{s0}\left(r,E'\to E\right)\right]\psi_0\left(r,E'\right)\mathrm{d}E'\end{aligned}\tag{7.24}$$

带有 $n=1$（一阶项）的式(7.23)可以变换为：

$$\frac{\partial}{\partial z}\psi_0(r,E)+3\Sigma_t(r,E)\psi_1(r,E)=3\int_0^\infty\Sigma_{sl}\left(r,E'\to E\right)\psi_1\left(r,E'\right)\mathrm{d}E'\tag{7.25}$$

$n=1$ 时从式(7.17)可以得到：

$$\psi(r,E,\mu)=\psi_0(r,E)+3\mu\psi_1(r,E)\tag{7.26}$$

将式(7.17)代入式(7.10)，可以得到中子通量的表达式如下：

$$\begin{aligned}\phi(r,E)&=\int_{\text{all }\Omega}\psi(r,E,\Omega)\mathrm{d}\Omega=\frac{1}{4\pi}\int_{-1}^{1}\int_0^{2\pi}[\psi_0(r,E)+3\mu\psi_1(r,E)]\mathrm{d}\varphi\mathrm{d}\mu\\&=\psi_0(r,E)\end{aligned}\tag{7.27}$$

同时注意到：

$$\mu=\Omega\cdot\hat{k}\ \Rightarrow\ \mu\hat{k}=\Omega\cdot\hat{k}\cdot\hat{k}=\Omega$$

并且将式(7.17)代入式(7.11)，则可得中子流的表达式如下：

$$\begin{aligned}J(r,E)&=\int_{\text{all }\Omega}\Omega\psi(r,E,\Omega)\mathrm{d}\Omega=\frac{1}{4\pi}\int_{-1}^{1}\int_0^{2\pi}\mu[\psi_0(r,E)+3\mu\psi_1(r,E)]\hat{k}\mathrm{d}\varphi\mathrm{d}\mu\\&=\psi_1(r,E)\hat{k}\end{aligned}\tag{7.28}$$

把式(7.27)和式(7.28)分别给出的中子通量和中子流的定义，代入到中子有向通量密度式(7.26)中，就得到：

$$\psi\left(r,E,\mu\right)=\phi(r,E)+3\mu J(r,E)\tag{7.29}$$

利用式(7.18)中的定义，对式(7.25)的积分表达式做泰勒级数展开，并且只保留第二项，就可以得到：

$$\int_0^\infty \Sigma_{s1}\left(r,E'\to E\right)\psi_1\left(r,E'\right)\mathrm{d}E' \approx \mu_0\Sigma_s(r,E)\psi_1(r,E) \tag{7.30}$$

利用式(7.28)和式(7.30)的结果，对式(7.25)变换可以得到下述表达式：

$$\frac{\partial}{\partial z}\psi_0(r,E)+3\boldsymbol{\Sigma}_t(r,E)\boldsymbol{J}(r,E)\cdot\hat{k}=3\mu_0\boldsymbol{\Sigma}_s(r,E)\boldsymbol{J}(r,E)\cdot\hat{k} \qquad (7.31)^5$$

利用式(7.27)的结果求解式(7.31)，可以得到中子流为：

$$\begin{aligned}\boldsymbol{J}(r,E)\cdot\hat{k} &= \frac{-1}{3\left[\boldsymbol{\Sigma}_t(r,E)-\mu_0\boldsymbol{\Sigma}_s(r,E)\right]}\frac{\partial}{\partial z}\phi(r,E)=\frac{-1}{3\boldsymbol{\Sigma}_{tr}(r,E)}\frac{\partial}{\partial z}\phi(r,E)\\ &= -D(r,E)\frac{\partial}{\partial z}\phi(r,E)\end{aligned} \qquad (7.32)^6$$

式(7.32)是输运理论的扩散理论近似，为菲克（Fick）定律的表达式，其中$D(r,E)$是扩散系数。在后续章节中，当分析研究不同几何配置下的中子通量分布时，几乎仅用到了这一个近似表达式。将式(7.32)扩展成三维表达式得到：

$$\boldsymbol{J}(r,E)=-D(r,E)\left[\frac{\partial}{\partial x}\phi(r,E)\hat{i}+\frac{\partial}{\partial y}\phi(r,E)\hat{j}+\frac{\partial}{\partial z}\phi(r,E)\hat{k}\right]=-D(r,E)\nabla\phi(r,E) \tag{7.33}$$

式(7.33)是输运理论的三维扩散理论近似，并且在核反应堆行为计算中成为多群扩散理论使用的理论基础。

参考文献

[1] K.D. Parsons. "ANISN/PC Manual", EGG-2500. Idaho National Engineering Laboratory, April 2003.

[2] F. Brown. Fundamentals of Monte Carlo Particle Transport. LA-UR-05—4983, 2005.

[3] X-5 Monte Carlo Team. MCNP—A General N-Particle Transport Code, Version 5, Volume I: Overview and Theory. LA-UR-03—1987, 2003 (Updated 2005).

习题

1. 已知 Be 的原子量为 9，密度为 1.85 g/cm^3，微观吸收截面（σ_a）为 0.0095 b，微观散射截面（σ_s）为 7 b，计算其宏观输运截面（Σ_{tr}）以及扩散系数（D）。

注释

1 原文方程为 $\left[\frac{\boldsymbol{J}(x,y,z,E,\boldsymbol{\Omega})-\boldsymbol{J}(x+\mathrm{d}x,y,z,E,\boldsymbol{\Omega})}{\mathrm{d}x}\right]\cdot\hat{i}\mathrm{d}x\mathrm{d}y\mathrm{d}z\mathrm{d}E$

$=\left[\left(\hat{i}\frac{\partial}{\partial x}\right)\cdot\boldsymbol{J}(x,y,z,E,\boldsymbol{\Omega})\right]\mathrm{d}x\mathrm{d}y\mathrm{d}z\mathrm{d}E$，有误。

2 原文方程为 $R_s=\int_0^\infty\Sigma_s(r,E\to E')\phi(r,E')\mathrm{d}E'\mathrm{d}V\mathrm{d}E=\Sigma_s(r,E)\phi(r,E)\mathrm{d}V\mathrm{d}E$，有误。

3 原文方程为 $P_0(x)=1,\ P_1(x)=x,\ (2l+1)P_l(x)=(l+1)P_{l+1}(x)+lP_{l-1}(x)$，有误。

4 原文方程为 $\psi_l(r,E)=\frac{1}{2}\int_{-1}^{1}\psi(r,E,\mu)P_l(\bar{\mu})\mathrm{d}\mu$，有误。

5 原文方程为 $\frac{\partial}{\partial z}\psi_0(r,E)+3\Sigma_t(r,E)\boldsymbol{J}(r,E)\hat{k}=3\mu_0\Sigma_s(r,E)\boldsymbol{J}(r,E)\hat{k}$，有误。

6 原文方程为 $\boldsymbol{J}(r,E)\hat{k}=\frac{-1}{3\left[\Sigma_t(r,E)-\mu_0\Sigma_s(r,E)\right]}\frac{\partial}{\partial z}\phi(r,E)=\frac{-1}{3\Sigma_{tr}(r,E)}\frac{\partial}{\partial z}\phi(r,E)$

$=-D(r,E)\frac{\partial}{\partial z}\phi(r,E)$，有误。

第8章　多群中子扩散方程

描述核反应堆内空间相关的中子平衡的微积分方程，虽然在形式上正确，但是大多数情况下极难求解。幸运的是，通过利用前面讨论过的扩散理论近似，并把能量相关的中子截面在不连续能区（或能群）范围进行平均，该方程能被大大简化。通过简化得到的方程组称为多群中子扩散方程。这些方程由具有常系数的耦合常微分方程组成，利用一般的数理技巧可相对容易地进行求解。对这些方程的求解，会为每个不连续的能群生成空间相关的中子通量分布，并得到一个描述反应堆临界状态的特征值。利用此中子通量分布，再辅之以合适的裂变截面，就可以在反应堆内的任何一点上求出一个详细的、相当准确的功率密度分布。

8.1　多群扩散理论

在第7章中提到过，中子平衡方程式(7.8)在形式上是正确的，但是由于它包含中子通量和中子流两个未知量，导致无法求解。有了式(7.33)的结果，中子通量和中子流就可以根据这个表达式相互联系起来，从而使得中子平衡方程可以显式求解。由于中子流只出现在中子平衡方程的泄漏项中，因此可以用式(7.33)将中子流项从泄漏式(7.2)中消除掉：

$$L=\nabla\cdot\boldsymbol{J}(r,E)=-D(r,E)\nabla\cdot\nabla\phi(r,E)=-D(r,E)\nabla^2\phi(r,E) \tag{8.1}$$

对于一个处于稳态条件下的核反应堆，把式(8.1)代入能量相关的中子平衡方程式(7.8)中可以得到：

$$
\begin{aligned}
0 &= D(r,E)\nabla^2\phi(r,E) + \chi(E)\int_0^\infty \nu\Sigma_{\mathrm{f}}(r,E')\phi(r,E')\mathrm{d}E' \\
&\quad + \int_0^\infty \Sigma_{\mathrm{s}}(r,E'\to E)\phi(r,E')\mathrm{d}E' - \Sigma_{\mathrm{a}}(r,E)\phi(r,E) - \Sigma_{\mathrm{s}}(r,E)\phi(r,E)
\end{aligned} \tag{8.2}
$$

当为中子平衡方程式(8.2)给定合适的边界条件后，就可以在理论上确定出作为空间和能量函数的中子通量。然而在实践中可以看到，除了最简单的几何情况外，确定微积分形式的中子平衡方程的解是非常困难的。一般说来，这种困难首先源自中子截面是非常复杂的中子能量的函数；其次，反应堆本身常常是十分复杂的。因此，确定反应堆中的中子通量分布一般分为两个步骤。第一步是用高阶 P_n 近似式对式(8.2)的全微积分形式在如图 8.1 所示的一个简单的代表栅元中进行求解。求解所得到的能量相关逐点中子通量，又用来确定几个相邻不连续能量区间中的空间弥散、栅元平均中子截面。

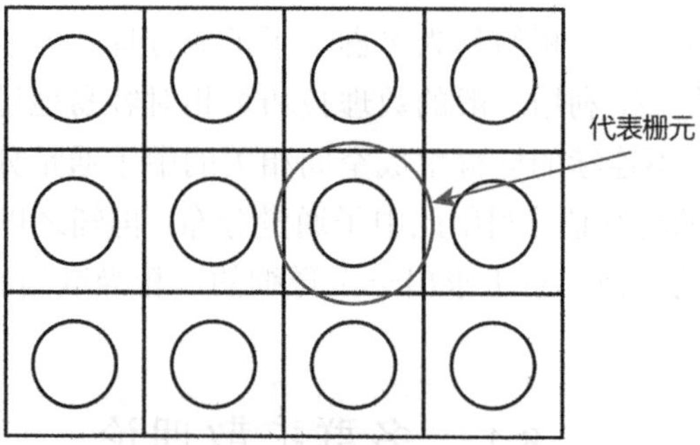

图 8.1 正方形栅格反应堆几何

第二步，通量均匀化中子截面一经确定，就将其重新代入式(8.2)中以形成多群中子扩散方程。这些中子扩散方程将形成一组带有常系数的耦合常微分方程。中子扩散方程通常写成矩阵形式，并且用合适的边界条件进行求解，从而得到在研反应堆结构的空间相关的多能群中子通量。由于只用到了均匀化的中子通量和中子截面，因此这个步骤中每个栅元内具体的中子通量分布细节丢失了。然而对于大多数情况，这一点是可以接受的。如果需要知道每一个栅元中具体的中子通量细节，那么在均匀化的中子截面首先确定下来后，利用第一步中计算得到的单元中子通量，按比例缩放所得到均匀化结果即可。

在任何一个特定的问题中采用的中子能群数会有变化，但一般来讲，在分析热中子反应堆（即将裂变中产生的大部分中子慢化到热能水平的反应堆）时只用到少数几组（如 2~4 组）能群；而在分析快中子反应堆（即减少达到热能水平中子数量的反应堆）时，用到的能群更多（如 8~10 组或者更多）。按照惯例，能量最高的能群是第 1 能群，给能群指定的序号随能量的降低而增加，如表 8.1 所示。

表 8.1 中子能群结构

能群	能量区间
1	$E_1 \sim \infty$
2	$E_2 \sim E_1$
3	$E_3 \sim E_2$
⋮	⋮
G	$0 \sim E_{G-1}$

对截面与中子通量的乘积在特定的能量间隔上积分（即在该能量间隔中的反应率）后，再除以该区间内的中子通量积分结果（即在该间隔上总的中子通量），可以得到通量均匀化的截面。因此同位素 j 的通量均匀化截面可以表示为：

$$\phi^g(r) = \int_{E_g}^{E_{g-1}} \phi(r,E)\mathrm{d}E$$

$$\sigma_{\mathrm{c}}^{g,j}(r) = \frac{\int_{E_g}^{E_{g-1}} \sigma_{\mathrm{c}}^j(r,E)\phi(r,E)\mathrm{d}E}{\int_{E_g}^{E_{g-1}} \phi(r,E)\mathrm{d}E} \Rightarrow \Sigma_{\mathrm{c}}^g(r) = \sum_{j=1}^{J_{\max}} n^j(r)\sigma_{\mathrm{c}}^{g,j}(r)$$

$$\sigma_{\mathrm{f}}^{g,j}(r) = \frac{\int_{E_g}^{E_{g-1}} \chi(E)\left[\int_0^{\infty} \sigma_{\mathrm{f}}^j\left(r,E'\right)\phi\left(r,E'\right)\mathrm{d}E'\right]\mathrm{d}E}{\int_{E_g}^{E_{g-1}} \phi(r,E)\mathrm{d}E} \Rightarrow \Sigma_{\mathrm{f}}^g(r) = \sum_{j=1}^{J_{\max}} n^j(r)\sigma_{\mathrm{f}}^{g,j}(r)$$

$$\sigma_{\mathrm{s}}^{g'\to g,j}(r) = \frac{\int_{E_g}^{E_{g-1}}\left[\int_{E_{g'}}^{E_{g'-1}} \sigma_{\mathrm{s}}^j\left(r,E'\to E\right)\phi\left(r,E'\right)\mathrm{d}E'\right]\mathrm{d}E}{\int_{E_g}^{E_{g-1}}\left[\int_{E_{g'}}^{E_{g'-1}} \phi\left(r,E'\right)\mathrm{d}E'\right]\mathrm{d}E} \Rightarrow \Sigma_{\mathrm{s}}^{g'\to g}(r) = \sum_{j=1}^{J_{\max}} n^j(r)\sigma_{\mathrm{s}}^{g'\to g,j}(r)$$

$$\sigma_{\mathrm{tr}}^{g,j}(r) = \frac{\int_{E_g}^{E_{g-1}} \sigma_{\mathrm{tr}}^j(r,E)\phi(r,E)\mathrm{d}E}{\int_{E_g}^{E_{g-1}} \phi(r,E)\mathrm{d}E} \Rightarrow D^g(r) = \frac{1}{3}\sum_{j=1}^{J_{\max}} \frac{1}{n^j(r)\sigma_{\mathrm{tr}}^{g,j}(r)}$$

(8.3)

如果把式(8.3)中的平均能群截面代入稳态中子平衡方程式(8.2)中，那么就可得到以多群扩散方程形式表达的中子扩散方程：

$$\begin{aligned}0=&D^g(r)\nabla^2\phi^g(r)+\chi^g\sum_{g'=1}^{G}\nu\Sigma_f^{g'}(r)\phi^{g'}(r)+\sum_{g'=1}^{G}\Sigma_s^{g'\to g}(r)\phi^{g'}(r)-\Sigma_a^g(r)\phi^g(r)\\&-\sum_{g'=1}^{G}\Sigma_s^{g\to g'}(r)\phi^g(r)\end{aligned}\tag{8.4}$$

其中，$\chi^g=\int_{E_g}^{E_{g-1}}\chi(E)\mathrm{d}E$，并且$\Sigma_a^g(r)=\Sigma_f^g(r)+\Sigma_c^g(r)$。

作为式(8.4)应用的一个例子，设G等于3，且为简化起见暂时忽略截面对r的依赖关系，则可得到三个耦合的微分方程，在采用了合适的边界条件时，可求得与位置相关的三个能群中子通量的解：

$$\begin{cases}\left(D^1\nabla^2+\chi^1\nu\Sigma_f^1-\Sigma_a^1-\Sigma_s^{1\to2}-\Sigma_s^{1\to3}\right)\phi^1+\left(\chi^1\nu\Sigma_f^2+\Sigma_s^{2\to1}\right)\phi^2+\left(\chi^1\nu\Sigma_f^3+\Sigma_s^{3\to1}\right)\phi^3=0\\\left(\chi^2\nu\Sigma_f^1+\Sigma_s^{1\to2}\right)\phi^1+\left(D^2\nabla^2+\chi^2\nu\Sigma_f^2-\Sigma_a^2-\Sigma_s^{2\to1}-\Sigma_s^{2\to3}\right)\phi^2+\left(\chi^2\nu\Sigma_f^3+\Sigma_s^{3\to2}\right)\phi^3=0\\\left(\chi^3\nu\Sigma_f^1+\Sigma_s^{1\to3}\right)\phi^1+\left(\chi^3\nu\Sigma_f^2+\Sigma_s^{2\to3}\right)\phi^2+\left(D_3\nabla^2+\chi^3\nu\Sigma_f^3-\Sigma_a^3-\Sigma_s^{3\to1}-\Sigma_s^{3\to2}\right)\phi^3=0\end{cases}\tag{8.5}$$

在式(8.5)中，淡灰色的项在三个群的计算中一般为0；但是，如果计算包含了许多个能群，某些这些项在热能区内可能不为零。可以注意到这些灰色项，或者是通过碰撞（向上散射项）得到能量的散射项；或者是含有$\chi(E)$函数的项，其中中子产生于较低能群中的裂变。

8.2 单群、单区中子扩散方程

有了多群扩散方程，就可以来分析如图8.2所示的在单能群里带有与空间无关截面的、由一维平板组成的简单的反应堆结构。该结构说明了反应堆系统内中子通量的一般分布，同时也引入了许多在后续分析时用到的概念。

利用式(8.4)，仅采取单能群并去掉不必要的上标，可以得到：

$$D\frac{\mathrm{d}^2\phi}{\mathrm{d}z^2}+\nu\Sigma_f\phi-\Sigma_a\phi=0\tag{8.6}$$

合并常截面项，式(8.6)现在可以重新改写为：

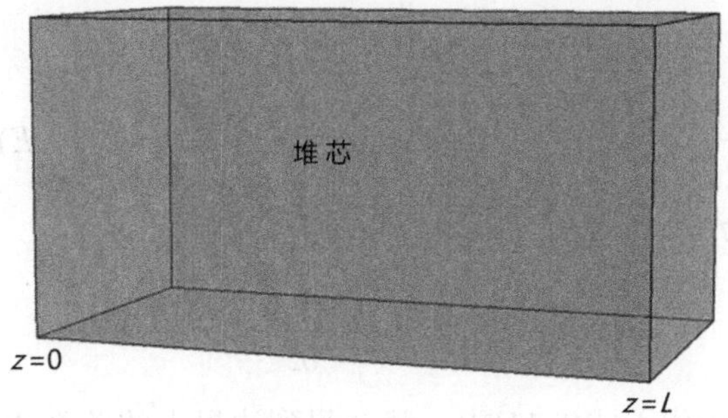

图 8.2 一维裸堆

$$\frac{d^2\phi}{dz^2}+\frac{\nu\Sigma_f-\Sigma_a}{D}\phi=\frac{d^2\phi}{dz^2}+B_m^2\phi=0 \tag{8.7}$$

其中，$B_m=\sqrt{\dfrac{\nu\Sigma_f-\Sigma_a}{D}}$。

在式(8.7)中，B_m 是核反应堆的材料曲率。之所以选择这个名称，是因为 B_m 提供了在整个反应堆堆芯上确定中子通量“曲率”的一种方法，这种方法与观察梁受到端部载荷而弯曲时的方式相似。式(8.7)所表示的中子扩散微分方程很容易通过标准方法求解，从而得到：

$$\phi(z)=A\cos(B_m z)+C\sin(B_m z) \tag{8.8}$$

为解得任意的常数 A 和 C，必须将合适的边界条件用到式(8.8)中。作为首次的猜值，反应堆的边界处中子通量应该为 0。边界 0 通量的条件是一个非常合理的假设，并且在很多情况下是可以接受的，对大型反应堆来说尤其是这样；但是在实际情况中，这一假设并不很正确。这一问题源于有限量的中子会从侧面和端面泄漏出反应堆，导致在边界处产生一定的中子通量。真实的情况是从堆芯泄漏到边界的中子不会再返回堆芯中去，也就是说朝着堆芯方向的中子流为 0。有了这一思路后，可以得到一个更好的反应堆边界条件的表达式。从式(7.29)的 P_1 近似式中得出中子有向通量密度为：

$$\psi(r,E,\mu)=\phi(r,E)+3\mu J(r,E) \tag{8.9}$$

在堆芯边界处朝向堆芯的各方向上，$\psi(r,E,\mu)=0$（假设 r=0 是堆芯边界）：

$$\begin{aligned}\int_0^{-1}\mu\psi(0,E,\mu)\mathrm{d}\mu &= \int_0^{-1}\left[\mu\phi(0,E)+3\mu^2 J(0,E)\right]\mathrm{d}\mu \\ &= -\frac{1}{4}\phi(0,E)+\frac{1}{2}J(0,E)=0 \;\Rightarrow\; \phi(0,E)=2J(0,E)\end{aligned} \tag{8.10}$$

回想一下式(7.32)给出的一维扩散理论近似公式：

$$J(0,E)=-D(0,E)\frac{\partial\phi(0,E)}{\partial z} \tag{8.11}$$

如果将式(8.10)代入式(8.11)中，就会得到边界上的关系式如下：

$$\phi(0,E)=-2D(0,E)\frac{\partial\phi(0,E)}{\partial z} \tag{8.12}$$

用式(8.12)得出的结果，可以确定出中子通量的斜率和中子通量水平之间的关系。此关系使直线外推到反应堆外的虚构点处成为可能，在虚构点处外推通量为 0。将反应堆外的虚构点处作为中子通量为 0 的边界条件，就可能得到更准确的全堆芯的中子通量，尤其是在如图 8.3 所示的靠近反应堆边界的地方。

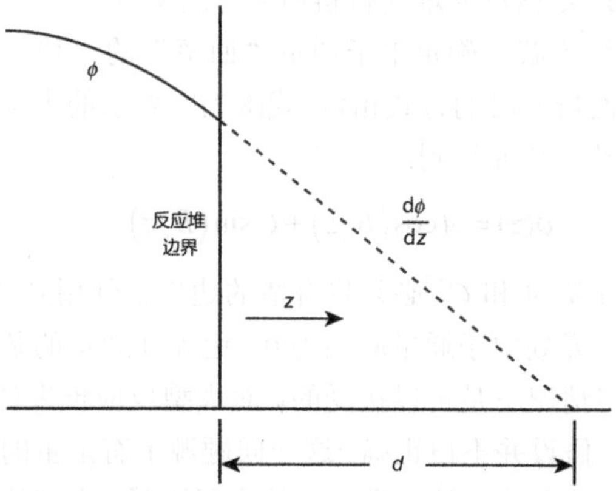

图 8.3　反应堆边界处中子通量密度外推

由图 8.3 可以得到反应堆外中子通量的直线外推公式：

$$\phi(z,E)=\frac{\partial\phi(0,E)}{\partial z}z+b \tag{8.13}$$

外推距离 d 处，中子通量为 0，因此：

$$0=\frac{\partial\phi(0,E)}{\partial z}d+b\Rightarrow b=-d\frac{\partial\phi(0,E)}{\partial z} \tag{8.14}$$

将式(8.13)代入式(8.14)中，可以得到：

$$\phi(z,E)=\frac{\partial\phi(0,E)}{\partial z}(z-d)\Rightarrow\phi(0,E)=-d\frac{\partial\phi(0,E)}{\partial z} \tag{8.15}$$

重新整理公式并且令式(8.12)和式(8.15)相等，可以得到：

$$\phi(0,E)=-d\frac{\partial\phi(0,E)}{\partial z}=-2D(0,E)\frac{\partial\phi(0,E)}{\partial z}\Rightarrow d=2D(0,E)=\frac{2}{3\Sigma_{\mathrm{tr}}(0,E)} \tag{8.16}$$

式(8.16)表明外推长度的值等于扩散系数的两倍。从数值角度，扩散系数一般相当于大概几厘米长度，因而如前所说，对于大型堆芯（即米级尺寸的），外推长度相对而言不重要。然而对于小的、高度富集的堆芯（即一米甚至更小量级尺寸的）来说，在反应堆计算中引入外推长度而得到通量后，再对其进行调整是相当重要的。

对于前面段落所描述的单区反应堆结构，使用外推边界条件会导致中子通量在$-d$ 和 $L+d$ 处变为 0，因此式(8.8)可以改为：

$$\phi(z)=A\cos\left[B_{\mathrm{m}}(z+d)\right]+C\sin\left[B_{\mathrm{m}}(z+d)\right] \tag{8.17}$$

对式(8.17)在 $z=-d$ 处使用边界条件，可以得到：

$$0=A\cos(0)+C\sin(0)\ \Rightarrow\ A=0\ \Rightarrow\ \phi(z)=C\sin\left[B_{\mathrm{m}}(z+d)\right] \tag{8.18}$$

对式(8.18)在 $z=L+d$ 处使用边界条件，可以得到：

$$0=C\sin\left[B_{\mathrm{m}}(L+2d)\right]\ \Rightarrow\ B_{\mathrm{m}}(L+2d)=n\pi,\ n=1,2,3,\cdots \tag{8.19}$$

对上述式(8.19)重新整理后，可以揭示出材料曲率必须等于：

$$B_{\mathrm{m}}=\frac{n\pi}{L+2d}=\frac{n\pi}{L^*}\overset{?}{=}B_{gn} \tag{8.20}$$

其中，$L^*=L+2d$。

式(8.20)里曲率命名已有所变化，其中 B_{gn} 定义为几何曲率。从这个方程可以明显看出我们所面临的两难困境，原因在于对需求解问题的过度规定。材料曲率（仅依赖于反应堆的材料特性）必须等于几何曲率（仅依赖于反应堆的几何结构）是没有道理的。为材料曲率方程引入一个新的变量λ_n，上述困难就可以得到解决，λ_n 是待求解问题的特征值。现在的问题变为应对 n 值做什么限制。事实证明，可接受的 n 值确实需要受到限制。这些限制条件不仅必须保证中子通量与反应堆边界条件相匹配，而且还要使反应堆内中子通量不会出现负值。因此 n 必须限定为 1，这时得到最大可能特征值。最大可能特征值（即λ_1）也可以称为反应堆的有效增殖系数或 k_{eff}：

$$B_{gn}^2 = B_{\mathrm{m}}^2 = \frac{\nu\Sigma_{\mathrm{f}} / \lambda_n - \Sigma_{\mathrm{a}}}{D} \Rightarrow \lambda_n = \frac{\nu\Sigma_{\mathrm{f}}}{DB_{gn}^2 + \Sigma_{\mathrm{a}}} \Rightarrow \lambda_1 = k_{\mathrm{eff}} = \frac{\nu\Sigma_{\mathrm{f}}}{DB_{\mathrm{g}}^2 + \Sigma_{\mathrm{a}}} = \frac{\text{产生率}}{\text{消失率}} \tag{8.21}$$

其中，$B_{\mathrm{g}}=B_{\mathrm{g}1}$。

像式(8.21)这样把 k_{eff} 与反应堆几何以及材料截面联系起来的方程，称为临界方程。从这个方程可以看出，当 $k_{\mathrm{eff}}=1$ 时，材料曲率等于几何曲率，并且中子产生率等于中子消失率。这种工况称为反应堆的临界稳态运行工况。当 k_{eff} 大于 1 时，反应堆是超临界的，此时中子产生率大于中子消失率。超临界工况意味着，反应堆功率水平不再是稳态工况，而是功率水平随着时间一直增加。相反地，当 k_{eff} 小于 1 时，反应堆是次临界的，中子消失率大于中子产生率。反应堆的次临界工况也意味着，反应堆功率水平不再处于稳态工况了，而是随着时间的增加而不断减小。

可以注意到 k_{eff} 某种程度上是一个人为量，因为如果它不等于 1，反应堆将不再处于稳态工况下。而这种工况与式(8.6)所表达的中子扩散方程是不一致的，因为该式假设反应堆处于稳态工况。无论如何，k_{eff} 是一个很有用的量，因为它可以近似地表示出从上一代到下一代中子增加的数量。如果一个反应堆无限大（即 $L^*=\infty \Rightarrow B_{\mathrm{g}}=0$），那么就可以得到独立于反应堆几何的 k_{eff} 表达式。这个量叫作反应堆的 k 无穷或 k_∞：

$$k_{\mathrm{eff}}\Big|_{L\to\infty} = k_\infty = \frac{\nu\Sigma_{\mathrm{f}}}{\Sigma_{\mathrm{a}}} = \frac{\text{产生率}}{\text{吸收率}} \tag{8.22}$$

将式(8.20)给出的几何曲率关系代入式(8.18)给出的中子通量表达式中，最终可以得到下列截断正弦分布形式的方程：

$$\phi(z) = C\sin\left[B_{\mathrm{g}}(z+d)\right] = C\sin\left[\frac{\pi}{L^*}(z+d)\right] \tag{8.23}$$

现在的问题依然是如何确定任意常数的某个值。可以发现 C 实际上是一个比例因子，它依赖于反应堆的功率水平。在反应堆体积范围里对中子通量和裂变截面的乘积进行积分，可以得到反应堆功率水平；因此对于常裂变截面，反应堆功率水平为：

$$P = CA\Sigma_{\mathrm{f}}\int_0^L \sin\left[\frac{\pi}{L^*}(z+d)\right]\mathrm{d}z = \frac{CA\Sigma_{\mathrm{f}}L^*}{\pi}\left\{\cos\left(\frac{\pi}{L^*}d\right) - \cos\left[\frac{\pi}{L^*}(d+L)\right]\right\} \tag{8.24}$$

其中，A=反应堆截面面积，P=反应堆功率水平。

变换式(8.24)以求解 C，得到结果如下：

$$C = \frac{\pi P}{A\Sigma_{\mathrm{f}}L^*\left\{\cos\left(\frac{\pi}{L^*}d\right) - \cos\left[\frac{\pi}{L^*}(d+L)\right]\right\}} \tag{8.25}$$

还可以从式(8.21)中注意到：如果已知合适的几何曲率表达式，就可以用代数方程去计算 k_{eff}，而不需求解式(8.6)所给出的中子扩散微分方程。表 8.2 给出了另外一些反应堆几何的单群、单区的几个几何曲率表达式。须注意，表 8.2 所列出的表达式仅对采用单能群中平均截面的单区结构有效。包含多个几何区域的结构，或者是用了多个中子能群的结构，则具有不同的曲率表达式。

表 8.2 单群、单区几何曲率

几何	曲率(B_{g}^2)
无限大平板	$\left(\frac{\pi}{L^*}\right)^2$
矩形盒	$\left(\frac{\pi}{L_x^*}\right)^2 + \left(\frac{\pi}{L_y^*}\right)^2 + \left(\frac{\pi}{L_z^*}\right)^2$
球体	$\left(\frac{\pi}{R^*}\right)^2$
圆柱体	$\left(\frac{\pi}{H^*}\right)^2 + \left(\frac{2.405}{R^*}\right)^2$

作为几何曲率应用的一个例子，现在用这个量来推导出裸球裂变材料的临界半径。当反应堆正好临界时 k_{eff}=1 且 B_{g}=B_{m}，因此由式(8.7)可以得到：

$$0 = \frac{\mathrm{d}^2\phi}{\mathrm{d}z^2} + B_{\mathrm{m}}^2\phi = -B_{\mathrm{g}}^2\phi + B_{\mathrm{m}}^2\phi \tag{8.26}$$

利用式(8.21)中的几何与材料曲率的定义，由式(8.26)可以得到：

$$\left(\frac{\pi}{R_c^*}\right)^2=\frac{\nu\Sigma_f-\Sigma_a}{D}\Rightarrow R_c^*=R_c+2D=\pi\sqrt{\frac{D}{\nu\Sigma_f-\Sigma_a}}\Rightarrow R_c=\pi\sqrt{\frac{D}{\nu\Sigma_f-\Sigma_a}}-2D \quad (8.27)$$

式(8.27)给出了临界半径 R_c 的表达式，下面就可以计算一个常被提及但认知不足的量——临界质量。知道了燃料球的临界半径，可以很容易求得它的体积；通过裂变材料的密度，就可以计算得到相应的临界质量：

$$M_c=\rho_f V_c=\rho_f\frac{4}{3}\pi R_c^3=\rho_f\frac{4\pi}{3}\left(\pi\sqrt{\frac{D}{\nu\Sigma_f-\Sigma_a}}-2D\right)^3 \quad (8.28)$$

其中，M_c=临界质量，V_c=临界体积，ρ_f=裂变材料的密度。

另一个几何曲率的应用例子，示范了曲率项如何用于计算多个方向上的中子泄漏。在这个特定的例子中，根据假设的临界半径，可以计算得到圆柱体的临界高度。当反应堆临界时，k_{eff}=1 且 B_g=B_m，再次根据表 8.2 中对圆柱体几何曲率的定义，可以得到：

$$\left(\frac{\pi}{H_c^*}\right)^2+\left(\frac{2.405}{R_c^*}\right)^2=\frac{\nu\Sigma_f-\Sigma_a}{D}\Rightarrow H_c^*=H_c+2D=\frac{\pi}{\sqrt{\frac{\nu\Sigma_f-\Sigma_a}{D}-\left(\frac{2.405}{R_c^*}\right)^2}}$$

$$\Rightarrow H_c=\frac{\pi}{\sqrt{\frac{\nu\Sigma_f-\Sigma_a}{D}-\left(\frac{2.405}{R_c^*}\right)^2}}-2D \quad (8.29)$$

8.3 单群、双区中子扩散方程

前面几节分析过的裸堆芯所具有的问题之一是，因泄漏而逃逸出堆芯的中子是反应堆的永久损失。为了减少中子泄漏，可以发现当具有高散射低吸收截面的材料置于堆芯外围时，可以使因泄漏而从堆芯中逃逸出去的许多中子反射回堆芯中，从而提高了反应堆的 k_{eff} 值。通过减少中子泄漏，可以减小堆芯的尺寸，同时也减少了使反应堆达到临界所需要的裂变材料数量。

图 8.4 给出了用于分析中子反射层效果的结构示例。在接下来的分析中，利用问题的几何对称性将研究的区域限制为两个而不是三个。

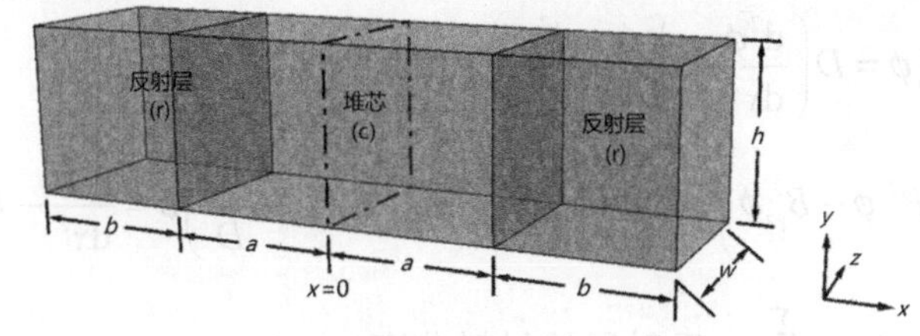

图 8.4 双区、一维反应堆

8.3.1 堆芯

在堆芯区域中，对一个能群中的三维矩形盒，可得：

$$0 = D\nabla^2\phi + \frac{\nu\Sigma_f}{k_{eff}}\phi - \Sigma_a\phi = D\left(\frac{d^2\phi}{dx^2} + \frac{d^2\phi}{dy^2} + \frac{d^2\phi}{dz^2}\right) + \frac{\nu\Sigma_f}{k_{eff}}\phi - \Sigma_a\phi$$
$$= D\left(\frac{d^2\phi}{dx^2} - B_{gy}^2\phi - B_{gz}^2\phi\right) + \frac{\nu\Sigma_f}{k_{eff}}\phi - \Sigma_a\phi \qquad (8.30)^1$$
$$= \frac{d^2\phi}{dx^2} + \left(-B_{gy}^2 - B_{gz}^2 + \frac{\nu\Sigma_f / k_{eff} - \Sigma_a}{D}\right)\phi = \frac{d^2\phi}{dx^2} + \alpha^2\phi$$

其中，$\alpha^2 = -B_{gy}^2 - B_{gz}^2 + \dfrac{\nu\Sigma_f / k_{eff} - \Sigma_a}{D}$ =堆芯曲率。

求解式(8.30)可以得到：

$$\phi(z) = A\cos(\alpha x) + C\sin(\alpha x) \qquad (8.31)$$

应当注意到，由于问题的几何对称性，反应堆中心线处的边界条件可写成：

$$\left.\frac{d\phi}{dx}\right|_{x=0} = 0 \qquad (8.32)$$

对式(8.31)求导，再利用式(8.32)的边界条件可以得到：

$$\frac{d\phi}{dx} = -A\sin(\alpha x) + C\cos(\alpha x) \Rightarrow 0 = -A\sin(0) + C\cos(0) \Rightarrow C = 0 \qquad (8.33)$$

因此，从式(8.33)可得堆芯中子通量为：

$$\phi_c(x) = A\cos(\alpha x) \qquad (8.34)$$

8.3.2 反射层

反应堆的反射层区没有裂变材料，因此：

$$
\begin{aligned}
0 &= D\nabla^2\phi - \Sigma_a\phi = D\left(\frac{d^2\phi}{dx^2}+\frac{d^2\phi}{dy^2}+\frac{d^2\phi}{dz^2}\right)-\Sigma_a\phi \\
&= D\left(\frac{d^2\phi}{dx^2}-B_{gy}^2\phi-B_{gz}^2\phi\right)-\Sigma_a\phi=\frac{d^2\phi}{dx^2}-\left(B_{gy}^2+B_{gz}^2+\frac{\Sigma_a}{D}\right)\phi=\frac{d^2\phi}{dx^2}-\beta^2\phi
\end{aligned}
\tag{8.35}
$$

其中，$\beta^2 = B_{gy}^2 + B_{gz}^2 + \frac{\Sigma_a}{D}$ = 反射层的材料曲率。

求解中子扩散微分方程可以得到：

$$
\phi(x) = E\cosh\left[\beta\left(a+b^*-x\right)\right]+F\sinh\left[\beta\left(a+b^*-x\right)\right] \tag{8.36}
$$

其中，$b^*=b+2D_r$=外推反射层厚度。

为了解出任意的常数 E 和 F，再次假设中子通量在反射层外边缘以外的外推距离处等于 0（即在 $x=a+b^*$ 处 $\phi=0$）。因此在反射层外推距离处使用零中子通量的边界条件，由式(8.36)可以发现：

$$
\phi\left(a+b^*\right)=0=E\cosh(0)+F\sinh(0)\Rightarrow E=0 \tag{8.37}
$$

表示反射层中子通量的式(8.36)现在变为：

$$
\phi_r(x)=F\sinh\left[\beta\left(a+b^*-x\right)\right] \tag{8.38}
$$

8.3.3 堆芯+反射层

在堆芯和反射层的分界面上，物理上要求中子通量是连续的，因此利用式(8.34)和式(8.38)可以得到：

$$
\phi_c(a)=\phi_r(a)\Rightarrow A\cos(\alpha a)=F\sinh\left(\beta b^*\right) \tag{8.39}
$$

同时物理上还要求该界面上中子流也必须是连续的，因此再次使用式(8.34)和式(8.38)可以得出：

$$
\begin{aligned}
& J_c(a)=J_r(a)\Rightarrow D_c\left.\frac{d\phi_c}{dx}\right|_{x=a}=D_r\left.\frac{d\phi_r}{dx}\right|_{x=a} \\
& \Rightarrow -AD_c\alpha\sin(\alpha x)\big|_{x=a}=-FD_r\beta\cosh\left[\beta\left(a+b^*-x\right)\right]\Big|_{x=a} \\
& \Rightarrow AD_c\alpha\sin(\alpha a)=FD_r\beta\cosh\left(\beta b^*\right)
\end{aligned}
\tag{8.40}
$$

将式(8.39)除以式(8.40)，就可以消去任意常数 A 和 F 以得到：

$$D_c \alpha \tan(\alpha a) = \frac{D_r \beta}{\tanh\left(\beta b^*\right)} \tag{8.41}$$

式(8.41)将 k_{eff} 与所有其他反应堆参数联系起来，因而是具有已知边界条件的单群、双区反应堆结构的临界方程。利用典型的材料参数（例如截面），以及 $k_{\text{eff}}=1$，解方程式(8.41)可得反应堆的尺寸 a 和 b^*，如图 8.5 所示。要注意，通过反射层的使用，堆芯尺寸可以极大地减小。因反射层的使用而减少的堆芯厚度，叫作反应堆的反射层节省。刚开始时，反射层厚度的少量增加都可以对堆芯尺寸的减少产生很大的影响。但是，随着反射层厚度不断地增加，它对堆芯尺寸产生的影响在逐渐地降低。最后，即使大量增加反射层厚度，其对堆芯尺寸减小的影响也可以忽略不计，因此对 k_{eff} 的影响也可忽略不计。此时的反射层可说是相当于无穷大的。从数学角度，观察式(8.41)可以发现反射层尺寸的额外增加对堆芯尺寸影响很小的原因。要注意即使自变量 βb^* 取相对比较适中的值，其函数 $\tanh(\beta b^*)$ 也会极其接近它的渐近值 1。例如，$\tanh(4)=0.99933\approx1$。在此假设后续当反射层厚度为：

$$b^* \gtrsim \frac{4}{\beta} \tag{8.42}$$

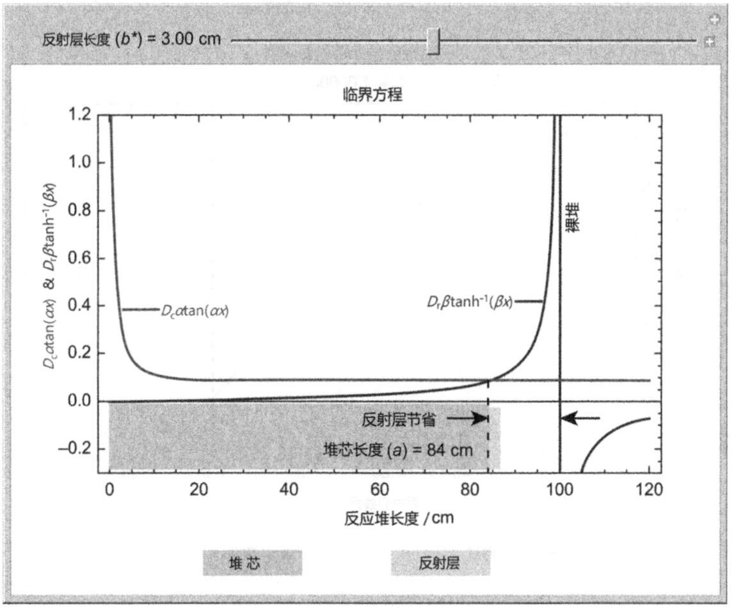

图 8.5　反应堆临界长度是反射层长度的函数

该反射层即被视为无穷大。

一旦求解了式(8.41)的临界关系，就可以推导出反应堆堆芯区和反射层区的中子通量表达式。由式(8.39)可以得到：

$$F = A\frac{\cos(\alpha a)}{\sinh\left(\beta b^{*}\right)} \tag{8.43}$$

将式(8.43)的结果代入式(8.38)，并且回顾式(8.34)的结果，可以得出整个反应堆中的中子通量为：

$$\phi(x)=\begin{cases} A\cos(\alpha x), & 0\le x\le a \\ A\dfrac{\cos(\alpha a)}{\sinh\left(\beta b^{*}\right)}\sinh\left[\beta\left(a+b^{*}-x\right)\right], & a\le x\le a+b \end{cases} \tag{8.44}$$

图 8.6 所示的是假定 v=2.5 时，在不同的反应堆几何结构、不同的中子截面下，由式(8.44)确定的归一化（即 A=1）的逐点反应堆功率密度以及中子通量。

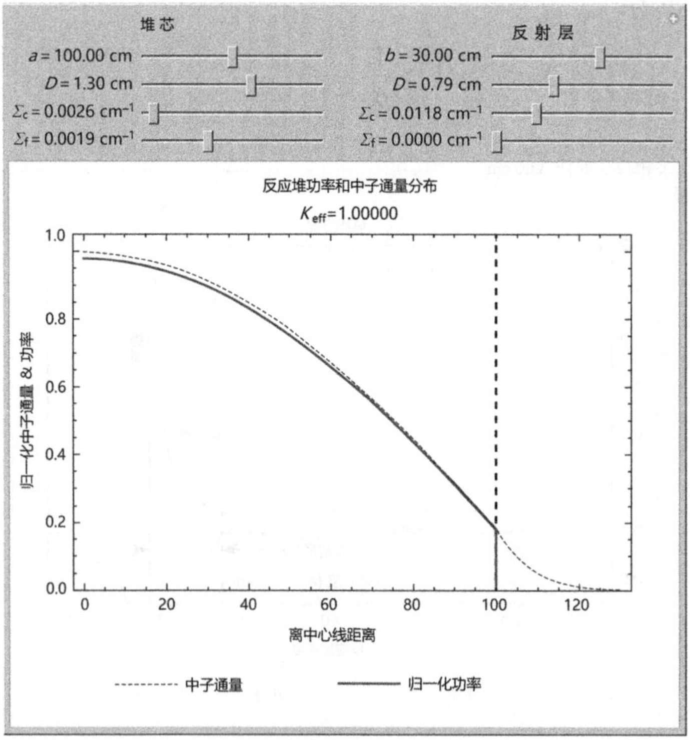

图 8.6　单群、双区反应堆功率和中子通量分布

8.4 双群、双区中子扩散方程

上节描述的单群、双区反应堆结构，对于中子通量的空间分布（也是功率分布）的总量描述十分有用。然而，使用额外的中子能群，新的空间效应会显现出来。在下面的讨论中可以看到，这些空间效应具有重要的热工水力意义。即将分析的结构与图 8.4 中所示的单能群分析时所用的结构一致。

使用式(8.4)，设其中的 G 为 2，并且假定每个区域中的截面是常数，可以得到以下两个耦合的微分方程：

$$\begin{cases}\left(D_j^1\nabla^2+\dfrac{1}{\lambda}\chi^1\nu\Sigma_{fj}^1-\Sigma_{aj}^1-\Sigma_{sj}^{1\to2}\right)\phi^1(x)+\left(\dfrac{1}{\lambda}\chi^1\nu\Sigma_{fj}^2+\Sigma_{sj}^{2\to1}\right)\phi^2(x)=0\\ \left(\dfrac{1}{\lambda}\chi^2\nu\Sigma_{fj}^1+\Sigma_{sj}^{1\to2}\right)\phi^1(x)+\left(D_j^2\nabla^2+\dfrac{1}{\lambda}\chi^2\nu\Sigma_{fj}^2-\Sigma_{aj}^2-\Sigma_{sj}^{2\to1}\right)\phi^2(x)=0\end{cases} \tag{8.45}$$

其中，在堆芯区中时 j=“c”，反射层区中时 j=“r”。

再次假定，式(8.45)中灰色的项为 0，用曲率代替式(8.45)中的第二个导数项，并且χ^1=1，则可以得到下列表达式：

$$\begin{cases}\left\{-D_j^1\left[\left(B_j\right)^2+\left(B_{gyz}\right)^2\right]+\dfrac{1}{\lambda}\nu\Sigma_{fj}^1-\Sigma_{aj}^1-\Sigma_{sj}^{1\to2}\right\}\phi^1(x)+\left(\dfrac{1}{\lambda}\nu\Sigma_{fj}^2\right)\phi^2(x)=0\\ \Sigma_{sj}^{1\to2}\phi^1(x)-\left\{D_j^2\left[\left(B_j\right)^2+\left(B_{gyz}\right)^2\right]+\Sigma_{aj}^2\right\}\phi^2(x)=0\end{cases} \tag{8.46}$$

其中，$B_{gyz}^2=B_{gy}^2+B_{gz}^2$。

如果将式(8.46)写为矩阵的形式，可得：

$$\begin{pmatrix}-D_j^1\left[\left(B_j\right)^2+\left(B_{gyz}\right)^2\right]+\nu\Sigma_{fj}^1/\lambda-\Sigma_{aj}^1-\Sigma_{sj}^{1\to2} & \nu\Sigma_{fj}^2/\lambda\\ \Sigma_{sj}^{1\to2} & -D_j^2\left[\left(B_j\right)^2+\left(B_{gyz}\right)^2\right]-\Sigma_{aj}^2\end{pmatrix}\begin{pmatrix}\phi^1(x)\\ \phi^2(x)\end{pmatrix}=0 \tag{8.47}$$

为了在要求中子通量为非零值的同时确保上面的矩阵关系成立，矩阵行列式(8.47)须等于 0。下列方程式给出的矩阵行列式关系中，将曲率 B 放到了功率项中。

$$0=\left(B_j\right)^4+\left(B_j\right)^2\underbrace{\left[2\left(B_{\mathrm{gyz}}\right)^2-\left(\frac{\nu\Sigma_{\mathrm{f}j}^1/\lambda-\Sigma_{\mathrm{a}j}^1-\Sigma_{sj}^{1\to2}}{D_j^1}\right)+\frac{\Sigma_{\mathrm{a}j}^2}{D_j^2}\right]}_{P}+$$

$$\underbrace{\left[\left(B_{\mathrm{gyz}}\right)^4-\left(B_{\mathrm{gyz}}\right)^2\left(\frac{\nu\Sigma_{\mathrm{f}j}^1/\lambda-\Sigma_{\mathrm{a}j}^1-\Sigma_{\mathrm{s}j}^{1\to2}}{D_j^1}-\frac{\Sigma_{\mathrm{a}j}^2}{D_j^2}\right)-\left(\frac{\Sigma_{\mathrm{a}j}^2\left(\nu\Sigma_{\mathrm{f}j}^1/\lambda-\Sigma_{\mathrm{a}j}^1\right)}{D_j^1D_j^2}+\frac{\Sigma_{\mathrm{s}j}^{1\to2}\left(\nu\Sigma_{\mathrm{f}j}^2/\lambda-\Sigma_{\mathrm{a}j}^2\right)}{D_j^1D_j^2}\right)\right]}_{Q}$$

$$=\left(B_j\right)^4+P\left(B_j\right)^2+Q \tag{8.48}$$

根据曲率求解式(8.48)可以得到：

$$\left(B_j\right)^4+P\left(B_j\right)^2+Q=0\Rightarrow\left(B_j\right)^2=\frac{1}{2}\left(-P\pm\sqrt{P^2-4PQ}\right) \tag{8.49}$$

由式(8.49)所表示的关系可以得到两个曲率表达式，如下：

$$\begin{cases}\mu_j^2=\dfrac{1}{2}\left(-P+\sqrt{P^2-4PQ}\right), & \text{可以为正值或负值}\\ \rho_j^2=\dfrac{1}{2}\left(-P-\sqrt{P^2-4PQ}\right), & \text{永远为负值（如没有裂变核素）}\end{cases} \tag{8.50}$$

根据式(8.50)所示的两个曲率表达式，可以导出两个微分方程，以描述在每个反应堆区域中的中子通量分布：

$$\frac{\mathrm{d}^2\left[\phi^2(x)\right]}{\mathrm{d}x^2}\pm\mu_j^2\phi^2(x)=0 \tag{8.51}$$

以及

$$\frac{\mathrm{d}^2\left[\phi^2(x)\right]}{\mathrm{d}x^2}-\rho_j^2\phi^2(x)=0 \tag{8.52}$$

只要堆芯区域中存在裂变材料，就会有λ（或者更准确地说是k_{eff}）的值使得式(8.51)中$\mu_j^2=\mu_{\mathrm{c}}^2$的符号为正。如果在反射层区中没有裂变材料，那么式(8.51)中$\mu_j^2=\mu_{\mathrm{r}}^2$的符号永远为负。为了确定群 1 到群 2 的通量比，式(8.46)的第二个关系式重新整理如下：

$$\frac{\phi^1(x)}{\phi^2(x)}=\frac{D_j^2\left[\left(B_j\right)^2+\left(B_{\text{gyz}}\right)^2\right]+\Sigma_{aj}^2}{\Sigma_{sj}^{1\to 2}} \tag{8.53}$$

将式(8.50)中定义的曲率参数代入式(8.53)，就可以得到通量比：

$$\alpha_j=\frac{D_j^2\left[\left(\mu_j\right)^2+\left(B_{\text{gyz}}\right)^2\right]+\Sigma_{aj}^2}{\Sigma_{sj}^{1\to 2}} \tag{8.54}$$

以及

$$\beta_j=\frac{D_j^2\left[\left(\rho_j\right)^2+\left(B_{\text{gyz}}\right)^2\right]+\Sigma_{aj}^2}{\Sigma_{sj}^{1\to 2}} \tag{8.55}$$

群中子通量的一般方程，现在可以通过求解式(8.51)以及式(8.52)所给出的微分方程，并使用式(8.54)以及式(8.55)中描述的中子通量比关系式来确定：

$$\phi^2(x)=C_{1j}\sin\left(\mu_j x\right)+C_{2j}\cos\left(\mu_j x\right)+C_{3j}\sinh\left(\rho_j x\right)+C_{4j}\cosh\left(\rho_j x\right) \tag{8.56}$$

以及

$$\begin{aligned}\phi^1(x)=&C_{1j}\alpha_j\sin\left(\mu_j x\right)+C_{2j}\alpha_j\cos\left(\mu_j x\right)+C_{3j}\beta_j\sinh\left(\rho_j x\right)\\&+C_{4j}\beta_j\cosh\left(\rho_j x\right)\end{aligned} \tag{8.57}$$

由于待求解的问题对于反应堆堆芯中心线 x=0 处是对称的，可以指定此处的中子通量的一阶导数为零作为边界条件。因此对式(8.56)和式(8.57)求导可以得到：

$$\frac{\mathrm{d}\phi^2(x)}{\mathrm{d}x}=C_{1c}\mu_c\cos\left(\mu_c x\right)-C_{2c}\mu_c\sin\left(\mu_c x\right)+C_{3c}\rho_c\cosh\left(\rho_c x\right)+C_{4c}\rho_c\sinh\left(\rho_c x\right) \tag{8.58}$$

以及

$$\begin{aligned}\frac{\mathrm{d}\phi^1(x)}{\mathrm{d}x}=&C_{1c}\mu_c\alpha_c\cos\left(\mu_c x\right)-C_{2c}\mu_c\alpha_c\sin\left(\mu_c x\right)+C_{3c}\rho_c\beta_c\cosh\left(\rho_c x\right)\\&+C_{4c}\rho_c\beta_c\sinh\left(\rho_c x\right)\end{aligned} \tag{8.59}$$

如果令式(8.58)和式(8.59)中的导数在 x=0 处等于 0，可得：

$$0=C_{1c}\mu_c\cos(0)-C_{2c}\mu_c\sin(0)+C_{3c}\rho_c\cosh(0)+C_{4c}\rho_c\sinh(0)=C_{1c}\mu_c+C_{3c}\rho_c \tag{8.60}$$

以及

$$
\begin{aligned}
0 &= C_{1c}\mu_c\alpha_c\cos(0) - C_{2c}\mu_c\alpha_c\sin(0) + C_{3c}\rho_c\beta_c\cosh(0) + C_{4c}\rho_c\beta_c\sinh(0) \\
&= C_{1c}\mu_c\alpha_c + C_{3c}\rho_c
\end{aligned} \tag{8.61}
$$

为了使式(8.60)和式(8.61)成立，从而有 $C_{1c}=C_{3c}=0$，反应堆堆芯处（即$-a\le x\le a$）的中子通量方程式(8.56)和式(8.57)因此变为：

$$
\phi_c^2(x) = C_{2c}\cos(\mu_c x) + C_{4c}\cosh(\rho_c x) \tag{8.62}
$$

以及

$$
\phi_c^1(x) = C_{2c}\alpha_c\cos(\mu_c x) + C_{4c}\beta_c\cosh(\rho_c x) \tag{8.63}
$$

在反射层区域，可以为该问题指定其他边界条件。在本情况下，边界条件为：反应堆反射层外边缘外外推距离处的中子通量为 0。也就是在 $x=a+b^{1*}$处$\phi^1=0$，其中$b^{1*}=b+2D_r^1$；且在 $x=a+b^{2*}$处$\phi^2=0$，其中$b^{2*}=b+2D_r^2$。利用式(8.56)和式(8.57)中所给出的一般通量表达式，将它们应用到反射层，就可以得到：

$$
\begin{aligned}
\phi^2(x) &= C_{1r}\sin\left[\mu_r\left(a+b^{2*}-x\right)\right] + C_{2r}\cos\left[\mu_r\left(a+b^{2*}-x\right)\right] \\
&\quad + C_{3r}\sinh\left[\rho_r\left(a+b^{2*}-x\right)\right] + C_{4r}\cosh\left[\rho_r\left(a+b^{2*}-x\right)\right]
\end{aligned} \tag{8.64}
$$

以及

$$
\begin{aligned}
\phi^1(x) &= C_{1r}\alpha_r\sin\left[\mu_r\left(a+b^{1*}-x\right)\right] + C_{2r}\alpha_r\cos\left[\mu_r\left(a+b^{1*}-x\right)\right] \\
&\quad + C_{3r}\beta_r\sinh\left[\rho_r\left(a+b^{1*}-x\right)\right] + C_{4r}\beta_r\cosh\left[\rho_r\left(a+b^{1*}-x\right)\right]
\end{aligned} \tag{8.65}
$$

利用式(8.56)以及式(8.57)中描述的零通量边界条件，可以得到：

$$
0 = C_{1r}\sin(0) + C_{2r}\cos(0) + C_{3r}\sinh(0) + C_{4r}\cosh(0) = C_{2r} + C_{4r} \tag{8.66}
$$

以及

$$
0 = C_{1r}\alpha_r\sin(0) + C_{2r}\alpha_r\cos(0) + C_{3r}\beta_r\sinh(0) + C_{4r}\beta_r\cosh(0) = C_{2r}\alpha_r + C_{4r}\beta_r \tag{8.67}
$$

为了使式(8.66)和式(8.67)成立，从而有 $C_{2r}=C_{4r}=0$，描述反应堆反射层区域（即$a\le x\le a+b^{g^*}$）中的中子通量的方程式(8.64)和式(8.65)因此可写为：

$$
\phi_r^2(x) = C_{1r}\sin\left[\mu_r\left(a+b^{2*}-x\right)\right] + C_{3r}\sinh\left[\rho_r\left(a+b^{2*}-x\right)\right] \tag{8.68}
$$

以及

$$
\phi_r^1(x) = C_{1r}\alpha_r\sin\left[\mu_r\left(a+b^{1*}-x\right)\right] + C_{3r}\beta_r\sinh\left[\rho_r\left(a+b^{1*}-x\right)\right] \tag{8.69}
$$

为求解留下的系数 C，必须对反应堆的堆芯/反射层交界面处的中子通量和中子流施加一个连续条件。因此令式(8.62)和式(8.68)中群 2 的中子通量相等，可得：

$$\begin{aligned}&\phi_c^2(a)=\phi_r^2(a)\Rightarrow\\&C_{2c}\cos(\mu_c a)+C_{4c}\cosh(\rho_c a)=C_{1r}\sin(\mu_r b^{2*})+C_{3r}\sinh(\rho_r b^{2*})\end{aligned}\tag{8.70}$$

令式(8.63)和式(8.69)中群 1 的中子通量相等，得出：

$$\begin{aligned}&\phi_c^1(a)=\phi_r^1(a)\Rightarrow\\&C_{2c}\alpha_c\cos(\mu_c a)+C_{4c}\beta_c\cosh(\rho_c a)=C_{1r}\alpha_r\sin(\mu_r b^{1*})+C_{3r}\beta_r\sinh(\rho_r b^{1*})\end{aligned}\tag{8.71}$$

用式(8.58)来确定群 2 在堆芯中的中子流，得到：

$$J_c^2(x)=D_c^2\frac{d\phi^2(x)}{dx}=-C_{2c}D_c^2\mu_c\sin(\mu_c x)+C_{4c}D_c^2\rho_c\sinh(\rho_c x)\tag{8.72}$$

用式(8.59)来确定群 1 在堆芯中的中子流，得到：

$$J_c^1(x)=D_c^1\frac{d\phi^1(x)}{dx}=-C_{2c}D_c^1\mu_c\alpha_c\sin(\mu_c x)+C_{4c}D_c^1\rho_c\beta_c\sinh(\rho_c x)\tag{8.73}$$

用式(8.68)的一阶导数可以确定反射层中群 2 的中子流，得到：

$$\begin{aligned}J_r^2(x)&=D_r^2\frac{d\phi^2(x)}{dx}\\&=-C_{1r}D_r^2\mu_r\cos\left[\mu_r\left(a+b^{2*}-x\right)\right]-C_{3r}D_r^2\rho_r\cosh\left[\rho_r\left(a+b^{2*}-x\right)\right]\end{aligned}\tag{8.74}$$

用式(8.69)的一阶导数可以确定出反射层中群 1 的中子流，得到：

$$\begin{aligned}J_r^1(x)&=D_r^1\frac{d\phi^1(x)}{dx}\\&=-C_{1r}D_r^1\mu_r\alpha_r\cos\left[\mu_r\left(a+b^{1*}-x\right)\right]-C_{3r}D_r^1\rho_r\beta_r\cosh\left[\rho_r\left(a+b^{1*}-x\right)\right]\end{aligned}\tag{8.75}$$

令式(8.72)与式(8.74)堆芯反射层交界面处群 2 的中子流相等，得到：

$$\begin{aligned}J_c^2(a)=J_r^2(a)\Rightarrow&-C_{2c}D_c^2\mu_c\sin(\mu_c a)+C_{4c}D_c^2\rho_c\sinh(\rho_c a)\\&=-C_{1r}D_r^2\mu_r\cos(\mu_r b^{2*})-C_{3r}D_r^2\rho_r\cosh(\rho_r b^{2*})\end{aligned}\tag{8.76}$$

令式(8.73)与式(8.75)堆芯反射层交界面处群 1 的中子流相等，得到：

$$\begin{aligned}J_c^1(a)=J_r^1(a)\Rightarrow&-C_{2c}D_c^1\mu_c\alpha_c\sin(\mu_c a)+C_{4c}D_c^1\rho_c\beta_c\sinh(\rho_c a)\\&=-C_{1r}D_r^1\mu_r\alpha_r\cos(\mu_r b^{1*})-C_{3r}D_r^1\rho_r\beta_r\cosh(\rho_r b^{1*})\end{aligned}\tag{8.77}$$

式(8.70)、式(8.71)、式(8.76)和式(8.77)组成一套含 4 个未知量的方程组。将这些方程组成矩阵形式，以求取参数 C：

$$\begin{pmatrix} \cos(\mu_c a) & \cosh(\rho_c a) & -\sin(\mu_r b^{2*}) & -\sinh(\rho_r b^{2*}) \\ \alpha_c \cos(\mu_c a) & \beta_c \cosh(\rho_c a) & -\alpha_r \sin(\mu_r b^{1*}) & -\beta_r \sinh(\rho_r b^{1*}) \\ -D_c^2 \mu_c \sin(\mu_c a) & D_c^2 \rho_c \sinh(\rho_c a) & D_r^2 \mu_r \cos(\mu_r b^{2*}) & D_r^2 \rho_r \cosh(\rho_r b^{2*}) \\ -D_c^1 \mu_c \alpha_c \sin(\mu_c a) & D_c^1 \rho_c \beta_c \sinh(\rho_c a) & D_r^1 \mu_r \alpha_r \cos(\mu_r b^{1*}) & D_r^1 \rho_r \beta_r \cosh(\rho_r b^{1*}) \end{pmatrix} \begin{pmatrix} C_{2c}^1 \\ C_{4c}^1 \\ C_{1r}^1 \\ C_{3r}^1 \end{pmatrix} = 0 \tag{8.78}$$

由于式(8.78)将λ和其他所有的反应堆参数联系起来，它组成了双区、双中子能群反应堆的临界方程。为使方程组具有非无效解（即系数 C 不全为 0*），调整λ或其他反应堆参数，直到矩阵的行列式等于 0。正如前面章节所提到的，只有λ的最大值可以为中子通量分布产生在物理上有效的值（即非负值）。

一旦确定了使行列式(8.78)的值为 0 的参数，就可以解得临界条件。矩阵式(8.78)中的 3 个方程可以用第 4 个来确定其他 3 个系数 C。由于矩阵中的方程相互间都不是线性无关的，直接使得矩阵行列式为 0，因此实际上确定系数 C 只需要用到 3 个方程。假设将式(8.70)、式(8.71)以及式(8.76)写成矩阵形式，并通过 C_{2c} 来求解 C_{4c}、C_{1r} 以及 C_{3r}，那么可得：

$$\begin{pmatrix} \cosh(\rho_c a) & -\sin(\mu_r b^{2*}) & -\sinh(\rho_r b^{2*}) \\ \beta_c \cosh(\rho_c a) & -\alpha_r \sin(\mu_r b^{1*}) & -\beta_r \sinh(\rho_r b^{1*}) \\ D_c^2 \rho_c \sinh(\rho_c a) & D_r^2 \mu_r \cos(\mu_r b^{2*}) & D_r^2 \rho_r \cosh(\rho_r b^{2*}) \end{pmatrix} \begin{pmatrix} C_{4c} \\ C_{1r}^1 \\ C_{3r}^1 \end{pmatrix} = C_{2c} \begin{pmatrix} -\cos(\mu_c^1 a) \\ -\alpha_c \cos(\mu_c^1 a) \\ D_c^2 \mu_c \sin(\mu_c^1 a) \end{pmatrix} \tag{8.79}$$

假定 v=2.5，图 8.7 绘制出了此时对于不同几何结构和不同中子截面数值，由式(8.78)所确定的归一化（即 $C_{2c}^1=1$）的逐点反应堆功率密度和中子通量，其中式(8.78)中的系数 C 通过求解式(8.79)得到。

---

* 英文原文为“all “C” coefficients equal to zero”，有误。

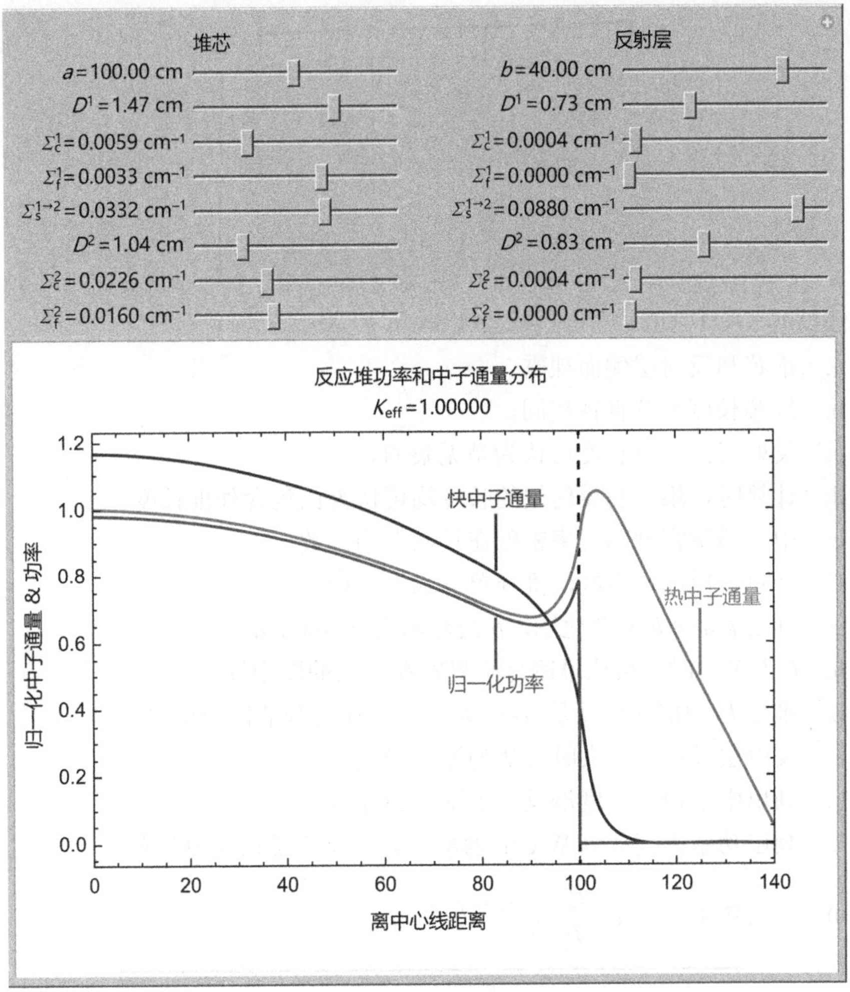

图 8.7 双群、双区反应堆功率和中子通量分布

习题

1. 对于一个包含可裂变材料的圆柱形裸堆，其体积为常数 V，确定其高径比（H/D），使得 k_{eff} 达到最大值。
2. 一台核火箭发动机的结构构想如下图所示。低温氢气从反射层区进入，在堆芯区加热至高温，最终离开堆芯并排出。反应堆功率为 100 MW。

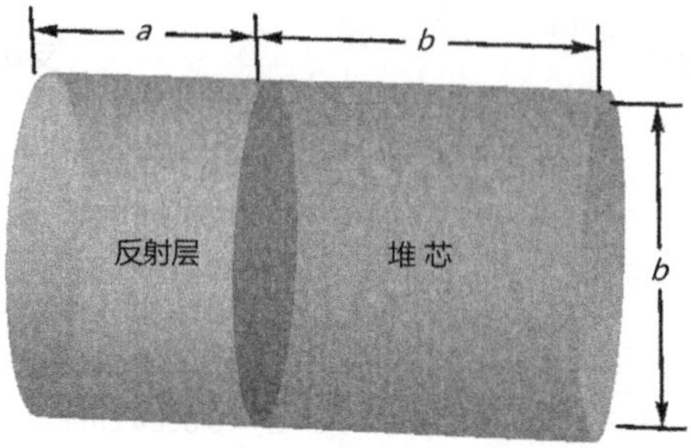

假设：

a. 堆芯和反射层侧面裸露。

b. 堆芯长度和其直径相同。

c. 反射层的有效长度可认为是无限的。

d. 计算时，堆芯和反射层的长度均可认为已包含外推长度。

e. 中子通量密度和功率密度在径向上为常数。

f. 针对该反应堆系统，推导单群临界方程。

g. 画出 k_{eff} 随 b 的变化图，b 的范围为 0~500 cm。

h. b 为多大时，反应堆刚好临界？在所画的图中标出。

i. 推导 k_∞ 的值（也就是 $b\to\infty$ 时），并在所画的图中标出。

j. 反射层长度 a 多大时可认为等同于无穷大？

k. 画出中子通量密度沿反应堆轴向的分布。

l. 画出功率密度（以 W/cm^3 为单位）沿反应堆轴向的分布。

m. 轴向功率峰因子 $\left(\dfrac{P_{max}}{P_{ave}}\right)$ 为多少？

参数	反射层	堆芯
D	0.88 cm	1.45 cm
Σ_a	0.0033 cm^{-1}	0.0044 cm^{-1}
$\nu\Sigma_f$	–	0.0080 cm^{-1}

3. 一个薄壁球容器（在计算时可忽略其影响）内装有气态铀化合物，后者被研究用于气态堆芯核火箭发动机。采用单群模型，并假设气态铀化合物为理想气体：

a. 推导 k_{eff} 关于气体压力、气体温度以及容器半径的关系式。

b. 推导单群中子通量密度关于 r 的关系式。

提示：注意 $\nabla^2\phi=\frac{1}{r^2}\frac{\mathrm{d}}{\mathrm{d}r}\left(r^2\frac{\mathrm{d}\phi}{\mathrm{d}r}\right)$，并使用 $\phi=\frac{u(r)}{r}$。

4. 如图，某圆柱容器内装有可裂变气体，该气体可认为是理想气体，气体上方有一活塞，该活塞给气体施加了 200 kPa 的压力。气体的吸收截面呈 1/V 变化，而其裂变截面和扩散系数均为常数。在标准温度及压力下（300 K 和 101 kPa），气体的高度为 43 cm。问：在高度和温度分别为多少时，系统的 keff 达到最大？keff 的最大值为多少？

注意：从气体分子运动理论来说，$E=kT$。

计算中可忽略外推长度。

参数	数值
ν	2.5
$\sigma_a^{0.025\,\mathrm{eV}}$	600 b
σ_f	300 b
D	0.9 cm
k（玻尔兹曼常数）	8.617×10^{-5} eV/K*
R（气体常数）	13,811 b·cm·kPa/(atom·K)

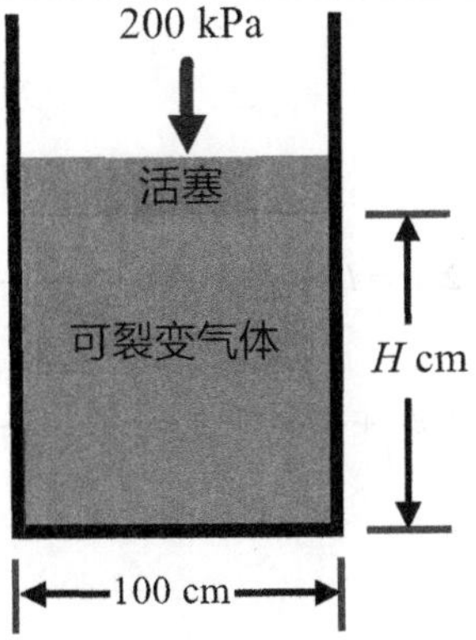

5. 下图给出了一个包含两个对称板状区域的反应堆。推导反应堆的 k_{eff} 以及每个区域的中子通量密度表达式，并画出中子通量密度的形状图。采用单群模

* 8.617：原文为 8.17，有误。

型。阐明所做的所有假设。反应堆在 Y 轴和 Z 轴两个方向上可认为是无限的。

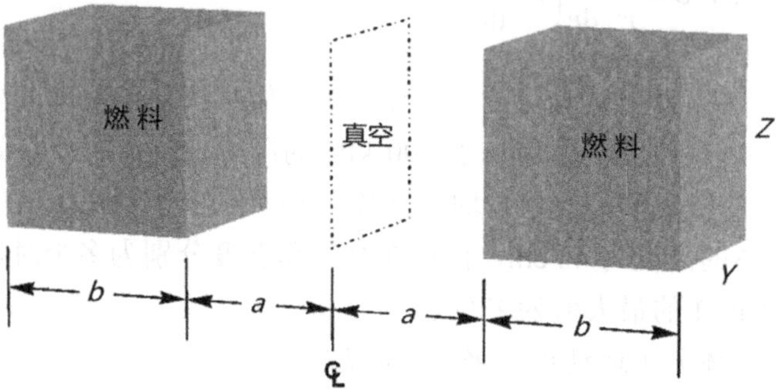

6. 一个用于核热推进系统的反应堆。确定其堆芯长度和反射层长度的组合，使得该反应堆的质量最小。反应堆临界方程可参考式(8.41)，并且反应堆的尺寸（除了长度方向之外）可认为是无限的。

参数	单位	堆芯	反射层
$\nu\Sigma_f$	cm^{-1}	0.00499	0
Σ_a	cm^{-1}	0.0042	0.0092
D	cm	1.23	0.78
ρ	gm/cm^3	15	8

注释

[1] 原方程为 $0=D\nabla^2\phi+\frac{\nu\Sigma_f}{k_{eff}}\phi-\Sigma_a\phi=D\left(\frac{d^2\phi}{dx^2}+\frac{d^2\phi}{dy^2}+\frac{d^2\phi}{dz^2}\right)+\frac{\nu\Sigma_f}{k_{eff}}\phi-\Sigma_a\phi$

$$=D\left(\frac{d^2\phi}{dx^2}-B_{gy}^2\phi-B_{gz}^2\phi\right)+\frac{\nu\Sigma_f}{k_{eff}}\phi-\Sigma_a=\frac{d^2\phi}{dx^2}+\left(-B_{gy}^2-B_{gz}^2+\frac{\nu\Sigma_f/k_{eff}-\Sigma_a}{D}\right)\phi$$

$=\frac{d^2\phi}{dx^2}+\alpha^2\phi$，有误。

第9章　核火箭的热工流体方面

因为核火箭的运行参数通常接近构成材料的热工限值，所以对发动机核反应堆中的温度分布做出精确估计至关重要。由于反应堆不同位置处裂变反应释热率变化可能很剧烈，并且推进剂穿过反应堆时温度会急剧上升，所以反应堆不同位置处燃料温度可能轻易有数千度的变化。因此，为了精确计算出这些温度分布，不但有必要很好地了解反应堆中的功率分布，而且还有必要清楚燃料元件中推进剂的流动特性以及燃料自身的热工特性。对于设计用来发电的核系统而言，余热排出是一个问题，在给定辐射器质量情况下最大化余热排出能力的辐射器的设计也是很重要的。

9.1　核反应堆燃料元件中的热传导

之前章节已经提及，大多数核火箭发动机系统的效率受限于功率而非受限于能量。通常，核火箭发动机反应堆堆芯中的裂变材料可释放的潜在能量，远远超出执行几乎任何可想到的星际任务所需要的能量。因此，核火箭发动机设计者面对的问题，变成了如何确定最佳方式，以实现从反应堆堆芯的核燃料中抽取能量的速率最大化。从热传递的角度考虑，堆芯中能量抽取速率主要受限于燃料最高运行温度和传热表面积。例如前述的 PBR（颗粒床反应堆），通过一种独特的燃料元件设计而获得高的传热速率，这种设计使用微小的燃料颗粒，能极大地增加可供传热的表面积。NERVA 项目的反应堆，通过采用在棱柱形燃料元件轴向钻大量小孔洞的方案，获得了很高的传热速率（尽管不如 PBR 的传热速率高）。具有更高熔点的新的燃料合成物还能够有效提高发动机效率，这方面的研究也一直在进行中。有关燃料材料及其性质的话题将在核材料一章中进行更深入的讨论。

确定核火箭堆芯中燃料的温度分布通常是相当复杂的，因为堆芯产生的功率分布是不均匀的，且燃料元件中的冷却剂（通常是推进剂）在穿过反应堆时温度会急剧变化。尽管有这些复杂的问题，但是至少对于简单几何形状和稳定的材料性质，是能够求出解析解的，从而能得到一个定性描述核火箭全堆芯的燃料和推进剂温度分布变化的图像。

分析以确定全堆芯温度分布的第一步，是给出一个一维表达式，以描述短时间间隔Δt 上、在反应堆中的一个微分体积$\Delta V=\Delta x\Delta y\Delta z$ 内的热量变化，该热量变化如图 9.1 所示。

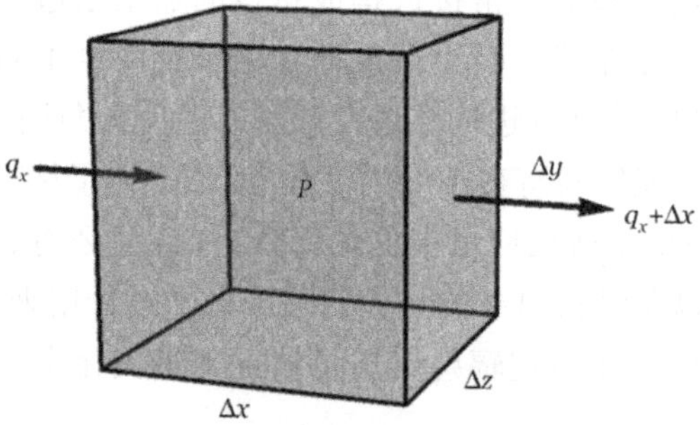

图 9.1　通过微分单元的热流

在如图 9.1 所示的微分单元内进行热平衡分析，可以导出下列形式的方程：

$$\underbrace{Q_{\Delta t+t}-Q_t}_{\text{热容量变化}}=-\underbrace{q_{x+\Delta x}\Delta t\Delta y\Delta z}_{\text{热量输出}}+\underbrace{q_x\Delta t\Delta y\Delta z}_{\text{热量输入}}+\underbrace{P\Delta t\overbrace{\Delta x\Delta y\Delta z}^{\Delta V}}_{\text{热量生成}} \tag{9.1}$$ [1]

其中，Q=热容，q=热通量，P=功率密度。

变换式(9.1)并对其在极短时间Δt 上取极限，可以导出通过微分单元热传递的速率的关系式：

$$\lim_{\Delta t\to 0}\frac{Q_{\Delta t+t}-Q_t}{\Delta t}=\frac{\mathrm{d}Q}{\mathrm{d}t}=\frac{q_x-q_{x+\Delta x}}{\Delta x}\Delta V+P\Delta V \tag{9.2}$$ [2]

如果微元体的尺度充分小，则由微元体输出的热通量可以用线性函数近似如下：

$$q_{x+\Delta x}=\frac{\mathrm{d}q_x}{\mathrm{d}x}\Delta x+q_x \tag{9.3}$$

将式(9.3)代入式(9.2)可得：

$$\frac{\mathrm{d}Q}{\mathrm{d}t}=-\frac{\mathrm{d}q_x}{\mathrm{d}x}\Delta V+P\Delta V \tag{9.4}$$[3]

根据热传递理论，可用傅里叶方程将热量穿过一种材料的传热速率与温度梯度相关联。傅里叶方程的一维形式表示如下：

$$q_x=-k\frac{\mathrm{d}T}{\mathrm{d}x} \tag{9.5}$$[4]

其中，k=热量穿过的材料的热导率，T=温度。

将式(9.5)代入式(9.4)可得：

$$\frac{\mathrm{d}Q}{\mathrm{d}t}=\frac{\mathrm{d}}{\mathrm{d}x}\left(k\frac{\mathrm{d}T}{\mathrm{d}x}\right)\Delta V+P\Delta V=k\frac{\mathrm{d}^2T}{\mathrm{d}x^2}\Delta V+P\Delta V=\left(k\frac{\mathrm{d}^2T}{\mathrm{d}x^2}+P\right)\Delta V \tag{9.6}$$

根据热力学原理，一定量材料的热容与其温度之间有下列形式的关系：

$$Q=mTC_\mathrm{p} \tag{9.7}$$

其中，m=材料的质量，C_p=材料的比热。

将式(9.7)代入式(9.6)中，并按照通用热传导方程的一维形式对各项做变换，可得：

$$\begin{gathered}\frac{\mathrm{d}Q}{\mathrm{d}t}=\frac{\mathrm{d}}{\mathrm{d}t}(mC_\mathrm{p}T)=mC_\mathrm{p}\frac{\mathrm{d}T}{\mathrm{d}t}=\left(k\frac{\mathrm{d}^2T}{\mathrm{d}x^2}+P\right)\Delta V\\ \Rightarrow\frac{m}{\Delta V}\frac{C_\mathrm{p}}{k}\frac{\mathrm{d}T}{\mathrm{d}t}=\frac{\rho C_\mathrm{p}}{k}\frac{\mathrm{d}T}{\mathrm{d}t}=\frac{1}{\alpha}\frac{\mathrm{d}T}{\mathrm{d}t}=\frac{\mathrm{d}^2T}{\mathrm{d}x^2}+\frac{P}{k}\end{gathered} \tag{9.8}$$

其中，ρ=材料密度，α=材料的热扩散率。

将通用热传导方程式(9.8)扩展到三维形式可得：

$$\frac{1}{\alpha}\frac{\mathrm{d}T}{\mathrm{d}t}=\nabla^2T+\frac{P}{k} \tag{9.9}$$

对于稳态情况，依赖于时间的项变为 0，则通用热传导方程式(9.9)简化为泊松（Poisson）方程：

$$\nabla^2T+\frac{P}{k}=0 \tag{9.10}$$

在下述分析中，使用泊松方程来估计 NERVA 燃料元件中的燃料温度。如图

9.2 所示，该分析将燃料元件中一个推进剂流道转换为等效单通道模型，并进行分析。通过将流道单元中的六角形燃料部分近似为圆环形区域，可以从问题中消除所有角向温度相关性，这样可以去掉所有包含角向温度的项。如果我们继续假设单通道的长度与径向尺度相比很长（一个很正常、很好的假设），则问题的轴向温度项也可以舍掉。这样，通过消除角向温度变量和轴向温度变量，只保留径向温度项，可以极大地简化问题。在通常情况下，应用这些假设仅导致了适度的精确度损失。

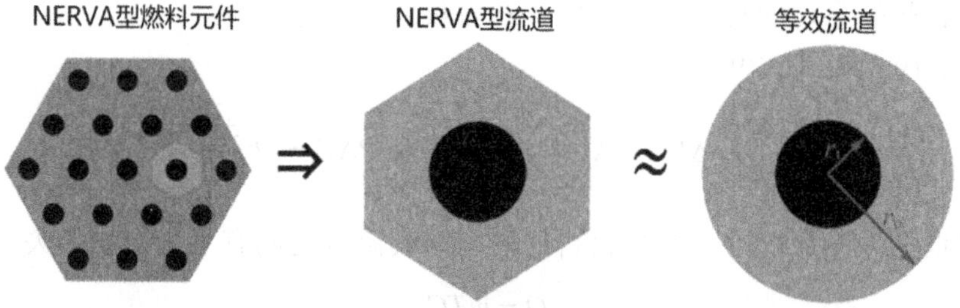

图 9.2 NERVA 燃料元件等效流道

下面开始等效单通道模型的分析，将式(9.10)写成圆柱坐标系形式，并在拉普拉斯算子中取消角向项和轴向项，可得：

$$\frac{\mathrm{d}^2T}{\mathrm{d}r^2}+\frac{1}{r}\frac{\mathrm{d}T}{\mathrm{d}r}+\underbrace{\frac{1}{r^2}\frac{\mathrm{d}T}{\mathrm{d}\theta}}_{0:\text{无角向相关性}}+\underbrace{\frac{\mathrm{d}^2T}{\mathrm{d}z^2}}_{0:\text{无轴向相关性}}+\frac{P}{k}=0\Rightarrow\frac{1}{r}\frac{\mathrm{d}}{\mathrm{d}r}\left(r\frac{\mathrm{d}T}{\mathrm{d}r}\right)+\frac{P}{k}=0 \tag{9.11}$$

对式(9.11)变形后积分，可得：

$$\frac{\mathrm{d}}{\mathrm{d}r}\left(r\frac{\mathrm{d}T}{\mathrm{d}r}\right)=-\frac{rP}{k}\Rightarrow r\frac{\mathrm{d}T}{\mathrm{d}r}=-\frac{P}{k}\int r\mathrm{d}r=-\frac{r^2P}{2k}+C_1\Rightarrow\frac{\mathrm{d}T}{\mathrm{d}r}=-\frac{rP}{2k}+\frac{C_1}{r} \tag{9.12}$$

假定在一个流道单元内产生的热量全部由通过该流道的推进剂流载出，没有热量穿过单元边界传输（即流道单元边界是绝热的），则在流道单元边界条件下应用傅里叶方程可得：

$$q_o=0=-kA\left.\frac{\mathrm{d}T}{\mathrm{d}r}\right|_{r=r_o}\Rightarrow 0=\left.\frac{\mathrm{d}T}{\mathrm{d}r}\right|_{r=r_o} \tag{9.13}$$

对式(9.12)应用该零温度梯度的边界条件，则可确定任意常数项 C_1，如下：

$$0=-\frac{r_o P}{2k}+\frac{C_1}{r_o}\Rightarrow C_1=\frac{r_o^{\ 2}P}{2k} \tag{9.14}$$

将式(9.14)中的任意常数项的表达式代入式(9.12)中，并再积分一次可得：

$$\begin{aligned}&\frac{\mathrm{d}T}{\mathrm{d}r}=-\frac{rP}{2k}+\frac{r_o^2 P}{2kr}\\&\Rightarrow T-T_s=\frac{P}{2k}\int_{r_i}^{r}\left(-r'+\frac{r_o^2}{r'}\right)\mathrm{d}r'=-\frac{P}{2k}\left[\frac{r^2-r_i^2}{2}+r_o^2\ln\left(\frac{r_i}{r}\right)\right]\end{aligned} \tag{9.15}$$

其中，T_s=推进剂流道表面处（即在 $r=r_i$ 处）燃料温度。

因为流道单元内燃料部分产生的所有热量都必须传入流经通道的推进剂流中，所以可导出一个简单的热平衡关系式：

$$P\Delta V=P\left[\pi\left(r_o^2-r_i^2\right)\Delta z\right]=h_c\Delta A\left(T_s-T_p\right)=h_c 2\pi r_i\Delta z\left(T_s-T_p\right) \tag{9.16}$$

其中，T_p=推进剂温度，h_c=传热系数，ΔV=体积元，ΔA=面积元。

对式(9.16)进行变换，可导出燃料表面温度为：

$$T_s=P\left[\frac{\pi\left(r_o^2-r_i^2\right)\Delta z}{h_c 2\pi r_i\Delta z}\right]+T_p=\frac{P\left(r_o^2-r_i^2\right)}{2h_c r_i}+T_p \tag{9.17}$$

将式(9.17)代入式(9.15)中，可导出燃料中温度分布的表达式如下：

$$T=T_p+\frac{P\left(r_o^2-r_i^2\right)}{2h_c r_i}-\frac{P}{2k}\left[\frac{r^2-r_i^2}{2}+r_o^2\ln\left(\frac{r_i}{r}\right)\right] \tag{9.18}$$

组成式(9.18)的各种参数的改变会影响燃料的温度分布，可以在图 9.3 中观察这种变化。尤其要注意，当假定所有其他参数都不变时，增加传热系数和燃料热导率是如何显著地降低燃料峰值温度的。

图 9.3 中提到的毕奥（Biot）数是一个无量纲量，可用来表示燃料中温度分布的平坦程度，通常用于瞬态热传递计算中。毕奥数越低，温度分布越平坦。毕奥数定义为：

$$\text{毕奥数：}\ Bi=\frac{h_c L}{k}=\frac{\text{外部热对流热阻}}{\text{内部热传导热阻}}$$

其中，L=特征长度，通常等于 $\dfrac{\text{燃料体积}}{\text{燃料表面积}}$。

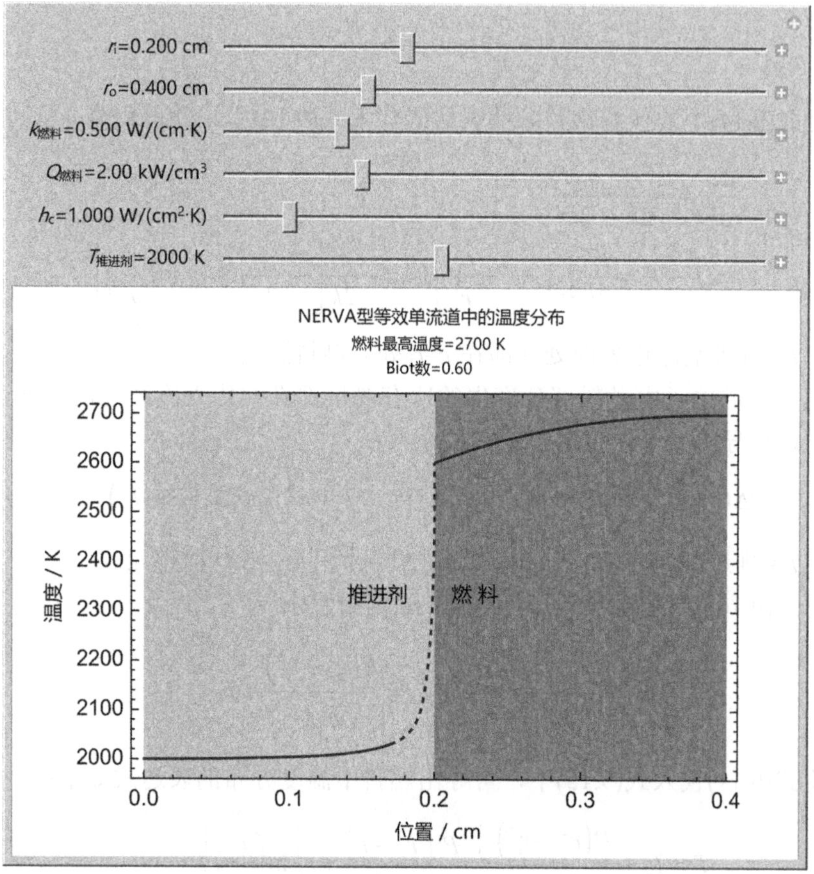

图 9.3 NERVA 型等效单流道中的温度分布

9.2 核反应堆燃料元件中的对流过程

除了传热系数，前述的 NERVA 型核火箭燃料元件温度分布方程中所有其他的量都容易被测量或设定。然而对于测量传热系数情况要复杂得多，因为传热系数本身是许多其他变量的函数。此外，推进剂在反应堆堆芯中的流动通常是湍流的，因此从宏观上看，推进剂大体是沿一个方向流动；然而从微观上看，这种流动是相当随机的，它包含许多小涡流和交叉流。推进剂的全部流动中只有很少一部分是层流，发生层流时流体在界限清楚的流体层中流动，不同流体层中的流线很少交叉。从传热角度看，湍流是我们想要的，因为湍流出现时带来的涡流和交叉流会导致推进剂混合，这是将热量由流道壁面传递至推进剂主流的一种有效手段。

实际上来说，推进剂流动的随机湍流特性大体上阻止了使用解析推导式表示传热系数。因此，传热系数以及其他与之相关的参数典型地被包含进几个无量纲数中，通过实验可导出这些无量纲参数相互之间的经验关系式。最经常用来产生对流传热关系式的无量纲数包括：

雷诺（Reynolds）数：$Re=\dfrac{\rho VD}{\mu}=\dfrac{4\dot{m}}{\pi\mu D}=\dfrac{\text{惯性力}}{\text{黏性力}}$

普朗特（Prandtl*）数：$Pr=\dfrac{c_p\mu}{k}=\dfrac{\text{黏性扩散速率}}{\text{热扩散速率}}$

努塞尔（Nusselt）数：$Nu=\dfrac{h_c D}{k}=\dfrac{\text{热对流传热速率}}{\text{热传导传热速率}}$

斯坦顿（Stanton）数：$St=\dfrac{h_c}{\rho VC_p}=\dfrac{\text{传入流体的对流传热速率}}{\text{流体热容}}$

其中，μ=流体黏度，V=流体速度，D=流道的水力学直径$=4\dfrac{\text{流道横截面积}}{\text{流道湿周}}$。

当局部流速足够高时，会导致推进剂流内自然发生的流动扰动大到足以克服用于减少这些扰动的黏性阻尼力，此时会发生从层流到湍流的转变。发生层流到湍流转变的分界点可以通过使用雷诺数来近似得到，雷诺数是衡量流动流体中的动力或惯性力与黏性力之间的比率。实验已经表明，这种层流到湍流的转变发生在雷诺数范围大致在 2300 和 10,000 之间。如果推进剂流动是层流，则努塞尔数大致恒定，并且仅通过传导将热量传递给推进剂。在这种情况下，从理论上发现并通过实验证实有：

$$Nu=3.66\ (\text{恒定壁面温度})\quad \text{以及}\quad Nu=4.36\ (\text{恒定热流密度}) \tag{9.19}$$

边界条件表明，由于流道壁是静止的，在流道壁面处推进剂流速应该等于零。当远离壁面时，流速逐渐增加，直到最终达到自由流速度。因此，在流道壁面附近存在一个小区域，其中流速足够低且当地雷诺数足够小，低于引发湍流所需的阈值，从而导致推进剂在该小区域是层流。这个小层流层称为边界层，边界层的存在对热量传递到推进剂主流的传热速率具有显著负面影响。由于边界层中的

---

* 原文为 Prandlt，应为 Prandtl 之误。

流线与边界层外的主流流体之间缺乏湍流导致的流体混合，在流道壁面附近吸收热量的流体微粒难以穿透边界层将能量传递到主流中。图 9.4 展示了流道壁边界层内和附近的推进剂速度分布。有关边界层行为的更详细分析，读者可参考施利希廷（Schlichting）[1]的经典著作。

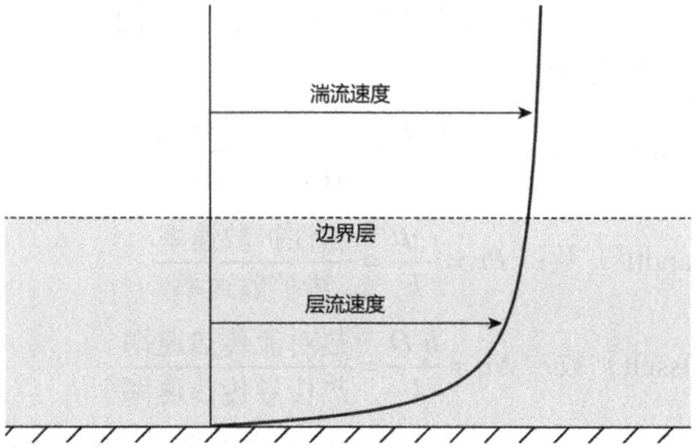

图 9.4 穿过边界层的速度流场

注意到普朗特数可以使流体颗粒通过黏性作用穿透边界层的速率与热量通过热传递穿过边界层的速率相结合，就可能利用普朗特数连同雷诺数来推导描述热量从流道壁传递到湍流形式的主流的传热速率的函数关系式。

多年来已经有许多这样的关系式被研究出来，这里只讨论了其中很少的几个。这些关系式的一般形式是使用边界层理论导出的，其中一些系数根据实验数据的拟合曲线做了调整。这些关系式通常非常成功地在相当宽的状态范围内提供了合理的传热系数估值。整个的对流传热主题范围非常大，在许多教科书和文章中已被广泛描述。这里不试图证明所给出的传热方程的正确性，仅简单描述关系式及其适用范围。如果读者需要更多信息，可以参考有关该主题的众多教科书中的任何一本，例如埃尔-瓦基尔（El-Wakil）[2]和克里斯（Kreith）[3]编写的教科书。

这些湍流传热关系式中最为人所知的可能是迪图斯-贝尔特（Dittus-Boelter）关系式[4]，这种关系式专门用于在光滑管中的流动传热。对于流道壁面和主流之间的温差不是很大，并且雷诺数大于约 10,000 的情况下，发现该关系式拟合很好。该关系式的普朗特数应在约 0.7 和 120 之间，并且应以主流温度计算相应物理参数。迪图斯-贝尔特关系式如下：

$$Nu = 0.023Re^{0.8}Pr^{0.4} \Rightarrow h_c = 0.023\frac{k}{D}Re^{0.8}Pr^{0.4} \tag{9.20}$$

当流道壁面和主流之间存在较大温差时，由于流道壁面接触的流体与主流之间有时可能有非常大的黏度差异，迪图斯–贝尔特关系式被做了修正。由西德尔和泰特（Sieder & Tate）[5]最初提出的修正方程式可以表示为：

$$Nu = 0.023Re^{0.8}Pr^{0.3}\left(\frac{\mu_b}{\mu_W}\right)^{0.14} \Rightarrow h_c = 0.023\frac{k}{D}Re^{0.8}Pr^{0.3}\left(\frac{\mu_b}{\mu_W}\right)^{0.14} \tag{9.21}$$

其中，μ_b=主流推进剂的黏度，μ_W=流道壁面上推进剂的黏度。

该关系式与迪图斯–贝尔特关系式具有相同的适用范围；然而，当流道壁面和主流流体之间温差大时，它稍微更精确一些，不过它通常需要通过迭代解决，因为推进剂在壁面和主流的温度通常不能预先直接获得。

由于边界层在某种程度上阻碍了热传递，因此边界层越薄，热量越容易转移到主流推进剂流中。通常，推进剂流道壁面被有意地粗糙化以增强流道壁面附近的湍流来减小边界层厚度，从而增加热量传递到主流流体中的速率。格尼林斯基（Gnielinski）[6]建立了一个传热关系式，它考虑了流道表面粗糙度。下面给出的格尼林斯基关系式，通常对雷诺数大于 3000 且小于 5×10^6，且普朗特数在 0.5 和 2000 之间时有效：

$$Nu = \frac{\frac{f}{8}Pr(Re-1000)}{1+12.7\left(\frac{f}{8}\right)^{1/2}\left(Pr^{2/3}-1\right)} \Rightarrow h_c = \frac{k}{D}\frac{\frac{f}{8}Pr(Re-1000)}{1+12.7\left(\frac{f}{8}\right)^{1/2}\left(Pr^{2/3}-1\right)} \tag{9.22}$$

在格尼林斯基传热关系式中，使用了称为达西–魏斯巴赫（Darcy–Weisbach）摩擦系数 f 的附加参数。达西–魏斯巴赫摩擦系数是一个无量纲因子，它与流道中的压降成正比，是雷诺数和流道相对粗糙度的函数，其中流道相对粗糙度被定义为平均粗糙度高度 ε 与流道水力学直径 D 之比。为了确定达西–魏斯巴赫摩擦系数的数值，通常需要提供两个公式，一个用于层流状态，另一个用于湍流状态。摩擦系数的层流部分的公式可以精确地从边界层理论确定；然而，摩擦系数公式的湍流部分必须根据实验得出的经验关系式确定，例如科尔布鲁克（Colebrook）[7]假设的关系式。对于全部流动条件范围（即层流和湍流），达西–魏斯巴赫摩擦系数(f)通常以类似于以下的形式呈现：

$$\begin{cases} f = \dfrac{64}{Re}, & \text{层流}(Re < 2300) \\ \dfrac{1}{\sqrt{f}} = -2\log\left(\dfrac{\varepsilon / D}{3.7} + \dfrac{2.51}{Re\sqrt{f}}\right), & \text{湍流}(Re>10{,}000) \end{cases} \tag{9.23}$$

实际上，多年来已经有了许多湍流摩擦系数的关系式。伍德（Wood）[8]提出了一个特殊的摩擦系数关系式，将摩擦系数表示为闭合形式表达式，这对以后的分析是很有用的。伍德关系式可以表示为以下形式：

$$f = 0.094\left(\frac{\varepsilon}{D}\right)^{0.225} + 0.53\frac{\varepsilon}{D} + 88\left(\frac{\varepsilon}{D}\right)^{0.44} \frac{1}{Re^{1.62\left(\frac{\varepsilon}{D}\right)^{0.134}}} \tag{9.24}$$

图 9.5 为常用于图形方式表示达西–魏斯巴赫摩擦系数的穆迪（Moody）图[9]，达西–魏斯巴赫摩擦系数为雷诺数和流道的相对粗糙度的函数。

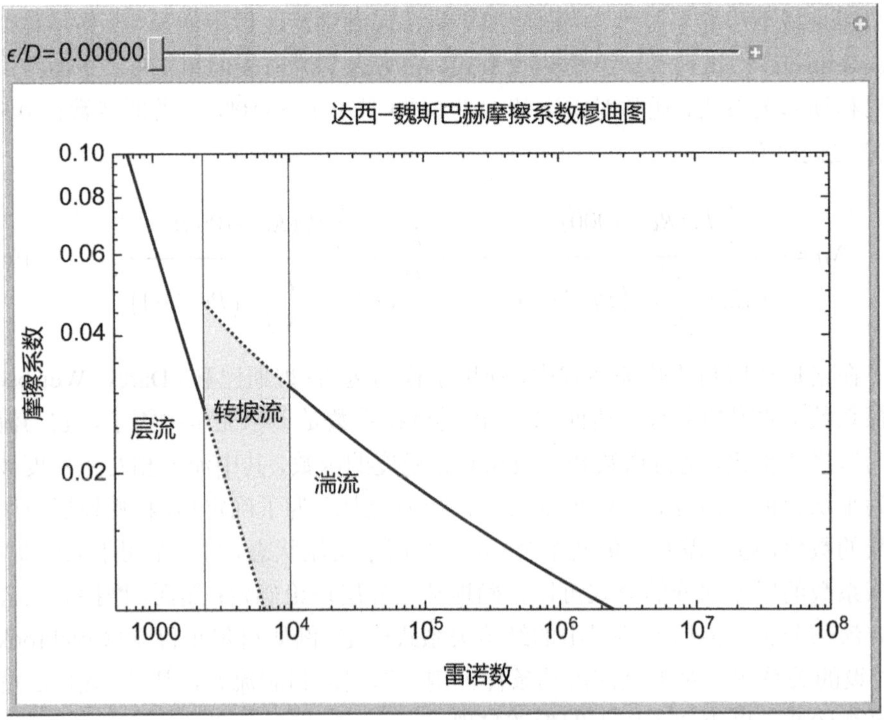

图 9.5　达西–魏斯巴赫摩擦系数穆迪图

在任何给定情况下来确定使用哪种传热关系式，需要知道各种关系式的局限性，并对传热过程正在发生处的流动状态有良好了解。还应记住，即使为特定分析选择了适当的传热关系式，期望通过该关系式预测传热系数，其精度通常仍然不会高于约 10%。因此，用这些系数进行传热计算时须仔细处理，并在解释结果时给出适当的余量。前面所描述的三种传热关系式间的比较如图 9.6 所示。请注意某些变量组合所带来的努塞尔数的较大变化。除了管内流动之外，一些文献还给出了许多其他流动情况的关系式。这些情况包括填充床内流动、外表面流动、管束流动、液态金属冷却剂的流动以及许多其他配置。这些情况虽然很有趣，但这里将不作讨论。

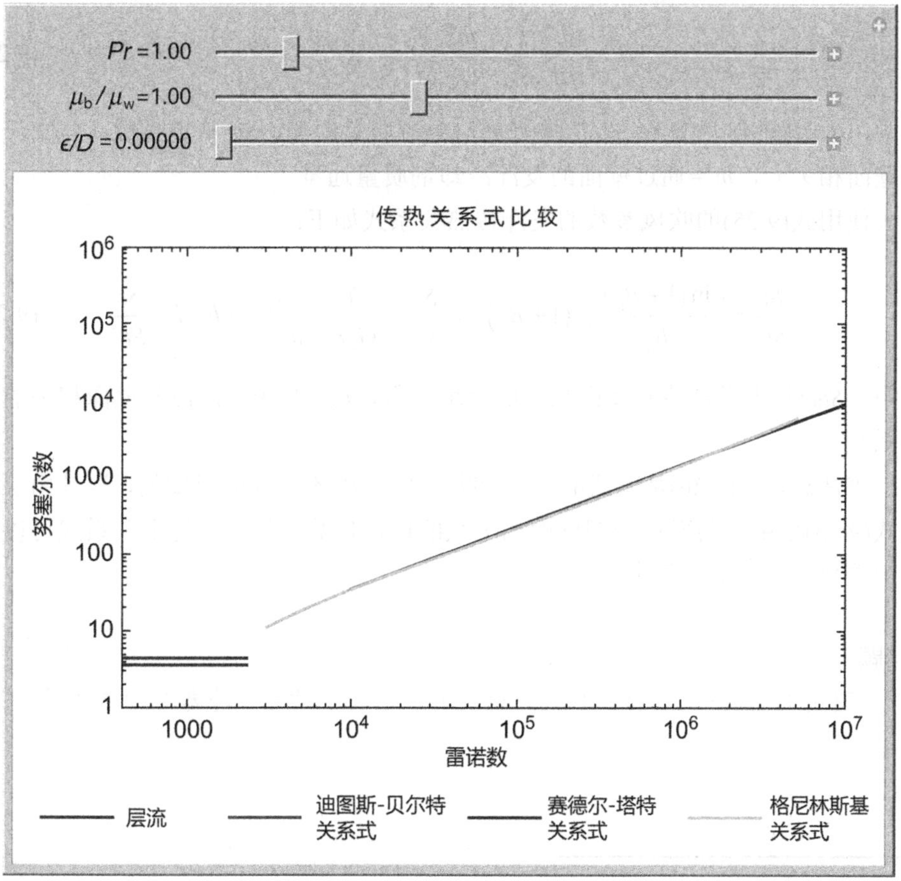

图 9.6 传热关系式

刚刚描述的传热系数的前提假设是，在约束流动流体的固定壁面上没有流体的质量传递。如果流体可穿过壁面（即壁是多孔的），则会显著改变热量通过壁面/流体界面传递的速率。允许流体穿过壁面交界面的这种过程称为发汗*，通常用于某些高热通量位置，例如火箭喷嘴的喉部区域，以防止该区域过热。本质上，发汗冷却通过改变流体边界层厚度来工作，以促进或抑制壁面处的热传递。如果流体从壁面排出，则边界层变厚并且壁处的热传递减少。如果流体进入壁中，则边界层收缩并且壁处的热传递增强。在后续的传热关系式[10]中，计算了有发汗冷却的与无发汗冷却的两种壁面传热系数间的比值。然后将该比值乘以从前述传热关系式之一计算而得的传热系数，以得到包括发汗冷却效应的传热系数。

发汗冷却关系式需要先定义一个吹风参数†如下：

$$B_{\mathrm{h}}=\frac{\dot{m}''}{\rho V}\frac{1}{St}=\frac{\dot{m}''}{G_{\infty}}\frac{1}{St} \tag{9.25}$$

其中，B_{h}=传热吹风参数，G_{∞}=推进剂自由流质量流量，St=斯坦顿数（与发汗冷却壁面相关），$\dot{m}''$=通过壁面的发汗冷却剂质量通量。

使用式(9.25)的吹风参数的发汗传热关系式如下：

$$\frac{St}{St_0}=\left[\frac{\ln\left(1+B_{\mathrm{h}}\right)}{B_{\mathrm{h}}}\right]^{\frac{5}{4}}\left(1+B_{\mathrm{h}}\right)^{\frac{1}{4}}=\frac{St}{St_0}=\frac{h_{\mathrm{c}}}{G_{\infty}c_{\mathrm{p}}}\frac{G_{\infty}c_{\mathrm{p}}}{h_{\mathrm{c0}}}\Rightarrow h_{\mathrm{c}}=h_{\mathrm{c0}}\frac{St}{St_0} \tag{9.26}$$

其中，St_0=与无发汗冷却壁面相关的斯坦顿数，h_{c0}=与无发汗冷却壁面相关的传热系数。

需注意，式(9.26)是隐式的，因为吹风参数 B_{h} 不是先验已知的，这是由于关系式(9.25)使用了与发汗冷却壁面相关联的斯坦顿数。然而，这个关系式可以容易地迭代求解，如下例所示。

例题

使用迪图斯–贝尔特关系式，确定有以下特征的发汗冷却管的传热系数：

---

* 发汗：原英文为“transpiration”。

† 吹风参数：原英文为“blowing parameter”。

参数	符号	值	单位
自由流质量流量	$G_\infty=\rho_H V_\infty$	3	gm/(cm²·s)
管道直径	D	2	cm
粘度	μ	0.0006	gm/(cm·s)
热导率	k	0.017	W/(cm·s)
普朗特数	Pr	0.7	
壁面发汗质量流量	$\dot{m}''$	0.2	gm/(cm²·s)

解答

计算发汗传热系数乘数的第一步是计算雷诺数，以确定流动是层流还是湍流：

$$Re=\frac{G_\infty D}{\mu}=\frac{3\dfrac{\text{gm}}{\text{cm}^2\cdot\text{s}}\times 2\,\text{cm}}{0.0006\dfrac{\text{gm}}{\text{cm}\cdot\text{s}}}=10000\quad\therefore\text{为湍流} \tag{1}$$

接下来，使用式(1)所得的雷诺数，用迪图斯–贝尔特关系式计算努塞尔数：

$$Nu=0.023Re^{0.8}\times Pr^{0.4}=0.023 10000^{0.8}\times 0.7^{0.4}=31.6 \tag{2}$$

根据努塞尔数，计算自由流传热系数，得出：

$$h_c=Nu\frac{k}{D}=31.6\frac{0.017\dfrac{\text{W}}{\text{cm}\cdot\text{K}}}{2\,\text{cm}}=0.27\frac{\text{W}}{\text{cm}^2\cdot\text{K}} \tag{3}$$

现在根据雷诺数和努塞尔数计算自由流的斯坦顿数，得出：

$$St_0=\frac{Nu}{Re\times Pr}=\frac{31.6}{10000\times 0.7}=0.00451 \tag{4}$$

计算式(9.25)中的吹风参数，然后可得：

$$B_h=\frac{\dot{m}''}{G_\infty}\frac{1}{St}=\frac{0.2\dfrac{\text{gm}}{\text{cm}^2\cdot\text{s}}}{3\dfrac{\text{gm}}{\text{cm}^2\cdot\text{s}}}\frac{1}{St}=\frac{1}{15St} \tag{5}$$

将式(5)的吹风参数应用于发汗冷却关系式(9.26)中，可以迭代确定发汗斯坦顿数，得到：

$$\frac{St}{St_0}=\frac{St}{0.00451}=\left[\frac{\ln\left(1+\frac{1}{15St}\right)}{\frac{1}{15St}}\right]^{\frac{5}{4}}(1+St)^{\frac{1}{4}}\Rightarrow St=0.00256 \tag{6}$$

使用式(4)所得的无发汗冷却的斯坦顿数，式(6)所得的有发汗冷却的斯坦顿数，以及式(3)中所得的无发汗冷却的传热系数，现在可以计算带发汗效应的传热系数，可得：

$$h_c=h_{c0}\frac{St}{St_0}=0.27\frac{0.00256}{0.00451}=0.153\frac{\mathrm{W}}{\mathrm{cm}^2\cdot\mathrm{K}} \tag{7}$$

9.3 核反应堆轴向流道内温度及压力分布

先前已注意到，确定核热火箭堆芯中的温度分布是一件很复杂的事情，因为堆芯产生的功率是不均匀的，并且推进剂在穿过反应堆时温度是变化的。然而，使用之前根据合适的功率峰因子导出的堆芯平均功率分布，再配合等效流道单元里的温度分布表达式，可以得到整个核热火箭堆芯内定性的整体温度分布。对温度分布的分析的第一步，是写出在一个流道单元（如可见于 NERVA 型燃料元件中）的微分单元内的热平衡方程。NERVA 型的流道示例见图 9.7。

热平衡可由下式表示：

$$\mathrm{d}Q=Q_{\mathrm{d}z+z}-Q_z=\dot{m}C_\mathrm{p}\left(T_{\mathrm{d}z+z}-T_z\right)=\dot{m}C_\mathrm{p}\mathrm{d}T \tag{9.27}$$

在微元长度 $\mathrm{d}z$ 内，裂变产生的热量 $\mathrm{d}Q$ 也等于：

$$\mathrm{d}Q=P(z)\pi\left(r_\mathrm{o}^2-r_\mathrm{i}^2\right)\mathrm{d}z \tag{9.28}$$

将式(9.27)与式(9.28)相结合就可以得到：

$$\mathrm{d}Q=\dot{m}C_\mathrm{p}\mathrm{d}T=P(z)\pi\left(r_\mathrm{o}^2-r_\mathrm{i}^2\right)\mathrm{d}z \tag{9.29}$$

为了求解式(9.29)，就必须知道功率密度 $P(z)$的函数关系。这个关系式可以通过求解所研究的特定几何结构的核临界方程式(7.8)来得到。为了实现分析目标，假定核反应堆芯表示为单能群、双区扩散理论模型，以简化式(7.8)。这个堆芯模型由前面的式(8.44)的结果推导而得：

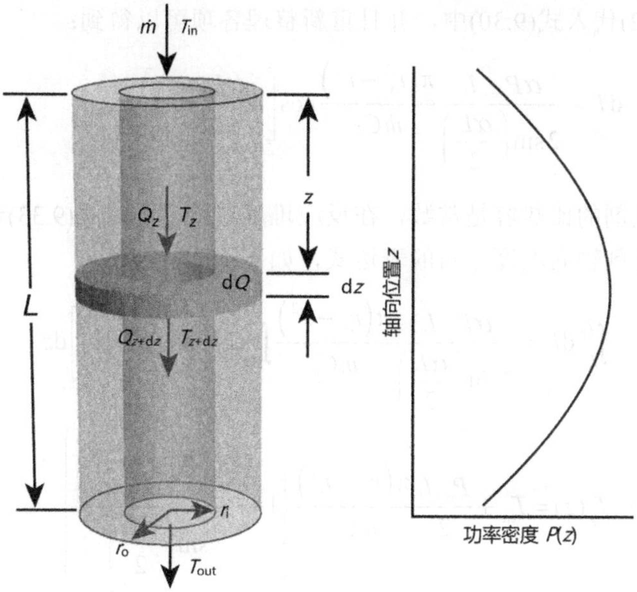

图 9.7 推进剂流道单元轴向表示

$$P(z) = A\cos(\alpha x) = A\cos\left[\alpha\left(\frac{L}{2} - z\right)\right] \tag{9.30}$$

其中，α=堆芯曲率，$x = \left(\frac{L}{2} - z\right)$=坐标系参考点在式(9.30)与式(8.44)之间移动所导致的变量变化。

假设推进剂流道单元的平均功率密度已知，通过对功率分布函数式(9.30)在堆芯长度范围内积分，再将结果除以整个堆芯长度，并设其结果与已知的功率密度相等，就可以确定出任意常数 A 的大小为：

$$P_{\text{ave}} = \frac{A}{L}\int_0^L \cos\left[\alpha\left(\frac{L}{2} - z\right)\right]\mathrm{d}z = \frac{2A}{\alpha L}\sin\left(\frac{\alpha L}{2}\right) \Rightarrow A = \frac{\alpha P_{\text{ave}} L}{2\sin\left(\frac{\alpha L}{2}\right)} \tag{9.31}$$

将式(9.31)的 A 值代入式(9.30)中，则推进剂流道单元的功率分布为：

$$P(z) = \frac{\alpha P_{\text{ave}} L}{2\sin\left(\frac{\alpha L}{2}\right)}\cos\left[\alpha\left(\frac{L}{2} - z\right)\right] \tag{9.32}$$

将式(9.32)代入式(9.30)中，并且重新整理各项可以得到：

$$\mathrm{d}T = \frac{\alpha P_{\text{ave}} L}{2\sin\left(\dfrac{\alpha L}{2}\right)} \frac{\pi\left(r_{\text{o}}^2 - r_{\text{i}}^2\right)}{\dot{m} C_{\text{p}}} \cos\left[\alpha\left(\frac{L}{2} - z\right)\right] \mathrm{d}z \tag{9.33}$$

假定推进剂的比热容是常数，在反应堆堆芯长度内对式(9.33)进行积分，就可以找出推进剂轴向温度分布的表达式，如下：

$$\begin{aligned} \int_{T_{\text{in}}}^{T_{\text{p}}} \mathrm{d}T &= \frac{\alpha P_{\text{ave}} L}{2\sin\left(\dfrac{\alpha L}{2}\right)} \frac{\pi\left(r_{\text{o}}^2 - r_{\text{i}}^2\right)}{\dot{m} C_{\text{p}}} \int_0^z \cos\left[\alpha\left(\frac{L}{2} - z'\right)\right] \mathrm{d}z' \\ \Rightarrow T_{\text{p}}(z) &= T_{\text{in}} + \frac{P_{\text{ave}} L}{2} \frac{\pi\left(r_{\text{o}}^2 - r_{\text{i}}^2\right)}{\dot{m} C_{\text{p}}} \left\{1 - \frac{\sin\left[\alpha\left(\dfrac{L}{2} - z\right)\right]}{\sin\left(\dfrac{\alpha L}{2}\right)}\right\} \end{aligned} \tag{9.34}$$

其中，$T_{\text{p}}(z)$=反应堆堆芯中以轴向位置为函数的推进剂温度。

现将式(9.32)和式(9.34)代入式(9.18)中，可以得到反应堆堆芯任意轴向位置上的温度分布为：

$$\begin{aligned} T_{\text{f}}(z) &= T_{\text{in}} + \frac{P_{\text{ave}} L}{2} \frac{\pi\left(r_{\text{o}}^2 - r_{\text{i}}^2\right)}{\dot{m} C_{\text{p}}} \left\{1 - \frac{\sin\left[\alpha\left(\dfrac{L}{2} - z\right)\right]}{\sin\left(\dfrac{\alpha L}{2}\right)}\right\} \\ &\quad + \frac{\alpha P_{\text{ave}} L}{2} \frac{\cos\left[\alpha\left(\dfrac{L}{2} - z\right)\right]}{\sin\left(\dfrac{\alpha L}{2}\right)} \times \left\{\frac{r_{\text{o}}^2 - r_{\text{i}}^2}{2 h_{\text{c}} r_{\text{i}}} - \frac{1}{2k}\left[\frac{r^2 - r_{\text{i}}^2}{2} + r_{\text{o}}^2 \ln\left(\frac{r_{\text{i}}}{r}\right)\right]\right\} \end{aligned} \tag{9.35}$$

设式(9.35)中的径向位置变量 r 等于 r_{i}，则通道壁面温度分布表达式为：

$$\begin{aligned} T_{\text{w}}(z) &= T_{\text{in}} \\ &\quad + \frac{P_{\text{ave}} L}{2} \frac{\pi\left(r_{\text{o}}^2 - r_{\text{i}}^2\right)}{\dot{m} C_{\text{p}}} \left\{1 - \frac{\sin\left[\alpha\left(\dfrac{L}{2} - z\right)\right]}{\sin\left(\dfrac{\alpha L}{2}\right)}\right\} + \frac{\alpha P_{\text{ave}} L\left(r_{\text{o}}^2 - r_{\text{i}}^2\right)}{4 h_{\text{c}} r_{\text{i}}} \frac{\cos\left[\alpha\left(\dfrac{L}{2} - z\right)\right]}{\sin\left(\dfrac{\alpha L}{2}\right)} \end{aligned} \tag{9.36}$$

将通道壁面温度分布式(9.36)对轴向位置变量 z 求导，并设其结果为 0，可以推导出通道壁面最高温度所在位置的函数如下：

$$\frac{\mathrm{d}T_{\mathrm{w}}}{\mathrm{d}z}=\frac{\alpha P_{\mathrm{ave}}L\left(r_{\mathrm{o}}^{2}-r_{\mathrm{i}}^{2}\right)\left\{2\pi h_{\mathrm{c}}r_{\mathrm{i}}\cos\left[\alpha\left(\frac{L}{2}-z\right)\right]+\alpha\dot{m}C_{\mathrm{p}}\sin\left[\alpha\left(\frac{L}{2}-z\right)\right]\right\}}{4h_{\mathrm{c}}r_{\mathrm{i}}\dot{m}C_{\mathrm{p}}\sin\left(\frac{\alpha L}{2}\right)}=0 \tag{9.37}$$

将式(9.37)中的各项重新整理后，得到通道壁面最高温度所对应的轴向位置的函数为：

$$z_{\mathrm{W}}^{\max}=\frac{L}{2}+\frac{1}{\alpha}\arctan\left(\frac{2\pi h_{\mathrm{c}}r_{\mathrm{i}}}{\alpha\dot{m}C_{\mathrm{p}}}\right) \tag{9.38}$$

将式(9.38)中的 $z_{\mathrm{W}}^{\max}$ 代入通道壁面温度分布式(9.36)中，可以得到等效推进剂通道单元的壁面最高温度。

用同样的方式，将式(9.35)中的径向位置变量 r 设为 r_{o}，就可以得到燃料温度分布峰值表达式如下：

$$\begin{aligned}T_{\mathrm{f}}^{\max}(z)=T_{\mathrm{in}}&+\frac{P_{\mathrm{ave}}L}{2}\frac{\pi\left(r_{\mathrm{o}}^{2}-r_{\mathrm{i}}^{2}\right)}{\dot{m}C_{\mathrm{p}}}\left\{1-\frac{\sin\left[\alpha\left(\frac{L}{2}-z\right)\right]}{\sin\left(\frac{\alpha L}{2}\right)}\right\}\\&+\frac{\alpha P_{\mathrm{ave}}L}{2}\frac{\cos\left[\alpha\left(\frac{L}{2}-z\right)\right]}{\sin\left(\frac{\alpha L}{2}\right)}\times\left\{\frac{r_{\mathrm{o}}^{2}-r_{\mathrm{i}}^{2}}{2h_{\mathrm{c}}r_{\mathrm{i}}}-\frac{1}{2k}\left[\frac{r_{\mathrm{o}}^{2}-r_{\mathrm{i}}^{2}}{2}+r_{\mathrm{o}}^{2}\ln\left(\frac{r_{\mathrm{i}}}{r_{\mathrm{o}}}\right)\right]\right\}\end{aligned} \tag{9.39}$$

再次，将燃料温度分布峰值式(9.39)对轴向位置变量 z 求导，并设导数结果为 0，就可以得到燃料温度最高值所对应的轴向位置的函数为：

$$\frac{\mathrm{d}T_{\mathrm{f}}^{\max}}{\mathrm{d}z}=\frac{\pi\alpha P_{\mathrm{ave}}L\left(r_{\mathrm{o}}^{2}-r_{\mathrm{i}}^{2}\right)\cos\left[\alpha\left(\frac{L}{2}-z\right)\right]}{2\dot{m}C_{\mathrm{p}}\sin\left(\frac{\alpha L}{2}\right)}+\frac{\alpha^{2}P_{\mathrm{ave}}L\left[\left(2k-h_{\mathrm{c}}r_{\mathrm{i}}\right)\left(r_{\mathrm{o}}^{2}-r_{\mathrm{i}}^{2}\right)-2h_{\mathrm{c}}r_{\mathrm{i}}r_{\mathrm{o}}^{2}\ln\left(\frac{r_{\mathrm{i}}}{r_{\mathrm{o}}}\right)\right]\sin\left[\alpha\left(\frac{L}{2}-z\right)\right]}{8h_{\mathrm{c}}kr_{\mathrm{i}}\sin\left(\frac{\alpha L}{2}\right)}=0 \tag{9.40}$$

重新整理公式(9.40)中的各项，可以得到燃料温度最高值所对应的轴向位置的函数为：

$$z_{\mathrm{f}}^{\max}=\frac{L}{2}-\frac{1}{\alpha}\arctan\left\{\frac{4\pi kh_{\mathrm{c}}r_{\mathrm{i}}\left(r_{\mathrm{o}}^{2}-r_{\mathrm{i}}^{2}\right)}{\alpha\dot{m}C_{\mathrm{p}}\left[\left(h_{\mathrm{c}}r_{\mathrm{i}}-2k\right)\left(r_{\mathrm{o}}^{2}-r_{\mathrm{i}}^{2}\right)+2h_{\mathrm{c}}r_{\mathrm{i}}r_{\mathrm{o}}^{2}\ln\left(\frac{r_{\mathrm{i}}}{r_{\mathrm{o}}}\right)\right]}\right\} \tag{9.41}$$

将式(9.41)所得的 $z_{\mathrm{f}}^{\max}$ 代入燃料温度峰值表达式(9.39)中，就可以确定等效推进剂流道单元中的燃料最高温度分布。图 9.8 给出了在等效推进剂流道单元中，各项参数对轴向温度分布特性的影响效果。

推进剂在流动通道移动期间获得了热量，与此同时，由于其与通道壁的相互作用导致的黏性摩擦效应，也产生了压力损失。推进剂所经受的摩擦越大，压力损失越大。压力损失意味着发动机的泵送系统必须提供额外做功。因此，人们可能会认为最好尽可能减少摩擦，以将压力损失降至最低。然而，正是这些摩擦效应导致了湍流，从而增强了从通道壁到推进剂的传热速率。亦即流动摩擦的增加起到了最小化燃料峰值温度的作用。因此，推进剂流动通道的配置需要进行优化设计，以平衡推进剂流动的压力损失与燃料温度的增加。

压降通常使用达西公式来计算，该公式一般在可压缩效应能忽略时有效。下式给出了其微分形式：

$$\mathrm{d}p=f\frac{\mathrm{d}z}{2r_{\mathrm{i}}}\frac{\rho V^{2}}{2} \tag{9.42}$$

其中，f=达西–魏斯巴赫摩擦系数，ρ=推进剂密度，V=推进剂速度。

回想一下，理想气体定律可以表示为：

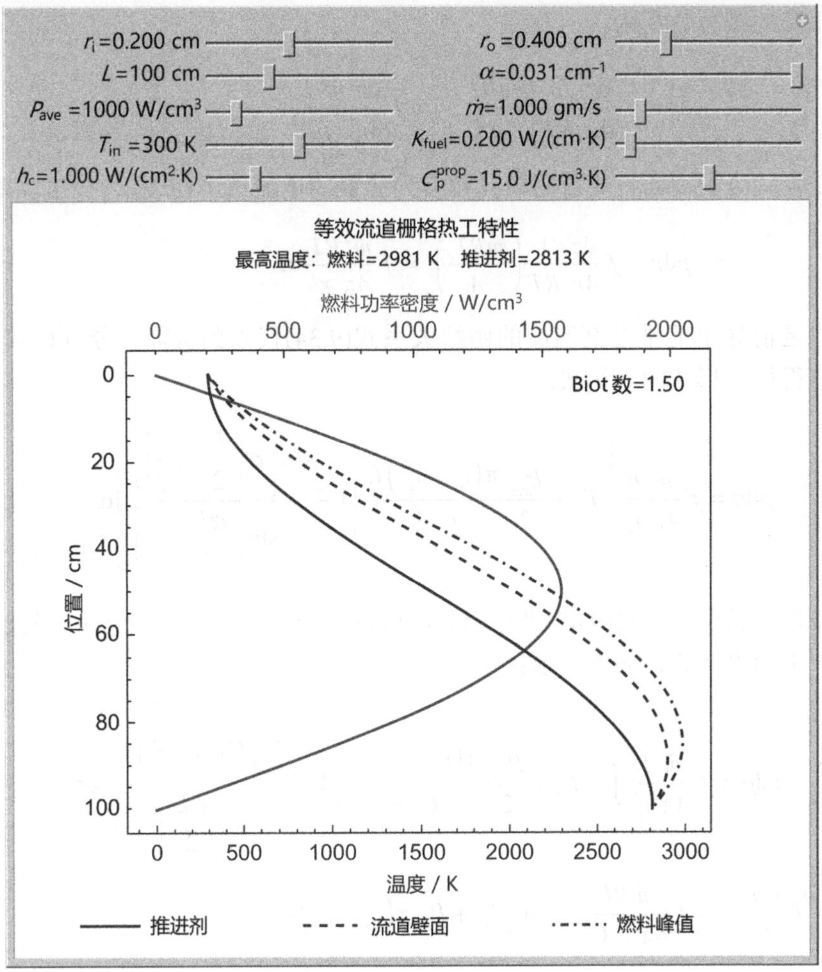

图 9.8 反应堆等效流道温度分布

$$p = \rho RT \Rightarrow \rho = \frac{p}{RT} \tag{9.43}$$

其中，R=推进剂气体常数。

将理想气体定律式(9.43)代入连续性表达式(2.26)中，可得：

$$\dot{m} = \rho VA = \frac{pVA}{RT} \Rightarrow V = \frac{\dot{m}RT}{pA} \tag{9.44}$$

将理想气体定律式(9.43)和推进剂速度表达式(9.44)代入达西公式(9.42)中，

得到压降的微分方程为：

$$\mathrm{d}p = f\frac{\mathrm{d}z}{4r_{\mathrm{i}}}\frac{p}{RT}\left(\frac{\dot{m}RT}{pA}\right)^2 = f\frac{\mathrm{d}z}{4r_{\mathrm{i}}}\frac{\dot{m}^2RT}{pA^2} \tag{9.45}$$

变换式(9.45)，并将流道面积 A 替换为等效的用流道半径表示的形式，得到：

$$p\mathrm{d}p = f\frac{\mathrm{d}z}{4r_{\mathrm{i}}}\frac{1}{RT}\left(\frac{\dot{m}RT}{A}\right)^2 = f\frac{\dot{m}^2RT}{4\pi^2 r_{\mathrm{i}}^5}\mathrm{d}z \tag{9.46}$$

将之前导出的推进剂温度的函数关系式(9.34)代入到压降微分方程式(9.46)中，可得如下形式的表达式：

$$p\mathrm{d}p = f\frac{\dot{m}^2R}{4\pi^2 r_{\mathrm{i}}^5}\left(T_{\mathrm{in}} + \frac{P_{\mathrm{ave}}}{2}\frac{\pi\left(r_{\mathrm{o}}^2 - r_{\mathrm{i}}^2\right)L}{C_{\mathrm{p}}\dot{m}}\left\{1 - \frac{\sin\left[\alpha\left(\frac{L}{2} - z\right)\right]}{\sin\left(\frac{\alpha L}{2}\right)}\right\}\right)\mathrm{d}z \tag{9.47}$$

在堆芯长度上对式(9.47)进行积分，可得一个将堆芯压力与反应堆其他参数联系起来的表达式，如下所示：

$$\begin{gathered}\int_{p_{\mathrm{in}}}^{p_{\mathrm{out}}} p\mathrm{d}p = f\frac{\dot{m}^2R}{4\pi^2 r_{\mathrm{i}}^5}\int_0^L\left(T_{\mathrm{in}} + \frac{P_{\mathrm{ave}}}{2}\frac{\pi\left(r_{\mathrm{o}}^2 - r_{\mathrm{i}}^2\right)L}{C_{\mathrm{p}}\dot{m}}\left\{1 - \frac{\sin\left[\alpha\left(\frac{L}{2} - z\right)\right]}{\sin\left(\frac{\alpha L}{2}\right)}\right\}\right)\mathrm{d}z \\ \Rightarrow \frac{p_{\mathrm{in}}^2 - p_{\mathrm{out}}^2}{2} = f\frac{\dot{m}RL}{8\pi^2 r_{\mathrm{i}}^5 C_{\mathrm{p}}}\left[2\dot{m}C_{\mathrm{p}}T_{\mathrm{in}} + P_{\mathrm{ave}}\pi\left(r_{\mathrm{o}}^2 - r_{\mathrm{i}}^2\right)L\right]\end{gathered} \tag{9.48}$$

将式(2.12)对比热比的定义代入式(9.48)，以求解堆芯出口压强，可得：

$$p_{\mathrm{out}} = \sqrt{p_{\mathrm{in}}^2 - f\frac{\dot{m}L}{4\pi^2 r_{\mathrm{i}}^5}\left(\frac{\gamma - 1}{\gamma}\right)\left[2\dot{m}C_{\mathrm{p}}T_{\mathrm{in}} + P_{\mathrm{ave}}\pi\left(r_{\mathrm{o}}^2 - r_{\mathrm{i}}^2\right)L\right]} \tag{9.49}$$

在图 9.9 中，可以查看式(9.49)中的各种参数对等效推进剂通道流动栅格中压降的影响。

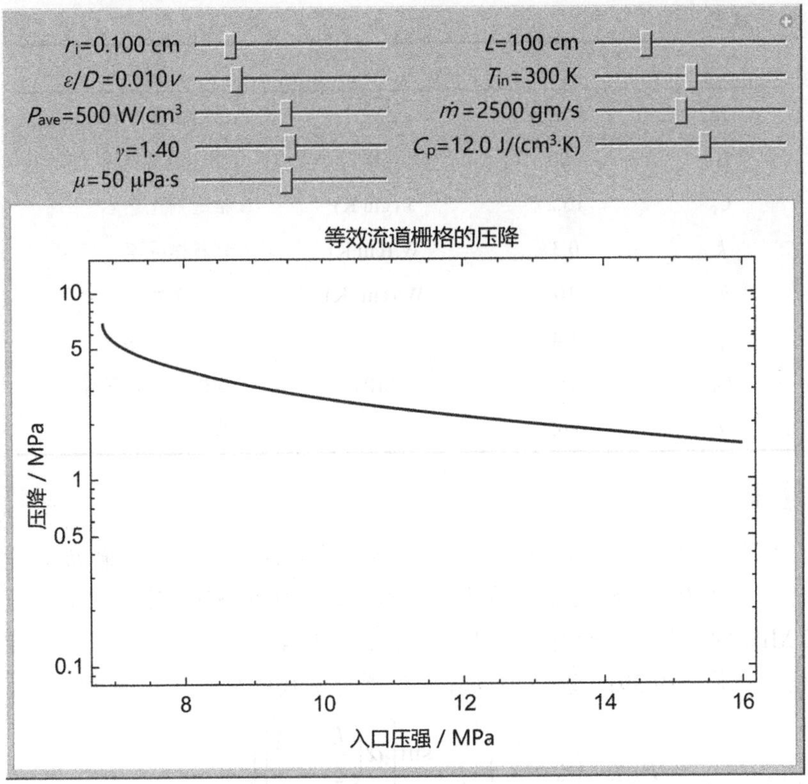

图 9.9 穿过等效流道栅格的压降

例题

已知燃料中心线最高允许温度不高于 3100 K，并且推进剂流动通道内的压降不超过 0.2 MPa，确定在单个等效燃料元件中，满足条件的质量流量以及平均功率密度。绘出以燃料元件轴向位置为函数的推进剂温度和最高燃料温度的曲线图，并确定出推进剂的出口温度。计算所需的燃料元件的设计及流动参数如下表所示：

参数	值	单位	描述
r_i	0.15	cm	冷却剂流道半径
r_o	0.35	cm	燃料元件等效半径
L	100	cm	燃料元件长度

续表

参数	值	单位	描述
α	0.03	cm^{-1}	堆芯曲率
T_{in}	300	K	推进剂入口温度
C_p	15.2	J/(gm·K)	推进剂比热容
k	0.3	W/(cm·K)	燃料热导率
h_c	10	$W/(cm^2 \cdot K)$	传热系数
γ	1.4	—	推进剂比热比
P_{in}	10	MPa	推进剂入口压强
f	0.02	—	摩擦因子

解答

在这个问题中，有两个未知参数须确定，即推进剂质量流量 $\dot{m}$ 以及燃料元件功率密度 P_{ave}。这些变量必须估算出来，以实现 3100 K 的燃料最高温度及 0.2 MPa 的压降。由于有两个未知变量，因此需要求解两个方程。需要求解的方程之一是式(9.39)，以得到以轴向位置为函数的燃料最高温度。

$$T_f^{max}(z)=T_{in}+\frac{P_{ave}L}{2}\frac{\pi\left(r_o^2-r_i^2\right)}{\dot{m}C_p}\left\{1-\frac{\sin\left[\alpha\left(\frac{L}{2}-z\right)\right]}{\sin\left(\frac{\alpha L}{2}\right)}\right\}$$
$$+\frac{\alpha P_{ave}L}{2}\frac{\cos\left[\alpha\left(\frac{L}{2}-z\right)\right]}{\sin\left(\frac{\alpha L}{2}\right)}\times\left\{\frac{r_o^2-r_i^2}{2h_c r_i}-\frac{1}{2k}\left[\frac{r_o^2-r_i^2}{2}+r_o^2\ln\left(\frac{r_i}{r_o}\right)\right]\right\} \tag{1}$$

将各项数值代入与位置有关的燃料最高温度式(1)中，可以得到：

$$T_f^{max}(z)=300\,\text{K}+0.1849P_{ave}\cos\left[0.03(50-z)\right]$$
$$+1.0334\frac{P_{ave}}{\dot{m}}\left\{1-1.0025\sin\left[0.03(50-z)\right]\right\} \tag{2}$$

由于燃料的最高温度不能超过 3100 K，因此必须确定出燃料最高温度所在的轴向位置。此位置在之前推导得出并且由式(9.41)表示：

$$z_{\mathrm{f}}^{\mathrm{peak}}=\frac{L}{2}-\frac{1}{\alpha}\arctan\left\{\frac{4\pi kh_{\mathrm{c}}r_{\mathrm{i}}\left(r_{\mathrm{o}}^{2}-r_{\mathrm{i}}^{2}\right)}{\alpha\dot{m}C_{\mathrm{p}}\left[\left(h_{\mathrm{c}}r_{\mathrm{i}}-2k\right)\left(r_{\mathrm{o}}^{2}-r_{\mathrm{i}}^{2}\right)+2h_{\mathrm{c}}r_{\mathrm{i}}r_{\mathrm{o}}^{2}\ln\left(\frac{r_{\mathrm{i}}}{r_{\mathrm{o}}}\right)\right]}\right\} \tag{3}$$

将各项数值代入最高温度所在的轴向位置式(3)中，则可以得到：

$$\begin{aligned}z_{\mathrm{f}}^{\mathrm{peak}}&=50+33.33\arctan\left(\frac{5.6016}{\dot{m}}\right)=50+33.33\arcsin\left(\frac{5.6016}{\sqrt{5.6016^{2}+\dot{m}^{2}}}\right)\\&=50+33.33\arccos\left(\frac{\dot{m}}{\sqrt{5.6016^{2}+\dot{m}^{2}}}\right)\end{aligned} \tag{4}$$

将燃料温度峰值所处的轴向位置式(4)代入式(2)中，并且简化其结果，就得到一根燃料元件中峰值燃料温度的表达式如下：

$$T_{\mathrm{f}}^{\mathrm{peak}}=300\,\mathrm{K}+\frac{P_{\mathrm{ave}}}{\dot{m}}\left(1.0334+\frac{0.1849\dot{m}^{2}+5.8034}{\sqrt{31.378+\dot{m}^{2}}}\right) \tag{5}$$

求解平均功率密度以及推进剂流量所需的另一个方程，是在燃料元件通道内的压降的表达式。该压降可以由式(9.49)确定：

$$\begin{aligned}\Delta p&=p_{\mathrm{in}}-p_{\mathrm{out}}\\&=p_{\mathrm{in}}-\sqrt{p_{\mathrm{in}}^{2}-f\frac{\dot{m}L}{4\pi^{2}r_{\mathrm{i}}^{5}}\left(\frac{\gamma-1}{\gamma}\right)\left[2\dot{m}C_{\mathrm{p}}T_{\mathrm{in}}+P_{\mathrm{ave}}\pi\left(r_{\mathrm{o}}^{2}-r_{\mathrm{i}}^{2}\right)L\right]}\end{aligned} \tag{6}$$

对式(6)进行变换后可以求得平均燃料功率密度为：

$$P_{\mathrm{ave}}=\frac{4\gamma\pi^{2}r_{\mathrm{i}}^{5}\Delta p\left(2p_{\mathrm{in}}-\Delta p\right)-2f(\gamma-1)L\dot{m}^{2}C_{\mathrm{p}}T_{\mathrm{in}}}{\pi f(\gamma-1)\left(r_{\mathrm{o}}^{2}-r_{\mathrm{i}}^{2}\right)L^{2}\dot{m}} \tag{7}$$

将各项数值代入式(7)中，就可以得到燃料元件平均功率密度的计算公式如下：

$$P_{\mathrm{ave}}=\frac{6613-290.3\dot{m}^{2}}{\dot{m}} \tag{8}$$

将式(8)并入燃料元件温度峰值的式(5)中，便可以得到只与燃料元件推进剂质量流量有关的燃料元件峰值温度表达式：

$$T_{\mathrm{f}}^{\mathrm{peak}}=300+\frac{6613-290.3\dot{m}^2}{\dot{m}^2}\left(1.0334+\frac{0.1849\dot{m}^2+5.8034}{\sqrt{31.378+\dot{m}^2}}\right)\mathrm{K} \tag{9}$$

图 1 所绘的是以推进剂质量流量为函数的燃料峰值温度图，从中可知，当峰值温度为 3100 K，压降为 0.2 MPa 时，每个燃料元件通道所需的推进剂流量约为 2.03 g/s。

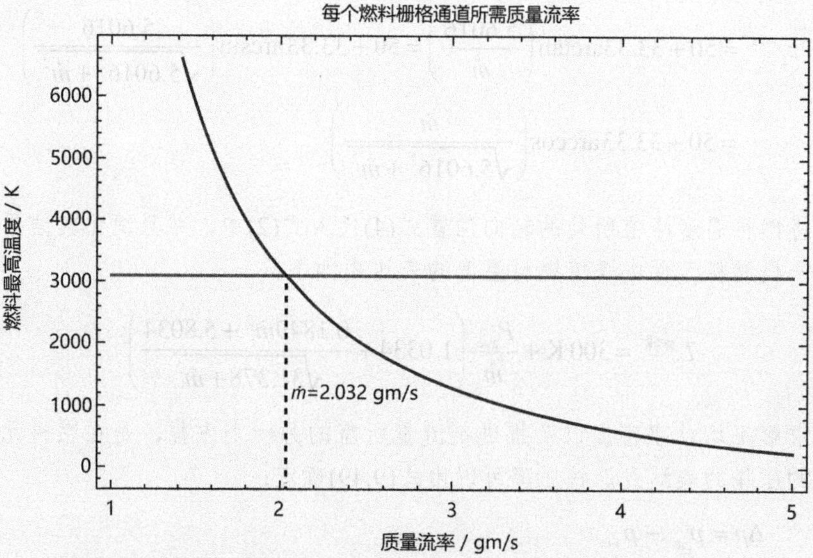

图 1　质量流率与燃料最高温度

将从图 1 所得到的质量流量代入式(8)中，就可以得到燃料元件的平均功率密度值约为 2.664 kW/cm³。应用质量流量和燃料元件平均功率密度与式(2)，现在可以确定作为轴向位置函数的燃料最高温度为：

$$\begin{aligned}T_{\mathrm{f}}^{\max}(z)=&300+492.8\cos\left[0.03(50-z)\right]\\&+1355\left\{1-1.0025\sin\left[0.03(50-z)\right]\right\}\mathrm{K}\end{aligned} \tag{10}$$

用质量流量和燃料元件平均功率密度与式(9.34)，还可以确定作为轴向位置函数的推进剂温度：

$$T_{\mathrm{p}}(z)=300+1355\left\{1-1.00251\sin\left[0.03(50-z)\right]\right\}\mathrm{K} \tag{11}$$

利用式(11)可以确定燃料元件出口处的推进剂温度为：

$$T_{\mathrm{p}}(100)=300+1355\{1-1.00251\sin[0.03(50-100)]\}\,\mathrm{K}=3010\,\mathrm{K} \tag{12}$$

图 2 为分别利用式(10)和式(11)所绘制的作为轴向位置函数的燃料最高温度和推进剂温度的函数曲线图。

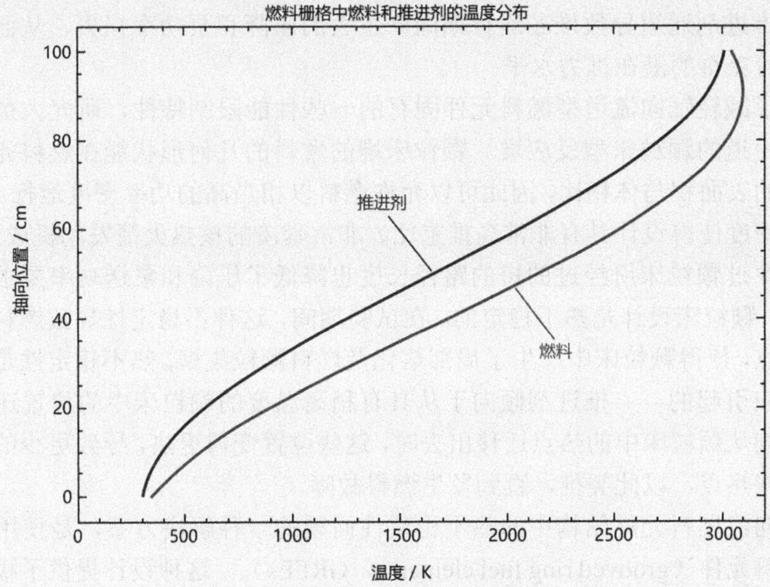

图 2 轴向温度分布

9.4 核反应堆燃料元件径向流道内的温度分布

在 NERVA 项目全盛时期曾进行过的诸多火箭发动机试验中，轴向流道类型的燃料元件的表现也相当成功；然而，NERVA 项目中的轴向流道类型的燃料元件设计存在很多制约其性能的几何特性。特别是其细长狭窄的推进剂通道与燃料元件的长度相同，这导致了推进剂通道的表面积与体积的比值相当小。流道的表面积对体积的比值很小，会限制热量从燃料向推进剂的传递速率，进而限制燃料元件可以运行的功率密度。较低的功率密度导致了反应堆堆芯体积更大、质量更多，致使对于指定的推力水平，发动机推重比相当一般。发动机的另一个限制是由余弦函数形的轴向功率分布曲线带来的。余弦函数形的功率分布会导致温度峰效应出现，即堆芯大部分区域的运行温度会远低于燃料峰值温度。图 9.8 演示了这种温度峰效应，从中可以观察到，在反应堆全长度上燃料中心线温度和表面温度的变化相当大。因为发动机运行的功率水平受燃料峰值温度限制，所以，很显然大多数反应堆被迫只能运行在显著低于燃料本可支持的温度与功率密度水平。更低的燃料温度又会导致更大的堆芯尺寸以及更小的推重比。最终，细长狭窄的推进剂通道导致堆芯运行期间产生大的压降和泵功率损失，从而降低了发动机可获得的潜在推力水平。

为了减轻轴向流道型燃料元件固有的一些性能限制特性，研究人员构想出了径向流道的颗粒床型反应堆。颗粒床堆的燃料的几何形状能在燃料元件中实现很高的表面积与体积比，因此可以允许燃料以相当高的功率密度运行。燃料的高功率密度使得设计具有非常高推重比、非常紧凑的核热火箭发动机成为可能。推进剂穿过颗粒床所经过的短的路径长度也降低了压降和泵送功率要求。但如前所述，颗粒床设计是热不稳定的。在试验期间，这种不稳定性导致燃料中出现局部热点，使得颗粒床中产生了局部熔化及燃料颗粒集聚。热不稳定性是由热工水力效应引起的——推进剂倾向于从具有稍高温度的颗粒床中的位置迁移出去。当推进剂从颗粒床中的热点迁移出去时，这些位置变得更热，导致更少的推进剂流入这些热点，以此类推，直到发生燃料故障。

径向流燃料元件结构中的热不稳定性问题的一种解决方案，是使用槽道式环形燃料元件（grooved ring fuel elements，GRFEs）。这种设计提供了极大的灵活性，因为它可以使设计的结构具有大的表面与体积比以及低压降，同时还能保持热稳定性。热稳定性的增强是由于燃料环中的凹槽结构约束推进剂必须按规定的路径流过燃料。另外，可以优化凹槽结构从而使燃料的性能最大化。如果需要，各个环中的铀富集度也可以变化，以便相当容易地形成极其平坦的轴向功率分布。即使铀的富集度不是轴向变化的，也可以通过改变环中的凹槽设计来适应由余弦形功率分布产生的功率峰值，从而使更多的推进剂进入功率最高的区域。从生产的角度来看，槽道式环形燃料元件也应该比 NERVA 燃料元件更容易制造，因为 NERVA 燃料元件需要相当复杂的材料加工技术来制造。图 9.10 给出了一个可能的 GRFE 结构形态。

为了说明如何优化 GRFE 以使燃料性能最大化，需作推导以确定槽壁厚度轮廓，从而沿燃料环的径向得到一个恒定的槽壁中心线温度。这种优化不仅使大部分燃料能够在（或接近）最高允许温度下运行，而且还通过消除燃料中的大部分热梯度从而将热诱导应力降低到最小。

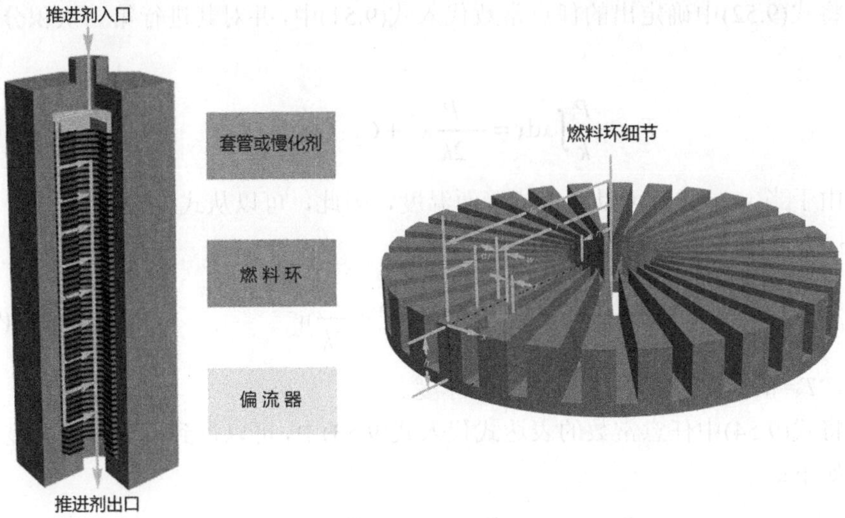

图 9.10 径向流道带槽环形燃料元件

推导的第一步涉及确定燃料元件中凹槽壁面的温度分布。在分析中，假设温度分布沿着凹槽壁面的中心线对称，并且所有热参数都与温度无关。还假定燃料环中的功率密度是常数。尽管恒定功率密度的假设在实践中并不绝对准确，但它还是相当好的，因为如果中子的平均自由程与燃料环的尺寸具有相同的量级（属于合理的燃料环尺寸），就不太可能形成大的功率密度梯度。

用笛卡尔坐标系下的一维泊松方程式(9.10)，可以得到具有以下形式的控制方程：

$$\frac{\mathrm{d}^2T}{\mathrm{d}x^2}+\frac{P}{k}=\frac{\mathrm{d}}{\mathrm{d}x}\left(\frac{\mathrm{d}T}{\mathrm{d}x}\right)+\frac{P}{k}=0 \tag{9.50}$$

其中，T=燃料温度，P=燃料功率密度，k=燃料热导率。

变换式(9.50)，并对其积分后可以得到：

$$\frac{\mathrm{d}}{\mathrm{d}x}\left(\frac{\mathrm{d}T}{\mathrm{d}x}\right)=-\frac{P}{k}\Rightarrow\frac{\mathrm{d}T}{\mathrm{d}x}=-\frac{P}{k}\int\mathrm{d}x=-\frac{P}{k}x+C_1 \tag{9.51}$$

使用在凹槽壁中心线上的温度梯度等于 0（对称的缘故）这一假设，就可以确定出任意常数 C_1 为：

$$0=-\frac{P}{k}(0)+C_1\Rightarrow C_1=0 \tag{9.52}$$

将式(9.52)中确定出的任意常数代入式(9.51)中，并对其进行第二次积分可以得到：

$$T=-\frac{P}{k}\int x\mathrm{d}x=-\frac{P}{2k}x^2+C_2 \tag{9.53}$$

由于当 $x=w$ 时，可以确定槽壁面温度，因此，可以从式(9.53)中得出任意常数 C_2 为：

$$T_{\mathrm{s}}=-\frac{P}{2k}w^2+C_2 \Rightarrow C_2=T_{\mathrm{s}}+\frac{P}{2k}w^2 \tag{9.54}$$

其中，T_{s}=槽壁面温度，w=槽壁的半厚度。

将式(9.54)中任意常数的表达式代入式(9.53)中，可以得到槽壁内的温度分布形式如下：

$$T=-\frac{P}{2k}x^2+T_{\mathrm{s}}+\frac{P}{2k}w^2=T_{\mathrm{s}}+\frac{P}{2k}\left(w^2-x^2\right) \tag{9.55}$$

由式(9.55)可以确定作为槽壁厚度函数的槽壁中心线（即在 $x=0$ 处）燃料温度为：

$$T_{\mathrm{f}}=T_{\mathrm{s}}+\frac{P}{2k}w^2 \tag{9.56}$$

其中，T_{f}=槽壁中心线上的燃料温度。

参照图 9.10，并在微分单元上写出热平衡方程，可得：

$$\mathrm{d}Q=P\mathrm{d}V=-P(hw\mathrm{d}r)=\dot{m}c_{\mathrm{p}}\mathrm{d}T_{\mathrm{p}} \Rightarrow \frac{\mathrm{d}T_{\mathrm{p}}}{\mathrm{d}r}=-\frac{Ph}{\dot{m}c_{\mathrm{p}}}w \tag{9.57}$$

其中，$\mathrm{d}Q$=在一个微分体 $\mathrm{d}V$ 内产生的功率总量，$\mathrm{d}T_{\mathrm{p}}$=推进剂温度的微分变化，h=槽壁高度，t=流道半宽度，$\dot{m}$=推进剂流过 $h\times t$ 面积时的质量流率，c_{p}=推进剂比热容，$\mathrm{d}r$=微分半径长。

式(9.57)中的负号表示推进剂的加热发生在负 r 的方向（也就是从燃料环的外部指向燃料环的内部）。假设在一个微分燃料体积内产生的热量通过槽壁面全部传导到推进剂内，则此过程的热平衡关系式可以写为：

$$\mathrm{d}Q=P\mathrm{d}V=P(hw\mathrm{d}r)=h_{\mathrm{c}}\left(T_{\mathrm{s}}-T_{\mathrm{p}}\right)\mathrm{d}A=h_{\mathrm{c}}\left(T_{\mathrm{s}}-T_{\mathrm{p}}\right)h\mathrm{d}r \Rightarrow T_{\mathrm{s}}=\frac{P}{h_{\mathrm{c}}}w+T_{\mathrm{p}} \tag{9.58}$$

其中，h_c=燃料槽壁到推进剂的传热系数。

将式(9.56)和式(9.58)相结合，就可以得出燃料槽壁中心温度关于槽壁半宽度以及推进剂温度的函数表达式：

$$T_f = \frac{P}{h_c}w + \frac{P}{2k}w^2 + T_p \tag{9.59}$$

为了确定出沿着燃料环径向的槽壁宽度（这会得到一个恒定的燃料中心线温度），将式(9.59)对 r 求导可以得到：

$$\frac{dT_f}{dr} = \frac{P}{h_c}\frac{dw}{dr} + \frac{P}{k}w\frac{dw}{dr} + \frac{dT_p}{dr} \tag{9.60}$$

恒定的燃料中心线温度要求式(9.60)中燃料中心线温度的导数项等于零；因此，令式(9.60)等于零，并且将式(9.57)中得出的结果代入，可以得到：

$$0 = \frac{P}{h_c}\frac{dw}{dr} + \frac{P}{k}w\frac{dw}{dr} - \frac{Ph}{\dot{m}c_p}w = \frac{1}{h_c}\frac{dw}{dr} + \frac{1}{k}w\frac{dw}{dr} - \frac{h}{\dot{m}c_p}w \Rightarrow \frac{dw}{dr} = \frac{h_c khw}{\dot{m}c_p\left(k + h_c w\right)} \tag{9.61}$$

求解微分方程式(9.61)可以得到用径向位置表示的槽壁半宽度的超越方程为：

$$0 = h_c hk\left(r_o - r\right) - h_c\dot{m}c_p\left[w_o - w\right] - k\dot{m}c_p\ln\left(\frac{w_o}{w}\right) \tag{9.62}$$

其中，r=沿着燃料环的径向位置，r_o=燃料环外环半径，w_o=燃料环外径处的槽壁面半宽度。

要确定作为径向位置函数的推进剂温度，首先需要变换式(9.59)，以表示作为推进剂温度函数的槽壁半宽度：

$$w = -\frac{k}{h_c} + \frac{k}{h_c}\sqrt{1 + \frac{2h_c^2}{kP}\left(T_f - T_p\right)} \tag{9.63}$$

在式(9.63)中，推进剂温度取其刚进入燃料环时的温度，就可以得到初始的槽壁的半宽度值：

$$w_o = -\frac{k}{h_c} + \frac{k}{h_c}\sqrt{1 + \frac{2h_c^2}{kP}\left(T_f - T_{po}\right)} \tag{9.64}$$

将式(9.63)代入式(9.62)中以消去槽壁宽度这一项，就得到另一个超越方程。在槽壁中心温度保持恒定这一限制下，此方程将推进剂温度和径向位置联系起来，可得：

$$0=hh_{\mathrm{c}}\left(r_{\mathrm{o}}-r\right)$$

$$-c_{\mathrm{p}}\dot{m}\left(1-\sqrt{1+\frac{2h_{\mathrm{c}}^{2}}{kP}\left(T_{\mathrm{f}}-T_{\mathrm{p}}\right)}+\frac{h_{\mathrm{c}}w_{\mathrm{o}}}{k}\right)-c_{\mathrm{p}}\dot{m}\ln\left(\frac{-h_{\mathrm{c}}w_{\mathrm{o}}}{k\left[1-\sqrt{1+\frac{2h_{\mathrm{c}}^{2}}{kP}\left(T_{\mathrm{f}}-T_{\mathrm{p}}\right)}\right]}\right) \tag{9.65}$$

为了确定作为径向位置函数的槽壁温度，重新变换式(9.56)以表示作为槽壁表面温度函数的槽壁半宽度：

$$w=\sqrt{\frac{2k}{P}\left(T_{\mathrm{f}}-T_{\mathrm{s}}\right)} \tag{9.66}$$

将式(9.66)代入式(9.62)中消去槽壁宽度项，再次得到一个超越方程。这种情况下，在中心温度保持恒定这一限制下，将槽壁表面温度和径向位置再次联系起来，得到：

$$0=hh_{\mathrm{c}}\left(r_{\mathrm{o}}-r\right)-\frac{h_{\mathrm{c}}c_{\mathrm{p}}\dot{m}}{k}\left(w_{\mathrm{o}}-\sqrt{\frac{2k}{P}\left(T_{\mathrm{f}}-T_{\mathrm{s}}\right)}\right)-c_{\mathrm{p}}\dot{m}\ln\left(w_{\mathrm{o}}\sqrt{\frac{P}{2k\left(T_{\mathrm{f}}-T_{\mathrm{s}}\right)}}\right) \tag{9.67}$$

图 9.11 展示了作为不同热参数和几何参数函数的温度以及通道壁面轮廓。可以发现，当燃料热导率很高并且热量传到推进剂中的传热系数很低时，总的温度分布最平坦。因此，性能最大化的燃料环的设计目标，是将燃料壁面的面积与体积比最大化，从而让推进剂最大限度地从燃料壁面获得热量；同时获得尽可能平坦的轴向温度分布，以减少燃料中的热应力。这种最优化设计通常是这样实现的：使壁面宽度最小化，以便使通道壁表面数量最大化，同时增加燃料环内通道壁的高度。

9.5 辐射器

在太空中运行的核反应堆始终面临废热排出的问题，这是一个必须要解决的问题。对于核热推进系统而言，即使在停堆后，裂变产物的衰变热以及其他过程产生的热量也是很可观的，必须采用一些手段以排出废热，否则反应堆可能由

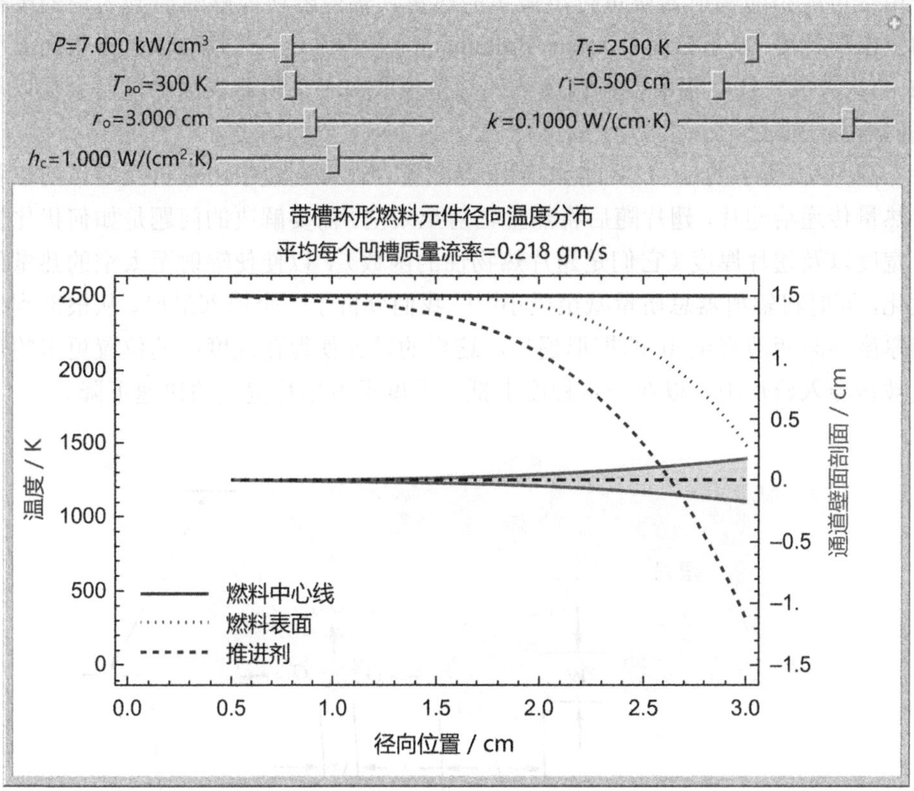

图 9.11 槽道式环形燃料元件的温度和通道壁面形状

于过热而受损。一种将发动机废热排出的方法是在停堆后向堆芯内继续送入推进剂，直到已经排出足够多的能量使发动机不会过热为止。尽管这是一个可行的解决方案，但是这样会浪费大量宝贵的推进剂。一种可替代的方案是，将反应堆与辐射器相连接配置，这样可以至少将一部分热量有效地从发动机系统移去，并辐射到太空中。在任何给定的条件下，确定是否布置辐射器以及如何布置辐射器，取决于所要处理的任务的具体要求，这也是火箭全局设计中的一个必要过程。

对于核反应堆主要用于给离子或等离子体推进系统提供电力的核电系统，其发电循环全过程都有排热的需求，因此废热必须在某个环节从用于将反应堆热能转换为电能的动力转换系统排出。为了最高效地将热能转换为电能，我们期望在满足其他热力学限制条件下，尽可能降低废热的排出温度。

空间飞行器设计总是关注质量超限的问题，所以辐射器的设计焦点通常在于用尽可能小的辐射器质量排出最多的热量。辐射器所能够辐射到太空的废热的量由斯特藩–玻尔兹曼（Stefan–Boltzmann）方程确定，并且与辐射器表面温度的 4 次方成正比。辐射器排出废热的总量也取决于辐射器表面热发射系数以及辐射器总表面积。

图 9.12 所示的是一个可能的辐射器配置。在该配置中，来自反应堆的热管将热量传递给翅片，翅片随后将热量辐射至太空。需要解决的问题是如何优化翅片宽度以及翅片厚度（它们是翅片热物性的函数），以便使辐射至太空的热量最大化，同时将辐射器总质量减至最小[11]。我们分析了一个根部最厚、从根部到尖端厚度逐渐变薄直至 0 的楔形翅片，这样的设计使得在温度高的位置更多的热量被传导入翅片中，以在一定程度上抵消温度沿着翅片宽度的快速下降。

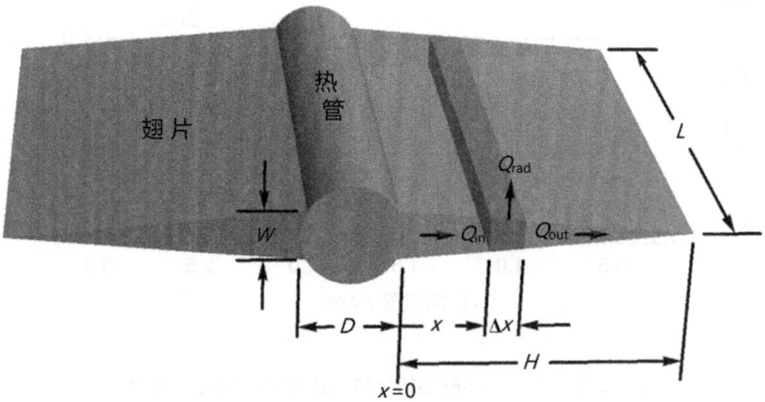

图 9.12 空间辐射器

使用斯特藩–玻尔兹曼方程来模拟计算翅片辐射导致的热损失。假定 $W \ll H$，则可给出在如图 9.12 所示的微分体积上的一维热平衡方程如下：

$$Q_{in} = Q_{out} + Q_{rad} = Q_{in} - \frac{dQ}{dx}\Delta x + q_{rad}dA \Rightarrow \frac{dQ}{dx}\Delta x = q_{rad}Ldx = 2\varepsilon\sigma T^4 L\Delta x \qquad (9.68)$$

其中，Q_{in}=热传导进入微分体积单元的热量，Q_{out}=热传导流出微分体积单元的热量，$Q_{rad}=q_{rad}dA$=从翅片的微分体积单元辐射出的热量（双侧），T=翅片的局部温度，σ=斯特藩–玻尔兹曼常数，ε=翅片的发射率。

将傅里叶热传导关系式(9.5)应用到翅片热平衡表达式(9.68)中，并假定材料物性是常数，则可推导出表示翅片温度分布的微分方程如下：

$$\frac{\mathrm{d}Q}{\mathrm{d}x}\Delta x=\frac{\mathrm{d}}{\mathrm{d}x}\left(kA\frac{\mathrm{d}T}{\mathrm{d}x}\right)\Delta x=kW\frac{\mathrm{d}}{\mathrm{d}x}\left[\left(1-\frac{x}{H}\right)\frac{\mathrm{d}T}{\mathrm{d}x}\right]L\Delta x=2\varepsilon\sigma T^4L\Delta x \tag{9.69}$$

变换式(9.69)中各项，可以将表达式写成下述无量纲形式：

$$H^2\frac{\mathrm{d}}{\mathrm{d}x}\left[\left(1-\frac{x}{H}\right)\frac{1}{T_0}\frac{\mathrm{d}T}{\mathrm{d}x}\right]=\underbrace{\frac{2\varepsilon\sigma H^2T_0^3}{kW}}_{\beta^2}\frac{1}{T_0^4}T^4 \Rightarrow \frac{\mathrm{d}}{\mathrm{d}\xi}\left[(1-\xi)\frac{\mathrm{d}\theta}{\mathrm{d}\xi}\right]=\beta^2\theta^4 \tag{9.70}$$

其中，$\xi=x/H$，$\theta=T/T_0$，边界条件为：$\theta(0)=1$ 及$\theta'(1)=0$。

每单位长度翅片组件辐射散入太空的总热量，等于从热管传导入单根翅片的热量的 2 倍，加上从热管自身的辐射散热量：

$$\frac{Q}{L}=-2kW\left.\frac{\mathrm{d}T}{\mathrm{d}x}\right|_{x=0}+c\varepsilon\sigma T_0^4=-2k\frac{W}{H}T_0\theta'(0)+c\varepsilon\sigma T_0^4 \tag{9.71}$$

其中，c=热管总有效辐射宽度。

辐射器系统的质量是热管质量和两片翅片质量的简单求和：

$$m=L\left(\frac{\pi}{4}D^2\rho_{\mathrm{hp}}+2\frac{HW}{2}\rho_{\mathrm{fin}}\right) \tag{9.72}$$

其中，ρ_{hp}=热管线密度，ρ_{fin}=翅片的密度。

现在使用式(9.71)和式(9.72)可以计算出每单位质量辐射出的热量，可得下列形式方程：

$$\frac{Q}{m}=q=\frac{-2k\dfrac{W}{H}T_0\theta'(0)+c\varepsilon\sigma T_0^4}{\dfrac{\pi}{4}D^2\rho_{\mathrm{hp}}+HW\rho_{\mathrm{fin}}} \tag{9.73}$$

为了使辐射器翅片组件辐射的热量最大化，对给定的热管质量，需要确定所需翅片宽度和厚度的最优值。如果定义一个新的无量纲量如下，就可以很容易地进行这种优化：

$$R=\frac{4HW\rho_{\mathrm{fin}}}{\pi D^2\rho_{\mathrm{hp}}}\Rightarrow W=\frac{R\pi D^2\rho_{\mathrm{hp}}}{4H\rho_{\mathrm{fin}}} \tag{9.74}$$ [5]

利用式(9.70)中β的定义，以及式(9.74)中 R 的定义，翅片宽度可以定义为：

$$\beta^2=\frac{2\varepsilon\sigma H^2T_0^3}{kW}=\frac{2\varepsilon\sigma H^2T_0^3}{k}\frac{4H\rho_{\text{fin}}}{R\pi D^2\rho_{\text{hp}}}\Rightarrow H=\beta\left(\frac{R\pi D^2\rho_{\text{hp}}}{4\rho_{\text{fin}}\beta}\right)^{\frac{1}{3}}\left(\frac{k}{2\varepsilon\sigma T_0^3}\right)^{\frac{1}{3}} \tag{9.75}$$

式(9.74)中翅片根部处的厚度可以使用式(9.75)中翅片宽度的表达式来重新表示如下：

$$W=\frac{R\pi D^2\rho_{\text{hp}}}{4H\rho_{\text{fin}}}=\frac{R\pi D^2\rho_{\text{hp}}}{4\rho_{\text{fin}}}\frac{1}{\beta}\left(\frac{4\rho_{\text{fin}}\beta}{R\pi D^2\rho_{\text{hp}}}\right)^{\frac{1}{3}}\left(\frac{2\varepsilon\sigma T_0^3}{k}\right)^{\frac{1}{3}}=\left(\frac{R\pi D^2\rho_{\text{hp}}}{4\rho_{\text{fin}}\beta}\right)^{\frac{2}{3}}\left(\frac{2\varepsilon\sigma T_0^3}{k}\right)^{\frac{1}{3}} \tag{9.76}$$

在每单位质量辐射热量的表达式(9.73)中，使用式(9.74)的翅片根部厚度的表达式以及式(9.76)翅片宽度的表达式，可以得到下列形式的关系式：

$$q=\frac{4\varepsilon\sigma T_0^4}{\pi D^2\rho_{\text{hp}}}\left[\frac{c}{1+R}-2\left(\frac{k\pi D^2\rho_{\text{hp}}}{\varepsilon\sigma T_0^3\rho_{\text{fin}}}\right)^{\frac{1}{3}}\frac{R^{\frac{1}{3}}}{1+R}\frac{\theta'(0)}{\beta^{\frac{4}{3}}}\right] \tag{9.77}$$

从式(9.77)可以发现，通过最小化$\dfrac{\theta'(0)}{\beta^{4/3}}$的值，辐射器的热损失可以在不依赖于 R 的情况下达到最大化。通过求解式(9.70)来求取不同的β值，可确定所需要的$\dfrac{\theta'(0)}{\beta^{4/3}}$的最小值。因为式(9.70)是一个没有解析解的非线性微分方程，所以必须使用数值方法求解。求解结果如图 9.13 所示。

将式(9.74)对 R 求导，应用图 9.13 的计算结果，并令所得的表达式等于 0，可得下述形式的方程：

$$0=2R-1-\frac{1}{2}\frac{3\beta^{\frac{4}{3}}}{\theta'(0)}\left(\frac{\varepsilon\sigma T_0^3\rho_{\text{fin}}}{k\pi D^2\rho_{\text{hp}}}\right)^{\frac{1}{3}}cR^{\frac{2}{3}}=2R-1+\underbrace{3.094c\left(\frac{\varepsilon\sigma T_0^3\rho_{\text{fin}}}{k\pi D^2\rho_{\text{hp}}}\right)^{\frac{1}{3}}}_{\alpha}R^{\frac{2}{3}} \tag{9.78}$$

求解式(9.78)可得 R 的最优值的表达式如下：

$$R_{\text{opt}}=\frac{1}{2}-\frac{\alpha^3}{24}+\frac{24\alpha^3-\alpha^6+\left(-216\alpha^3+36\alpha^6-\alpha^9+24\sqrt{81\alpha^6-3\alpha^9}\right)^{2/3}}{24\left(-216\alpha^3+36\alpha^6-\alpha^9+24\sqrt{81\alpha^6-3\alpha^9}\right)^{1/3}} \tag{9.79}$$

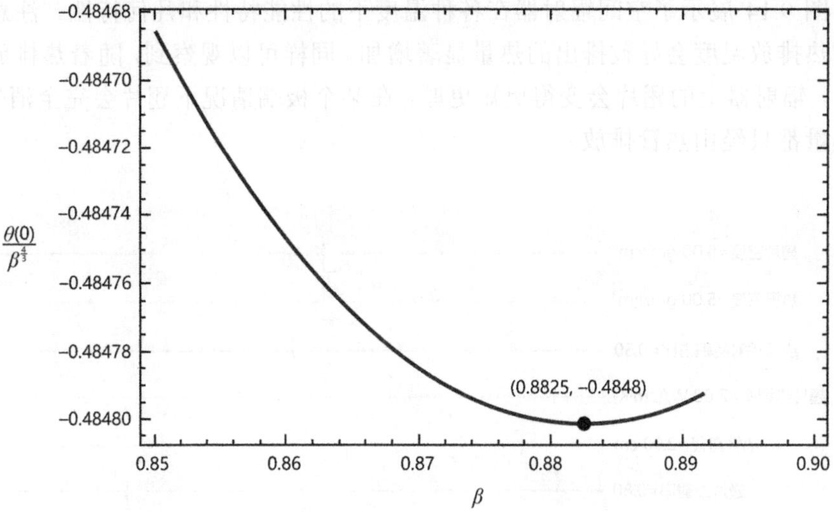

图 9.13 β和$\frac{\theta'(0)}{\beta^{4/3}}$的最优值的图解

将式(9.79)中的 R 最优值、图 9.13 中$\frac{\theta'(0)}{\beta^{4/3}}$的最优值以及式(9.78)中$\alpha$的定义式代入式(9.77)，可以导出辐射器翅片组件的每单位质量热损失率的最大值：

$$q_{\max}=\frac{4\varepsilon\sigma T_0^4}{\pi D^2\rho_{\mathrm{hp}}}\left[\frac{c}{1+R_{\mathrm{opt}}}+0.97\left(\frac{k\pi D^2\rho_{\mathrm{hp}}}{\varepsilon\sigma T_0^3\rho_{\mathrm{fin}}}\right)^{\frac{1}{3}}\frac{R_{\mathrm{opt}}^{\frac{1}{3}}}{1+R_{\mathrm{opt}}}\right]=\frac{4c\varepsilon\sigma T_0^4}{\pi D^2\rho_{\mathrm{hp}}}\left[\frac{1}{1+R_{\mathrm{opt}}}+\frac{3}{\alpha}\left(\frac{R_{\mathrm{opt}}^{\frac{1}{3}}}{1+R_{\mathrm{opt}}}\right)\right] \tag{9.80}$$

此外，使用图 9.13 中的β最优值，由式(9.75)和式(9.76)可分别确定翅片宽度和根部厚度的最优值如下：

$$H=0.92\left(\frac{R\pi D^2\rho_{\mathrm{hp}}}{4\rho_{\mathrm{fin}}}\right)^{\frac{1}{3}}\left(\frac{k}{2\varepsilon\sigma T_0^3}\right)^{\frac{1}{3}} \tag{9.81}$$

以及

$$W=1.087\left(\frac{R\pi D^2\rho_{\mathrm{hp}}}{4\rho_{\mathrm{fin}}}\right)^{\frac{2}{3}}\left(\frac{2\varepsilon\sigma T_0^3}{k}\right)^{\frac{1}{3}} \tag{9.82}$$

图 9.14 展示了空间辐射器在各种温度下的性能特性和几何特性。注意到更高的热排放温度会导致排出的热量显著增加。同样可以观察到，随着热排放温度上升，辐射器上的翅片会变得更短更厚，在某个极端情况下翅片会完全消失，所有热量都只经由热管排放。

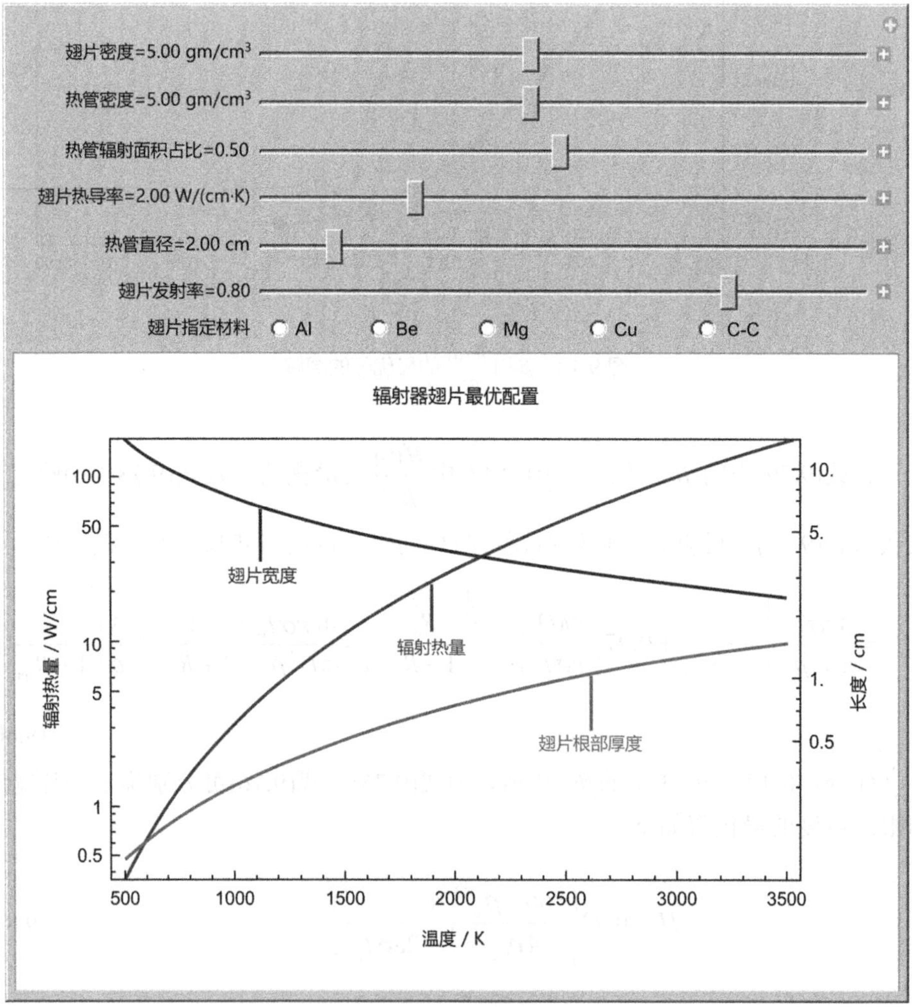

图 9.14 空间辐射器特性

参考文献

[1] H. Schlichting. Boundary Layer Theory (Translated by J. Kestin). McGraw-Hill Book Company, Inc., New York, 1955.

[2] M.M. El-Wakil. Nuclear Heat Transport, American Nuclear Society. 1981, ISBN 978-0-89448-014-0.

[3] F. Kreith, M. Bohn. Principles of Heat Transfer, sixth ed., CL-Engineering, September 2000.

[4] F.W. Dittus, L.M.K. Boelter. Heat Transfer in Automobile Radiators of the Tubular Type. University of California Publications of Engineering, USA, **2**(13)(1930):443e461.

[5] E.W. Sieder, G.E. Tate. Heat transfer and pressure drop of liquids in tubes. *Ind. Eng. Chem.*, **28**(1936):1429.

[6] V. Gnielinski. New equations for heat and mass transfer in turbulent pipe and channel flow. *Int. Chem. Eng.*, **16**(2)(1976):359-368.

[7] C.F. Colebrook. Turbulent flow in pipes, with particular reference to the transition region between smooth and rough pipe laws. *J. Inst. Civ. Eng.*, (February 1939):133-156.

[8] D.J. Wood. An explicit friction factor relationship. *Civ. Eng. ASCE*, **60**(1966).

[9] L.F. Moody. Friction factors for pipe flow. *Trans. ASME*, **66**(8)(1944):671-684.

[10] W.M. Kayes. Convective Heat and Mass Transfer, fourth ed., McGraw-Hill, NewYork, NY, 2005. ISBN: 0-07-246876-9.

[11] R.J. Naumann. Optimizing the design of space radiators. *Int. J. Thermophys.*, **25**(6)(Nov. 2004):1929-1941.

习题

1. 在 NERVA 型核火箭发动机中，燃料元件推进工质通道的内壁通常必须包覆某种材料，以保护里面的铀燃料免受高温氢气工质的腐蚀。因此，这种保护性包层在运行过程中保持其结构完整性是非常重要的。如果包层材料和燃料的热膨胀系数不同，那么在运行过程中会产生不同的热膨胀，可能会导致包层破损，从而使燃料材料暴露于高温氢气工质中，这可能将导致燃料元件损坏。比较可能发生这种包层破损的位置是通道壁表面温度梯度最大的地方。下表给出了 NERVA 型燃料元件的典型的运行条件。

参数	数值
L	140 cm
r_i	0.125 cm
r_o	0.150 cm
c_p	14.5 W·s/(g·K)
k	0.0035 W/(cm·K)
μ	0.00021 g/(cm·s)
$\dot{m}$	0.2 g/s
T_{in}	300 K
P_{ave}	2.5 kW/cm^3
α	0.011 cm^{-1}

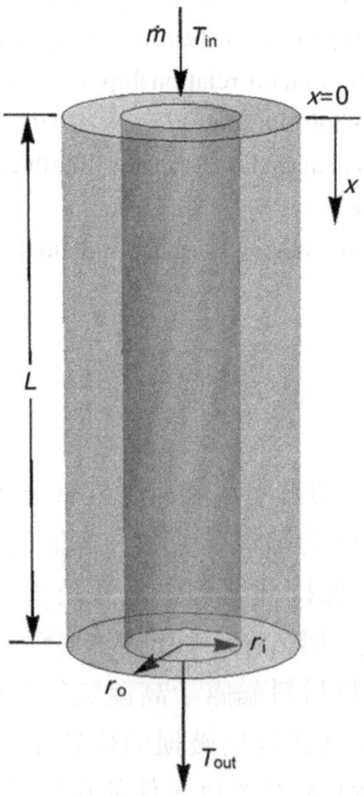

假设轴向功率分布遵循以下表达式(来自式(9.32))：

$$P(z)=\frac{\alpha P_{\mathrm{ave}}L}{2\sin\left(\dfrac{\alpha L}{2}\right)}\cos\left[\alpha\left(\frac{L}{2}-z\right)\right]$$

a. 推导一个可描述通道壁温度梯度最大位置的表达式。

b. 画出轴向功率分布以及通道壁轴向温度分布。

c. 在所画的图中标出通道壁温度梯度最大的位置。

d. 给出评论或意见。

2. 推导一个堆芯功率分布 $q(x)$，使得沿堆芯长度方向上的燃料温度为常数。这种功率分布对于减小核火箭堆芯尺寸来说是最佳的，因为所有燃料均可运行于最高许可温度。在推导过程中，可认为燃料温度在所有位置均为常数（在径向上或轴向上均不变），并可忽略任何有关于径向功率变化的计算。堆芯内存在这种功率分布可能吗？予以简要讨论。

假设：$q(x)=U(T_{\mathrm{fuel}}-T_{\mathrm{propellant}})$

其中，U=一般的传热项，$q(x)$=单位堆芯长度所对应的加热速率。

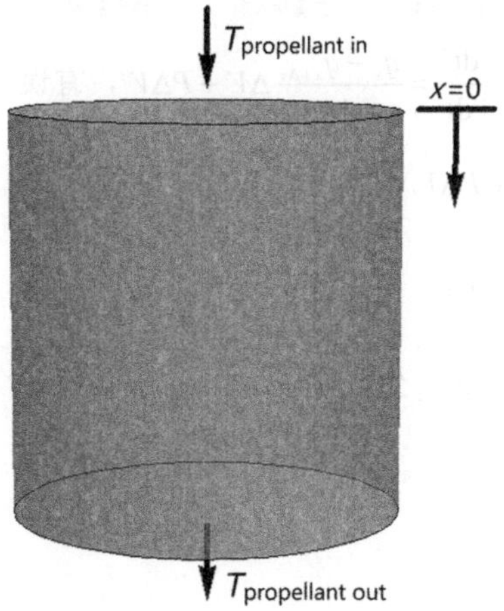

3. 某核火箭发动机堆芯装料时，不慎将具有极高裂变截面的燃料装入轴向某处，使得堆芯的轴向功率分布如下图所示。基于最好的工程判断，在下面的空白图中画出对应的推进工质和燃料的轴向温度分布。并解释这样画的理由。

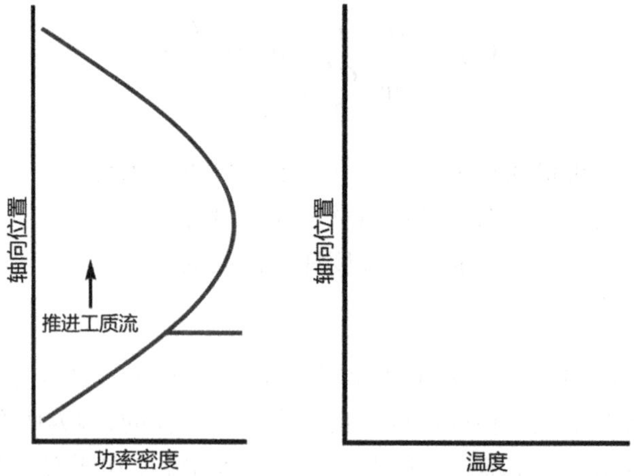

注释

1 原文方程为 $\underbrace{Q_t - Q_{\Delta t+t}}_{\text{热容量变化}} = \underbrace{q_{x+\Delta x}\Delta t\Delta y\Delta z}_{\text{热量输出项}} - \underbrace{q_x\Delta t\Delta y\Delta z}_{\text{热量输入项}} + \underbrace{P\Delta t\overbrace{\Delta x\Delta y\Delta z}^{\Delta V}}_{\text{热量生成项}}$，有误。

2 原文方程为 $\lim\limits_{\Delta t\to 0}\dfrac{Q_t - Q_{\Delta t+t}}{\Delta t} = \dfrac{\mathrm{d}Q}{\mathrm{d}t} = \dfrac{q_x - q_{x+\Delta x}}{\Delta x}\Delta V + P\Delta V$，有误。

3 原文方程为 $\dfrac{\mathrm{d}Q}{\mathrm{d}t} = \dfrac{\mathrm{d}q_x}{\mathrm{d}x}\Delta V + P\Delta V$，有误。

4 原文方程为 $q_x = k\dfrac{\mathrm{d}T}{\mathrm{d}x}$，有误。

5 原文方程为 $R = \dfrac{8HW\rho_{\text{fin}}}{\pi D^2\rho_{\text{hp}}} \Rightarrow W = \dfrac{R\pi D^2\rho_{\text{hp}}}{4H\rho_{\text{fin}}}$，有误。

第10章 涡轮机械

除了核反应堆外，核热火箭发动机最重要的部件大概非涡轮泵组件莫属。涡轮泵的任务是在期望的流量和压力下，将推进剂从储箱输送至核反应堆中。从名称中可以看出涡轮泵由两个主要组件组成，一个是涡轮，另一个是泵。涡轮和泵通过一个共用的轴连在一起。在运行期间，涡轮泵的涡轮部分提供动力，用以使涡轮泵的泵运转。推动涡轮运转的工作流体是推进剂，推进剂在发动机不同部件中被预热和汽化，这些部件从反应堆中吸收了余热。这些部件预热推进剂的具体方法取决于该火箭发动机运行所选择的循环。

10.1 涡轮泵概述

除了反应堆，核火箭系统中最关键的子系统大概就是涡轮泵了。涡轮泵的任务是以既定的压力和流量把推进剂输送给核反应堆，以使发动机产生所期望的推力和比冲。正如名字所指，涡轮泵由推进剂泵和涡轮这两个主要的部件组成。这两个部件通过共用的轴或者一个齿轮箱互相连接起来，其中涡轮提供推进剂泵运行所需的动力。图 10.1 给出了一个典型的涡轮泵的示意图。涡轮的工作介质是推进剂，推进剂被推进剂泵增压，并在反应堆内以某种方式被加热。送进涡轮泵前，推进剂加热的具体方式取决于所选取的火箭发动机特定循环（例如冷排气循环、热排气循环以及膨胀循环）的细节。

涡轮泵设计的最终目标是：设计出一款坚固可靠、重量较轻的推进剂输送装置，可以合理成本、最佳效率把推进剂按期望的压力和流率输送到反应堆。在这种考量下，设计过程几乎无法直接实现，而不得不在许多相互竞争的要求之间进行折中，这些竞争要求包括材料强度极限、振动效应、性能规定等一系列独立参

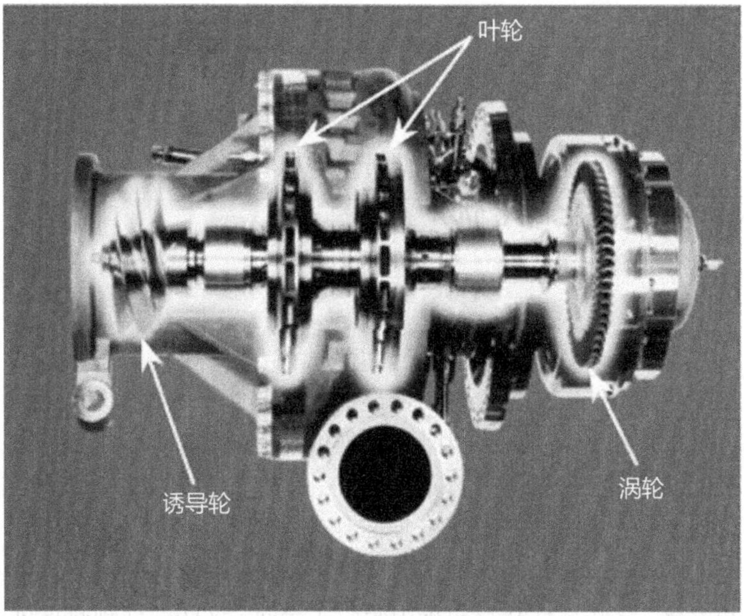

图 10.1 典型涡轮泵示意图

数。为了可以更简单地分析这些参数与涡轮泵性能之间的关系，将再次使用各种无量纲组。利用这些无量纲组，结合实验和各种理论处理，可以得到将无量纲参数和各种涡轮泵特性联系起来的经验关系式。在这些关系式中经常会用到的无量纲组包括：

$$\text{比转速：}n_s=\frac{\omega\sqrt{Q}}{(gH)^{3/4}},\qquad \text{比直径：}d_s=\frac{D(gH)^{1/4}}{\sqrt{Q}}$$
$$\text{雷诺数：}Re=\frac{DV\rho}{\mu},\qquad \text{马赫数：}M=\frac{V}{c} \tag{10.1}$$

其中，ω=转子转速，V=叶片尖端的速度，D=转子直径，Q=推进剂总的体积流量，g=重力加速度，c=声速，H=通过泵或者涡轮的总压头，ρ=推进剂密度，μ=推进剂黏度。

由于涡轮泵的泵和涡轮之间的几何结构和流动特性差异很大，因此这两个部件的式(10.1)所列无量纲参数通常会不同。同时也可以注意到在涡轮机械中，压力经常用压头来表示，在式(10.1)中记为 H。在物理上，压头以长度单位给出，它等价于高度已知的泵送流体底部的静压，这是由流体的重量引起的。

接下来，只讨论涡轮泵的稳态运行特性。瞬态运行虽然对涡轮泵安全运行十分重要，但需要对涡轮泵内的动态相互作用具有详细了解。这些相互作用十分复杂、难以分析，超出了本讨论的范畴。

10.2 泵特性

涡轮泵中泵部分的作用是将来自储箱里的液态推进剂增压至所需的系统压力，然后将它以所需的流量泵送至发动机的其他部位。很多不同的泵结构都可用以实现这个目的，为某个特定的涡轮泵所选取的泵类型取决于一系列因素，这些因素将会在后续章节中讨论。泵的设计一般分成两大类：离心泵和轴流泵。

在离心泵中，进入泵的流体首先注入叶轮中，叶轮由带有弯曲叶片的圆盘组成，这些叶片可以绕轴旋转。流体在沿着叶轮径向向外流动的过程中加速，直到最后以高流速离开叶轮。离开叶轮的高流速流体进入汇集流体的涡壳中，然后被导入称为扩压器的膨胀区段。在扩压器里流体的动能转化为势能，即泵内的压力增加。随后流体或者流进下一个叶轮中（如果需要进一步增压），或者导入泵的出口。

在轴流泵中，涡壳部分基本被取消，而叶轮部分被设计得更像一个螺旋桨。轴流泵中流速的增加是源于叶轮的高速旋转。从叶轮中流出后，流体立刻流入扩压段。与离心泵的情况一样，从扩压段流出的流体要么由于需要进一步增压而进入另一个叶轮，要么直接导入泵的出口。

典型的离心泵和轴流泵的外形结构如图 10.2 所示。

还有一些其他形式的泵，比如混流泵和弗朗西斯泵（Francis-type pump），这两种泵都同时包含了离心泵和轴流泵这两种泵的特点。影响特定应用中泵的选型的最重要因素之一是泵在运行时的比转速。一般来讲，离心泵在低比转速下、轴流泵在高比转速下运行最佳。而混流泵和弗朗西斯泵运行的比转速则在离心泵和轴流泵的合适比转速之间。叶轮可以承受的最大转速主要由叶轮叶片根部的应力水平决定。应力水平不仅会随叶轮转速的提高而提高，也会随叶轮叶片长度的增加而提高。由于离心泵有着很长的叶片，因此很明显它适用于低转速的情况。而轴流泵的叶片长度短，它更适用于高转速的情况。每一级叶轮可以获得的最大压头由叶轮的叶尖速度决定，叶尖速度与叶轮转速和叶轮半径的乘积成正比。

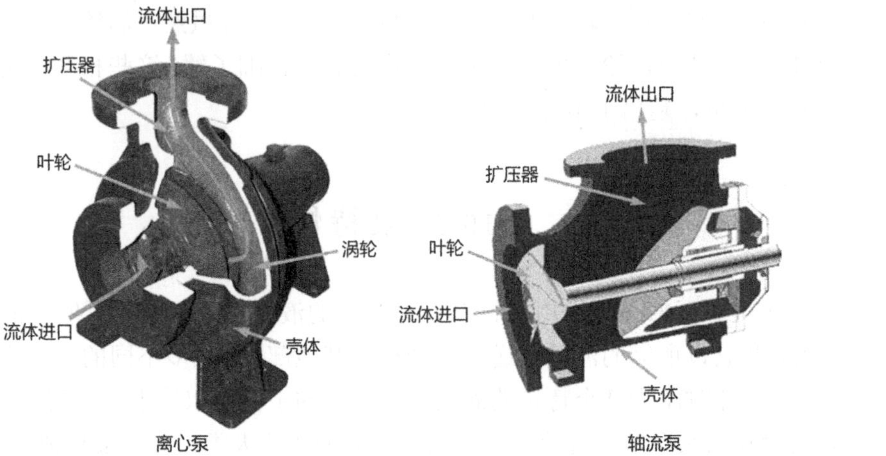

图 10.2 泵结构

在发动机运行期间，液态推进剂从储箱转移到涡轮泵的泵部分。当推进剂接近泵的吸入口一侧时，流体动力学研究表明推进剂将经历一次压降，压降与泵出口处压头的增加成正比。换言之，如果泵速增加以致达到了一个更大的出口压头，那么叶轮处的吸入压力将因此而降低。随着泵速的持续提高，吸入侧压力将会持续降低，直到叶轮进口处的压力等于液态推进剂的蒸汽压力。当出现这种情况时，推进剂将会在泵里沸腾并且在叶轮翼上形成蒸汽气泡。这个过程称为汽蚀，泵中汽蚀开始出现的点称为汽蚀起始点。应避免在泵的运行区间发生汽蚀，因为汽蚀会造成泵运行性能的严重下降。此外，随着流体经过叶轮到达泵的高压侧，汽蚀导致的蒸汽气泡会猛然破灭，产生强烈的冲击波，常常导致叶片的损坏。图 10.3 所示是泵叶片上的汽蚀以及由汽蚀破坏的叶轮。

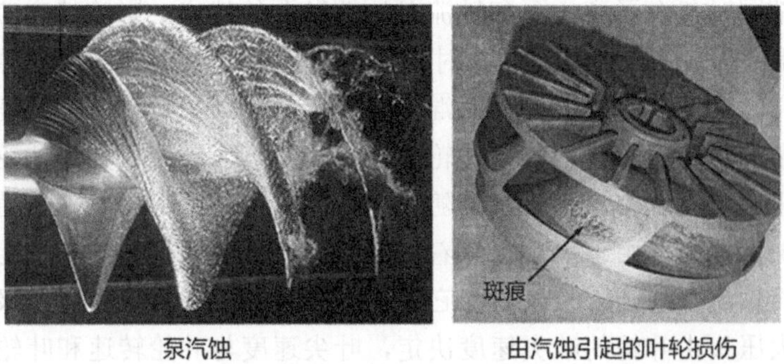

图 10.3 泵汽蚀效应

为了减少泵在高转速下汽蚀的发生，在泵的吸入口处通常进行了增压。这部分压力可以来自于位于泵上方的推进剂的自重所产生的静压，也可以来自于专门的增压系统。在 NERVA 项目中，用图 1.1 所示的氦压力罐来提供吸入侧所需的压力，以防止汽蚀发生。增压对核热火箭的涡轮泵尤其必要，因为如果发动机要在太空启动，那么在飞行器开始加速之前，太空中不存在由推进剂重力产生的静压头。作为涡轮泵入口供给线外部增压的替代，可以在主叶轮前面的泵入口处并入一个诱导轮。诱导轮是一种特殊设计的泵级，用来承受一部分汽蚀。用来方便描述汽蚀开始点的参数称为汽蚀余量（net-positive suction head，NPSH），其定义如下：

$$H_{sa} = \text{NPSH}_a = \frac{P_a - P_v}{g\rho},\ H_{sr} = \text{NPSH}_r = \frac{P_s - P_v}{g\rho} \tag{10.2}$$ [1]

其中，P_a＝推进剂供给系统提供可用总压力，P_v＝推进剂的蒸汽压力，P_s=防止汽蚀发生时泵所需的推进剂供给系统的最小压力，H_{sa}＝推进剂供给系统提供的泵可用的 NPSH*，H_{sr}＝泵所需的防止汽蚀出现的 NPSH†。

注意到为了避免汽蚀发生，提供给泵的静压必须总是大于饱和蒸气压。泵产生的总压头为：

$$H = \frac{P_e - P_a}{g\rho} \tag{10.3}$$ [2]

其中，P_e＝推进剂离开泵时的出口压力。

如前所述，流体动力学表明泵入口处的压降正比于泵产生的总压头。有了这一点，就可以定义托马（Thoma）汽蚀参数如下：

$$\text{托马汽蚀参数} = s = \frac{H_{sr}}{H} \tag{10.4}$$

利用式(10.2)中定义的 H_{sa} 值，还可以定义汽蚀比转速的参量如下：

$$\text{汽蚀比转速} = s_s = \frac{\omega\sqrt{Q}}{\left(gH_{sa}\right)^{3/4}} \tag{10.5}$$

---

* 泵可用的 NPSH：也称有效汽蚀余量。

† 泵所需的防止汽蚀出现的 NPSH：也称必需汽蚀余量。

对于各种泵，借助于泵的比转速已经在实验上把托马汽蚀参数和汽蚀比转速联系起来，以指出可能引起汽蚀的各种情况[1]。图 10.4 所示就是这些关系。

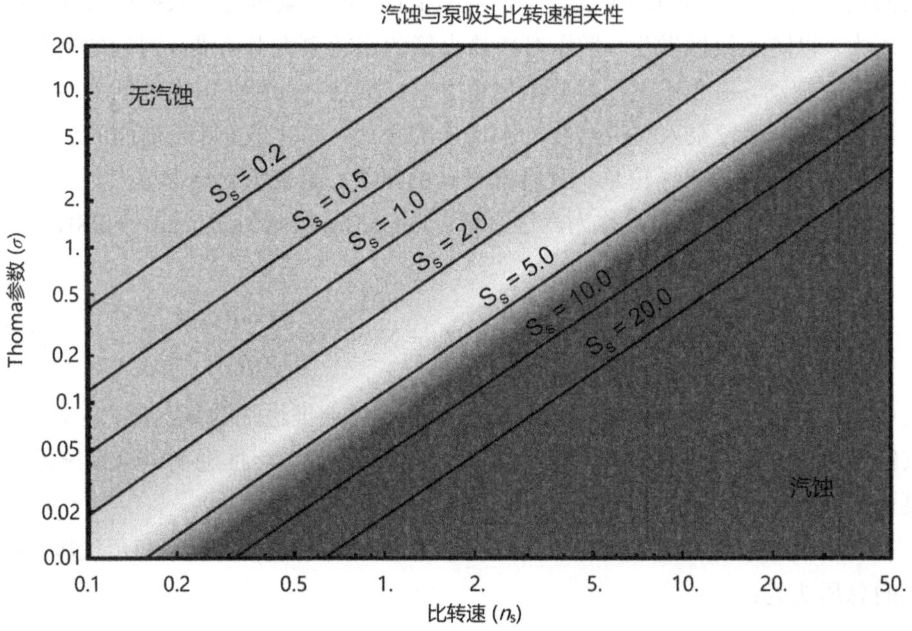

图 10.4　泵汽蚀敏感特性

由于通常期望得到高的泵效率，因此在泵的设计中，仔细选择泵的几何结构和运行特性非常重要。根据相似条件，泵效率可以用 4 个变量来完全描述，分别是：比转速、比直径、马赫数和雷诺数。泵效率定义为由于增压导致的流过的推进剂焓值的变化与给泵转子的输入轴功率之比：

$$\eta_{\mathrm{p}} = \frac{\rho QgH}{W} \tag{10.6}$$ [3]

其中，η_{p}=泵效率，W=输入至泵转子的轴功率。

一般来讲，相对于比转速和比直径，马赫数和雷诺数对泵效率的影响较小。因此对于不同的泵结构，其泵效率作为比转速和比直径的函数，可以足够精确地表示在一张等高线图中，如图 10.5 所示[2]。

基于这张图可以进行稍复杂的分析，包括摩擦效应、泄漏效应以及其他各类附加损失的分析。它还对大多数泵的典型几何参量和公差做了假设。

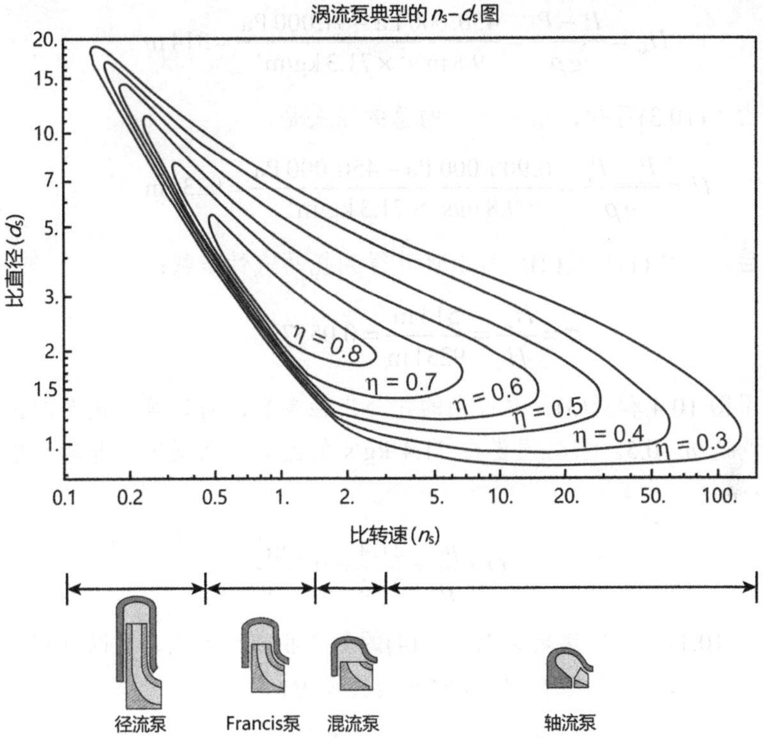

图 10.5 典型泵性能

例题

设计一个核热火箭发动机的氢涡轮泵，要求在 20 K 的温度下将饱和液态氢输送至反应堆堆芯。推进剂供给系统提供的推进剂在泵入口处的压力是 0.45 MPa，而所期望的泵的出口压力是 6.9 MPa。液态氢以 21.4 kg/s 的流量输送至反应堆堆芯。请确定可最大化泵效率的叶轮直径和转速，同时计算出涡轮泵中的涡轮部分向泵提供的轴功，并推荐一个最合适的泵类型用于此涡轮泵组。

解答

泵设计时首先要确定泵抑制汽蚀需要的 NPSH。已知泵输送的氢在 20 K 时是饱和的，从而可知饱和压力是 0.091 MPa，且此时液态氢的密度是 71.3 kg/m^3。由式(10.2)可知，所需要的 NPSH 为：

$$H_{sr} = \frac{P_s - P_v}{g\rho} = \frac{450,000\ \text{Pa} - 91,000\ \text{Pa}}{9.8\ \text{m/s}^2 \times 71.3\ \text{kg/m}^3} = 514\ \text{m} \tag{1}$$

且由式(10.3)可知，泵所产生的总的压头是：

$$H = \frac{P_e - P_a}{g\rho} = \frac{6,900,000\ \text{Pa} - 450,000\ \text{Pa}}{9.8\ \text{m/s}^2 \times 71.3\ \text{kg/m}^3} = 9231\ \text{m} \tag{2}$$

然后通过式(1)和式(2)就可以计算得到托马汽蚀参数：

$$\sigma = \frac{H_{sr}}{H} = \frac{514\ \text{m}}{9231\ \text{m}} = 0.0557 \tag{3}$$

利用图 10.4 和式(3)计算得到的托马汽蚀参数，可以确定出泵的比转速的上限大约是 n_s=0.5。泵必须要在 21.4 kg/s 的流量下泵送氢，此时相应的体积流量为：

$$Q = \frac{\dot{m}}{\rho} = \frac{21.4}{71.3} = 0.3\ \frac{\text{m}^3}{\text{s}} \tag{4}$$

由式(10.1)的比转速定义以及式(4)的氢体积流量定义，可以得到在不引起汽蚀的情况下，所容许的叶轮轴的最大转速为：

$$\omega = \frac{n_s (gH)^{3/4}}{\sqrt{Q}} = \frac{0.5\left(9.8\ \text{m/s}^2 \times 9231\ \text{m}\right)^{3/4}}{\sqrt{0.3\ \text{m}^3/\text{s}}} = 4762\ \text{rad/s} = 45,472\ \text{r/min} \tag{5}$$ [4]

还可以将泵的比转速结合图 10.5 一起，来确定可将泵的效率最大化的泵的比直径。对该图的研究显示，在比直径 d_s=5.2 的弗朗西斯泵中，泵效率可以达到 n_s=80%。利用式(10.1)的比直径定义，可以得到泵的叶轮直径为：

$$D = \frac{d_s\sqrt{Q}}{(gH)^{1/4}} = \frac{5.2\sqrt{0.3\ \text{m}^3/\text{s}}}{\left(9.8\ \text{m/s}^2 \times 9231\ \text{m}\right)^{1/4}} = 0.164\ \text{m} = 16.4\ \text{cm} \tag{6}$$

利用式(10.6)中泵效率的定义，可以得到驱动泵所需要的功率为：

$$W = \frac{Q\left(P_e - P_a\right)}{\eta_s} = \frac{0.3\ \text{m}^3/\text{s}(6.9\ \text{MPa} - 0.45\ \text{MPa})}{0.8} = 2.42\ \text{MW} \tag{7}$$

10.3 涡轮特性

涡轮泵中涡轮部分的首要作用是提供驱动推进剂泵所需要的动力。推进剂流在反应堆的一个特殊流动回路中被汽化并加热后，涡轮取出其全部或部分能量以提供动力。当气态推进剂穿过一组旋转的涡轮叶片时，其热能即在涡轮组件中被转化为动能。大多数涡轮泵中的涡轮是轴流型的，在这种涡轮中进口和出口处的推进剂流平行于旋转轴。有些时候，特别是当涉及高转速轴时，会采用径向流的涡轮，这时推进剂沿着旋转轴方向从涡轮入口流入，而从出口的周向方向流出。图 10.6 给出了这两种涡轮的示例。

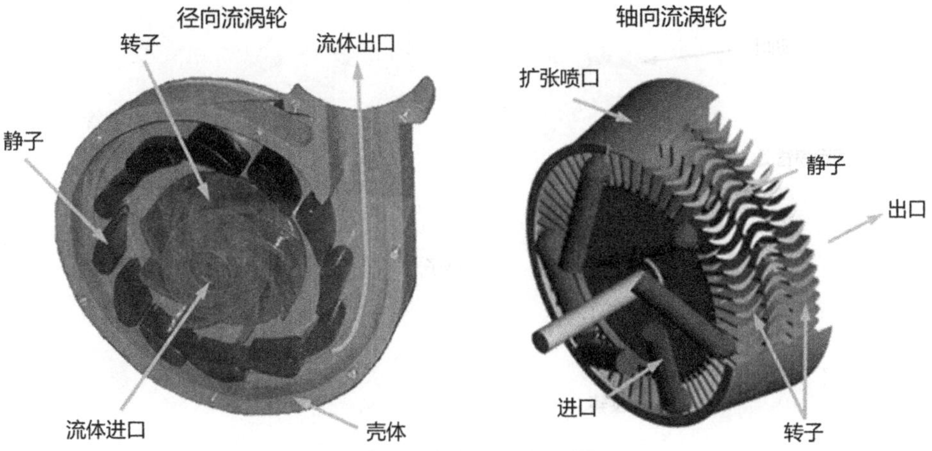

图 10.6 涡轮设计构造

在轴向流涡轮中，涡轮叶片的设计根据从推进剂中提取能量的方法的不同而改变。一般来讲，根据叶片的两种不同配置形式可将涡轮分为冲击式涡轮或反力式涡轮。

在冲击式涡轮中，固定式减缩或渐扩喷管引导推进剂流至附在涡轮泵主轴上的一组涡轮叶片，此时推进剂的焓被转化为动能。当推进剂打到叶片上时，推进剂的流动速度和方向被改变，动量转移到叶片上，从而推动叶片旋转。主轴组件直接或通过齿轮箱间接地与推进剂泵连接在一起，旋转的叶片驱动涡轮泵主轴组件旋转。在冲击式涡轮中，压力的下降绝大多数情况下发生在固定式喷管组件里，而不是在旋转的涡轮叶片之间。

在反力式涡轮中，通过连接到涡轮泵主轴上的旋转式减缩或渐扩喷管组件将推进剂的焓转化为动能。在这种形式的涡轮中，从涡轮叶片喷管组件出来的推进剂高速流出，推动涡轮轴旋转。在冲击式涡轮中，主轴组件要么直接与泵相连，要么通过齿轮箱与推进剂泵间接相连。在反力式涡轮中，压力的下降绝大多数情况下发生在组成涡轮叶片的旋转喷管组件中。图 10.7 显示了冲击式涡轮和反力式涡轮的差异。

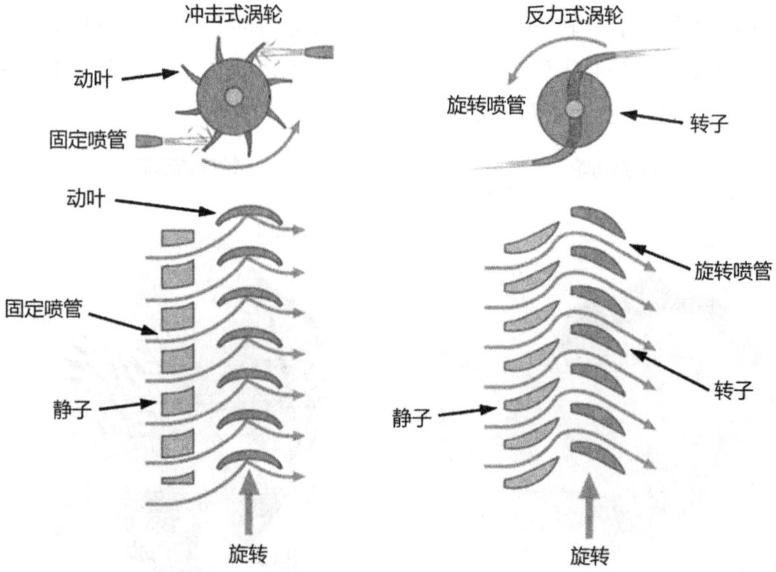

图 10.7 涡轮叶片构造

正常情况下，推进剂在涡轮泵的涡轮部分时是气态的；因此汽蚀虽然对泵部分是个问题，但对涡轮部分却不存在。然而相比于液态情况，气态推进剂的密度低，同时又希望涡轮以最大的效率运行，因此正常情况下通过涡轮的推进剂的体积流量要比通过泵组件的大，特别是在要求整个推进剂流通过涡轮的时候。推进剂的大体积流量通常要求涡轮转子有高转速；因为离心力，这将会导致转子的高应力水平。在某些情况下，因为存在高应力水平，为了将转盘和叶片根部的应力值降低到可以接受的水平，有必要使涡轮转子的运行速度低于最佳转速。应力值是转子转速、转子密度以及转子的几何形状的函数，可以表示为以下方程形式：

$$\sigma = \xi S \rho_{\mathrm{r}} \omega^2 R^2 \tag{10.7}$$

其中，σ=转子应力，ρ_r=转子材料的密度，S=转子的几何因子，ξ=安全因子。

图 10.8 给出了轴流式涡轮[3]的典型的转子几何应力因子曲线，图 10.9 则给出了径流式涡轮[4]的典型的转子几何应力因子曲线。

注意到在图 10.8 中，当 h/D 比值很低时，就需要较大的 b_0/b 以降低盘应力；而当 h/D 比值很高时，就要求涡轮叶片的锥度很小以减小叶片根部应力。

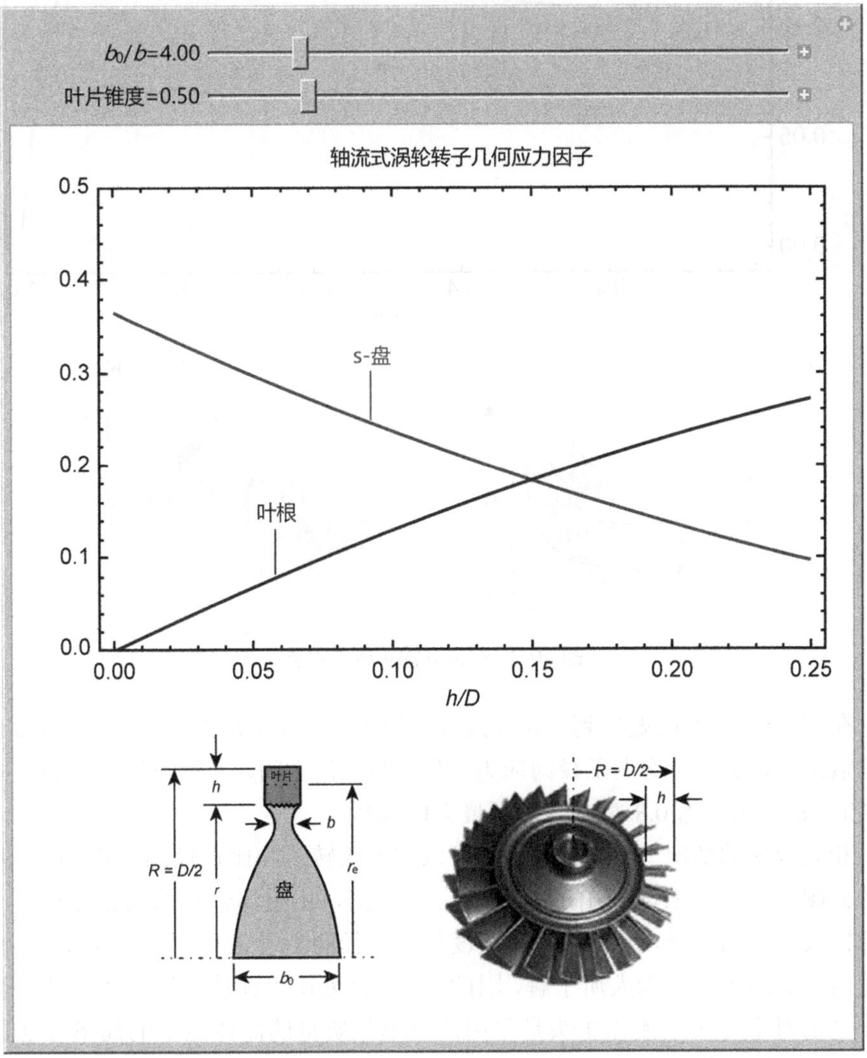

图 10.8 轴流式涡轮应力因子

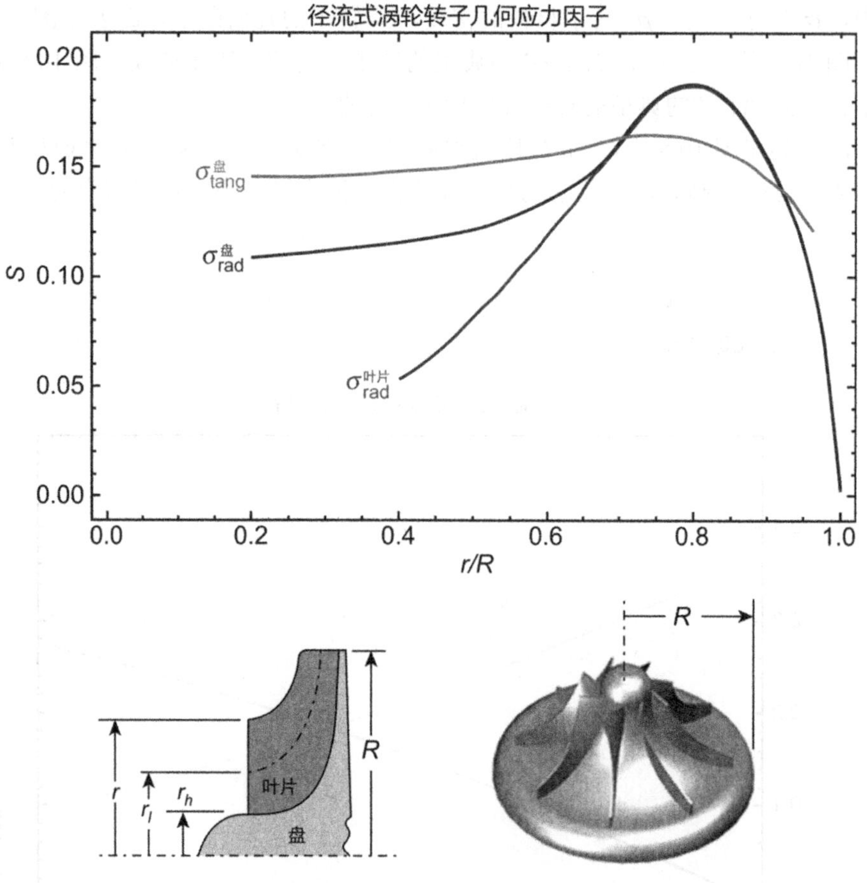

图 10.9 径流式涡轮应力因子

在图 10.9 中可以观察到：在径流式涡轮中，除了 r/R 的比值在 0.7 和 0.9 之间的情况外，切应力均大于径向应力。在这两个值之间，涡轮叶片应力和盘应力 S 均在 r/R 的比值为 0.8 左右时达到最大值 0.19。

和泵效率的情况一样，涡轮效率可以作为比转速和比直径的函数，在一张单一的云图上表示出来[5]，如图 10.10 所示。然而，由于涡轮泵的涡轮运行在压缩效应比较重要的区域，因此计算比速度和比直径的参考条件必须加以选择。通常涡轮出口处的条件更为人所了解，因此，常以该处作为计算涡轮参考条件的基础。由于之前对不可压缩流体压头是采用衡量单位质量的流体能量的简单方法，一个类推的可压流体压头的表达式为：

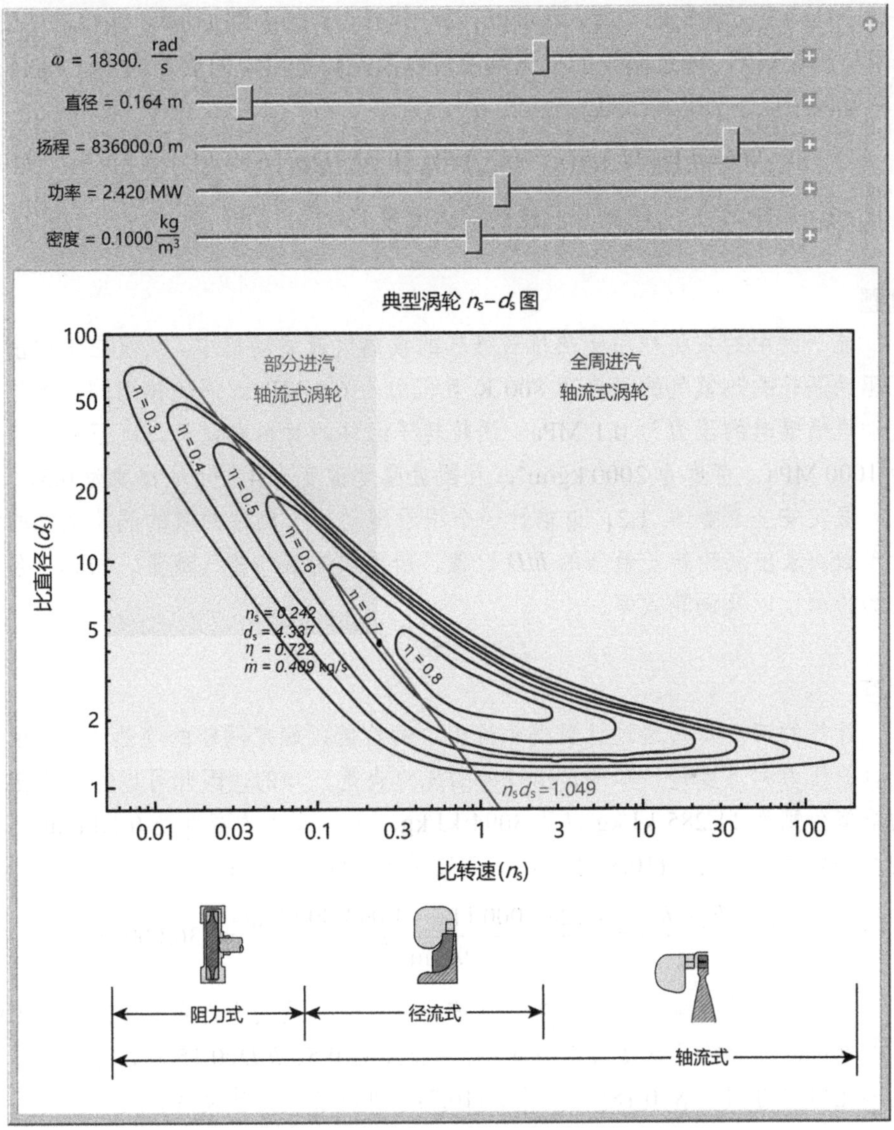

图 10.10　典型涡轮性能

$$H = \frac{h_{\text{in}} - h_{\text{out}}}{g} = c_{\text{p}} \frac{T_{\text{in}} - T_{\text{out}}}{g} \tag{10.8}$$

其中，h_{in}＝流体进入涡轮时的焓，h_{out}＝流体离开涡轮时的焓。

一旦确定了涡轮的效率，就可以计算出泵运行的可用轴功率。涡轮产生的轴功率与涡轮效率、通过涡轮的推进剂流量以及涡轮进出口的焓差成正比。涡轮轴功率可以用以下方程来表达：

$$W=\eta_{\mathrm{t}}\left(n_{\mathrm{s}},d_{\mathrm{s}}\right)\dot{m}\left(h_{\mathrm{in}}-h_{\mathrm{out}}\right)=\eta_{\mathrm{t}}\left(n_{\mathrm{s}},d_{\mathrm{s}}\right)Q\rho_{\mathrm{f}}\left(h_{\mathrm{in}}-h_{\mathrm{out}}\right) \tag{10.9}$$

其中，η_{t}=涡轮效率，ρ_{f}=离开涡轮的流体密度。

例题

前一例中的泵将被用于热排气循环的核热火箭发动机中。从反应堆中出来以驱动涡轮的热氢气的温度为 800 K 且压力为 6.9 MPa。涡轮排出的废气导入发动机喷嘴时的压力为 0.1 MPa。涡轮转子组件的材料在设计工况下屈服应力为 1000 MPa、密度为 2000 kg/m^3，且圆盘厚度锥度为 4，叶片锥度为 0.5。

假定安全系数为 1.2，请估计一个用于驱动前一例中的泵的涡轮组件的设计参数。求出涡轮转子最佳的 *h*/*D* 比值、所要求的氢气排气流量、涡轮与泵之间的传动比以及涡轮效率。

解答

计算的第一步是通过计算涡轮进出口的焓值以确定涡轮的绝热压头。由于进口的压力和温度是已知的，出口处的压力也是已知的，因此可以得到进出口的焓值分别是 11,285 kJ/kg 以及 3094 kJ/kg，出口流体的密度是 0.1 kg/m^3。由这两个焓值，利用式(10.8)可以计算得到涡轮的绝热压头：

$$H=\frac{h_{\mathrm{in}}-h_{\mathrm{out}}}{g}=\frac{11,285,000\ \mathrm{J/kg}-3,094,000\ \mathrm{J/kg}}{9.8\ \mathrm{m/s^2}}=836,000\ \mathrm{m} \tag{1}$$

下一步计算是确定与材料应力限值一致的转子最大允许角速度。由图 10.8 可以看出，当于转子厚度锥度为 4、叶片锥度为 0.5、*h*/*D*=0.15 时，可以得到的最小几何应力因子 *S*=0.185。变换式(10.7)后可以解出角速度为：

$$\omega=\sqrt{\frac{\sigma}{s\rho\xi r^2}}=\sqrt{\frac{1,000,000,000\ \mathrm{Pa}}{0.185\times2000\ \mathrm{kg/m^3}\times1.2\times\left(\frac{0.164}{2}\right)^2\ \mathrm{m^2}}} \tag{2}$$

$$=18,300\ \mathrm{rad/s}=115,000\ \mathrm{r/min}$$

利用前述泵示例中式(4)泵的角速度以及式(2)涡轮的角速度，就可以得到涡轮与泵的传动比为：

$$传动比=\frac{\omega_{涡轮}}{\omega_{泵}}=\frac{18,300}{4760}=3.84 \tag{3}$$

用式(1)和式(2)，以及前述泵示例中的式(6)中的结果，还可以确定出比转速和比直径分别为：

$$n_s=\frac{\omega\sqrt{Q}}{(gH)^{3/4}}=\frac{18,300\frac{\text{rad}}{\text{s}}\sqrt{Q\,\text{m}^3/\text{s}}}{\left(9.8\,\text{m/s}^2\times 836,000\,\text{m}\right)^{3/4}}=0.1195\sqrt{Q} \tag{4}$$

和

$$d_s=\frac{D(gH)^{1/4}}{\sqrt{Q}}=\frac{0.164\,\text{m}\left(9.8\,\text{m/s}^2\times 836,000\,\text{m}\right)^{1/4}}{\sqrt{Q\,\text{m}^3/\text{s}}}=\frac{8.774}{\sqrt{Q}} \tag{5}$$

将式(4)和式(5)的结果代入，涡轮可用轴功率的式(10.9)可变换成仅为推进剂体积流量的函数的表达式：

$$W=\eta_t\left[n_s(Q),d_s(Q)\right]Q\rho\left(h_{in}-h_{out}\right)=2,420,000\,\text{W}$$

$$=\eta_t\left[0.1195\sqrt{Q},\frac{8.774}{\sqrt{Q}}\right]Q\,\text{m}^3/\text{s}\times 0.1015\,\text{kg/m}^3\left(11,285,000\,\text{J/kg}-3,094,000\,\text{J/kg}\right)$$

$$\Rightarrow\eta_t\left[0.1195\sqrt{Q},\frac{8.774}{\sqrt{Q}}\right]Q=2.9108 \tag{6}$$

式(6)中的涡轮功率可以进行迭代求解，得到涡轮推进剂的体积流量值 Q=5.88 m^3/s。知道了涡轮的质量流量，就可以计算出涡轮的比转速、比直径以及涡轮效率。这些计算尽管可以通过图 10.10 中的求解器进行自动求解，但也可以通过迭代求解。利用体积流量可以得到质量流量如下：

$$\dot{m}=\rho_f Q=0.1\,\text{kg/m}^3\times 4.09\,\text{m}^3/\text{s}=0.409\,\text{kg/s} \tag{7}$$

利用前面得到的体积流量，就可以从式(4)和式(5)中确定出比转速和比直径如下：

$$n_s=0.1195\sqrt{Q}=0.1195\sqrt{4.09}=0.242 \tag{8}$$

以及

$$d_s = \frac{8.774}{\sqrt{Q}} = \frac{8.774}{\sqrt{4.09}} = 4.337 \tag{9}$$

利用图 10.10*以及由式(8)和式(9)得到的比转速和比直径，可以得出涡轮效率为 72%。

参考文献

[1] I.J. Karassik, J.P. Messina, P. Cooper, C.C. Heald. Pump Handbook, fourth ed., McGraw-Hill, 2008.

[2] O.E. Balje. A study on design criteria and matching of turbomachines—Part B. *Journal of Engineering for Power, ASME Transactions*, **84**(1)(January 1962):83.

[3] O.E. Balje. Turbomachines—A Guide to Design, Selection, and Theory. JohnWiley & Sons, Inc, 1981. ISBN: 0-471-06036-4, p. 61.

[4] M.J. Schilhansl. Stress analysis of radial flow rotor. *Journal of Engineering for Power, ASME Transactions*, **84**(1)(January 1962):124.

[5] O.E. Balje. A study on design criteria and matching of turbomachines—Part A. *Journal of Engineering for Power, ASME Transactions*, **84**(1)(January 1962):83.

习题

1. 要设计一个采用膨胀循环的氢气涡轮泵，用于核火箭发动机。其来自工质供给系统的入口压力为 0.5 MPa，输送到发动机的液氢质量流量为 10 kg/s。泵叶轮以及涡轮转子应具有相同的直径以及相同的转速。

根据上述条件，确定以下涡轮泵的参数：

a. 涡轮泵的涡轮入口氢气温度

b. 反应堆入口氢气温度

c. 泵功率

d. 涡轮泵的涡轮效率

e. 涡轮泵的泵效率

* 原文此处为图 8.10，有误。

f. 主轴转速

g. 泵叶轮以及涡轮转子的直径

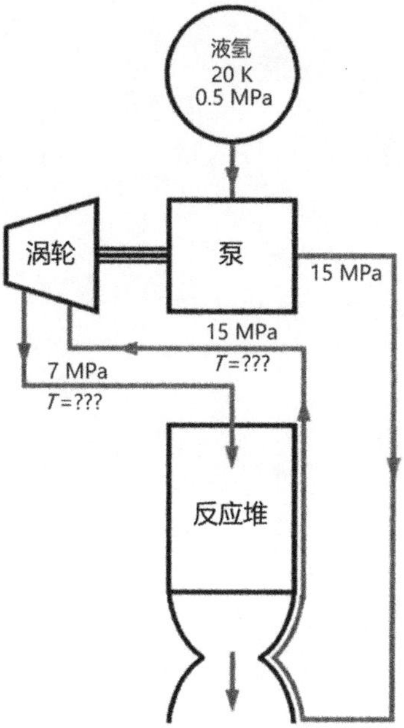

注释

1 原文方程为$H_{sa}=\mathrm{NPSH_a}=\dfrac{P_a-P_v}{\rho}$，$H_{sr}=\mathrm{NPSH_r}=\dfrac{P_s-P_v}{\rho}$，有误。

2 原文方程为$H=\dfrac{P_e-P_a}{\rho}$，有误。

3 原文方程为$\eta_p=\dfrac{\rho QH}{W}$，有误。

4 原文方程为$\omega=\dfrac{n_s(gH)^{3/4}}{\sqrt{Q}}=\dfrac{0.5\left(9.8\,\mathrm{m/s^2}\times 9231\,\mathrm{m}\right)^{3/4}}{\sqrt{0.3\,\mathrm{m/s^2}}}=4762\,\mathrm{rad/s}=45{,}472\,\mathrm{r/min}$，有误。

注释

1 [illegible] $H = \mathrm{NPSH}_A = \frac{P - P_v}{\rho}$ [illegible] $\mathrm{NPSH} = \frac{P - P_v}{\rho}$ [illegible]

2 [illegible] $H = \frac{P - P_v}{\rho}$ [illegible]

3 [illegible] $= \frac{\rho g H}{\pi}$ [illegible]

4 [illegible] $\omega = \frac{n (gH)^{3/4}}{\sqrt{Q}} = \frac{0.5 (9.81\,\mathrm{m/s^2} \times 0.2231\,\mathrm{m})^{3/4}}{\sqrt{0.3\,\mathrm{m^3/s}}} = 4.762\,\mathrm{rad/s} = 45.472\,\mathrm{r/min}$ [illegible]

第11章 核反应堆动力学

反应堆动力学研究的是控制核反应堆时间相关行为的过程。由于裂变过程中每代中子与其下一代之间的时间间隔极短，因此可以预计控制核反应堆的运行会非常困难。然而幸运的是，中子并非仅通过裂变过程产生，还可以由特定核素的放射性衰变产生。由放射性衰变产生的中子在堆内出现的时间大约为数秒至数分钟。通过适当的设计，这些放射性衰变产生的中子可用来控制反应堆的功率变化速度，使反应堆的响应时间大大增加，从而使反应堆的控制变得容易很多。另外，在控制系统使反应堆进入次临界状态后，这些放射性衰变产生的中子仍将在堆内继续存在一段时间，因此即便反应堆已经停堆，堆内仍会产生相当可观的功率。在这些衰变中子消亡之前，其产生的发热功率必须通过某种方式排放出去，这导致需要消耗大量燃料来保持反应堆的冷却。

11.1 点堆动力学方程的推导

在反应堆稳态运行过程中，中子产生率与中子消失率处于精确的平衡状态。如果中子产生率与中子消失率不平衡，即反应堆的 k_{eff} 不等于 1，则反应堆功率将不再保持恒定，而会按一定周期以指数形式上升或衰减，这个周期与中子换代的速率相关。假定每代中子与下一代之间的时间间隔是 0.00005 s，而中子产生率比中子消失率高出仅仅 0.1%，则反应堆功率水平仅在 1 s 内就将暴涨近 500,000,000 倍！显然，如果中子的换代速率是控制反应堆周期的唯一因素，那么反应堆的控制将变得极为艰难。幸运的是，事实证明还存在其他因素，使得反应堆的控制变得不那么困难。

实际上，中子除了直接由裂变产生（这部分中子称为瞬发中子）之外，还可以间接地由某些裂变产物核素的放射性衰变产生。这些衰变中子（称为缓发中子）在裂变产物产生后数秒至数分钟内产生，对于核反应堆的实际控制起到了至关重要的作用。如果反应堆在仅考虑瞬发中子时处于次临界状态，而在总中子产生速率中同时考虑包含缓发中子时，反应堆处于超临界状态，那么这个反应堆的瞬态变化速率将由缓发中子支配。因此，缓发中子使得反应堆周期变成分钟量级而非毫秒量级，从而可以用常规控制系统来轻松地进行控制。

为探讨缓发中子究竟是如何控制反应堆瞬态变化速率的，我们首先写出与时间相关的单群中子平衡方程，其中带有新增的缓发中子的项：

$$\frac{\mathrm{d}n}{\mathrm{d}t}=\underbrace{D\nabla^2\phi}_{\text{中子泄漏}}-\underbrace{\Sigma_\mathrm{a}\phi}_{\text{中子吸收}}+\underbrace{(1-\beta)\nu\Sigma_\mathrm{f}\phi}_{\text{裂变产生的瞬发中子}}+\underbrace{\sum_{i=1}^{6}\lambda_i C_i}_{\text{裂变产物发射的缓发中子}} \tag{11.1}$$

其中，β=发射中子衰变产生的裂变核素的总产额，λ_i=第 i 组缓发中子先驱核*的衰变常数，C_i=第 i 组缓发中子先驱核的浓度。

式(11.1)并未指明通过衰变发射中子的裂变产物核素的具体种类，而是将其分为若干组“缓发中子先驱核”，其中每组都包含若干种衰变常数相近的实际核素。研究表明，采用 6 组缓发中子先驱核即足以准确描述几乎所有与时间相关的反应堆瞬态行为。

之前提到：

$$\phi=nV,\quad D\nabla^2\phi=-DB^2\phi \tag{11.2}$$

将式(11.2)代入式(11.1)，重新整理各项得到：

$$\begin{aligned}\frac{\mathrm{d}n}{\mathrm{d}t}&=V\nu\Sigma_\mathrm{f}\left[-\frac{DB^2+\Sigma_\mathrm{a}}{\nu\Sigma_\mathrm{f}}+(1-\beta)\right]n+\sum_{i=1}^{6}\lambda_i C_i=\underbrace{V\nu\Sigma_\mathrm{f}}_{1/\Lambda}\left[\underbrace{1-\frac{1}{k_\mathrm{eff}}}_{\rho}-\beta\right]n+\sum_{i=1}^{6}\lambda_i C_i\\&=\frac{\rho-\beta}{\Lambda}n+\sum_{i=1}^{6}\lambda_i C_i\end{aligned} \tag{11.3}$$

其中，Λ=瞬发中子寿命，ρ=反应性。

---

* 英文原文此处称各组先驱核为 neutron-emitting pseudo-nuclide（发射中子的伪核素），而其后各章节使用的是 delayed neutron precursor（缓发中子先驱核），二者描述的是同一对象。国内反应堆物理学界只用后者，为便于理解，此处统一翻译为“缓发中子先驱核”。

要理解瞬发中子寿命Λ的概念，可以首先回顾前面章节提到的 $1/\Sigma_x$，这个量表示中子在经历两次 x 类型反应期间所穿行的平均距离。在本章节所讨论的情形中，$1/(\nu\Sigma_f)$表示为，中子从由原子核裂变而产生到被另一个原子核吸收并引发裂变，在此期间的平均穿行距离。用这一平均距离除以中子的平均速度 V 即可得到瞬发中子寿命，其意义是中子由一次裂变事件而产生到被吸收并引发另一次裂变事件之间的时间间隔。

反应性ρ可以理解为瞬时的净中子产生率（即产生减消失）与中子产生率之间的比值。因此，反应堆次临界时其反应性为负，反应堆恰好临界时其反应性为零，反应堆超临界时其反应性为正。

请注意，如果不加入描述缓发中子先驱核浓度随时间变化的方程，则式(11.3)无法求解。求解缓发中子先驱核浓度的方程可以基于速率方程得到，该方程指定缓发中子先驱核浓度的净变化速率，等于缓发中子先驱核因燃料裂变导致的产生率减去因其自身放射性衰变并发射中子导致的消失率。方程如下：

$$\frac{\mathrm{d}C_i}{\mathrm{d}t}=\beta_i\nu\Sigma_f\phi-\lambda_i C_i=\beta_i\underbrace{V\nu\Sigma_f}_{1/\Lambda}n-\lambda_i C_i=\frac{\beta_i}{\Lambda}n-\lambda_i C_i,\quad \beta=\sum_{i=1}^{6}\beta_i \tag{11.4}$$

式(11.3)和式(11.4)称为点堆动力学方程。之所以得名“点堆”，是因为此方程不含任何与空间位置相关的项，实际上等效于将整个堆芯视为一个没有线度尺寸的点*。点堆动力学方程所包含的基本假设是中子通量密度的分布形状在功率瞬态过程中保持不变。在具体求解点堆动力学方程时，通常假定解具有以下形式：

$$n(t)=n_0\mathrm{e}^{\omega t}\Rightarrow\frac{\mathrm{d}n}{\mathrm{d}t}=\omega n_0\mathrm{e}^{\omega t} \tag{11.5}$$

$$C_i(t)=C_i^0\mathrm{e}^{\omega t}\Rightarrow\frac{\mathrm{d}C_i}{\mathrm{d}t}=\omega C_i^0\mathrm{e}^{\omega t} \tag{11.6}$$

将式(11.5)和式(11.6)代入式(11.4)得到：

$$\omega C_i^0\mathrm{e}^{\omega t}=\frac{\beta_i}{\Lambda}n_0\mathrm{e}^{\omega t}-\lambda_i C_i^0\mathrm{e}^{\omega t}\Rightarrow C_i^0=\frac{\beta_i}{\Lambda(\omega+\lambda_i)}n_0 \tag{11.7}$$

---

* 此处英文原文非常简单：“... are called the point kinetics equations because they contain no space dependencies（...称为点堆动力学方程，因为方程中不包含空间相关项）”。考虑到对反应堆动力学不熟悉的读者可能不理解“点堆”二字的含义，译文对原文内容进行了扩充。

其中，ω=反应堆时间常数。

将式(11.5)~式(11.7)代入式(11.3)得到：

$$\omega n_0 e^{\omega t}=\frac{\rho-\beta}{\Lambda}n_0 e^{\omega t}+\sum_{i=1}^{6}\lambda_i\frac{\beta_i}{\Lambda(\omega+\lambda_i)}n_0 e^{\omega t}\Rightarrow\omega\Lambda=\rho-\sum_{i=1}^{6}\beta_i+\sum_{i=1}^{6}\lambda_i\frac{\beta_i}{(\omega+\lambda_i)}\tag{11.8}$$

变换式(11.8)各项求解反应性，由此得到的方程被称为倒时方程：

$$\rho=\omega\Lambda+\sum_{i=1}^{6}\frac{\omega\beta_i}{\omega+\lambda_i}\tag{11.9}$$

“倒时方程”这一名称的由来是在核技术发展的早期，ω的值采用小时的倒数作为单位。事实证明倒时方程非常实用，主要在于其提供了一种将核反应堆材料性质与反应堆周期联系起来的简单方法。从数学上讲，倒时方程是将中子密度关于时间的函数表示为 7 个与ω相关的项的线性组合：

$$n(t)=A_0 e^{\omega_0 t}+A_1 e^{\omega_1 t}+\cdots+A_6 e^{\omega_6 t}\tag{11.10}$$

表 11.1 列出了 ^{235}U 的缓发中子数据。这些数据在一定程度上与中子能谱相关，表中列出的数据适用于热中子谱。

表 11.1 ^{235}U 的缓发中子数据

组	衰变常数λ/s^{-1}	裂变产额
1	0.0124	0.00022
2	0.0305	0.00142
3	0.111	0.00127
4	0.301	0.00257
5	1.14	0.00075
6	3.01	0.00027
复合	0.0764[a]	0.0065[b]

[a] 为平均衰变常数 $\bar{\lambda}=\sum_{i=1}^{6}\beta_i\Big/\sum_{i=1}^{6}\frac{\beta_i}{\lambda_i}$； [b] 为合计数。

采用 ^{235}U 的缓发中子数据，可以针对不同的反应性大小求解倒时方程。注意到在所有情况下，6 个时间常数都是负值，这意味着这些瞬态项的影响将在一段时间后逐渐消亡。根据问题中时间常数的不同，这一时间范围大致是数毫秒至数十秒。与这 6 个时间常数不同，第 7 个时间常数（ω_0）的正负取决于反应堆处于超临界（即$\rho>0\Rightarrow\omega_0>0$）还是次临界（即$\rho<0\Rightarrow\omega_0<0$）。如果$\rho=0$，则反应堆恰好临界，$\omega_0=0$，这意味着在其他 6 个瞬态项的影响逐渐消亡后，反应堆功率将恒定在一个常数值。图 11.1 给出了倒时方程的解，从中可以看出引入的阶跃反应性大小对于 7 个时间常数的影响。注意由于计算得到的时间常数相互之间相差几个数量级，因而此图不得不采用非线性的横坐标绘制。

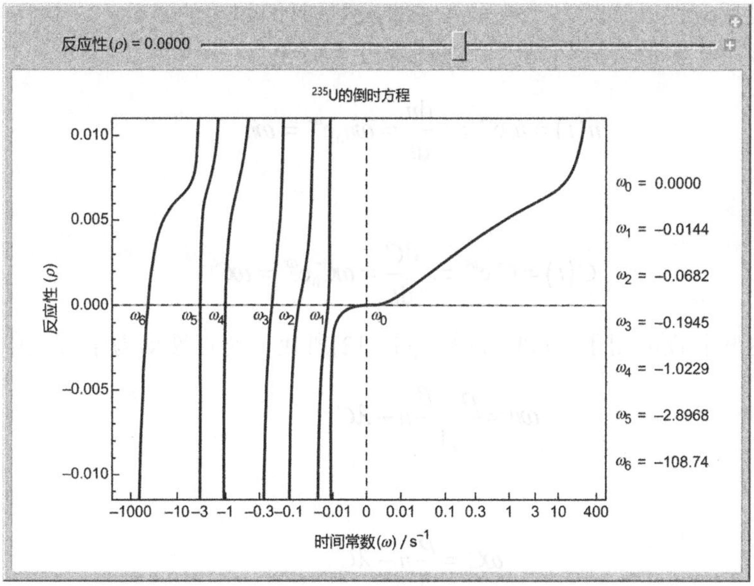

图 11.1 倒时方程

11.2 点堆动力学方程的求解

为进一步加深对于反应堆动力学行为的理解，对仅采用单组缓发中子的点堆动力学方程进行求解，这组缓发中子体现着前面提到的 6 组缓发中子（其中每一组都代表着数十种发射中子的核素）的复合参数。采用单组缓发中子后，点堆动力学方程式(11.3)和式(11.4)变为：

$$\frac{\mathrm{d}n}{\mathrm{d}t}=\frac{\rho-\beta}{\Lambda}n+\lambda C \tag{11.11}$$

和

$$\frac{\mathrm{d}C}{\mathrm{d}t}=\frac{\beta}{\Lambda}n-\lambda C \tag{11.12}$$

其中，$\frac{1}{\lambda}=\frac{1}{\beta}\sum_{i=0}^{6}\frac{\beta_i}{\lambda_i}$。

假设反应性以阶跃方式被引入（即ρ不是时间相关的函数），并且中子密度和缓发中子先驱核浓度的瞬态响应具有以下形式：

$$n(t)=n_0\mathrm{e}^{\omega t}\Rightarrow\frac{\mathrm{d}n}{\mathrm{d}t}=\omega n_0\mathrm{e}^{\omega t}=\omega n \tag{11.13}$$

和

$$C(t)=C_0\mathrm{e}^{\omega t}\Rightarrow\frac{\mathrm{d}C}{\mathrm{d}t}=\omega C_0\mathrm{e}^{\omega t}=\omega C \tag{11.14}$$

将这些假设应用于式(11.11)和式(11.12)所代表的点堆动力学方程中，可得：

$$\omega n=\frac{\rho-\beta}{\Lambda}n+\lambda C \tag{11.15}$$

和

$$\omega C=\frac{\beta}{\Lambda}n-\lambda C \tag{11.16}$$

将式(11.15)和式(11.16)写成矩阵形式，以求解中子密度和缓发中子先驱核浓度：

$$\begin{bmatrix}\left(\omega-\frac{\rho-\beta}{\Lambda}\right) & -\lambda \\ -\frac{\beta}{\Lambda} & (\omega+\lambda)\end{bmatrix}\begin{bmatrix}n \\ C\end{bmatrix}=0 \tag{11.17}$$

为保证中子密度和缓发中子先驱核浓度有非零解，式(11.17)中矩阵的行列式必须等于零，因此，

$$\left(\omega-\frac{\rho-\beta}{\Lambda}\right)(\omega+\lambda)-\frac{\beta\lambda}{\Lambda}=\omega^2-\left(\frac{\rho-\beta}{\Lambda}-\lambda\right)\omega-\frac{\rho\lambda}{\Lambda}=0 \tag{11.18}$$

式(11.18)是一个关于ω的二次表达式，对其求解可以得到两个时间常数值，分别为：

$$\omega_1=\frac{1}{2}\left(\frac{\rho-\beta}{\Lambda}-\lambda\right)+\frac{1}{2}\sqrt{\left(\frac{\rho-\beta}{\Lambda}-\lambda\right)^2+4\frac{\rho\lambda}{\Lambda}} \tag{11.19}$$

和

$$\omega_2=\frac{1}{2}\left(\frac{\rho-\beta}{\Lambda}-\lambda\right)-\frac{1}{2}\sqrt{\left(\frac{\rho-\beta}{\Lambda}-\lambda\right)^2+4\frac{\rho\lambda}{\Lambda}} \tag{11.20}$$

注意当ρ为正值时，ω_1总是正的而ω_2总是负的；而当ρ为负值时，ω_1和ω_2都总是负的。变换式(11.16)可以看出，缓发中子先驱核浓度 C 与中子密度 n 之间有以下关系：

$$C=\frac{\beta}{\Lambda(\omega+\lambda)}n \tag{11.21}$$

将由式(11.19)和式(11.20)给出的时间常数代入由式(11.13)和式(11.21)给出的中子密度及其与缓发中子先驱核浓度的关系式，可以得到：

$$n=A_1\mathrm{e}^{\omega_1 t}+A_2\mathrm{e}^{\omega_2 t} \quad 及 \quad C=A_1\frac{\beta}{\Lambda(\omega_1+\lambda)}\mathrm{e}^{\omega_1 t}+A_2\frac{\beta}{\Lambda(\omega_2+\lambda)}\mathrm{e}^{\omega_2 t} \tag{11.22}$$

除非ρ的值与β接近，否则其中一个时间常数的数值总是很大，而另一个时间常数的数值总是很小。对于数值非常大的时间常数，$\omega_1\gg\frac{\rho\lambda}{\Lambda}$，且$\frac{\rho-\beta}{\Lambda}\gg\lambda$，则式(11.19)可化简为：

$$\omega_1\approx\frac{1}{2}\left(\frac{\rho-\beta}{\Lambda}-\lambda\right)+\frac{1}{2}\sqrt{\left(\frac{\rho-\beta}{\Lambda}-\lambda\right)^2}\approx\frac{\rho-\beta}{\Lambda} \tag{11.23}$$

对于数值非常小的时间常数，$\omega_2\ll\frac{\rho\lambda}{\Lambda}$，且$\omega_2\ll\lambda$，由式(11.20)可得：

$$\begin{aligned}&\omega_2=\frac{1}{2}\left(\frac{\rho-\beta}{\Lambda}-\lambda\right)-\frac{1}{2}\sqrt{\left(\frac{\rho-\beta}{\Lambda}-\lambda\right)^2+4\frac{\rho\lambda}{\Lambda}}\\&\Rightarrow\left[\omega_2-\frac{1}{2}\left(\frac{\rho-\beta}{\Lambda}-\lambda\right)\right]^2=\frac{1}{4}\left(\frac{\rho-\beta}{\Lambda}-\lambda\right)^2+\frac{\rho\lambda}{\Lambda}\end{aligned} \tag{11.24}$$

展开式(11.24)，并忽略其中的ω_2^2和λ，得到：

$$\omega_2^2-\omega_2\left(\frac{\rho-\beta}{\Lambda}-\lambda\right)+\frac{1}{4}\left(\frac{\rho-\beta}{\Lambda}-\lambda\right)^2=\frac{1}{4}\left(\frac{\rho-\beta}{\Lambda}-\lambda\right)^2+\frac{\rho\lambda}{\Lambda}$$
$$\Rightarrow-\omega_2\left(\frac{\rho-\beta}{\Lambda}\right)=\frac{\rho\lambda}{\Lambda}\Rightarrow\omega_2=\frac{\rho\lambda}{\beta-\rho} \tag{11.25}$$

将式(11.23)和式(11.25)给出的ω_1 和ω_2 代入式(11.22)，可得随时间变化的中子密度与缓发中子先驱核浓度如下：

$$n(t)=A_1\mathrm{e}^{\frac{\rho-\beta}{\Lambda}t}+A_2\mathrm{e}^{\frac{-\rho\lambda}{\rho-\beta}t} \tag{11.26}$$

和

$$C(t)=A_1\frac{\beta}{\rho-\beta}\mathrm{e}^{\frac{\rho-\beta}{\Lambda}t}-A_2\frac{\rho-\beta}{\Lambda\lambda}\mathrm{e}^{\frac{-\rho\lambda}{\rho-\beta}t} \tag{11.27}$$

令ρ=0 以及 t=∞，利用式(11.26)和式(11.27)求出反应堆稳态运行时中子密度与缓发中子先驱核浓度之间的关系，由此得到反应堆瞬态开始时（反应性阶跃变化前）的初始条件为*：

$$n(\infty)=A_2 \text{ 及 } C(\infty)=A_2\frac{\beta}{\lambda\Lambda}\Rightarrow C_0=n_0\frac{\beta}{\lambda\Lambda} \tag{11.28}$$

在反应堆瞬态开始时（即 t=0 时），利用式(11.28)表示的关系，式(11.26)和式(11.27)可以变换为：

$$n_0=A_1+A_2 \tag{11.29}$$

和

$$C_0=n_0\frac{\beta}{\lambda\Lambda}=A_1\frac{\beta}{\rho-\beta}-A_2\frac{\rho-\beta}{\Lambda\lambda} \tag{11.30}$$

求解式(11.29)和式(11.30)可以得到未知常数 A_1 和 A_2：

$$A_1=\frac{\rho}{(\rho-\beta)+\frac{\Lambda\lambda\beta}{\rho-\beta}}n_0\approx\frac{\rho}{\rho-\beta}n_0 \tag{11.31}$$

和

* 为了便于读者理解，译者对本段内容的文字作了适当修改。

$$A_2 = \frac{-\beta + \dfrac{\Lambda\lambda\beta}{\rho-\beta}}{(\rho-\beta) + \dfrac{\Lambda\lambda\beta}{\rho-\beta}} n_0 \approx \frac{-\beta}{\rho-\beta} n_0 \tag{11.32}$$

其中，$\dfrac{\Lambda\lambda\beta}{\rho-\beta} \ll \rho-\beta$。

将式(11.31)和式(11.32)代入中子密度表达式(11.26)和缓发中子先驱核浓度表达式(11.27)，可以得到：

$$n(t) \approx n_0 \left[\frac{\rho}{\rho-\beta} e^{\frac{\rho-\beta}{\Lambda}t} - \frac{\beta}{\rho-\beta} e^{\frac{-\rho\lambda}{\rho-\beta}t} \right] \tag{11.33}$$

和

$$C(t) \approx n_0 \left[\frac{\rho\beta}{(\rho-\beta)^2} e^{\frac{\rho-\beta}{\Lambda}t} + \frac{\beta}{\Lambda\lambda} e^{\frac{-\rho\lambda}{\rho-\beta}t} \right] \tag{11.34}$$

注意以上为简化和近似求解ω而引入的假设（即ρ和β相差较大），意味着在引入反应性与β接近时，式(11.33)和式(11.34)会变得非常不准确。不过，由于实践中极少遇到这种量级的反应性引入，一般认为，随时间变化的点堆动力学表达式式(11.33)和式(11.34)所给出的中子密度和缓发中子先驱核浓度值已足够准确。图 11.2 给出了基于 ^{235}U 的单组缓发中子复合参数在引入不同大小的阶跃反应性情况下这些量随时间的变化行为。

注意反应性一般以美元（\$）为单位，\$1.00 表示反应性的大小等于β。

从图 11.2 中还可以观察到当反应性接近并超过\$1.00 时，中子密度（或者中子通量密度、功率）达到稳态水平若干倍的时间极短。这是因为当引入反应性超过\$1.00（即$\rho>\beta$）时，反应堆进入瞬发超临界状态，此时反应堆仅依靠瞬发中子就可以达到临界。瞬发超临界非常危险，正常情况下应极力避免，因为反应堆在此状态下功率水平变化极快，非常难以控制。因此，反应堆内引入的反应性大小通常限制在几美分（¢）左右。举个例子，仅 6¢的反应性引入就足以使反应堆功率在 2 分钟内翻倍。

图 11.2 还显示出对于小的正反应性引入，中子密度首先会瞬间跳变，之后再以慢得多的速率渐进地上升（称为渐进上升）。这种瞬间跳变称为瞬跳，是核反应失控的起点；不过由于引入反应性小，反应堆仅靠瞬发中子无法维持临界，

因此这种快速的核瞬态会很快消亡。随着引入的反应性逐渐增大，瞬跳将越来越高、越来越显著，直至$\rho \geq \beta$时曲线的缓慢增长部分完全消失。

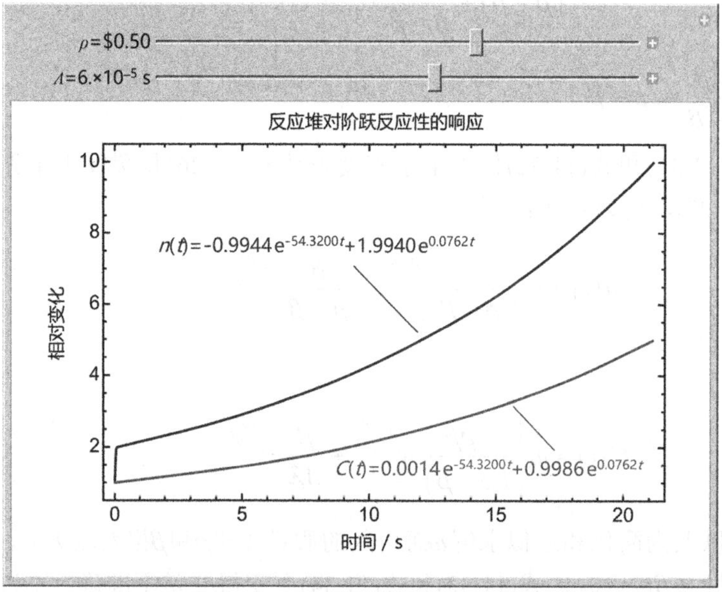

图 11.2　反应堆对于反应性阶跃变化的响应

一般来讲，瞬发中子寿命Λ在快堆中较短，而在热堆中较长。观察图像可知，随着Λ的减小，瞬跳变化的速率将逐渐加快。这意味着快堆所采用的反应性控制系统必须非常稳健可靠，因为在快堆系统中核反应失控会发展得快得多。

11.3　衰变热的排放

从图 11.2 中可以看出，当一个核反应堆内经历一个大的负反应性引入时（例如在一次停堆操作中），反应堆的功率并不会立即降为零，而会按照一定周期渐进衰减，这个衰减周期的长短与引入负反应性的大小有关。功率衰减的周期最终将趋近于存活时间最长的缓发中子先驱核的衰减周期。即便缓发中子引起的裂变在停堆数分钟后逐渐消亡，裂变产物的放射性衰变仍将继续产生可观的热功率。如果反应堆停堆前在较高功率水平下运行了很长时间，则堆内会积累大量的裂变产物，这些裂变产物的放射性衰变将持续在数小时乃至更长时间内释放较高功率。幸运的是，对于核热火箭的反应堆而言，裂变产物衰变产生的能量不会太高，因为发动机点火时间相对较短，堆内积累的裂变产物较少。

要精确计算裂变产物衰变所产生的热，需要对核火箭堆芯内各种核素分别建模，并细致地分析其在不同位置的产生与衰变过程。不过，已有学者通过研究给出了一些经验公式，这些公式将裂变产物衰变释放的热功率近似表示成一个关于反应堆停堆前运行时间和停堆后时间的函数。在反应堆停堆后的绝大部分时间内，这些经验公式通常可以达到 10%以内的精确度；相较于需要细致分析各核素行为的精确计算方法，这些公式显然更加便于使用。这些衰变热公式中最简单也最精确的一个公式是由 Todrea 和 Kazimi[2]给出的。该公式指出因β和γ衰变导致的发热功率可以表示为：

$$\frac{P_{\beta\gamma}(t)}{P_{\mathrm{fp}}}=0.066\left[t^{-0.2}-\left(t_{\mathrm{fp}}+t\right)^{-0.2}\right] \tag{11.35}$$

其中，$P_{\beta\gamma}(t)$=停堆后 t 秒钟时因β和γ衰变导致的反应堆功率水平，P_{fp}=反应堆满功率运行时的功率水平，t=停堆后的时间（以秒为单位），t_{fp}=停堆前发动机满功率运行的时间（以秒为单位）。

将式(11.33)给出的缓发中子贡献的功率与式(11.35)给出的β和γ衰变贡献的功率相加，得到的总衰变功率可以写成以下关于停堆后时间的函数形式：

$$P_{\mathrm{sd}}(t)=P_{\mathrm{fp}}\left\{\frac{\rho}{\rho-\beta}\mathrm{e}^{\frac{\rho-\beta}{\Lambda}t}-\frac{\beta}{\rho-\beta}\mathrm{e}^{\frac{-\rho\lambda}{\rho-\beta}t}+0.066\left[t^{-0.2}-\left(t_{\mathrm{fp}}+t\right)^{-0.2}\right]\right\} \tag{11.36}$$

其中，$P_{\mathrm{sd}}(t)$=停堆后 t 秒钟时的反应堆功率水平。

将瞬发中子寿命Λ、缓发中子先驱核衰变常数λ以及缓发中子先驱核裂变产额β的典型值代入，得到式(11.36)给出的停堆后瞬态功率曲线如图 11.3 所示。注意对于较大的负反应性引入，虽然堆功率很快降至较低水平，但总会存在因裂变产物衰变而导致的较为可观的残余功率，其功率大小取决于反应堆在高功率下的运行时间。

这种持续产生的功率必须由旨在避免堆芯过热的反应堆系统排出。用于排出衰变热的可选方法有许多种。

最简单的排出多余衰变热的方法，是驱动一部分额外的推进剂以较低流率流过堆芯，从而避免堆芯燃料温度升高至不可接受的水平。流出堆芯后，这部分升温后的推进剂可以直接向航天器外排放。该方法的主要缺点是，在此过程中一部分原本可用的推进剂被白白浪费了。作为另一种选择，可以对停堆系统做专门设计，使升温后的推进剂直接由较小的喷口喷出，从而给航天器提供额外的推力。为计算反应堆停堆后冷却所需的推进剂质量，首先需要将式(11.36)对停堆后时间进行积分，以得到冷却系统所必须排出的总能量：

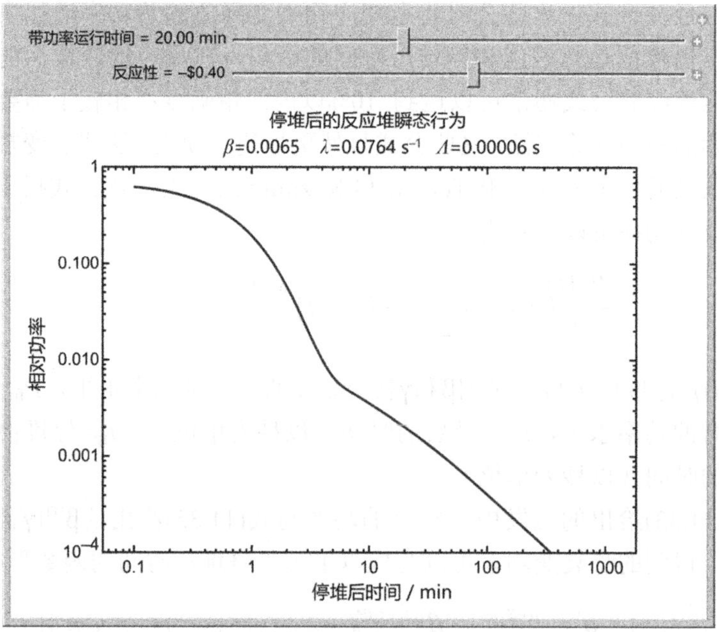

图 11.3 停堆后的反应堆功率

$$
\begin{aligned}
Q(t) &= P_{\mathrm{fp}} \int_0^t \left\{ \frac{\rho}{\rho-\beta} \mathrm{e}^{\frac{\rho-\beta}{\Lambda} t'} - \frac{\beta}{\rho-\beta} \mathrm{e}^{\frac{-\rho\lambda}{\rho-\beta} t'} + 0.066 \left[t'^{-0.2} - \left(t_{\mathrm{fp}} + t' \right)^{-0.2} \right] \right\} \mathrm{d}t' \\
&= P_{\mathrm{fp}} \left\{ \frac{\beta}{\lambda\rho} \left[\mathrm{e}^{\frac{-\rho\lambda}{\rho-\beta} t} - 1 \right] + \frac{\Lambda\rho}{(\beta-\rho)^2} \left[\mathrm{e}^{\frac{\rho-\beta}{\Lambda} t} - 1 \right] + 0.0825 \left[t^{0.8} + t_{\mathrm{fp}}^{0.8} - \left(t_{\mathrm{fp}} + t \right)^{0.8} \right] \right\}
\end{aligned} \tag{11.37}
$$

其中，$Q(t)$=反应堆停堆后 t 秒钟内因缓发中子引起裂变和裂变产物β和γ衰变所释放的总能量。

假定停堆时间无穷长，通过求式(11.37)在停堆时间趋于无穷大时的极限值，即可得到缓发中子引起裂变和裂变产物β和γ衰变所释放的总能量：

$$
Q_{\mathrm{sd}} = \lim_{t\to\infty} P_{\mathrm{fp}} \left\{ \frac{\beta}{\lambda\rho} \left[\mathrm{e}^{\frac{-\rho\lambda}{\rho-\beta} t} - 1 \right] \right.
$$

$$+\frac{\Lambda\rho}{(\beta-\rho)^2}\left[\mathrm{e}^{\frac{\rho-\beta}{\Lambda}t}-1\right]+0.0825\left[t^{0.8}+t_{\mathrm{fp}}^{0.8}-\left(t_{\mathrm{fp}}+t\right)^{0.8}\right]\Bigg\}$$

$$=P_{\mathrm{fp}}\left[0.0825t_{\mathrm{fp}}^{0.8}-\frac{\beta}{\rho\lambda}-\frac{\Lambda\rho}{(\beta-\rho)^2}\right] \tag{11.38}$$

利用式(11.38)给出的停堆后所释放的总能量来建立热平衡，可以得到以下方程，以求解在停堆过程中保持燃料温度在可接受水平所需的推进剂总质量：

$$Q_{\mathrm{sd}}=P_{\mathrm{fp}}\left[0.0825t_{\mathrm{fp}}^{0.8}-\frac{\beta}{\rho\lambda}-\frac{\Lambda\rho}{(\beta-\rho)^2}\right]=m_{\mathrm{dh}}C_{\mathrm{p}}\left(T_{\mathrm{p}}^{\max}-T_{\mathrm{p}}^{\mathrm{tank}}\right)$$

$$\Rightarrow m_{\mathrm{dh}}=\frac{P_{\mathrm{fp}}\left[0.0825t_{\mathrm{fp}}^{0.8}-\frac{\beta}{\rho\lambda}-\frac{\Lambda\rho}{(\beta-\rho)^2}\right]}{C_{\mathrm{p}}\left(T_{\mathrm{p}}^{\max}-T_{\mathrm{p}}^{\mathrm{tank}}\right)} \tag{11.39}$$

其中，$T_{\mathrm{p}}^{\max}$=与燃料最高允许温度相对应的推进剂最高温度，$T_{\mathrm{p}}^{\mathrm{tank}}$=推进剂储存罐中的推进剂温度，$m_{\mathrm{dh}}$=排出反应堆衰变热所需要的推进剂质量，$C_{\mathrm{p}}$=推进剂比热容。

为确定排出衰变热所需推进剂在整个发动机运行期间所消耗推进剂中所占的质量份额，首先需要确定在发动机满功率点火运行过程中所消耗的推进剂质量。满功率点火运行所需推进剂质量可由以下公式计算：

$$Q_{\mathrm{tot}}=P_{\mathrm{fp}}t_{\mathrm{fp}}=m_{\mathrm{fp}}C_{\mathrm{p}}\left(T_{\mathrm{p}}^{\max}-T_{\mathrm{p}}^{\mathrm{tank}}\right)\Rightarrow m_{\mathrm{fp}}=\frac{P_{\mathrm{fp}}t_{\mathrm{fp}}}{C_{\mathrm{p}}\left(T_{\mathrm{p}}^{\max}-T_{\mathrm{p}}^{\mathrm{tank}}\right)} \tag{11.40}$$

其中，m_{fp}=发动机满功率运行期间消耗的推进剂质量。

由式(11.38)和式(11.40)可以得到用于发动机关闭后排出衰变热的推进剂质量份额：

$$f_{\mathrm{sd}}=\frac{m_{\mathrm{dh}}}{m_{\mathrm{dh}}+m_{\mathrm{fp}}}=\frac{0.0825t_{\mathrm{fp}}^{0.8}-\frac{\beta}{\rho\lambda}-\frac{\Lambda\rho}{(\beta-\rho)^2}}{t_{\mathrm{fp}}+0.0825t_{\mathrm{fp}}^{0.8}-\frac{\beta}{\rho\lambda}-\frac{\Lambda\rho}{(\beta-\rho)^2}} \tag{11.41}$$

其中，f_{sd}=用于发动机关闭后排出衰变热的推进剂质量份额。

同样将瞬发中子寿命Λ、缓发中子先驱核衰变常数λ以及缓发中子先驱核裂变产额β的典型值代入，由式(11.41)可以得到将堆芯温度保持在可接受水平所需的推进剂份额函数，该函数与停堆时引入反应性相关，如图 11.4 所示。注意引入的负反应性越大，则排放衰变热所需的推进剂份额越小，对于发动机点火时间短的情况尤其如此。

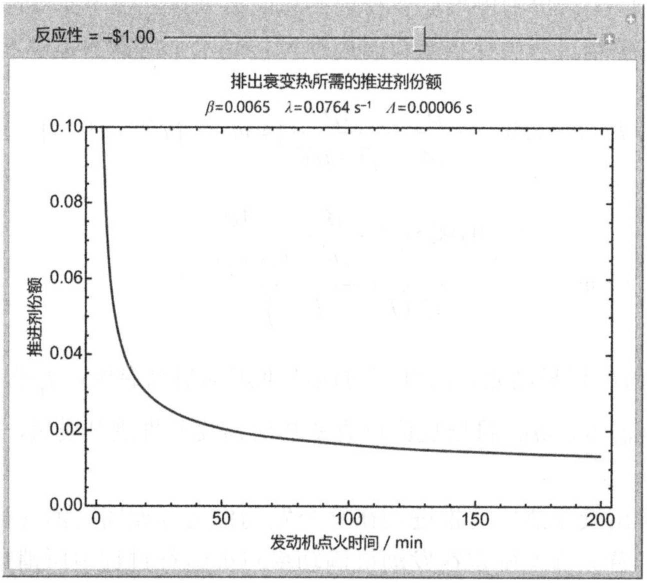

图 11.4 排出反应堆衰变热所需的推进剂

另外值得注意的是，式(11.41)对于将堆芯温度保持在可接受水平所需推进剂质量给出的是较为保守的结果。这是由于分析中忽略了高温反应堆向空间环境的热辐射而损失的能量。就这一点而言，如果在核火箭发动机的设计中能够融入空间热辐射器，那么就有可能大幅降低甚至完全消去停堆后保持堆芯良好冷却所需的推进剂质量。当然，设计时必须权衡考虑采用辐射器降低排出多余衰变热所需推进剂质量的优势，以及因此增加系统重量及复杂度的劣势。

11.4 核反应堆瞬态热工响应

要详细计算反应堆在功率水平变化时的热工响应，必须在期望的热工响应时间范围内求解反应堆内各位置处的热传导方程式(9.9)。这种计算通常非常复杂，需要大量计算才能获得准确结果。为了将问题简化至可用分析方法处理的程度，一般采用集总参数方法求解传热方程。该方法假设反应堆的热容量可以用一个单独的（或称为集总的）参数进行处理，由此得到时间相关的燃料温度的合理近似值。采用这一假设，即意味着问题中所有的空间效应都被忽略不计。为保证这种假设的有效性，要求毕奥数应当小于 0.1。幸运的是，在绝大多数对核火箭应用有价值的反应堆概念中，这种基于小毕奥数的假设都是相当正确的。在接下来的分析中，假定反应堆内燃料区与慢化剂区相互独立，例如堆芯采用小的易裂变颗粒弥散在石墨基体中的燃料形式。在功率瞬态过程中，易裂变颗粒的温度几乎可以瞬间对功率变化做出响应；而石墨温度的变化则存在延迟，这一延迟源自于石墨自身的热容量以及热量从易裂变燃料颗粒传导至石墨基体所需的时间。考虑以上模型假设，燃料区内的传热方程可以表示为

$$\underbrace{\rho_\mathrm{f} c_\mathrm{pf}\frac{\mathrm{d}T_\mathrm{f}}{\mathrm{d}t}}_{\text{燃料热容随时间变化率}} = \underbrace{k_\mathrm{f}\nabla^2 T_\mathrm{f}}_{\text{燃料内的热传导}} + \underbrace{P}_{\text{功率密度}} - \underbrace{U_\mathrm{fm}S_\mathrm{vf}\left(T_\mathrm{f}-T_\mathrm{m}\right)}_{\text{燃料至慢化剂的传热}} \tag{11.42}$$

其中，T_f=燃料温度，T_m=慢化剂温度，ρ_f=燃料密度，k_f=燃料热导率，c_pf=燃料比热容，U_fm=燃料和慢化剂之间的平均传热系数，S_vf=单位体积内燃料和慢化剂之间的传热面积，P=燃料内的裂变功率密度。

变换式(11.42)得到：

$$\underbrace{\frac{\rho_\mathrm{f} c_\mathrm{pf}}{U_\mathrm{fm}S_\mathrm{vf}}}_{\tau_\mathrm{f}}\frac{\mathrm{d}T_\mathrm{f}}{\mathrm{d}t} = \underbrace{\frac{k_\mathrm{f}}{U_\mathrm{fm}S_\mathrm{vf}}}_{1/Bi_\mathrm{f}}\nabla^2 T_\mathrm{f} + \frac{P}{U_\mathrm{fm}S_\mathrm{vf}} - \left(T_\mathrm{f}-T_\mathrm{m}\right) \tag{11.43}$$
[1]

其中，τ_f=燃料温度的时间常数，Bi_f=燃料的毕奥数。

要求解式(11.43)中的燃料热传导项，假定毕奥数很小，则燃料热传导项中所有与空间位置相关的项都可以消去，由此得到：

$$\nabla^2 T_\mathrm{f} = Bi_\mathrm{f}\left[\tau_\mathrm{f}\frac{\mathrm{d}T_\mathrm{f}}{\mathrm{d}t} + \left(T_\mathrm{f}-T_\mathrm{m}\right) - \frac{P}{U_\mathrm{fm}S_\mathrm{vf}}\right] \approx 0 \tag{11.44}$$

从而式(11.43)可简化为：

$$\tau_\mathrm{f}\frac{\mathrm{d}T_\mathrm{f}}{\mathrm{d}t} = \frac{P}{U_\mathrm{fm}S_\mathrm{vf}} - \left(T_\mathrm{f}-T_\mathrm{m}\right) \tag{11.45}$$

式(11.45)还可以进一步简化：注意到几乎所有的裂变功率都是在燃料内直接产生的，因此反应堆功率变化和由其导致的燃料温度响应之间的时间延迟极小，这一事实意味着燃料温度的时间常数极小。假设燃料温度时间常数就等于零，则变换式(11.45)可得到燃料温度：

$$T_{\mathrm{f}}=\frac{P}{U_{\mathrm{fm}}S_{\mathrm{vf}}}+T_{\mathrm{m}} \tag{11.46}$$

对于慢化剂区，归一化的传热方程可以写为：

$$\underbrace{\rho_{\mathrm{m}}c_{\mathrm{pm}}\frac{\mathrm{d}T_{\mathrm{m}}}{\mathrm{d}t}}_{\text{慢化剂热容随时间变化率}}=\underbrace{k_{\mathrm{m}}\nabla^2T_{\mathrm{m}}}_{\text{慢化剂内的热传导}}+\underbrace{U_{\mathrm{fm}}S_{\mathrm{vf}}\left(T_{\mathrm{f}}-T_{\mathrm{m}}\right)}_{\text{燃料至慢化剂的传热}}-\underbrace{U_{\mathrm{mp}}S_{\mathrm{vm}}\left(T_{\mathrm{m}}-T_{\mathrm{p}}\right)}_{\text{慢化剂至推进剂的传热}} \tag{11.47}$$

其中，T_{p}=推进剂温度（假定等于常值），k_{m}=慢化剂热导率，ρ_{m}=慢化剂密度，c_{pm}=慢化剂比热容，U_{mp}=慢化剂与推进剂之间的平均传热系数，S_{vm}=单位体积内慢化剂与推进剂之间的传热面积。

对式(11.47)做变换得到：

$$\underbrace{\frac{\rho_{\mathrm{m}}c_{\mathrm{pm}}}{U_{\mathrm{mp}}S_{\mathrm{vm}}}}_{\tau_{\mathrm{m}}}\frac{\mathrm{d}T_{\mathrm{m}}}{\mathrm{d}t}=\underbrace{\frac{k_{\mathrm{m}}}{U_{\mathrm{mp}}S_{\mathrm{vm}}}}_{1/Bi_{\mathrm{m}}}\nabla^2T_{\mathrm{m}}+\frac{U_{\mathrm{fm}}S_{\mathrm{vf}}}{U_{\mathrm{mp}}S_{\mathrm{vm}}}\left(T_{\mathrm{f}}-T_{\mathrm{m}}\right)-\left(T_{\mathrm{m}}-T_{\mathrm{p}}\right) \tag{11.48}$$ [2]

其中，τ_{m}=慢化剂温度时间常数，Bi_{m}=慢化剂的毕奥数。

与燃料区的情况一样，假定毕奥数极小，则慢化剂中的热传导项也可消去：

$$\nabla^2T_{\mathrm{m}}=Bi_{\mathrm{m}}\left[\tau_{\mathrm{m}}\frac{\mathrm{d}T_{\mathrm{m}}}{\mathrm{d}t}-\frac{U_{\mathrm{fm}}S_{\mathrm{vf}}}{U_{\mathrm{mp}}S_{\mathrm{vm}}}\left(T_{\mathrm{f}}-T_{\mathrm{m}}\right)+\left(T_{\mathrm{m}}-T_{\mathrm{p}}\right)\right]\approx 0 \tag{11.49}$$

同样，由于慢化剂温度行为与空间位置无关，式(11.48)可简化为：

$$\tau_{\mathrm{m}}\frac{\mathrm{d}T_{\mathrm{m}}}{\mathrm{d}t}=\frac{U_{\mathrm{fm}}S_{\mathrm{vf}}}{U_{\mathrm{mp}}S_{\mathrm{vm}}}\left(T_{\mathrm{f}}-T_{\mathrm{m}}\right)-T_{\mathrm{m}}+T_{\mathrm{p}} \tag{11.50}$$

利用式(11.46)消去式(11.50)中的燃料温度变量，得到描述慢化剂温度对功率瞬态响应的微分方程：

$$\tau_{\mathrm{m}}\frac{\mathrm{d}T_{\mathrm{m}}}{\mathrm{d}t}=\frac{P}{U_{\mathrm{mp}}S_{\mathrm{vm}}}-T_{\mathrm{m}}+T_{\mathrm{p}} \tag{11.51}$$

将描述反应堆典型功率瞬态行为的数学表达式代入，即可得到描述功率瞬变所导致的燃料温度和慢化剂温度的时间相关行为的表达式。由于实践中许多反应堆功率瞬变行为都服从指数变化规律，因此选取以下形式的表达式：

$$P = P_{\mathrm{f}} - \left(P_{\mathrm{f}} - P_{0}\right)\mathrm{e}^{-\frac{t}{\xi}} \tag{11.52}$$

其中，P_0=燃料初始功率密度，P_{f}=燃料最终功率密度，ξ=功率瞬变的时间常数。

将式(11.52)给出的功率瞬变表达式代入式(11.51)给出的描述慢化剂温度的微分方程中，得到：

$$\tau_{\mathrm{m}}\frac{\mathrm{d}T_{\mathrm{m}}}{\mathrm{d}t} = \frac{P_{\mathrm{f}} - \left(P_{\mathrm{f}} - P_{0}\right)\mathrm{e}^{-\frac{t}{\xi}}}{U_{\mathrm{mp}}S_{\mathrm{vm}}} - T_{\mathrm{m}} + T_{\mathrm{p}} \tag{11.53}$$

求解式(11.53)给出的描述慢化剂温度的微分方程，得到按指数规律变化的燃料功率瞬变所导致的慢化剂温度响应为：

$$T_{\mathrm{m}} = \left[\frac{P_0 - P_{\mathrm{f}}}{U_{\mathrm{mp}}S_{\mathrm{vm}}\left(1-\frac{\tau_{\mathrm{m}}}{\xi}\right)}\right]\mathrm{e}^{-\frac{t}{\xi}} + \left[\frac{\frac{\tau_{\mathrm{m}}}{\xi}P_{\mathrm{f}} - P_0}{U_{\mathrm{mp}}S_{\mathrm{vm}}\left(1-\frac{\tau_{\mathrm{m}}}{\xi}\right)} + T_{\mathrm{m0}} - T_{\mathrm{p}}\right]\mathrm{e}^{-\frac{t}{\tau_{\mathrm{m}}}} + \frac{P_{\mathrm{f}}}{U_{\mathrm{mp}}S_{\mathrm{vm}}} + T_{\mathrm{p}} \tag{11.54}$$

其中，T_{m0}=瞬态开始时的慢化剂温度。

假定在瞬态开始时刻系统处于稳态，则慢化剂温度对于时间的导数在此时刻为零。可由式(11.51)得到此时刻的慢化剂温度：

$$\tau_{\mathrm{m}}\frac{\mathrm{d}T_{\mathrm{m}}}{\mathrm{d}t} = 0 = \frac{P_0}{U_{\mathrm{mp}}S_{\mathrm{vm}}} - T_{\mathrm{m0}} + T_{\mathrm{p}} \Rightarrow T_{\mathrm{m0}} = \frac{P_0}{U_{\mathrm{mp}}S_{\mathrm{vm}}} + T_{\mathrm{p}} \tag{11.55}$$

将式(11.55)给出的慢化剂初始温度代入式(11.54)给出的慢化剂温度随时间变化的表达式中，得到：

$$T_{\mathrm{m}} = \left[\frac{P_0 - P_{\mathrm{f}}}{U_{\mathrm{mp}}S_{\mathrm{vm}}\left(1-\frac{\tau_{\mathrm{m}}}{\xi}\right)}\right]\left(\mathrm{e}^{-\frac{t}{\xi}} - \frac{\tau_{\mathrm{m}}}{\xi}\mathrm{e}^{-\frac{t}{\tau_{\mathrm{m}}}}\right) + \frac{P_{\mathrm{f}}}{U_{\mathrm{mp}}S_{\mathrm{vm}}} + T_{\mathrm{p}} \tag{11.56}$$

将式(11.56)给出的慢化剂温度随时间变化和式(11.52)给出的功率瞬变代入式(11.46)给出的燃料瞬态温度响应中，由此得到指数变化的功率瞬变所导致的燃料温度响应：

$$T_{\mathrm{f}}=\left[\frac{P_0-P_{\mathrm{f}}}{U_{\mathrm{mp}}S_{\mathrm{vm}}\left(1-\frac{\tau_{\mathrm{m}}}{\xi}\right)}\right]\left(\mathrm{e}^{-\frac{t}{\xi}}-\frac{\tau_{\mathrm{m}}}{\xi}\mathrm{e}^{-\frac{t}{\tau_{\mathrm{m}}}}\right)+\frac{(P_0-P_{\mathrm{f}})\mathrm{e}^{-\frac{t}{\xi}}}{U_{\mathrm{fm}}S_{\mathrm{vf}}}+\left(\frac{1}{U_{\mathrm{mp}}S_{\mathrm{vm}}}+\frac{1}{U_{\mathrm{fm}}S_{\mathrm{vf}}}\right)P_{\mathrm{f}}+T_{\mathrm{p}} \tag{11.57}$$

(11.57)[3]

燃料温度和慢化剂温度对于指数变化的功率瞬变的响应如图 11.5 所示。注意正如预期的那样，增大燃料和慢化剂之间的传热系数可以减小两者之间的温差，而增大慢化剂和推进剂之间的传热系数可以降低慢化剂温度。

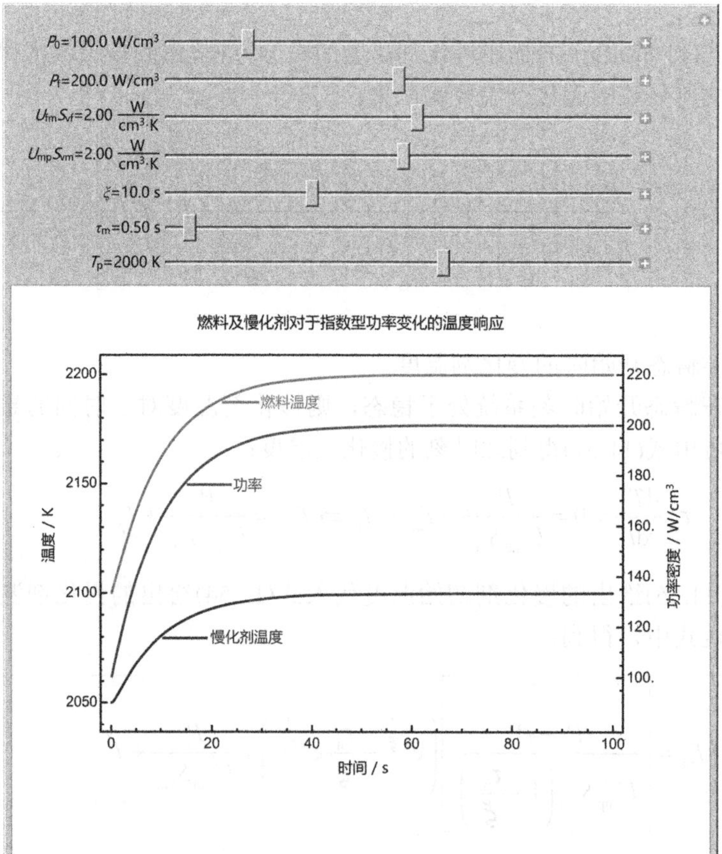

图 11.5　燃料及慢化剂对于指数型功率变化的温度响应

参考文献

[1] R.G. Keepin. Physics of Nuclear Kinetics, Addison-Wesley Pub. Co., 1965. Library of Congress QC787.N8 K4.

[2] N.E. Todreas, M.S. Kazimi. Nuclear Systems I, Thermal Hydraulic Fundamentals, vol. 1. Hemisphere Publishing Corporation, 1990. ISBN 0-89116-935-0.

习题

1. 某核火箭在去往火星的途中已运行 2 h，现要停堆并使航天器进入长时间的滑翔阶段。假设发动机运行功率为 1500 MW，并且在停堆时引入的反应性为−\$1.00。在航天器滑翔阶段，一共有多少衰变能量需要被排出？

假设：β=0.0075，λ=0.08 s^{-1}，Λ=0.00006 s

2. 对于超瞬发临界的瞬态过程，通常可认为点堆动力学方程中的λC保持不变。根据该假设，若反应堆初始处于临界状态，$n(0)=n_0$，引入的反应性为$\rho=\beta+\alpha t$，证明反应堆的响应近似如下：

$$\frac{n(t)}{n_0}=e^{\frac{\alpha}{2\Lambda}t^2}\left[1+\beta\sqrt{\frac{\pi}{2\alpha\Lambda}}Erf\left(t\sqrt{\frac{\alpha}{2\Lambda}}\right)\right]$$

3. 某核火箭在去往火星的途中已运行 1 h，现要停堆并使航天器进入长时间的滑翔阶段。假设发动机运行功率密度为 1500 W/cm^3，并且在停堆时引入的反应性为−\$1.00。同时假设在停堆后有功率密度为 2 W/cm^3 的辅助堆芯冷却系统（独立于发动机主推进工质系统）用于排出衰变热。

其中：β=0.0075，λ=0.08 s^{-1}，Λ=0.00006 s，c_p^{fuel}=0.15 J/(g·K)，ρ_{fuel}=13.4 g/cm^3

a. 为使反应堆温度保持不变或低于其稳态值，推进工质流需要维持多长时间？

b. 如果推进工质流在停堆时就被关停了，那么反应堆的温度将比稳态时升高多少？

4. 采用“瞬跳近似”可大大简化点堆动力学方程。该近似假定在引入反应性时，中子通量密度在瞬间跃变，之后堆内中子数将按照固定的反应堆周期进行变化；还假定与点堆动力学方程中其他项相比，中子数的变化率要小得多。因此有：

$$\frac{\mathrm{d}n}{\mathrm{d}t}=0=\frac{\rho-\beta}{\Lambda}n+\lambda C$$

对点堆动力学方程采用该瞬跳近似，推导中子数随时间变化的关系式。

5. 核火箭中的反应堆必须在 30 s 内达到满功率。

其中：β=0.0075，λ=0.08 s^{-1}，Λ=0.00006 s

a. 要达到所需的反应堆周期，需要引入多大的阶跃反应性（以$为单位）？

b. 如果在该过程中功率须增大 10^5 倍，估算所需的反应堆周期。

注释

[1] 原文方程为 $\underbrace{\frac{\rho_\mathrm{f}c_\mathrm{pf}}{U_\mathrm{fm}S_\mathrm{vf}}}_{\tau_\mathrm{f}}\frac{\mathrm{d}T_\mathrm{f}}{\mathrm{d}t}=\underbrace{\frac{k_\mathrm{f}}{U_\mathrm{fm}S_\mathrm{vf}}}_{Bi_\mathrm{f}}\nabla^2T_\mathrm{f}+\frac{P}{U_\mathrm{fm}S_\mathrm{vf}}-(T_\mathrm{f}-T_\mathrm{m})$，有误。

[2] 原文方程为 $\underbrace{\frac{\rho_\mathrm{m}c_\mathrm{pm}}{U_\mathrm{mp}S_\mathrm{vm}}}_{\tau_\mathrm{m}}\frac{\mathrm{d}T_\mathrm{m}}{\mathrm{d}t}=\underbrace{\frac{k_\mathrm{m}}{U_\mathrm{mp}S_\mathrm{vm}}}_{Bi_\mathrm{m}}\nabla^2T_\mathrm{m}+\frac{U_\mathrm{fm}S_\mathrm{vf}}{U_\mathrm{mp}S_\mathrm{vm}}(T_\mathrm{f}-T_\mathrm{m})-(T_\mathrm{m}-T_\mathrm{p})$，有误。

[3] 原文方程为 $T_\mathrm{f}=\left[\frac{P_0-P_\mathrm{f}}{U_\mathrm{mp}S_\mathrm{vm}\left(1-\frac{\tau_\mathrm{m}}{\xi}\right)}\right]\left(\mathrm{e}^{-\frac{t}{\xi}}-\frac{\tau_\mathrm{m}}{\xi}\mathrm{e}^{-\frac{t}{\tau_\mathrm{m}}}\right)+\frac{(P_0-P_\mathrm{f})\mathrm{e}^{-\frac{t}{\xi}}}{U_\mathrm{fm}S_\mathrm{vm}}$

$+\left(\frac{1}{U_\mathrm{mp}S_\mathrm{vm}}+\frac{1}{U_\mathrm{fm}S_\mathrm{vf}}\right)P_\mathrm{f}+T_\mathrm{p}$，有误。

第12章 核火箭稳定性

为保证运行安全，核反应堆应当具有这样的运行特性：在运行过程中遭遇自发的、微小的随机功率扰动时，反应堆能够非能动地通过反应性变化做出响应，并且这种反应性的变化能够抑制扰动的进一步发展与扩大。*尽管也可以主动地去控制调节反应堆，但这就要求必须采用非常稳健和可靠的能动控制系统以保证运行安全。这样依赖能动控制应对功率微扰的反应堆设计通常是不可取的，如有可能则应尽量避免**。在核火箭发动机中，功率扰动表现为反应堆各部分的温度变化。当温度上升时，有可能出现堆内一部分材料使反应性上升而另一部分材料使反应性下降的情况。只要堆内总的反应性变化能够保证温度上升时功率下降，那么反应堆在运行过程中就是稳定的。

12.1 点堆动力学方程的推导

这里采用点堆动力学方程描述反应性变化导致的反应堆系统瞬态行为。此时需要探讨的问题是，运行于稳定状态（即 ρ=0）的反应堆在遇到微小的、自发的反应性扰动时能否保持稳定。

为解答这一问题，首先给出描述临界状态反应堆的点对动力学方程：

$$\frac{\mathrm{d}n}{\mathrm{d}t}=\frac{\rho-\beta}{\Lambda}n+\lambda C\approx\frac{\delta k-\beta}{\Lambda}n+\lambda C \tag{12.1}$$

---

* 斜体部分的英文原文为："While it is possible to control reactors, where this is not the case, quite a robust active control system is required to operate safely. Such reactor configurations are generally not desirable and should be avoided if possible." 为便于理解，译者作了意译。

以及

$$\frac{\mathrm{d}C}{\mathrm{d}t}=\frac{\beta}{\Lambda}n-\lambda C \tag{12.2}$$

其中，$\rho=\frac{k_{\mathrm{eff}}-1}{k_{\mathrm{eff}}}\approx k_{\mathrm{eff}}-1=\delta k$。

式(12.1)与式(12.2)相加得到：

$$\frac{\mathrm{d}n}{\mathrm{d}t}=\frac{\delta k}{\Lambda}n-\frac{\mathrm{d}C}{\mathrm{d}t} \tag{12.3}$$

假设δk 会随时间而小幅变化，则中子密度和缓发中子先驱核浓度同样会随时间而变化，即有：

$$n=n_0+\delta n \quad 及 \quad C=C_0+\delta C \tag{12.4}$$

其中，$\delta n\ll n_0$且$\delta C\ll C_0$。

将式(12.4)带入式(12.3)得到：

$$\underbrace{\frac{\mathrm{d}n_0}{\mathrm{d}t}}_{\approx 0}+\frac{\mathrm{d}\delta n}{\mathrm{d}t}=\frac{\delta k}{\Lambda}n_0+\underbrace{\frac{\delta k}{\Lambda}\delta n}_{\approx 0}-\underbrace{\frac{\mathrm{d}C_0}{\mathrm{d}t}}_{\approx 0}-\frac{\mathrm{d}\delta C}{\mathrm{d}t} \Rightarrow \frac{\mathrm{d}\delta n}{\mathrm{d}t}=\frac{\delta k}{\Lambda}n_0-\frac{\mathrm{d}\delta C}{\mathrm{d}t} \tag{12.5}$$

假设处于初始稳态条件，则由式(12.2)可以得到：

$$\frac{\mathrm{d}C}{\mathrm{d}t}=\frac{\beta}{\Lambda}n_0-\lambda C_0=0 \Rightarrow \frac{\beta}{\Lambda}n_0=\lambda C_0 \qquad (12.6)^1$$

将式(12.4)代入式(12.2)得到：

$$\underbrace{\frac{\mathrm{d}C_0}{\mathrm{d}t}}_{\approx 0}+\frac{\mathrm{d}\delta C}{\mathrm{d}t}=\frac{\beta}{\Lambda}n_0+\frac{\beta}{\Lambda}\delta n-\lambda C_0-\lambda\delta C \qquad (12.7)^2$$

综合式(12.6)和式(12.7)的结果得到：

$$\frac{\mathrm{d}\delta C}{\mathrm{d}t}=\lambda C_0+\frac{\beta}{\Lambda}\delta n-\lambda C_0-\lambda\delta C=\frac{\beta}{\Lambda}\delta n-\lambda\delta C \tag{12.8}$$

这里约定式(12.4)给出的中子密度和缓发中子先驱核浓度的微扰实际上都服从正弦变化形式：

$$\delta n=n_0\mathrm{e}^{\mathrm{i}\omega t} \Rightarrow \frac{\mathrm{d}\delta n}{\mathrm{d}t}=\mathrm{i}\omega n_0\mathrm{e}^{\mathrm{i}\omega t}=\mathrm{i}\omega\delta n \tag{12.9}$$

以及

$$\delta C = C_0 \mathrm{e}^{\mathrm{i}\omega t} \Rightarrow \frac{\mathrm{d}\delta C}{\mathrm{d}t} = \mathrm{i}\omega C_0 \mathrm{e}^{\mathrm{i}\omega t} = \mathrm{i}\omega \delta C \tag{12.10}$$

将式(12.9)和式(12.10)代入式(12.5)中，可求解中子密度的扰动项：

$$\mathrm{i}\omega \delta n = \frac{\delta k}{\varLambda} n_0 - \mathrm{i}\omega \delta C \tag{12.11}$$

同理，将式(12.9)和式(12.10)代入式(12.8)中，可以得到缓发中子先驱核密度的扰动项的形式：

$$\mathrm{i}\omega \delta C = \frac{\beta}{\varLambda} \delta n - \lambda \delta C \tag{12.12}$$

利用式(12.11)和式(12.12)消去缓发中子先驱核浓度的扰动项，对表达式各项重新整理，得到：

$$\frac{\delta n}{\delta k} = \frac{n_0}{\mathrm{i}\omega \varLambda + \dfrac{\mathrm{i}\omega \beta}{\mathrm{i}\omega + \lambda}} \Rightarrow \varSigma_{\mathrm{f}} \nu \frac{\delta n}{\delta k} = \frac{\varSigma_{\mathrm{f}} \nu n_0}{\mathrm{i}\omega \varLambda + \dfrac{\mathrm{i}\omega \beta}{\mathrm{i}\omega + \lambda}} = \frac{\delta q}{\delta k} = \frac{q_0}{\mathrm{i}\omega \varLambda + \dfrac{\mathrm{i}\omega \beta}{\mathrm{i}\omega + \lambda}} \tag{12.13}$$

将式(12.13)扩展到六组缓发中子先驱核的情况，可以得到：

$$K_{\mathrm{R}} G_{\mathrm{R}} = \frac{\delta q}{\delta k} = \frac{q_0}{\mathrm{i}\omega \varLambda + \sum_{i=1}^{6} \dfrac{\mathrm{i}\omega \beta_i}{\mathrm{i}\omega + \lambda_i}} \tag{12.14}$$

式(12.14)就是所谓的反应堆动力学传递函数。该函数给出了反应堆 k_{eff}（输入信号）的微扰所导致的功率密度（输出信号）的变化。通常将传递函数分为两部分，其中增益部分（K_{R}）描述传递函数的幅度关系，另一部分（G_{R}）描述传递函数的相位关系。注意到对于式(12.13)，当扰动频率趋于零时，反应堆动力学传递函数趋于无穷大。这一现象意味着，恰好临界的核反应堆具有内在的不稳定性，即 k_{eff} 的微小阶跃扰动会导致反应堆功率不受限制地增长。既然正常情况下核反应堆的运行都具有稳定性，那么显然还有其他因素使反应堆稳定。接下来的几节将对这些稳定机制及其节制反应堆行为的具体方式进行深入探讨。

12.2 考虑热工反馈的反应堆稳定性模型

反应堆内存在多种使功率保持稳定的机制，包括控制棒动作、燃料的负反应性温度系数、慢化剂的负反应性温度系数等。在这些机制中，燃料的负反应性温度系数最为重要，因为其效应可以在反应堆瞬态变化后立即得到体现。燃料的负反应性温度系数会导致反应性随燃料温度上升而下降。这种非常有效的反馈机制的原理，是通过之前讨论过的多普勒展宽效应以改变燃料的等效微观界面。

其他与温度相关的反应性效应可归结于密度的变化，例如燃料或慢化剂材料的热膨胀以及推进剂流过堆芯时的密度变化。这些密度变化可以改变被加热材料的宏观界面，从而导致堆芯反应性的变化。由于热量从燃料传导至反应堆堆芯内其他材料（例如慢化剂和结构材料）需要一定的时间，因此密度变化导致堆芯反应性变化的效应通常在一定程度上滞后于功率瞬变。

核火箭反应堆系统的闭环传递函数的框图如图 12.1 所示，其中包含了燃料、慢化剂和推进剂的反应性温度系数所导致的反馈效应。为全面建模以描述整个核火箭发动机系统的稳定性，图中对传递函数做了大幅简化；不过，此图已足以展示主要的热工反馈机制，以及这些机制是如何使核火箭发动机得以运行在其可运行状态范围上限附近的。

为确定反应堆传递函数的形式，首先由图 12.1 可以看出，燃料温度反馈导致的偏差信号可以表示为：

$$\epsilon_{\mathrm{F}} = \theta_{\mathrm{i}} - \theta_{\mathrm{F}} = \theta_{\mathrm{i}} - \theta_{\mathrm{o}} K_{\mathrm{F}} G_{\mathrm{F}} \tag{12.15}$$

类似地，利用式(12.15)的结果可以得到慢化剂温度反馈导致的偏差信号为：

$$\epsilon_{\mathrm{FM}} = \epsilon_{\mathrm{F}} - \theta_{\mathrm{M}} = \theta_{\mathrm{i}} - \theta_{\mathrm{o}} K_{\mathrm{F}} G_{\mathrm{F}} - \theta_{\mathrm{o}} K_{\mathrm{M}} G_{\mathrm{M}} \tag{12.16}$$

同理，利用式(12.16)的结果可以得到推进剂温度反馈导致的偏差信号为：

$$\begin{aligned} \epsilon_{\mathrm{FMP}} &= \epsilon_{\mathrm{FM}} - \theta_{\mathrm{H}} = \theta_{\mathrm{i}} - \theta_{\mathrm{o}} K_{\mathrm{F}} G_{\mathrm{F}} - \theta_{\mathrm{o}} K_{\mathrm{M}} G_{\mathrm{M}} - \theta_{\mathrm{o}} K_{\mathrm{P}} G_{\mathrm{P}} \\ &= \theta_{\mathrm{i}} - \left(K_{\mathrm{F}} G_{\mathrm{F}} + K_{\mathrm{M}} G_{\mathrm{M}} + K_{\mathrm{P}} G_{\mathrm{P}}\right) \theta_{\mathrm{o}} \end{aligned} \tag{12.17}$$

将式(12.17)的结果作为反应堆动力学传递函数的输入信号，可得到总的反应堆传递函数如下：

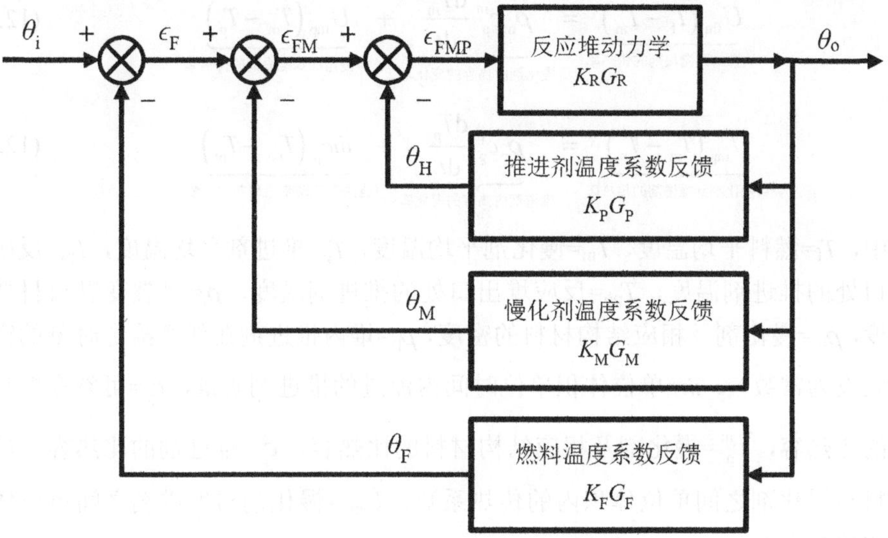

图 12.1 简化的反应堆传递函数框图

图中，θ_i是输入信号，θ_o是输出信号，θ_F是燃料温度反馈所产生的输出信号，θ_M是慢化剂温度反馈所产生的输出信号，θ_H*是推进剂温度反馈所产生的输出信号，ϵ_F是燃料温度反馈导致的偏差信号，ϵ_{FM}是慢化剂温度反馈导致的偏差信号，ϵ_{FMP}是推进剂温度反馈导致的偏差信号。

$$\begin{aligned}&\theta_o=\epsilon_{FMP}K_RG_R=\left[\theta_i-\left(K_FG_F+K_MG_M+K_PG_P\right)\theta_o\right]K_RG_R\\&\Rightarrow\ \frac{\theta_o}{\theta_i}=\frac{K_RG_R}{1+\left(K_FG_F+K_MG_M+K_PG_P\right)K_RG_R}=K_{RT}G_{RT}\end{aligned}\tag{12.18}$$

式(12.18)给出了包含温度反馈效应的新的反应堆传递函数（$K_{RT}G_{RT}$）。接下来只需要确定温度反馈传递函数 K_FG_F、K_MG_M 和 K_PG_P 的表达式，以恰当描述热工反馈效应。为简化分析，这里在计算反应堆温度时再次使用集总参数模型。在此模型中，热量首先在燃料内产生，之后传递至慢化剂中并最终传递给流动的推进剂。对这一过程建立燃料、慢化剂和推进剂的热平衡方程，如下：

$$\underbrace{q}_{\text{功率密度}}=\underbrace{\rho_f c_p^f\frac{\mathrm{d}T_f}{\mathrm{d}t}}_{\text{燃料内热容的变化率}}+\underbrace{U_{fm}\left(T_f-T_m\right)}_{\text{从燃料到慢化剂的传热率}}\tag{12.19}$$

---

* θ_H 原书为 θ_P，有误。

$$\underbrace{U_{\mathrm{fm}}\left(T_{\mathrm{f}}-T_{\mathrm{m}}\right)}_{\text{从燃料到慢化剂的传热率}} = \underbrace{\rho_{\mathrm{m}} c_{\mathrm{p}}^{\mathrm{m}} \frac{\mathrm{d}T_{\mathrm{m}}}{\mathrm{d}t}}_{\text{慢化剂内热容的变化率}} + \underbrace{U_{\mathrm{mp}}\left(T_{\mathrm{m}}-T_{\mathrm{p}}\right)}_{\text{从慢化剂到推进剂的传热率}} \tag{12.20}$$

$$\underbrace{U_{\mathrm{mp}}\left(T_{\mathrm{m}}-T_{\mathrm{p}}\right)}_{\text{从慢化剂到推进剂的传热率}} = \underbrace{\rho_{\mathrm{p}} c_{\mathrm{p}}^{\mathrm{p}} \frac{\mathrm{d}T_{\mathrm{p}}}{\mathrm{d}t}}_{\text{推进剂内热容的变化率}} + \underbrace{\dot{m} c_{\mathrm{p}}^{\mathrm{p}}\left(T_{\mathrm{po}}-T_{\mathrm{pi}}\right)}_{\text{推进剂流动带出堆芯的热量}} \tag{12.21}$$

其中，T_{f}=燃料平均温度，T_{m}=慢化剂平均温度，T_{p}=推进剂平均温度，T_{pi}=反应堆入口处的推进剂温度，T_{po}=反应堆出口处的推进剂温度，ρ_{f}=可裂变燃料材料的密度，ρ_{m}=慢化剂及相应结构材料的密度，ρ_{p}=堆内推进剂在任意给定时刻的密度（假设为常数），$\dot{m}$=单位体积单位时间内流过的推进剂质量，$c_{\mathrm{p}}^{\mathrm{f}}$=可裂变燃料材料的比热容，$c_{\mathrm{p}}^{\mathrm{m}}$=慢化剂及相应结构材料的比热容，$c_{\mathrm{p}}^{\mathrm{p}}$=推进剂的比热容，$U_{\mathrm{fm}}$=燃料与慢化剂之间单位体积内的传热系数，$U_{\mathrm{mp}}$=慢化剂与推进剂之间单位体积内的传热系数。

假设推进剂平均温度可以写为：

$$T_{\mathrm{p}} = \frac{T_{\mathrm{po}}+T_{\mathrm{pi}}}{2} \tag{12.22}$$

则式(12.21)可写为：

$$U_{\mathrm{mp}}\left(T_{\mathrm{m}}-T_{\mathrm{p}}\right) = \rho_{\mathrm{p}} c_{\mathrm{p}}^{\mathrm{p}} \frac{\mathrm{d}T_{\mathrm{p}}}{\mathrm{d}t} + 2\dot{m} c_{\mathrm{p}}^{\mathrm{p}}\left(T_{\mathrm{p}}-T_{\mathrm{pi}}\right) \tag{12.23}$$

同样，假定释热率和材料温度随时间而小幅波动，则式(12.19)、式(12.20)和式(12.23)可以变换为：

$$\begin{aligned} q_0+\delta q &= \rho_{\mathrm{f}} c_{\mathrm{p}}^{\mathrm{f}} \frac{\mathrm{d}}{\mathrm{d}t}\left(T_{\mathrm{f}}^0+\delta T_{\mathrm{f}}\right)+U_{\mathrm{fm}}\left(T_{\mathrm{f}}^0-T_{\mathrm{m}}^0\right)+U_{\mathrm{fm}}\left(\delta T_{\mathrm{f}}-\delta T_{\mathrm{m}}\right) \\ \Rightarrow\ \delta q &= \rho_{\mathrm{f}} c_{\mathrm{p}}^{\mathrm{f}} \frac{\mathrm{d}\delta T_{\mathrm{f}}}{\mathrm{d}t}+U_{\mathrm{fm}}\left(\delta T_{\mathrm{f}}-\delta T_{\mathrm{m}}\right) \end{aligned} \tag{12.24}$$

$$\begin{aligned} & U_{\mathrm{fm}}\left(T_{\mathrm{f}}^0-T_{\mathrm{m}}^0\right)+U_{\mathrm{fm}}\left(\delta T_{\mathrm{f}}-\delta T_{\mathrm{m}}\right) \\ &\quad = \rho_{\mathrm{m}} c_{\mathrm{p}}^{\mathrm{m}} \frac{\mathrm{d}}{\mathrm{d}t}\left(T_{\mathrm{m}}^0+\delta T_{\mathrm{m}}\right)+U_{\mathrm{mp}}\left(T_{\mathrm{m}}^0-T_{\mathrm{p}}^0\right)+U_{\mathrm{mp}}\left(\delta T_{\mathrm{m}}-\delta T_{\mathrm{p}}\right) \\ & \Rightarrow\ U_{\mathrm{fm}}\left(\delta T_{\mathrm{f}}-\delta T_{\mathrm{m}}\right) = \rho_{\mathrm{m}} c_{\mathrm{p}}^{\mathrm{m}} \frac{\mathrm{d}\delta T_{\mathrm{m}}}{\mathrm{d}t}+U_{\mathrm{mp}}\left(\delta T_{\mathrm{m}}-\delta T_{\mathrm{p}}\right) \end{aligned} \tag{12.25}$$

$$U_{\mathrm{mp}}\left(T_{\mathrm{m}}^{0}-T_{\mathrm{p}}^{0}\right)+U_{\mathrm{mp}}\left(\delta T_{\mathrm{m}}-\delta T_{\mathrm{p}}\right)$$
$$=\rho_{\mathrm{p}}c_{\mathrm{p}}^{\mathrm{p}}\frac{\mathrm{d}}{\mathrm{d}t}\left(T_{\mathrm{p}}^{0}+\delta T_{\mathrm{p}}\right)+2\dot{m}c_{\mathrm{p}}^{\mathrm{p}}\left(T_{\mathrm{p}}^{0}-T_{\mathrm{pi}}\right)+2\dot{m}c_{\mathrm{p}}^{\mathrm{p}}\delta T_{\mathrm{p}} \qquad (12.26)^{3}$$

$$\Rightarrow U_{\mathrm{mp}}\left(\delta T_{\mathrm{m}}-\delta T_{\mathrm{p}}\right)=\rho_{\mathrm{p}}c_{\mathrm{p}}^{\mathrm{p}}\frac{\mathrm{d}\delta T_{\mathrm{p}}}{\mathrm{d}t}+2\dot{m}c_{\mathrm{p}}^{\mathrm{p}}\delta T_{\mathrm{p}}$$

同样，约定温度的微扰实际上服从正弦变化形式，可得：

$$\delta T_{\mathrm{f}}=T_{\mathrm{f}}^{0}\mathrm{e}^{\mathrm{i}\omega t} \Rightarrow \frac{\mathrm{d}\delta T_{\mathrm{f}}}{\mathrm{d}t}=\mathrm{i}\omega T_{\mathrm{f}}^{0}\mathrm{e}^{\mathrm{i}\omega t}=\mathrm{i}\omega\delta T_{\mathrm{f}} \qquad (12.27)$$

$$\delta T_{\mathrm{m}}=T_{\mathrm{m}}^{0}\mathrm{e}^{\mathrm{i}\omega t} \Rightarrow \frac{\mathrm{d}\delta T_{\mathrm{m}}}{\mathrm{d}t}=\mathrm{i}\omega T_{\mathrm{m}}^{0}\mathrm{e}^{\mathrm{i}\omega t}=\mathrm{i}\omega\delta T_{\mathrm{m}} \qquad (12.28)$$

$$\delta T_{\mathrm{p}}=T_{\mathrm{p}}^{0}\mathrm{e}^{\mathrm{i}\omega t} \Rightarrow \frac{\mathrm{d}\delta T_{\mathrm{p}}}{\mathrm{d}t}=\mathrm{i}\omega T_{\mathrm{p}}^{0}\mathrm{e}^{\mathrm{i}\omega t}=\mathrm{i}\omega\delta T_{\mathrm{p}} \qquad (12.29)$$

其中，ω=扰动频率，t=时间。

将式(12.27)~式(12.29)给出的温度微扰代入式(12.24)~式(12.26)给出的带扰动的热平衡方程中，得到：

$$\delta q=\mathrm{i}\omega\rho_{\mathrm{f}}c_{\mathrm{p}}^{\mathrm{f}}\delta T_{\mathrm{f}}+U_{\mathrm{fm}}\left(\delta T_{\mathrm{f}}-\delta T_{\mathrm{m}}\right) \qquad (12.30)$$

$$U_{\mathrm{fm}}\left(\delta T_{\mathrm{f}}-\delta T_{\mathrm{m}}\right)=\mathrm{i}\omega\rho_{\mathrm{m}}c_{\mathrm{p}}^{\mathrm{m}}\delta T_{\mathrm{m}}+U_{\mathrm{mp}}\left(\delta T_{\mathrm{m}}-\delta T_{\mathrm{p}}\right) \qquad (12.31)$$

$$U_{\mathrm{mp}}\left(\delta T_{\mathrm{m}}-\delta T_{\mathrm{p}}\right)=\mathrm{i}\omega\rho_{\mathrm{p}}c_{\mathrm{p}}^{\mathrm{p}}\delta T_{\mathrm{p}}+2\dot{m}c_{\mathrm{p}}^{\mathrm{p}}\delta T_{\mathrm{p}} \qquad (12.32)$$

联立求解式(12.30)~式(12.32)*，得到温度微扰：

$$\frac{\delta T_{\mathrm{f}}}{\delta q}=\frac{U_{\mathrm{fm}}\left(2\dot{m}c_{\mathrm{p}}^{\mathrm{p}}+\mathrm{i}\omega\rho_{\mathrm{p}}c_{\mathrm{p}}^{\mathrm{p}}+U_{\mathrm{mp}}\right)\left[\dfrac{\mathrm{i}\omega\rho_{\mathrm{m}}c_{\mathrm{p}}^{\mathrm{m}}+U_{\mathrm{fm}}+U_{\mathrm{mp}}}{U_{\mathrm{fm}}}-\dfrac{U_{\mathrm{mp}}^{2}}{U_{\mathrm{fm}}\left(2\dot{m}c_{\mathrm{p}}^{\mathrm{p}}+\mathrm{i}\omega\rho_{\mathrm{p}}c_{\mathrm{p}}^{\mathrm{p}}+U_{\mathrm{mp}}\right)}\right]}{-U_{\mathrm{fm}}^{2}\left(2\dot{m}c_{\mathrm{p}}^{\mathrm{p}}+\mathrm{i}\omega\rho_{\mathrm{p}}c_{\mathrm{p}}^{\mathrm{p}}+U_{\mathrm{mp}}\right)+\left(\mathrm{i}\omega\rho_{\mathrm{f}}c_{\mathrm{p}}^{\mathrm{f}}+U_{\mathrm{fm}}\right)\left(\mathrm{i}\omega\rho_{\mathrm{m}}c_{\mathrm{p}}^{\mathrm{m}}+U_{\mathrm{fm}}+U_{\mathrm{mp}}\right)\left(2\dot{m}c_{\mathrm{p}}^{\mathrm{p}}+\mathrm{i}\omega\rho_{\mathrm{p}}c_{\mathrm{p}}^{\mathrm{p}}+U_{\mathrm{mp}}\right)-\left(\mathrm{i}\omega\rho_{\mathrm{f}}c_{\mathrm{p}}^{\mathrm{f}}+U_{\mathrm{fm}}\right)U_{\mathrm{mp}}^{2}} \qquad (12.33)^{4}$$

* 从结果来看应该是求解式(12.30)~式(12.32)，英文原文此处写为式(12.24)~式(12.26)，有误。

$$\frac{\delta T_{\mathrm{m}}}{\delta q}=\frac{U_{\mathrm{fm}}\left(2\dot{m}c_{\mathrm{p}}^{\mathrm{p}}+\mathrm{i}\omega\rho_{\mathrm{p}}c_{\mathrm{p}}^{\mathrm{p}}+U_{\mathrm{mp}}\right)}{-U_{\mathrm{fm}}^{2}\left(2\dot{m}c_{\mathrm{p}}^{\mathrm{p}}+\mathrm{i}\omega\rho_{\mathrm{p}}c_{\mathrm{p}}^{\mathrm{p}}+U_{\mathrm{mp}}\right)+\left(\mathrm{i}\omega\rho_{\mathrm{f}}c_{\mathrm{p}}^{\mathrm{f}}+U_{\mathrm{fm}}\right)\left(\mathrm{i}\omega\rho_{\mathrm{m}}c_{\mathrm{p}}^{\mathrm{m}}+U_{\mathrm{fm}}+U_{\mathrm{mp}}\right)\left(2\dot{m}c_{\mathrm{p}}^{\mathrm{p}}+\mathrm{i}\omega\rho_{\mathrm{p}}c_{\mathrm{p}}^{\mathrm{p}}+U_{\mathrm{mp}}\right)-\left(\mathrm{i}\omega\rho_{\mathrm{f}}c_{\mathrm{p}}^{\mathrm{f}}+U_{\mathrm{fm}}\right)U_{\mathrm{mp}}^{2}} \tag{12.34}$$

[5]

$$\frac{\delta T_{\mathrm{p}}}{\delta q}=\frac{U_{\mathrm{fm}}U_{\mathrm{mp}}}{-U_{\mathrm{fm}}^{2}\left(2\dot{m}c_{\mathrm{p}}^{\mathrm{p}}+\mathrm{i}\omega\rho_{\mathrm{p}}c_{\mathrm{p}}^{\mathrm{p}}+U_{\mathrm{mp}}\right)+\left(\mathrm{i}\omega\rho_{\mathrm{f}}c_{\mathrm{p}}^{\mathrm{f}}+U_{\mathrm{fm}}\right)\left(\mathrm{i}\omega\rho_{\mathrm{m}}c_{\mathrm{p}}^{\mathrm{m}}+U_{\mathrm{fm}}+U_{\mathrm{mp}}\right)\left(2\dot{m}c_{\mathrm{p}}^{\mathrm{p}}+\mathrm{i}\omega\rho_{\mathrm{p}}c_{\mathrm{p}}^{\mathrm{p}}+U_{\mathrm{mp}}\right)-\left(\mathrm{i}\omega\rho_{\mathrm{f}}c_{\mathrm{p}}^{\mathrm{f}}+U_{\mathrm{fm}}\right)U_{\mathrm{mp}}^{2}} \tag{12.35}$$

[6]

在温度微扰方程式(12.33)~式(12.35)中，灰色项可以忽略不计，因为这些项都是关于频率的零次或一次多项式，在较高频率下这些项与其他项（频率的三次方）相比足够小。为进一步简化式(12.33)~式(12.35)，引入以下定义：

$$\tau_{\mathrm{f}}=\frac{\rho_{\mathrm{f}}c_{\mathrm{p}}^{\mathrm{f}}}{U_{\mathrm{fm}}},\ \tau_{\mathrm{m}}=\frac{\rho_{\mathrm{m}}c_{\mathrm{p}}^{\mathrm{m}}}{U_{\mathrm{fm}}+U_{\mathrm{mp}}},\ \tau_{\mathrm{p}}=\frac{\rho_{\mathrm{p}}c_{\mathrm{p}}^{\mathrm{p}}}{U_{\mathrm{mp}}+2\dot{m}c_{\mathrm{p}}^{\mathrm{p}}},$$

$$A_{\mathrm{f}}=\frac{1}{U_{\mathrm{fm}}},\ A_{\mathrm{m}}=\frac{1}{U_{\mathrm{fm}}+U_{\mathrm{mp}}},\ A_{\mathrm{p}}=\frac{U_{\mathrm{mp}}}{\left(U_{\mathrm{fm}}+U_{\mathrm{mp}}\right)\left(U_{\mathrm{mp}}+2\dot{m}c_{\mathrm{p}}^{\mathrm{p}}\right)}$$

注意在以上定义式中，τ_{f}可以理解为与燃料温度变化率相关的时间常数，τ_{m}可以理解为与慢化剂温度变化率相关的时间常数，τ_{p}可以理解为与推进剂温度变化率相关的时间常数。参数A_{f}、A_{m}和A_{p}可以理解为关联燃料、慢化剂和推进剂温度变化与反应堆功率变化的热阻。基于以上理解，式(12.33)~式(12.35)可以写成：

$$\frac{\delta T_{\mathrm{f}}}{\delta q}=\frac{A_{\mathrm{f}}\left(1+\mathrm{i}\omega\tau_{\mathrm{p}}\right)\left(1+\mathrm{i}\omega\tau_{\mathrm{m}}\right)}{\left(1+\mathrm{i}\omega\tau_{\mathrm{f}}\right)\left(1+\mathrm{i}\omega\tau_{\mathrm{m}}\right)\left(1+\mathrm{i}\omega\tau_{\mathrm{p}}\right)}=\frac{A_{\mathrm{f}}}{1+\mathrm{i}\omega\tau_{\mathrm{f}}} \tag{12.36}$$

$$\frac{\delta T_{\mathrm{m}}}{\delta q}=\frac{A_{\mathrm{m}}\left(1+\mathrm{i}\omega\tau_{\mathrm{p}}\right)}{\left(1+\mathrm{i}\omega\tau_{\mathrm{f}}\right)\left(1+\mathrm{i}\omega\tau_{\mathrm{m}}\right)\left(1+\mathrm{i}\omega\tau_{\mathrm{p}}\right)}=\frac{A_{\mathrm{m}}}{\left(1+\mathrm{i}\omega\tau_{\mathrm{f}}\right)\left(1+\mathrm{i}\omega\tau_{\mathrm{m}}\right)} \tag{12.37}$$

$$\frac{\delta T_{\mathrm{p}}}{\delta q}=\frac{A_{\mathrm{p}}}{\left(1+\mathrm{i}\omega\tau_{\mathrm{f}}\right)\left(1+\mathrm{i}\omega\tau_{\mathrm{m}}\right)\left(1+\mathrm{i}\omega\tau_{\mathrm{p}}\right)} \tag{12.38}$$

为了得到可应用于式(12.18)的合适的反馈传递函数形式，需要对式(12.36)~

式(12.38)做进一步修改，从而以 k_{eff} 而非温度的变化作为对功率变化的响应。为实现这一转换，需要利用之前提到的反应性温度系数。反应性温度系数本身实际上是关于温度的函数，但在目前的分析中将其视为常数。将反应性温度系数限定为常数并不会给结果带来较大误差，因为通常来讲这些系数随温度的变化很平缓。

根据反应堆设计的不同，燃料与慢化剂的反应性温度系数既可能是正的，也可能是负的。举个例子，对于低浓铀装料的水堆而言，由于堆内存在大量的 ^{238}U，燃料的反应性温度系数几乎总是负的。温度上升导致中子能谱偏移，使得更多中子被 6.67 eV 处的强共振吸收峰吸收并消失。这种行为意味着反应堆温度上升会导致反应堆 k_{eff} 下降。k_{eff} 下降导致反应堆功率下降，并最终导致反应堆温度下降。这是比较理想的情况，因为这意味着反应堆的运行具有自稳定特性。在美国几乎所有的核反应堆都是这种类型。慢化剂的反应性温度效应通常也是负的，因为温度上升会导致慢化剂密度下降。慢化剂密度下降导致其慢化中子能力减弱，最终同样导致反应堆反应性下降。

与低浓铀装料的水堆相反，在高浓铀装料的石墨慢化反应堆中，燃料的反应性温度系数有时会是正的，因为前述的多普勒效应主要展宽了 ^{235}U（尤其是该效应更显著的 ^{239}Pu）的低能共振裂变峰而非 ^{238}U 的共振吸收峰。共振裂变峰的多普勒展宽强于共振吸收峰的多普勒展宽，会使反应堆 k_{eff} 随温度上升而上升，导致反应堆功率上升，功率上升反过来又导致反应堆温度进一步上升，如此循环往复直至反应堆损坏，除非其他机制介入并终止这种不稳定瞬态行为的发展。由于正的燃料反应性温度系数会导致反应堆内出现破坏性的功率不稳定现象，因此设计时通常要避免出现正的燃料反应性温度系数。苏联切尔诺贝利（Chernobyl）事故就是因其正的反应性温度系数而导致的。在这个案例中，反应堆的正的冷却剂反应性温度系数导致了功率不稳定现象。切尔诺贝利型反应堆采用天然铀装料和石墨慢化剂，由轻水冷却。很有意思（也很危险）的是在这个具体设计中，水起到的作用实际上更多的是一种中子吸收剂而非中子慢化剂，这是因为水中氢的吸收截面高于石墨。切尔诺贝利型反应堆功率上升时，水密度下降，导致水吸收多余中子的能力减弱。由于因此有更多中子可供引发裂变，从而水温度上升会导致反应堆功率上升（即正的冷却剂反应性系数）。在切尔诺贝利事故中，原本设计以用于主动控制功率的反应堆控制系统，因为进行某些测试而被人为解除了。测试过程中出现了微小的功率扰动，进而由于正的冷却剂反应性温度系数导致了功率快速上涨的瞬态行为，并最终导致反应堆损坏。

目前考虑的许多核火箭发动机概念方案都采用石墨来慢化中子、用氢推进剂来“冷却”堆芯，这意味着它们与苏联切尔诺贝利型反应堆之间存在某种相似性。因此，在未来设计核火箭发动机时必须特别注意材料性质和设计特征，以保证反应堆总的反应性温度系数为负值。

将这些反应性温度系数代入式(12.36)和式(12.37)，可以得到带燃料和慢化剂温度反馈的传递函数形式：

$$\frac{\delta k_{\mathrm{eff}}^{\mathrm{f}}}{\delta q}=\alpha_{\mathrm{f}}\frac{\delta T_{\mathrm{f}}}{\delta q}=\frac{\alpha_{\mathrm{f}}A_{\mathrm{f}}}{1+\mathrm{i}\omega\tau_{\mathrm{f}}}=K_{\mathrm{F}}G_{\mathrm{F}} \tag{12.39}$$

$$\frac{\delta k_{\mathrm{eff}}^{\mathrm{m}}}{\delta q}=\alpha_{\mathrm{m}}\frac{\delta T_{\mathrm{m}}}{\delta q}=\frac{\alpha_{\mathrm{m}}A_{\mathrm{m}}}{(1+\mathrm{i}\omega\tau_{\mathrm{f}})(1+\mathrm{i}\omega\tau_{\mathrm{m}})}=K_{\mathrm{M}}G_{\mathrm{M}} \tag{12.40}$$

$$\frac{\delta k_{\mathrm{eff}}^{\mathrm{p}}}{\delta q}=\beta_{\mathrm{p}}\frac{\delta\rho_{\mathrm{p}}}{\delta T_{\mathrm{p}}}\frac{\delta T_{\mathrm{p}}}{\delta q}=\frac{\beta_{\mathrm{p}}A_{\mathrm{p}}}{(1+\mathrm{i}\omega\tau_{\mathrm{f}})(1+\mathrm{i}\omega\tau_{\mathrm{m}})(1+\mathrm{i}\omega\tau_{\mathrm{p}})}\frac{\delta\rho_{\mathrm{p}}}{\delta T_{\mathrm{p}}}=K_{\mathrm{P}}G_{\mathrm{P}} \tag{12.41}$$ [7]

其中，$\alpha_{\mathrm{f}}=\dfrac{\delta k_{\mathrm{eff}}^{\mathrm{f}}}{\delta T_{\mathrm{f}}}$是燃料的反应性温度系数，$\alpha_{\mathrm{m}}=\dfrac{\delta k_{\mathrm{eff}}^{\mathrm{m}}}{\delta T_{\mathrm{m}}}$是慢化剂的反应性温度系数，$\beta_{\mathrm{p}}=\dfrac{\delta k_{\mathrm{eff}}^{\mathrm{p}}}{\delta\rho_{\mathrm{p}}}$是推进剂的反应性密度系数。

由于推进剂是气体，推进剂的反应性效应主要来自于其密度而非温度的变化，因此还需做进一步努力以确定式(12.41)中推进剂温度反馈传递函数的最终形式。假设推进剂服从理想气体定律，则可以写出：

$$\rho_{\mathrm{p}}=\frac{P_{\mathrm{p}}}{R_{\mathrm{p}}T_{\mathrm{p}}} \tag{12.42}$$

其中，P_{p}是推进剂压强，R_{p}是推进剂气体常数。

将式(12.42)代入之前给出的推进剂时间常数τ_{p}的定义式中得到：

$$\tau_{\mathrm{p}}=\frac{\rho_{\mathrm{p}}c_{\mathrm{p}}^{\mathrm{p}}}{U_{\mathrm{mp}}+2\dot{m}c_{\mathrm{p}}^{\mathrm{p}}}=\frac{P_{\mathrm{p}}c_{\mathrm{p}}^{\mathrm{p}}}{R_{\mathrm{p}}T_{\mathrm{p}}\left(U_{\mathrm{mp}}+2\dot{m}c_{\mathrm{p}}^{\mathrm{p}}\right)} \tag{12.43}$$

如果系统压强维持恒定，则推进剂温度的扰动会导致如下所示的推进剂密度的扰动：

$$\begin{aligned}\rho_{p0}+\delta\rho_p &= \frac{P_{p0}}{R_p\left(T_{p0}+\delta T_p\right)} = \frac{P_{p0}\left(T_{p0}-\delta T_p\right)}{R_p\left(T_{p0}+\delta T_p\right)\left(T_{p0}-\delta T_p\right)} = \frac{P_{p0}\left(T_{p0}-\delta T_p\right)}{R_p\left(T_{p0}^2-\delta T_p^2\right)} \\ &= \frac{P_{p0}}{R_p T_{p0}} - \frac{P_{p0}\delta T_p}{R_p T_{p0}^2}\end{aligned} \tag{12.44}$$ [8]

注意到式(12.44)中二阶项 δT_p^2 极小，消去等号两侧相等的项，得到：

$$\delta\rho_p = -\frac{P_{p0}\delta T_p}{R_p T_{p0}^2} \Rightarrow \frac{\delta\rho_p}{\delta T_p} = -\frac{P_{p0}}{R_p T_{p0}^2} \tag{12.45}$$

将式(12.45)代入式(12.41)，得到推进剂温度传递函数：

$$\begin{aligned}\frac{\delta k_{\text{eff}}^{\text{p}}}{\delta q} &= \frac{-\beta_p A_p}{\left(1+\mathrm{i}\omega\tau_f\right)\left(1+\mathrm{i}\omega\tau_m\right)\left(1+\mathrm{i}\omega\tau_p\right)}\frac{P_{p0}}{R_p T_{p0}^2} \\ &= \frac{-\beta_p B_p}{\left(1+\mathrm{i}\omega\tau_f\right)\left(1+\mathrm{i}\omega\tau_m\right)\left(1+\mathrm{i}\omega\tau_p\right)} = K_p G_p\end{aligned} \tag{12.46}$$

其中，$B_p = \dfrac{A_p P_{p0}}{R_p T_{p0}^2} = \dfrac{U_{mp} P_{p0}}{R_p T_{p0}^2\left(U_{fm}+U_{mp}\right)\left(U_{mp}+2\dot{m}c_p^{\text{p}}\right)}$。

与之前讨论的燃料和慢化剂的温度系数不同，可以发现推进剂密度系数几乎总是正的。然而，注意到式(12.46)中的负号，可以看出在瞬态过程中推进剂密度的波动通常会导致反应性的下降。

对于采用热量在燃料内产生并经慢化剂传导至推进剂气流这一设计方案的核火箭，现在已经可以给出全系统的稳定性模型。将式(12.39)、式(12.40)和式(12.46)所给出的温度反馈传递函数，以及式(12.13)给出的反应堆动力学传递函数，代入式(12.18)给出的全系统传递函数模型中，得到核火箭传递函数为：

$$K_{RT}G_{RT} = \frac{1}{\dfrac{\mathrm{i}\omega\Lambda}{q_0}+\dfrac{1}{q_0}\displaystyle\sum_{i=1}^{6}\frac{\mathrm{i}\omega\beta_i}{\mathrm{i}\omega+\lambda_i}+\frac{\alpha_f A_f}{1+\mathrm{i}\omega\tau_f}+\frac{\alpha_m A_m}{\left(1+\mathrm{i}\omega\tau_f\right)\left(1+\mathrm{i}\omega\tau_m\right)}-\frac{\beta_p B_p}{\left(1+\mathrm{i}\omega\tau_f\right)\left(1+\mathrm{i}\omega\tau_m\right)\left(1+\mathrm{i}\omega\tau_p\right)}} \tag{12.47}$$

将式(12.47)表示为如图 12.2 所示的波特（Bode）图，从中可以查得核火箭系统的稳定性。在波特图中，反馈函数的增益（以分贝为单位）和相移绘制为扰动频率相关的曲线。增益和相移通常按以下方式定义：

$$增益=20\mathrm{Re}\left[\log\left(K_{RT}G_{RT}\right)\right]，相移=\arctan\left[\frac{\mathrm{Im}\left(K_{\mathrm{RT}}G_{\mathrm{RT}}\right)}{\mathrm{Re}\left(K_{\mathrm{RT}}G_{\mathrm{RT}}\right)}\right] \tag{12.48}$$

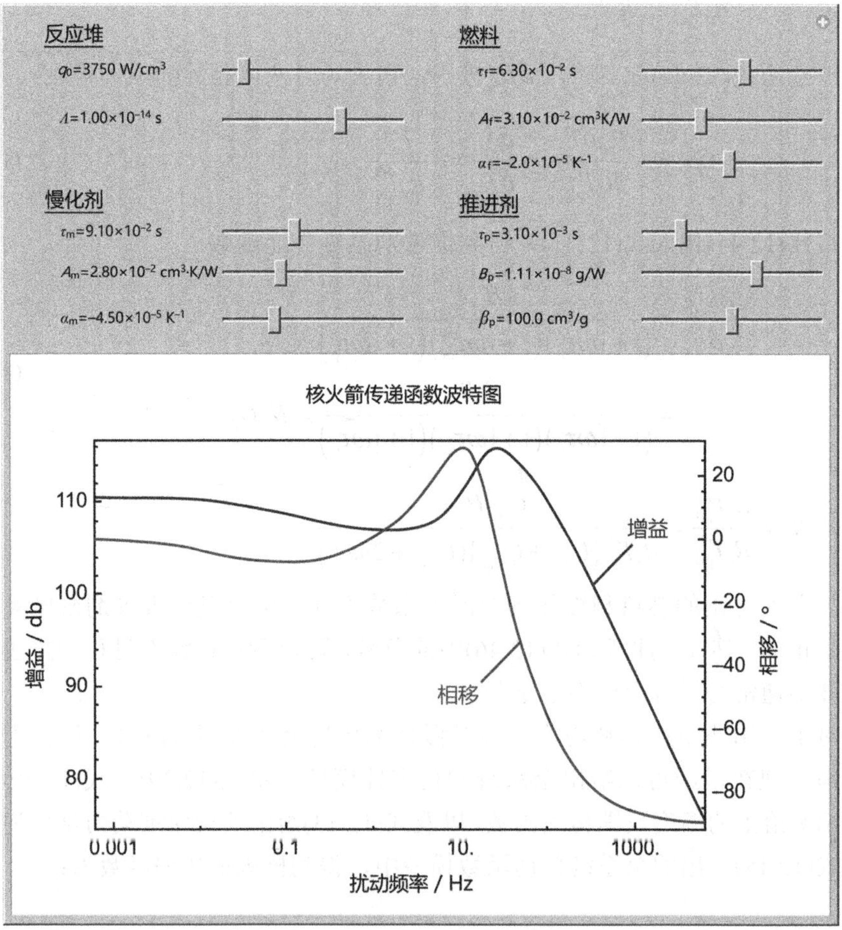

图 12.2 带热工反馈的核火箭传递函数的波特图

例题

用波特图来计算 NERVA 核火箭中核反应堆部分的稳定性。假设燃料元件设计为微小的易裂变颗粒弥散于石墨基体中，并且采用氢推进剂。使用下表给出的参数计算反应堆的稳定性：

参数	数值	单位	含义
q_0	3750	W/cm^3	堆芯平均功率密度
Λ	0.0001	s	瞬发中子寿命
S_{fm}	3.5	cm^{-1}	单位体积燃料元件内燃料的表面积
c_p^f	0.15	$W\cdot s/(g\cdot K)$	燃料比热容
k^f	0.23	$W/(cm\cdot K)$	燃料热导率
ρ^f	13.5	g/cm^3	燃料密度
α^f	−0.000020	K^{-1}	燃料的反应性温度系数
S_{mp}	8.3	cm^{-1}	单位体积燃料元件内冷却剂流道的表面积
c_p^m	1.9	$W\cdot s/(g\cdot K)$	石墨慢化剂比热容
k^m	0.31	$W/(cm\cdot K)$	石墨慢化剂热导率
ρ^m	1.7	g/cm^3	石墨慢化剂密度
α^m	−0.000045	K^{-1}	慢化剂的反应性温度系数
c_p^p	16.8	$W\cdot s/(g\cdot K)$	氢推进剂比热容
h_c	0.5	$W/(cm^2\cdot K)$	氢的传热系数
P	7	MPa	氢推进剂平均压强
T	1500	K	氢推进剂平均温度
R	4.2	$MPa\cdot cm^3/(g\cdot K)$	氢的气体常数
$\dot{m}$	0.083	$g/(s\cdot cm^3)$	单位体积燃料元件内的氢流量
β^p	100	cm^3/g	氢的反应性密度系数
r^f	0.025	cm	燃料内传热的特征长度
r^m	0.2	cm	石墨基体内传热的特征长度

解答

开始分析时，首先需要计算燃料和慢化剂的等效热导。对于燃料而言，单位体积燃料元件内燃料颗粒的热导主要是燃料热导率和几何参数的函数。由基本的传热学原理可以得到热导的合理近似如下：

$$U_{\mathrm{fm}}=\frac{k^{\mathrm{f}}S_{\mathrm{fm}}}{r^{\mathrm{f}}}=32.3\frac{\mathrm{W}}{\mathrm{cm}^3\cdot\mathrm{K}}$$

对于慢化剂，单位体积燃料元件内石墨的热导不仅是慢化剂导热率*和几何参数的函数，还与慢化剂和推进剂之间的传热系数相关。在本例题中，对于热导的合理近似如下：

$$U_{\mathrm{mp}}=\frac{S_{\mathrm{mp}}}{\dfrac{r^{\mathrm{m}}}{k^{\mathrm{m}}}+\dfrac{1}{h_{\mathrm{c}}}}=3.14\frac{\mathrm{W}}{\mathrm{cm}^3\cdot\mathrm{K}}$$

得到燃料和慢化剂的热导后，即可计算所需的热阻常数和时间常数：

$$\tau_{\mathrm{f}}=\frac{\rho_{\mathrm{f}}c_{\mathrm{p}}^{\mathrm{f}}}{U_{\mathrm{fm}}}=0.063\,\mathrm{s},\quad \tau_{\mathrm{m}}=\frac{\rho_{\mathrm{m}}c_{\mathrm{p}}^{\mathrm{m}}}{U_{\mathrm{fm}}+U_{\mathrm{mp}}}=0.091\,\mathrm{s},$$

$$\tau_{\mathrm{p}}=\frac{Pc_{\mathrm{p}}^{\mathrm{p}}}{RT\left(U_{\mathrm{mp}}+2\dot{m}c_{\mathrm{p}}^{\mathrm{p}}\right)}=0.0031\,\mathrm{s},\quad A_{\mathrm{m}}=\frac{1}{U_{\mathrm{fm}}+U_{\mathrm{mp}}}=0.028\frac{\mathrm{cm}^3\cdot\mathrm{K}}{\mathrm{W}},$$

$$A_{\mathrm{f}}=\frac{1}{U_{\mathrm{fm}}}=0.031\frac{\mathrm{cm}^3\cdot\mathrm{K}}{\mathrm{W}},\quad B_{\mathrm{p}}=\frac{U_{\mathrm{mp}}P}{RT^2\left(U_{\mathrm{fm}}+U_{\mathrm{mp}}\right)\left(U_{\mathrm{mp}}+2\dot{m}c_{\mathrm{p}}^{\mathrm{p}}\right)}=1.11\times10^{-8}\frac{\mathrm{g}}{\mathrm{W}}$$

使用上面计算而得到的时间常数和热阻常数，加上其他参数，即可绘制出描述核火箭系统稳定性的波特图。注意之前图 12.2 给出的波特图默认采用的就是这里给出的参数值。从图中可以看出对于所有频率，增益都是有限的，而相移总小于 180 度。这一特征意味着核火箭发动机是稳定的。如果对设计做修改，使推进剂的反应性密度系数降至−170 cm^3/g 以下，则如图 1 所示，在低频区将出现 180 度的相移，这意味着发动机的运行存在不稳定性并将导致反应堆功率持续上升。

从结果中还可以看出，即便反应堆内某些部件的热工反应性系数为正，发动机仍有可能稳定运行。只要总的热工反应性系数为负，反应堆就可以稳定运行。另外，如果将所有的时间常数和热阻常数都设置为零，即相当于回避掉所有的热工反馈，则波特图在频率趋于零时会出现无穷大的增益，这印证了之前提到的恰好临界的反应堆是不稳定的这一结论。

* 慢化剂导热率：英文原文是 fuel thermal conductivity（燃料导热率），译者认为有误。

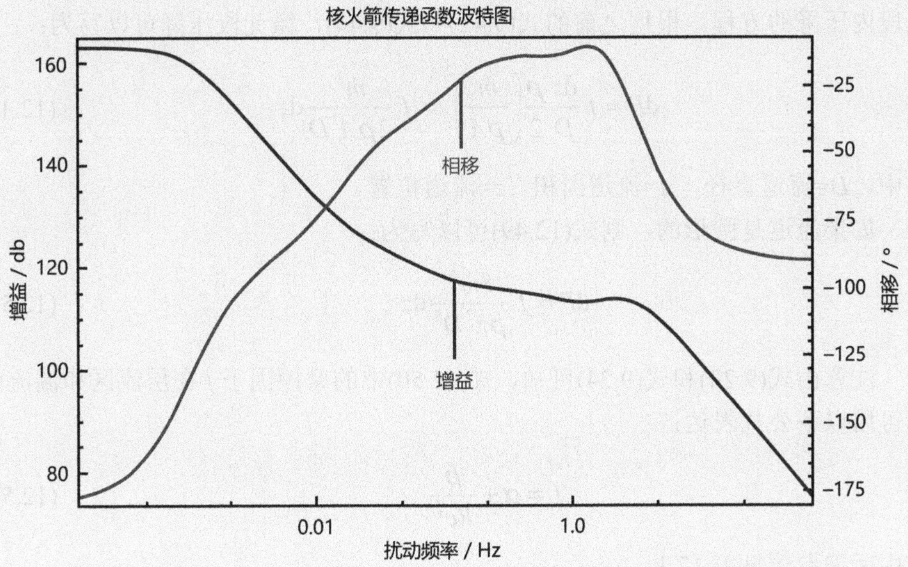

图 1 推进剂反应性密度系数等于−170 cm³/g 时核火箭传递方程的波特图

12.3 热工流体不稳定性

Bussard[1]指出，由于大多数气体的黏度会随温度升高而上升，在诸如NERVA 型燃料元件等的加热流道中，就存在出现不稳定流动的可能性。譬如说当某个流道周围的燃料加热功率增加时，就有可能出现这种不稳定现象。从物理上讲，加热功率的增加会使气体温度上升，导致气体黏度升高。而气体黏度的升高会导致流道内的压降升高。假设气体流动是非强迫的，即气体可以自由地从燃料元件内任意可流通的流道流过，并且假设流过堆芯的总压降保持恒定，则在加热功率增加的流道内，气体流量应当降低以补偿气体黏度的升高。在燃料元件内所有流道的压降达到平衡之前，该流道内气体流量会持续下降而气体温度则会持续上升，这一过程会导致流动不稳定的现象。在某些情况下，加热功率增加的流道内气体流量会降低到使气体温度上升，并导致与该流道相邻的燃料温度超过允许限值的程度。

为确定这种不稳定现象存在的条件，首先写出描述 NERVA 型燃料元件微元段内压降的方程。根据之前的式(9.42)和式(9.44)，微元段压降可以写为：

$$\mathrm{d}P = f\frac{\mathrm{d}z}{D}\frac{\rho}{2}\left(\frac{\dot{m}}{\rho A}\right)^2 = f\frac{\dot{m}^2}{2\rho A^2 D}\mathrm{d}z \tag{12.49}$$

其中，D=流道直径，A=流道面积，z=流道位置。

如果流道是圆形的，则式(12.49)可以写为：

$$\mathrm{d}P = f\frac{8\dot{m}^2}{\rho\pi^2 D^5}\mathrm{d}z \tag{12.50}$$

注意由式(9.23)和式(9.24)可知，式(12.50)中的摩擦因子 f 在层流区和湍流区都可用以下公式表达：

$$f = \alpha + \frac{\beta}{Re^{\xi}} \tag{12.51}$$

式中所需参数见表 12.1。

表 12.1　管内流动摩擦因子系数

参数	层流	湍流
α	0	$0.094\left(\frac{\epsilon}{D}\right)^{0.225} + 0.53\left(\frac{\epsilon}{D}\right)$
β	64	$88\left(\frac{\epsilon}{D}\right)^{0.44}$
ξ	1	$1.62\left(\frac{\epsilon}{D}\right)^{0.134}$

另外注意到大多数气体的黏度都可以表示成指数幂形式：

$$\mu = \mu_0 T^n \tag{12.52}$$

利用式(12.52)结果，雷诺数可以表示为：

$$Re = \frac{4\dot{m}}{\pi D\mu} = \frac{4\dot{m}}{\pi D\mu_0 T^n} \tag{12.53}$$

在式(12.51)给出的摩擦因子表达式中，用式(12.53)替换雷诺数，得到：

$$f=\alpha+\frac{\beta}{Re^{\xi}}=\alpha+\beta\left(\frac{\pi D\mu_0 T^n}{4\dot{m}}\right)^{\xi} \tag{12.54}$$

最后利用理想气体定律，将气体密度表示为关于温度和压强的函数：

$$\rho=\frac{P}{RT} \tag{12.55}$$

将式(12.54)和式(12.55)代入式(12.50)，得到微元段压降表达式如下：

$$\mathrm{d}P=f\frac{8\dot{m}^2}{\rho\pi^2 D^5}\mathrm{d}z=\left[\alpha+\beta\left(\frac{\pi D\mu_0 T^n}{4\dot{m}}\right)^{\xi}\right]\frac{RT}{P}\frac{8\dot{m}^2}{\pi^2 D^5}\mathrm{d}z \tag{12.56}$$

为了对式(12.56)积分以得到沿流道全长的压降，需要将流体温度表示成关于位置的函数。根据热力学第一定律可以得到此函数形式为：

$$qz=\dot{m}c_{\mathrm{p}}\left(T-T_{\mathrm{in}}\right)\Rightarrow T=\frac{qz}{\dot{m}c_{\mathrm{p}}}+T_{\mathrm{in}} \tag{12.57}$$

其中，q=单位流道长度的加热功率，T=流道内位置 z 处的流体温度，T_{in}=流道入口处的流体温度。

在目前的分析中，均假设式(12.57)中的加热功率 q 是常数，即便事实上该参数通常是关于位置的函数（比如截断的余弦函数）。采用恒定加热功率的假设可以大幅简化分析过程，并且在大多数情况下不会对结果造成太大影响。将式(12.57)代入式(12.56)，整理并进行积分：

$$\int_{P_{\mathrm{out}}}^{P_{\mathrm{in}}}P\,\mathrm{d}P=\int_0^L\frac{8\dot{m}^2 R}{\pi^2 D^5}\left[\alpha+\beta\left(\frac{\pi D\mu_0}{4\dot{m}}\right)^{\xi}\left(\frac{qz}{\dot{m}c_{\mathrm{p}}}+T_{\mathrm{in}}\right)^{n\xi}\right]\left(\frac{qz}{\dot{m}c_{\mathrm{p}}}+T_{\mathrm{in}}\right)\mathrm{d}z \tag{12.58}$$

求式(12.58)的积分得到：

$$\frac{1}{2}\left(P_{\mathrm{in}}^2-P_{\mathrm{out}}^2\right)=\frac{4\dot{m}RL}{\pi^2 D^5}\left(\frac{qL}{c_{\mathrm{p}}}+2\dot{m}T_{\mathrm{in}}\right)\alpha+\frac{2^{3-2\xi}c_{\mathrm{p}}\dot{m}^{3-\xi}R}{q(2+n\xi)\pi^{2-\xi}D^{5-\xi}}\left[\left(\frac{qL}{\dot{m}c_{\mathrm{p}}}+T_{\mathrm{in}}\right)^{2+n\xi}-T_{\mathrm{in}}^{2+n\xi}\right]\beta\mu_0^{\xi} \tag{12.59}$$ [9]

值得指出的是，在层流区内式(12.59)退化成哈根–泊肃叶（Hagen–Poiseuille）定律的形式：

$$\frac{1}{2}\left(P_{\mathrm{in}}^2-P_{\mathrm{out}}^2\right)=\frac{128c_{\mathrm{p}}\dot{m}^2R}{q(2+n)\pi D^4}\left[\left(\frac{qL}{\dot{m}c_{\mathrm{p}}}+T_{\mathrm{in}}\right)^{2+n}-T_{\mathrm{in}}^{2+n}\right]\mu_0 \tag{12.60}$$ [10]

对满功率运行的 NERVA 型燃料元件应用式(12.59)，结果如图 12.3 所示。假设反应堆出口设计温度为 3000 K，则所需的满功率流量为 1.12 g/s，这一流动显然属于湍流区。图像显示湍流是稳定的，因为流量的下降会导致压降降低。为保持流经所有流道的压降恒定，流量减少的流道会做出响应，使流量上升并回复到初始值，从而使该流道回复到与其他流道压降平衡的状态。虽然特征几何参数和加热功率大不相同，但以上结论同样适用于槽道式的环形燃料元件。

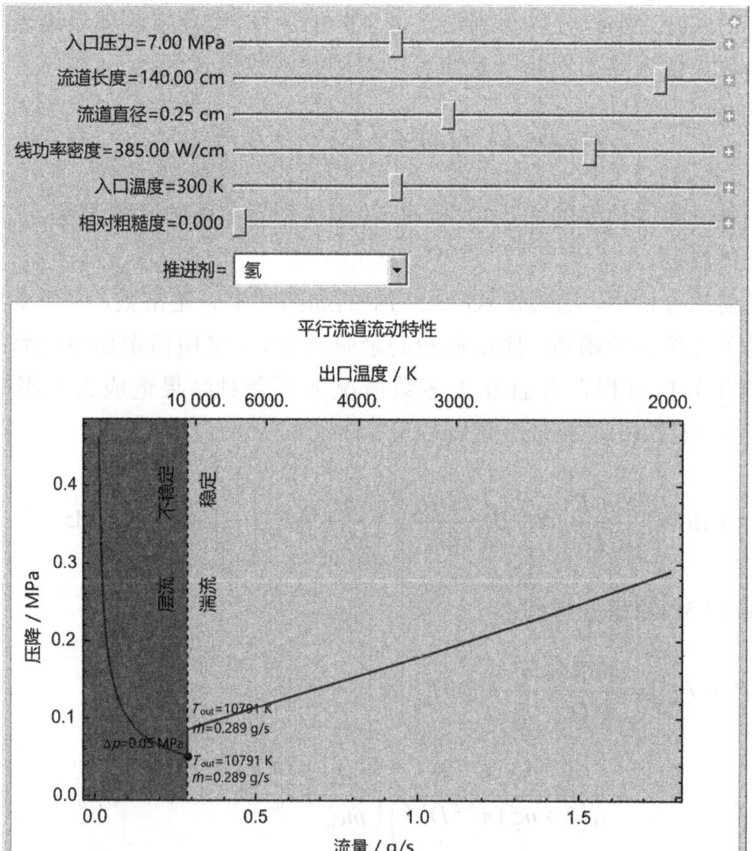

图 12.3　带有平行流道的燃料元件内的热工流体稳定性

然而，在发动机停堆或改变推力过程等情况下可能需要低功率运行，此时可能会遇到问题。图像显示如果流道的加热功率降至 45 W/cm，则仅需 0.131 g/s 的流道流量即可使反应堆保持 3000 K 的出口温度运行。在此流量下，流道内的流动勉强维持在湍流状态。当流道内流动出现扰动使流量进一步下降时，流道内出现层流并进一步发展。在这种不利的情况下，流道内压降会突然出现陡降。在这个例子中，为了与其他流道的压降平衡，该流道内的流量会持续下降直至所有流道的压降归于平衡。这种流量的下降会导致流道出口温度的升高，进而导致燃料温度的升高。在这个例子中流道出口温度的升高非常剧烈，在流量稳定于 0.0521 g/s 前温度可升高至大约 7100 K。

从前面的讨论中似乎可以得出结论，即所有的流动不稳定现象都发生在从层流到湍流的流动边界处；但这并不符合事实。如果加热功率继续降至 7.3 W/cm 以下，那么可以看到层流区中一部分区域属于稳定区，而另一部分区域属于不稳定区。不过，在如此低的功率水平下，大流量流道与小流量流道之间的温度差一般不会像湍流转变到层流时那么剧烈。通常需要大得多的流动扰动，才能激励产生使大流量流道与小流量流道之间温差较大的不稳定现象。

采用与上面类似的分析方法，还可以对颗粒床反应堆中的热工流体不稳定性进行研究。分析时唯一的差别是摩擦因子公式中的系数由额尔古纳（Ergun）关系式给出，额尔古纳关系式描述的是流体流过填料床的压降。摩擦因子的公式与式(12.51)完全一致，不同之处在于这里使用的系数由表 12.2 给出，表中 ϵ 是颗粒床的孔隙率。

表 12.2 颗粒床的摩擦因子系数

参数	颗粒床
α	$\dfrac{3.5(1-\epsilon)}{\epsilon^3}$
β	$\dfrac{300(1-\epsilon)}{\epsilon^3}$ [11]
ξ	1

计算流体流过颗粒床的雷诺数的公式也与式(12.53)有所不同。在这种情况下，雷诺数可用以下公式表达：

$$Re = \frac{\dot{m}D_{\mathrm{p}}}{(1-\epsilon)\mu} \tag{12.61}$$

其中，D_{p}=燃料颗粒直径，$\dot{m}$=单位面积颗粒床的流体质量流量。

将此处雷诺数的新定义式(12.61)代入式(12.54)给出的摩擦因子表达式中，可以得到：

$$f = \alpha + \frac{\beta}{Re^{\xi}} = \alpha + \beta\left[\frac{(1-\epsilon)\mu}{\dot{m}D_{\mathrm{p}}}\right]^{\xi} \tag{12.62}$$

将式(12.55)和式(12.62)代入式(9.42)，可以得到颗粒床燃料元件的微元段压降表达式如下：

$$\mathrm{d}P = f\frac{\mathrm{d}z}{D_{\mathrm{p}}}\frac{\rho V^2}{2} = f\frac{\dot{m}^2}{2\rho D_{\mathrm{p}}}\mathrm{d}z = \left\{\alpha + \beta\left[\frac{(1-\epsilon)\mu_0 T^n}{\dot{m}D_{\mathrm{p}}}\right]^{\xi}\right\}\frac{RT}{P}\frac{\dot{m}^2}{2D_{\mathrm{p}}}\mathrm{d}z \tag{12.63}$$

将式(12.57)代入式(12.63)，整理各项并积分得到：

$$\int_{P_{\mathrm{out}}}^{P_{\mathrm{in}}} P\,\mathrm{d}P = \int_0^L \frac{\dot{m}^2 R}{2D_{\mathrm{p}}}\left[\alpha + \beta\mu_0^{\xi}\left(\frac{1-\epsilon}{\dot{m}D_{\mathrm{p}}}\right)^{\xi}\left(\frac{qz}{\dot{m}c_{\mathrm{p}}} + T_{\mathrm{in}}\right)^{n\xi}\right]\left(\frac{qz}{\dot{m}c_{\mathrm{p}}} + T_{\mathrm{in}}\right)\mathrm{d}z \tag{12.64}$$

其中，q=燃料颗粒床的功率密度。

求式(12.64)的积分得到：

$$\begin{aligned}\frac{1}{2}\left(P_{\mathrm{in}}^2 - P_{\mathrm{out}}^2\right) &= \frac{\dot{m}RL}{4D_{\mathrm{p}}}\left(\frac{qL}{c_{\mathrm{p}}} + 2\dot{m}T_{\mathrm{in}}\right)\alpha \\ &\quad + \frac{c_{\mathrm{p}}R\dot{m}^{3-\xi}(1-\epsilon)^{\xi}}{2(2+n\xi)qD_{\mathrm{p}}^{1+\xi}}\left[\left(\frac{qL}{\dot{m}c_{\mathrm{p}}} + T_{\mathrm{in}}\right)^{2+n\xi} - T_{\mathrm{in}}^{2+n\xi}\right]\beta\mu_0^{\xi}\end{aligned} \tag{12.65}$$

[12]

对满功率运行的颗粒床燃料元件应用式(12.65)，结果如图 12.4 所示。从图中可以看出，在颗粒床反应堆的典型高功率密度运行状态下，稳定运行应该是可以实现的。不过对于低功率密度（大约 3 kW/cm^3），在核火箭运行一般要求的出口温度条件下，会出现热工不稳定现象。还可以注意到，颗粒床中流动的雷诺数一般很小，这意味着颗粒床中通常都存在层流条件。与之前讨论的平行流动情况相似，颗粒床反应堆的稳定运行条件取决于反应堆运行通常所处的层流区域。对以上分析需要做一点补充说明，即以上分析默认假设从同一位置进入颗粒床的流体都沿同一流道流出颗粒床。然而，这种假设并不一定正确，因为流体可以根据压强、流量脉动或颗粒床的具体参数自由选择其流过颗粒床的三维流道。研究表明，这种三维流动效应与颗粒床热导率会对燃料元件内的流动稳定性产生显著影响。不过，图 12.4 能够给出正确的定性结果，尤其在颗粒床热导率不太高的情况下。

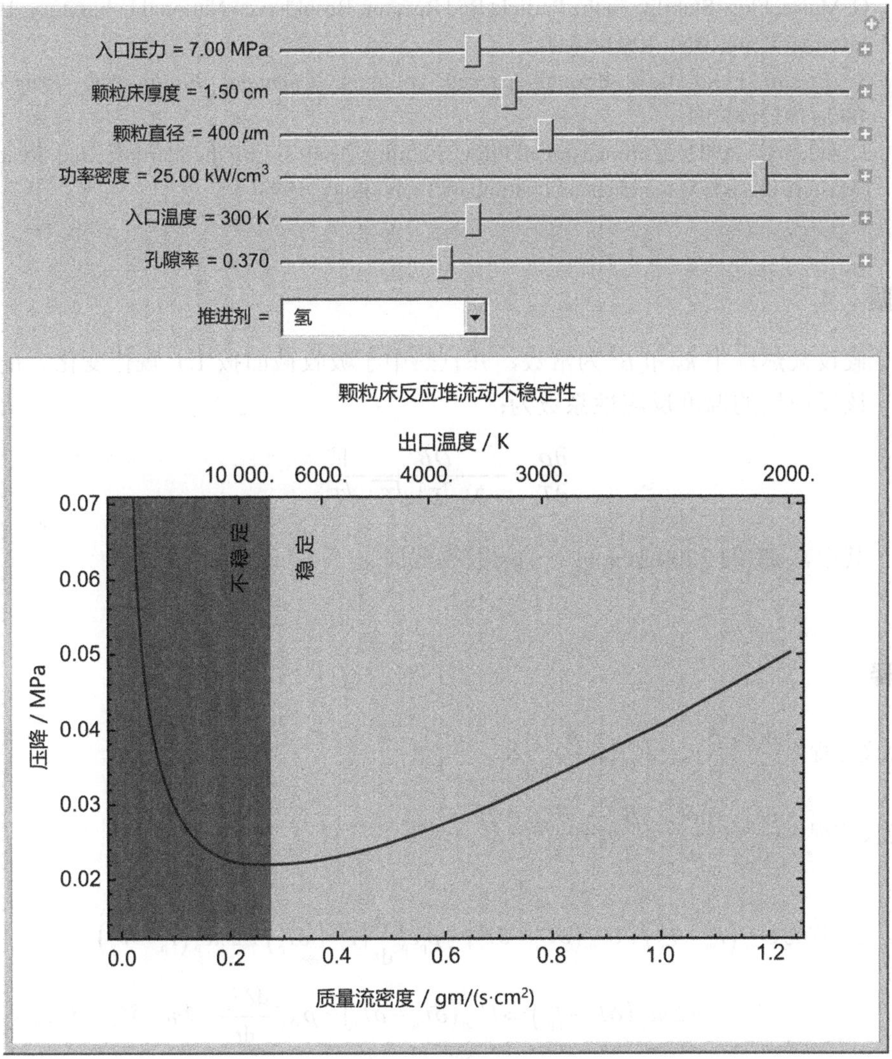

图 12.4 颗粒床燃料元件的热工流体稳定性

参考文献

[1] R.W. Bussard, R.D. DeLauer. Nuclear Rocket Propulsion. McGraw-Hill, New York, 1958.

[2] C.F. Colebrook. Turbulent flow in pipes, with particular reference to the transition region between smooth andrough pipe laws. *Journal of the Institution of Civil Engineers (London)*, **11**(4)(February 1939).

[3] D.J. Wood. An explicit friction factor relationship. *Civil Engineering, ASCE*, **60**(1966).

[4] G. Maise. Flow Stability in the Particle Bed Reactor. Brookhaven National Laboratory, 1991. Informal ReportBNL/RSD-91-002.

[5] S. Ergun. Fluid flow through packed columns. *Chemical Engineering Progress*, **48**(2)(1952):89-94.

[6] J. Kalamas. A Three-dimensional Flow Stability Analysis of the Particle Bed Reactor (Masters thesis). Massachusetts Institute of Technology, 1993

习题

1. 假设某热堆中 k_∞和 B^2 为常数，并且热中子吸收截面按 $1/V$ 规律变化。证明该反应堆的温度反应性系数为：

$$\frac{\partial \rho}{\partial T} = -\frac{DB^2}{2k_\infty \Sigma_a^0 \sqrt{T_0}} \frac{1}{\sqrt{T}}$$

其中，Σ_a^0 为 2200 m/s 的中子的吸收截面。

注释

1 原文方程为 $\frac{\mathrm{d}C}{\mathrm{d}t}=\frac{\beta}{\Lambda}n_0 - \lambda C_0 \Rightarrow \frac{\beta}{\Lambda}n_0=\lambda C_0$，有误。

2 原文方程为 $\underbrace{\frac{\mathrm{d}C_0}{\mathrm{d}t}}_{\approx 0}+\frac{\mathrm{d}\delta C}{\mathrm{d}t}=\frac{\beta}{\Lambda}n_0+\frac{\beta}{\Lambda}\delta n-\lambda C_0-\lambda C$，有误。

3 原文方程为 $U_{\mathrm{mp}}\left(T_{\mathrm{m}}^0-T_{\mathrm{p}}^0\right)+U_{\mathrm{mp}}\left(\delta T_{\mathrm{m}}-\delta T_{\mathrm{p}}\right)=\rho_{\mathrm{p}}c_{\mathrm{p}}^{\mathrm{p}}\frac{\mathrm{d}}{\mathrm{d}t}\left(T_{\mathrm{p}}^0+\delta T_{\mathrm{p}}\right)+2\dot{m}c_{\mathrm{p}}^{\mathrm{p}}\left(T_{\mathrm{p}}^0-T_{\mathrm{pi}}\right)$

$+2\dot{m}c_{\mathrm{p}}^{\mathrm{p}}\left(\delta T_{\mathrm{p}}-T_{\mathrm{pi}}\right)\Rightarrow U_{\mathrm{mp}}\left(\delta T_{\mathrm{m}}-\delta T_{\mathrm{p}}\right)=\rho_{\mathrm{p}}c_{\mathrm{p}}^{\mathrm{p}}\frac{\mathrm{d}\delta T_{\mathrm{p}}}{\mathrm{d}t}+2\dot{m}c_{\mathrm{p}}^{\mathrm{p}}\delta T_{\mathrm{p}}$，有误。

4 原文方程为 $\frac{\delta T_{\mathrm{f}}}{\delta q}=$

$$\frac{U_{\mathrm{fm}}\left(2\dot{m}c_{\mathrm{p}}^{\mathrm{p}}+\mathrm{i}\omega\rho_{\mathrm{p}}c_{\mathrm{p}}^{\mathrm{p}}+U_{\mathrm{mp}}\right)\left[\frac{\mathrm{i}\omega\rho_{\mathrm{m}}c_{\mathrm{p}}^{\mathrm{m}}+U_{\mathrm{fm}}+U_{\mathrm{mp}}}{U_{\mathrm{fm}}}-\frac{U_{\mathrm{mp}}^{2}}{U_{\mathrm{fm}}\left(2\dot{m}c_{\mathrm{p}}^{\mathrm{p}}+\mathrm{i}\omega\rho_{\mathrm{p}}c_{\mathrm{p}}^{\mathrm{p}}+U_{\mathrm{mp}}\right)}\right]}{U_{\mathrm{fm}}^{2}+\left(\mathrm{i}\omega\rho_{\mathrm{f}}c_{\mathrm{p}}^{\mathrm{f}}+U_{\mathrm{fm}}\right)\left(\mathrm{i}\omega\rho_{\mathrm{m}}c_{\mathrm{p}}^{\mathrm{m}}+U_{\mathrm{fm}}+U_{\mathrm{mp}}\right)\left(2\dot{m}c_{\mathrm{p}}^{\mathrm{p}}+\mathrm{i}\omega\rho_{\mathrm{p}}c_{\mathrm{p}}^{\mathrm{p}}+U_{\mathrm{mp}}\right)-\left(\mathrm{i}\omega\rho_{\mathrm{f}}c_{\mathrm{p}}^{\mathrm{f}}+U_{\mathrm{fm}}\right)U_{\mathrm{mp}}^{2}}$$

，有误。

5 原文方程为 $\frac{\delta T_{\mathrm{m}}}{\delta q}=$

$$\frac{U_{\mathrm{fm}}\left(2\dot{m}c_{\mathrm{p}}^{\mathrm{p}}+\mathrm{i}\omega\rho_{\mathrm{p}}c_{\mathrm{p}}^{\mathrm{p}}+U_{\mathrm{mp}}\right)}{U_{\mathrm{fm}}^{2}+\left(\mathrm{i}\omega\rho_{\mathrm{f}}c_{\mathrm{p}}^{\mathrm{f}}+U_{\mathrm{fm}}\right)\left(\mathrm{i}\omega\rho_{\mathrm{m}}c_{\mathrm{p}}^{\mathrm{m}}+U_{\mathrm{fm}}+U_{\mathrm{mp}}\right)\left(2\dot{m}c_{\mathrm{p}}^{\mathrm{p}}+\mathrm{i}\omega\rho_{\mathrm{p}}c_{\mathrm{p}}^{\mathrm{p}}+U_{\mathrm{mp}}\right)-\left(\mathrm{i}\omega\rho_{\mathrm{f}}c_{\mathrm{p}}^{\mathrm{f}}+U_{\mathrm{fm}}\right)U_{\mathrm{mp}}^{2}}$$

，有误。

6 原文方程为 $\frac{\delta T_{\mathrm{p}}}{\delta q}=$

$$\frac{U_{\mathrm{fm}}U_{\mathrm{mp}}}{U_{\mathrm{fm}}^{2}+\left(\mathrm{i}\omega\rho_{\mathrm{f}}c_{\mathrm{p}}^{\mathrm{f}}+U_{\mathrm{fm}}\right)\left(\mathrm{i}\omega\rho_{\mathrm{m}}c_{\mathrm{p}}^{\mathrm{m}}+U_{\mathrm{fm}}+U_{\mathrm{mp}}\right)\left(2\dot{m}c_{\mathrm{p}}^{\mathrm{p}}+\mathrm{i}\omega\rho_{\mathrm{p}}c_{\mathrm{p}}^{\mathrm{p}}+U_{\mathrm{mp}}\right)-\left(\mathrm{i}\omega\rho_{\mathrm{f}}c_{\mathrm{p}}^{\mathrm{f}}+U_{\mathrm{fm}}\right)U_{\mathrm{mp}}^{2}}$$

，有误。

7 原文方程为 $\frac{\delta k_{\mathrm{eff}}^{\mathrm{p}}}{\delta q}=\beta_{\mathrm{p}}\frac{\delta\rho_{\mathrm{p}}}{\delta T_{\mathrm{m}}}\frac{\delta T_{\mathrm{p}}}{\delta q}=\frac{\beta_{\mathrm{p}}A_{\mathrm{p}}}{(1+\mathrm{i}\omega\tau_{\mathrm{f}})(1+\mathrm{i}\omega\tau_{\mathrm{m}})(1+\mathrm{i}\omega\tau_{\mathrm{p}})}\frac{\delta\rho_{\mathrm{p}}}{\delta T_{\mathrm{p}}}=K_{\mathrm{p}}G_{\mathrm{p}}$，有误。

8 原文方程为

$$\rho_{\mathrm{p}0}+\delta\rho_{\mathrm{p}}=\frac{P_{\mathrm{p}0}}{R_{\mathrm{p}}\left(T_{\mathrm{p}0}+\delta T_{\mathrm{p}}\right)}=\frac{P_{\mathrm{p}0}\left(T_{\mathrm{p}0}-\delta T_{\mathrm{p}}\right)}{R_{\mathrm{p}}\left(T_{\mathrm{p}0}+\delta T_{\mathrm{p}}\right)\left(T_{\mathrm{p}0}-\delta T_{\mathrm{p}}\right)}=\frac{P_{\mathrm{p}0}\left(T_{\mathrm{p}0}-\delta T_{\mathrm{p}}\right)}{R_{\mathrm{p}}\left(T_{\mathrm{p}0}^{2}-\delta T_{\mathrm{p}}^{2}\right)}=\frac{P_{\mathrm{p}0}}{R_{\mathrm{p}}T_{\mathrm{p}0}^{2}}-\frac{P_{\mathrm{p}0}\delta T_{\mathrm{p}}}{R_{\mathrm{p}}T_{\mathrm{p}0}^{2}}$$

，有误。

9 原文方程为

$$P_{\mathrm{in}}^{2}-P_{\mathrm{out}}^{2}=\frac{4\dot{m}RL}{\pi^{2}D^{5}}\left(\frac{qL}{c_{\mathrm{p}}}+2\dot{m}T_{\mathrm{in}}\right)\alpha+\frac{2^{3-2\xi}c_{\mathrm{p}}\dot{m}^{3-\xi}R}{q(2+n\xi)\pi^{2-\xi}D^{5-\xi}}\left[\left(\frac{qL}{\dot{m}c_{\mathrm{p}}}+T_{\mathrm{in}}\right)^{2+n\xi}-T_{\mathrm{in}}^{2+n\xi}\right]\beta\mu_{0}^{\xi}$$

，有误。

10 原文方程为 $P_{\mathrm{in}}^{2}-P_{\mathrm{out}}^{2}=\frac{128c_{\mathrm{p}}\dot{m}^{2}R}{q(2+n)\pi D^{4}}\left[\left(\frac{qL}{\dot{m}c_{\mathrm{p}}}+T_{\mathrm{in}}\right)^{2+n}-T_{\mathrm{in}}^{2+n}\right]\mu_{0}$，有误。

11 原文方程为 $\frac{300(1-\epsilon)^{2}}{\epsilon^{3}}$，有误。

12 原文方程为 $P_{in}^{2}-P_{out}^{2}=\frac{\dot{m}RL}{}\left(\frac{qL}{c_{p}}+2\dot{m}T_{in}\right)\alpha+\frac{c_{p}R\dot{m}^{3-\xi}(1-\epsilon)^{\xi}}{2(2+n\xi)qD_{p}^{1+\xi}}\left[\left(\frac{qL}{\dot{m}c_{p}}+T_{in}\right)^{2+n\xi}-T_{in}^{2+n\xi}\right]\beta\mu_{0}^{\xi}$，

有误。

第13章　燃料燃耗与嬗变

在核反应堆运行过程中，裂变产物随时间而不断积累并逐渐使反应堆中毒。最终，这些裂变产物的毒性以及可裂变材料的消耗，会导致反应堆的 k_{eff} 降至无法继续保持临界的程度。对于核热火箭而言，燃料的燃耗通常不会带来太大的问题，因为其运行时间短，没有足够时间让裂变产物积累至较高量级。但对于在相对较高的中子通量水平下长期运行的动力堆而言，燃料的燃耗会十分显著，在反应堆系统设计中必须予以考虑。在某些情况下，如为某电推进系统供电，可能会需要反应堆这样长期运行。裂变过程中会产生多种裂变产物核素，但其中有两种特定核素，由于具有极高的中子吸收截面和较高的裂变产额，因此即便是在核热火箭发动机的设计中也需要予以考虑。这两种核素是 ^{135}Xe 和 ^{149}Sm。二者之中 ^{135}Xe 比 ^{149}Sm 更加重要，因为 ^{135}Xe 的中子吸收截面要高得多。

13.1　裂变产物积累与嬗变

在设计用于长期提供能量的核反应堆中，燃料的消耗或燃耗会极大地影响反应堆的运行。在无法使用太阳能的深空中，电推进或离子推进系统将会需要采用这种动力堆系统供电。在这些条件下，反应堆系统的设计必须考虑燃料燃耗影响。短时间运行的核热火箭因为没有足够时间让裂变产物积累，通常受燃料燃耗的影响极小。

^{235}U 等易裂变核素通常吸收一个中子发生裂变并产生一系列裂变产物，这些裂变产物会导致中子寄生吸收率上升，并因此使反应堆堆芯缓慢中毒。其中两种特定核素的中子吸收截面和裂变产额极高，需要详细讨论。这两种核素是 ^{135}Xe 和 ^{149}Sm。这两种核素的截面曲线如图 13.1 所示，其对于反应堆运行的影响会在下文中展开讨论。

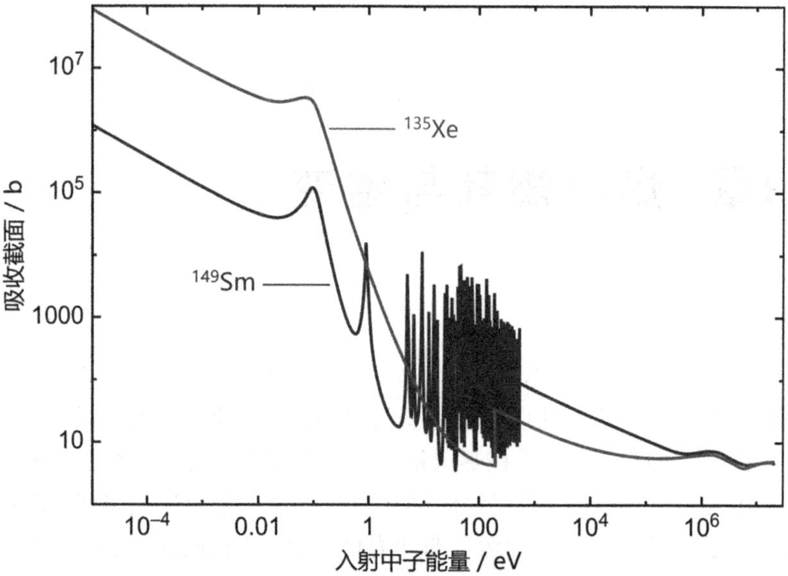

图 13.1　^{135}Xe 和 ^{149}Sm 的总截面

除了因裂变产物积累导致中子吸收率升高之外，事实上中子的产生率也会因易裂变核 ^{235}U 的裂变与消耗而逐渐降低。这种因 ^{235}U 消耗导致的中子产生率的下降通常可以或多或少地得到补偿，这是因为反应堆燃料中还包含 ^{238}U 等可转换核素。可转换核素是指可通过中子俘获及后续β衰变转换为易裂变核素的核素。在特定条件下，甚至可以通过设计使反应堆内可转换核素转换为易裂变核素的速率高于易裂变核素自身消耗的速率。这种反应堆被称为增殖堆，因为它们可以实现易裂变核素的增殖，而增殖得到的易裂变核素又可用作其他反应堆的燃料。

易裂变核初始数密度与易裂变核加可转换核总的数密度的比值称为燃料富集度。典型的商用反应堆采用大约 3%~6%的燃料富集度。武器级核燃料富集度高达 93%。NERVA 的燃料富集度为 93%，属于武器级。在这两种富集度之间，还有同位素生产与实验反应堆所采用的 20%燃料富集度。一般认为 20%的燃料富集度已低到不足以制造任何具有实际意义的核武器，同时又高到足以建造相对小型而紧凑的反应堆，并且这样的反应堆无疑也可用于核火箭。

与易裂变核素燃耗的情况一样，可转换核素到易裂变核素的转换通常对于核火箭发动机的运行并不重要；但是，对于动力堆而言，可转换核素到易裂变核素的转换会显著影响反应堆的运行。对于设计在高功率水平下长期运行的反应堆而言，这一点尤为突出。对于其他应用领域，增殖堆内产生的部分易裂变核素已证实可以作为核火箭反应堆的优良燃料，原因在于它们的裂变截面较高。这些核素包括 ^{239}Pu、^{241}Pu 和 ^{242m}Am。由 ^{238}U 起始的中子吸收嬗变链可以产生多种易裂变核素，如图 13.2 所示。

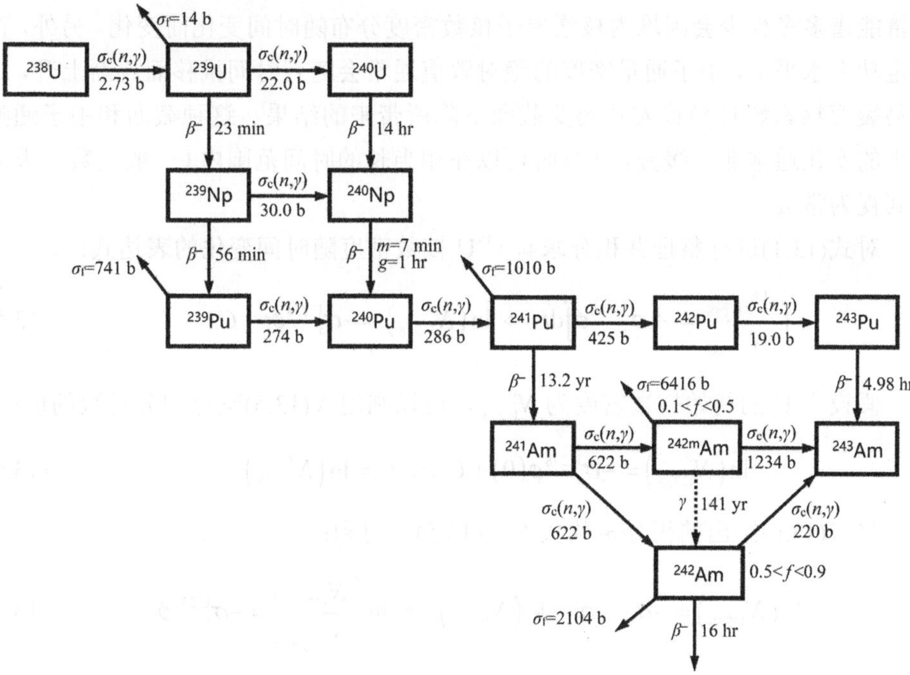

图 13.2 ^{238}U 的嬗变链

图 13.2 所示的嬗变链可以用一组耦合的线性微分方程组表示，采用各种标准解法可求出其结果。从微分方程组中节选如式(13.1)~式(13.4)所示的方程，这些方程描述了由可转换核 ^{238}U 到易裂变核 ^{239}Pu 的嬗变过程。当然也可以写出描述整个嬗变链的完整微分方程组，但这些方程给出的描述各核素原子核数密度随时间变化的解析解将非常复杂：

$$\frac{\mathrm{d}N_{\mathrm{U238}}}{\mathrm{d}t}=-\sigma_{\mathrm{a}}^{\mathrm{U238}}\phi N_{\mathrm{U238}} \tag{13.1}$$

$$\frac{\mathrm{d}N_{\mathrm{U239}}}{\mathrm{d}t}=\sigma_{\mathrm{c}}^{\mathrm{U238}}\phi N_{\mathrm{U238}}-\left(\sigma_{\mathrm{a}}^{\mathrm{U239}}\phi+\lambda^{\mathrm{U239}}\right)N_{\mathrm{U239}} \tag{13.2}$$

$$\frac{dN_{Np239}}{dt}=\lambda^{U239}N_{U239}-\left(\sigma_a^{Np239}\phi+\lambda^{Np239}\right)N_{Np239} \tag{13.3}$$

$$\frac{dN_{Pu239}}{dt}=\lambda^{Np239}N_{Np239}-\sigma_a^{Pu239}\phi N_{Pu239} \tag{13.4}$$

严格来讲，这些微分方程是非线性的，因为反应截面是能量的函数，而中子通量能谱多多少少会因堆内核素原子核数密度分布随时间变化而变化。另外，在恒定功率水平下，中子通量密度的绝对数值通常会随着时间推移而逐渐上升，这是易裂变核素燃耗导致宏观裂变截面下降所带来的结果。这种截面和中子通量水平的变化通常非常缓慢，计算时可以在相当长的时间范围内（一般是数十天）将其视为常数。

对式(13.1)进行整理并积分求解 ^{238}U 核数密度随时间变化的表达式：

$$\int\frac{dN_{U238}}{N_{U238}}=-\sigma_a^{U238}\phi\int dt \Rightarrow \ln\left(N_{U238}\right)=-\sigma_a^{U238}\phi t+C \tag{13.5}$$

假设 ^{238}U 的初始核数密度为 N_{U238}^0，可以利用式(13.5)确定积分常数的值：

$$\ln\left(N_{U238}^0\right)=-\sigma_a^{U238}\phi(0)+C \Rightarrow C=\ln\left(N_{U238}^0\right) \tag{13.6}$$

将式(13.6)给出的积分常数代入式(13.5)，得到：

$$\ln\left(N_{U238}\right)=-\sigma_a^{U238}\phi t+\ln\left(N_{U238}^0\right) \Rightarrow \ln\left(\frac{N_{U238}}{N_{U238}^0}\right)=-\sigma_a^{U238}\phi t \tag{13.7}$$

整理式(13.7)，可求出 ^{238}U 核数密度随时间变化的表达式：

$$N_{U238}(t)=N_{U238}^0 e^{-\sigma_a^{U238}\phi t} \tag{13.8}$$

在求解 ^{238}U 到 ^{239}Pu 的嬗变时，通常可以忽略式(13.2)和式(13.3)，因为 ^{239}U（23 分钟）和 ^{239}Np（56 分钟）的半衰期很短。这样处理的结果相当于假定 ^{238}U 吸收中子后立即产生 ^{239}Pu。这种假定可以大幅简化核素原子核数密度的推导，并且其导致的计算误差很小。式(13.4)给出的描述 ^{239}Pu 的微分方程由此变为：

$$\frac{dN_{Pu239}}{dt}=\sigma_c^{U238}\phi N_{U238}-\sigma_a^{Pu239}\phi N_{Pu239} \tag{13.9}$$

将式(13.8)代入式(13.9)，整理得到：

$$\frac{\mathrm{d}N_{\mathrm{Pu}239}}{\mathrm{d}t}+\underbrace{\sigma_{\mathrm{a}}^{\mathrm{Pu}239}\phi}_{P}N_{\mathrm{Pu}239}=\underbrace{\sigma_{\mathrm{c}}^{\mathrm{U}238}\phi N_{\mathrm{U}238}^{0}\mathrm{e}^{-\sigma_{\mathrm{a}}^{\mathrm{U}238}\phi t}}_{Q} \tag{13.10}$$

式(13.10)给出的描述 ^{239}Pu 随时间变化的微分方程可以利用如下所示的积分因子μ求解：

$$\mu=\mathrm{e}^{\int P\mathrm{d}t}=\mathrm{e}^{\int\sigma_{\mathrm{a}}^{\mathrm{Pu}239}\phi\mathrm{d}t}=\mathrm{e}^{\sigma_{\mathrm{a}}^{\mathrm{Pu}239}\phi t} \tag{13.11}$$

利用式(13.11)给出的积分因子，式(13.10)所示微分方程的解如下：

$$\begin{aligned}N_{\mathrm{Pu}239}(t)\mu&=\int\mu Q\mathrm{d}t+C=\int\mu\sigma_{\mathrm{c}}^{\mathrm{U}238}\phi N_{\mathrm{U}238}^{0}\mathrm{e}^{-\sigma_{\mathrm{a}}^{\mathrm{U}238}\phi t}\mathrm{d}t+C\\&=N_{\mathrm{Pu}239}(t)\mathrm{e}^{\sigma_{\mathrm{a}}^{\mathrm{Pu}239}\phi t}=\sigma_{\mathrm{c}}^{\mathrm{U}238}\phi N_{\mathrm{U}238}^{0}\int\mathrm{e}^{\sigma_{\mathrm{a}}^{\mathrm{Pu}239}\phi t}\mathrm{e}^{-\sigma_{\mathrm{a}}^{\mathrm{U}238}\phi t}\mathrm{d}t+C\end{aligned} \tag{13.12}$$

整理式(13.12)并积分得到：

$$N_{\mathrm{Pu}239}(t)=\mathrm{e}^{-\sigma_{\mathrm{a}}^{\mathrm{Pu}239}\phi t}\frac{\sigma_{\mathrm{c}}^{\mathrm{U}238}\phi N_{\mathrm{U}238}^{0}}{\phi\left(\sigma_{\mathrm{a}}^{\mathrm{Pu}239}-\sigma_{\mathrm{a}}^{\mathrm{U}238}\right)}\mathrm{e}^{\sigma_{\mathrm{a}}^{\mathrm{Pu}239}\phi t}\mathrm{e}^{-\sigma_{\mathrm{a}}^{\mathrm{U}238}\phi t}+C\mathrm{e}^{-\sigma_{\mathrm{a}}^{\mathrm{Pu}239}\phi t} \tag{13.13}$$

假设最初没有 ^{239}Pu，则可在 t=0 时利用式(13.13)确定常数 C 的值：

$$N_{\mathrm{Pu}239}(0)=0=\frac{\sigma_{\mathrm{c}}^{\mathrm{U}238}N_{\mathrm{U}238}^{0}}{\sigma_{\mathrm{a}}^{\mathrm{Pu}239}-\sigma_{\mathrm{a}}^{\mathrm{U}238}}+C\Rightarrow C=-\frac{N_{\mathrm{U}238}^{0}\sigma_{\mathrm{c}}^{\mathrm{U}238}}{\sigma_{\mathrm{a}}^{\mathrm{Pu}239}-\sigma_{\mathrm{a}}^{\mathrm{U}238}} \tag{13.14}$$

将式(13.14)代入式(13.13)，得到随时间而变化的 ^{239}Pu 浓度：

$$\begin{aligned}N_{\mathrm{Pu}239}(t)&=\frac{N_{\mathrm{U}238}^{0}\sigma_{\mathrm{c}}^{\mathrm{U}238}}{\sigma_{\mathrm{a}}^{\mathrm{Pu}239}-\sigma_{\mathrm{a}}^{\mathrm{U}238}}\mathrm{e}^{-\sigma_{\mathrm{a}}^{\mathrm{U}238}\phi t}-\frac{N_{\mathrm{U}238}^{0}\sigma_{\mathrm{c}}^{\mathrm{U}238}}{\sigma_{\mathrm{a}}^{\mathrm{Pu}239}-\sigma_{\mathrm{a}}^{\mathrm{U}238}}\mathrm{e}^{-\sigma_{\mathrm{a}}^{\mathrm{U}239}\phi t}\\&=N_{\mathrm{U}238}^{0}\frac{\sigma_{\mathrm{c}}^{\mathrm{U}238}\left(\mathrm{e}^{-\sigma_{\mathrm{a}}^{\mathrm{U}238}\phi t}-\mathrm{e}^{-\sigma_{\mathrm{a}}^{\mathrm{U}239}\phi t}\right)}{\sigma_{\mathrm{a}}^{\mathrm{Pu}239}-\sigma_{\mathrm{a}}^{\mathrm{U}238}}\end{aligned} \tag{13.15}$$

在典型的燃耗计算中，首先会进行多群扩散计算，求出多群中子通量密度的空间分布。接着会进行燃耗计算，以求出原子核数密度的空间分布。原子核数密度的空间分布又构成了下一步多群扩散计算的基础，而多群扩散计算又将更新多群中子通量密度的空间分布。多群中子通量密度的空间分布又构成了另一次燃耗计算的基础，而燃耗计算又会给出新的原子核数密度的空间分布。这一计算流程将一直持续，直至达到所要求的燃料燃耗。在中子通量密度和反应截面均保持不变的假设条件下，^{238}U 链中最重要的可转换核素和易裂变核素随时间燃耗及嬗变的结果如图 13.3 所示。

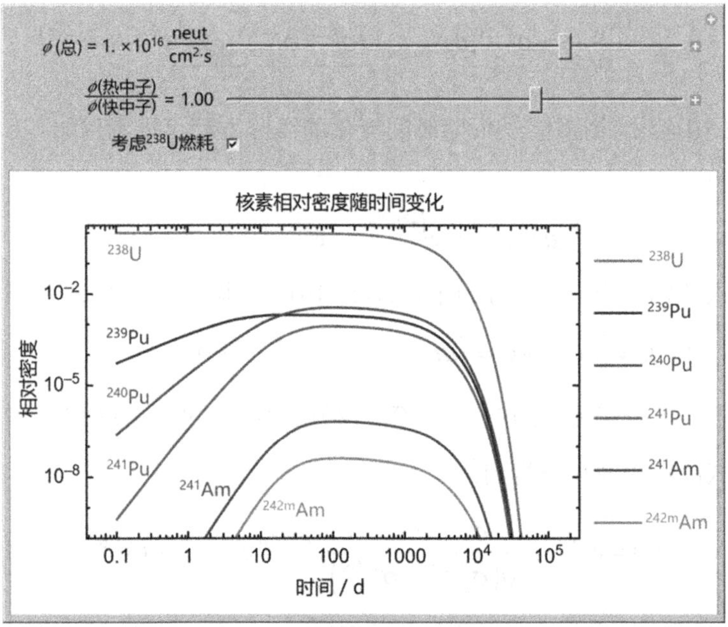

图 13.3 由 ^{238}U 嬗变产生的核素

注意图 13.3 中，当热通量与快通量比值较低时，亦即当中子通量大多在快能区时，钚和镅的平衡原子核数密度更高。中子通量大多在快中子能群内的反应堆称为“快”堆，研究表明实际建造的增殖堆应当具有快中子能谱。增殖可观数量的易裂变材料必须采用快堆，其原因在于热能区内裂变截面通常很高，在较高的热中子通量密度水平下，增殖得到的核素发生裂变的速率与其自身产生速率相近。

13.2 氙-135 中毒

在反应堆运行过程中产生的最重要的裂变产物也许就是氙-135（^{135}Xe）。由于在 0.082 eV 处存在强共振吸收峰，此核素具有极高的热中子俘获截面 2.7×10^6 b，同时此核素还具有较高的裂变产生概率。事实上，裂变中产生的大多数 ^{135}Xe 并非直接来自裂变反应（γ^{Xe}=0.003），而是由裂变产额更高的 ^{64}Te（γ^{Te}=0.064）经过一系列β^-衰变得到。从图 13.4 所大致描绘的 ^{135}Xe 的衰变链，可以看出 ^{135}Te 的衰变极快（约 43 s）。

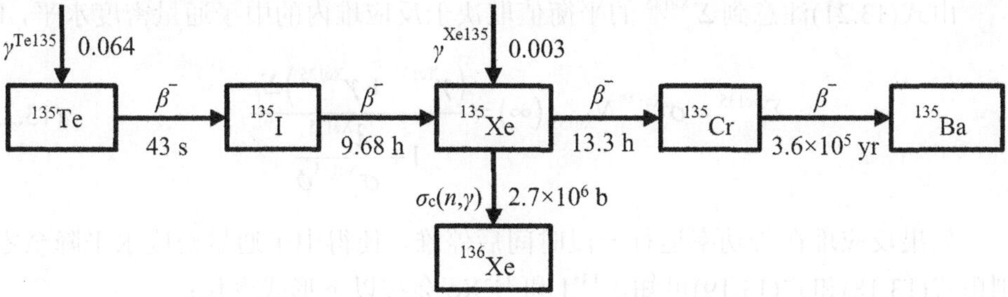

图 13.4 ^{135}Xe 的燃耗链

因此，忽略 ^{135}Te 并假定 ^{135}I 直接由裂变产生所带来计算误差极小。基于这一假设，^{135}Xe 的衰变链方程变为：

$$\frac{dN_{I135}}{dt}=\gamma^{Te135}\Sigma_f\phi-\lambda^{I135}N_{I135} \tag{13.16}$$

$$\frac{dN_{Xe135}}{dt}=\gamma^{Xe135}\Sigma_f\phi+\lambda^{I135}N_{I135}-\left(\sigma_a^{Xe135}\phi+\lambda^{Xe135}\right)N_{Xe135} \tag{13.17}$$

求解式(13.16)和式(13.17)，得到随时间变化的 ^{135}I 和 ^{135}Xe 浓度表达式如下：

$$N_{I135}(t)=\frac{\gamma^{Te135}\Sigma_f\phi}{\lambda^{I135}}\left(1-e^{-\lambda^{I135}t}\right)+N_{I135}(0)e^{-\lambda^{I135}t} \tag{13.18}$$

$$\begin{aligned}N_{Xe135}(t)=&\frac{\left(\gamma^{Te135}+\gamma^{Xe135}\right)\Sigma_f\phi}{\sigma_a^{Xe135}\phi+\lambda^{Xe135}}\left[1-e^{-\left(\sigma_a^{Xe135}\phi+\lambda^{Xe135}\right)t}\right]\\&-\frac{\gamma^{Te135}\Sigma_f\phi-\lambda^{I135}N_{I135}(0)}{\lambda^{I135}-\lambda^{Xe135}-\sigma_a^{Xe135}\phi}\left[e^{-\left(\sigma_a^{Xe135}\phi+\lambda^{Xe135}\right)t}-e^{-\lambda^{I135}t}\right]\\&+N_{Xe135}(0)e^{-\left(\sigma_a^{Xe135}\phi+\lambda^{Xe135}\right)t}\end{aligned} \tag{13.19}$$

在启动后的瞬间，反应堆内并没有 ^{135}I 和 ^{135}Xe；但经过足够长的时间后，两种核素最终会达到平衡状态，由式(13.18)和式(13.19)可得：

$$N_{I135}(\infty)=\frac{\gamma^{Te135}\Sigma_f\phi}{\lambda^{I135}} \tag{13.20}$$

$$N_{Xe135}(\infty)=\frac{\left(\gamma^{Te135}+\gamma^{Xe135}\right)\Sigma_f\phi}{\sigma_a^{Xe135}\phi+\lambda^{Xe135}} \tag{13.21}$$

由式(13.21)注意到Σ_a^{Xe135}的平衡值取决于反应堆内的中子通量密度水平，即：

$$\Sigma_a^{Xe135} = \sigma_a^{Xe135} N_{Xe135}(\infty) = \frac{\left(\gamma^{Te135} + \gamma^{Xe135}\right)\Sigma_f}{1 + \dfrac{\lambda^{Xe135}}{\sigma_a^{Xe135}\phi}} \tag{13.22}$$

如果反应堆在带功率运行一段时间后停堆，使得中子通量密度水平降至零，则由式(13.18)和式(13.19)可知，^{135}I 和 ^{135}Xe 会按以下形式变化：

$$N_{I135}(t)\Big|_{t>t_{sd}} = N_{I135}(t_{sd})e^{-\lambda^{I135}(t-t_{sd})} \overset{t_{sd}\to\infty}{=} \frac{\gamma^{Te135}\Sigma_f\phi}{\lambda^{I135}} e^{-\lambda^{I135}(t-t_{sd})} \tag{13.23}$$

$$\begin{aligned} N_{Xe135}(t)\Big|_{t>t_{sd}} &= \frac{\lambda^{I135}N_{I135}(t_{sd})}{\lambda^{I135}-\lambda^{Xe135}}\left[e^{-\lambda^{Xe135}(t-t_{sd})} - e^{-\lambda^{I135}(t-t_{sd})}\right] + N_{Xe135}(t_{sd})e^{-\lambda^{Xe135}(t-t_{sd})} \\ &\overset{t_{sd}\to\infty}{=} \frac{\gamma^{Te135}\Sigma_f\phi}{\lambda^{I135}-\lambda^{Xe135}}\left[e^{-\lambda^{Xe135}(t-t_{sd})} - e^{-\lambda^{I135}(t-t_{sd})}\right] + \frac{\left(\gamma^{Te135}+\gamma^{Xe135}\right)\Sigma_f\phi}{\sigma_a^{Xe135}\phi+\lambda^{Xe135}} e^{-\lambda^{Xe135}(t-t_{sd})} \end{aligned}$$

(13.24)[1]

其中，t_{sd}=停堆时刻（即中子通量密度降为零的时刻）。

接下来，通过对式(13.24)在$t=t_{sd}$时求导，可以进一步理解停堆后^{135}Xe 浓度对时间导数的变化行为。^{135}Xe 浓度对时间的导数为：

$$\frac{dN_{Xe135}}{dt} = \Sigma_f\phi\left(\frac{\gamma^{Te135}\phi\sigma_a^{Xe135} - \gamma^{Xe135}\lambda^{Xe135}}{\phi\sigma_a^{Xe135} + \lambda^{Xe135}}\right)$$

(13.25)[2]

由式(13.25)注意到，若$\gamma^{Te135}\phi\sigma_a^{Xe135} > \gamma^{Xe135}\lambda^{Xe135}$，则停堆时^{135}Xe 浓度对时间的导数为正，^{135}Xe 浓度将随时间上升。这种情况发生于中子通量密度大约为3×10^{11} n/cm^2/s 时。^{135}Xe 最大浓度一般出现在停堆后 10 h 左右，但对于中子通量密度水平极高的情况，可能需要 40~50 h 乃至更长时间才能恢复到平衡浓度。

^{135}Xe 浓度上升的影响在于，如果反应堆在高功率下运行且燃料剩余反应性较小，则反应堆停堆后一段时间内，可能会由于过量氙强烈的寄生中子吸收而无法再启动。反应堆内还可能出现氙振荡：在堆芯内中子通量密度水平高的区域，^{135}Xe 浓度会逐渐积累，并抑制这一区域的中子通量密度水平（以及对应的功率）。接下来此区域内的^{135}Xe 浓度会开始降低，进而导致中子通量密度水平（以及对应的功率）又开始升高。氙振荡的周期通常是 10~15 h。作为中子通量密度特性和带功率运行时间的函数，^{135}Xe 随时间变化的行为如图 13.5 所示。

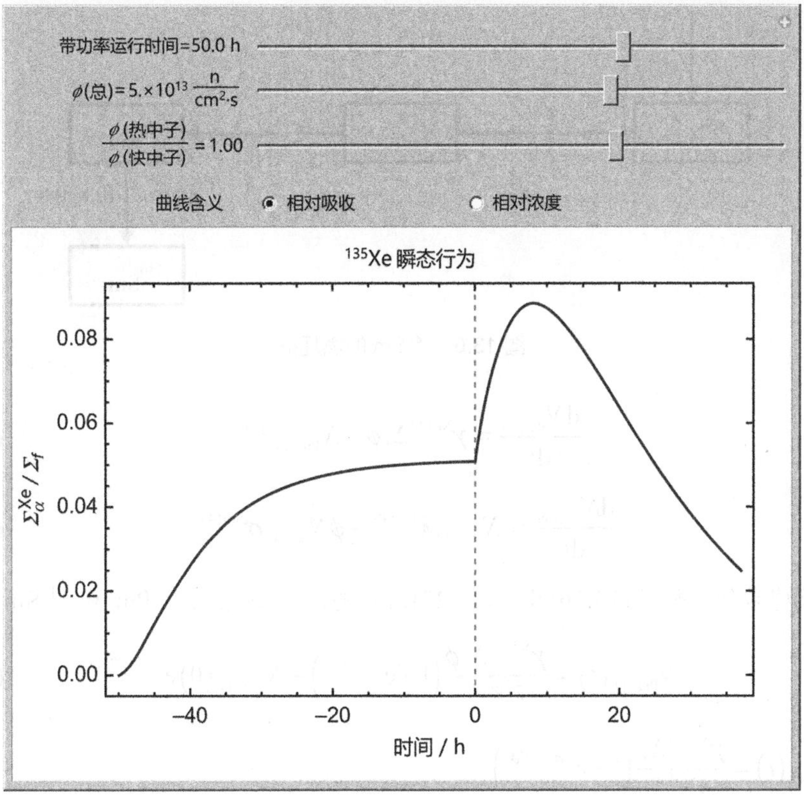

图 13.5　反应堆运行和停堆过程中的 ^{135}Xe 瞬态行为

13.3 钐-149 中毒

如前所述，反应堆运行过程中，裂变反应会产生大量裂变产物，这些裂变产物经过一段时间后最终会使堆芯中毒。这些裂变产物中最重要的核素之一是钐-149（^{149}Sm）。其热中子吸收截面较大，在 0.025 eV 处大约为 40,800 b，同时在中能区还有大量的共振吸收峰。此外，其先驱核 ^{149}Nd 具有较高的裂变产生概率 0.0113。^{149}Sm 的衰变链如图 13.6 所示。

由于与 ^{149}Pm 相比，^{149}Nd 的衰变极快，故忽略 ^{149}Nd 的影响不会给衰变计算带来显著误差。在这种假设条件下，^{149}Pm 由裂变直接产生，裂变产额为 0.0113。基于这一假设，^{149}Sm 的衰变方程变为：

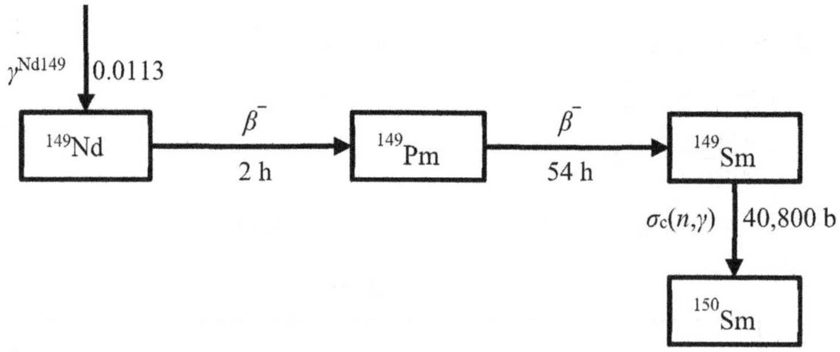

图 13.6 ^{149}Sm 的燃耗链

$$\frac{dN_{Pm149}}{dt} = \gamma^{Nd149}\Sigma_f\phi - N_{Pm149}\lambda^{Pm149} \tag{13.26}$$

$$\frac{dN_{Sm149}}{dt} = N_{Pm149}\lambda^{Pm149} - \phi N_{Sm149}\sigma_a^{Sm149} \tag{13.27}$$

求解微分方程式(13.26)和式(13.27)得到随时间变化的 ^{149}Pm 和 ^{149}Sm 浓度：

$$N_{Pm149}(t) = \frac{\gamma^{Nd149}\Sigma_f\phi}{\lambda^{Pm149}}\left(1 - e^{-\lambda^{Pm149}t}\right) + N_{Pm149}(0)e^{-\lambda^{Pm149}t} \tag{13.28}$$

$$\begin{aligned} N_{Sm149}(t) = {} & \frac{\gamma^{Nd149}\Sigma_f}{\sigma_a^{Sm149}}\left(1 - e^{-\sigma_a^{Sm149}\phi t}\right) \\ & - \frac{\gamma^{Nd149}\Sigma_f\phi - \lambda^{Pm149}N_{Pm149}(0)}{\lambda^{Pm149} - \sigma_a^{SPm149}\phi}\left(e^{-\sigma_a^{SPm149}\phi t} - e^{-\lambda^{Pm149}t}\right) + N_{Sm149}(0)e^{-\sigma_a^{SPm149}\phi t} \end{aligned} \tag{13.29}$$

起初在反应堆启动时，堆内没有 ^{149}Pm 和 ^{149}Sm；但经过足够长的时间后，两种核素最终会达到平衡状态。由式(13.28)和式(13.29)可得：

$$N_{Pm149}(\infty) = \frac{\gamma^{Nd149}\Sigma_f\phi}{\lambda^{Pm149}} \tag{13.30}$$

$$N_{Sm149}(\infty) = \frac{\gamma^{Nd149}\Sigma_f}{\sigma_a^{Sm149}} \tag{13.31}$$

在低功率密度水平下，^{149}Sm 可能需要很长时间（比如数年）才能达到平衡浓度。注意最初启动时堆内不存在 ^{149}Pm 和 ^{149}Sm，则式(13.29)可简化为：

$$N_{\mathrm{Sm149}}(t)=\frac{\gamma^{\mathrm{Nd149}}\Sigma_{\mathrm{f}}}{\sigma_{\mathrm{a}}^{\mathrm{Sm149}}}\left(1-\mathrm{e}^{-\sigma_{\mathrm{a}}^{\mathrm{Sm149}}\phi t}\right) \tag{13.32}$$

[*]

若假定当 ^{149}Sm 浓度等于最大平衡浓度的 99%时即认为达到平衡状态，则由式(13.32)可知对热堆而言：

$$t\approx\frac{-\ln(0.01)}{\sigma_{\mathrm{a}}^{\mathrm{Sm149}}\phi}\approx\frac{3\times10^{16}}{\phi}\ \mathrm{h} \tag{13.33}$$

由式(13.33)可以观察到，对于 10^{12} n/cm^2/s 的中子通量密度水平，^{149}Sm 需要大约 3.4 年时间才能达到平衡浓度。在高功率密度水平下，例如典型的核火箭发动机，^{149}Sm 的积累会快得多。如果反应堆在高功率运行一段时间后停堆（即ϕ=0），则由式(13.28)和式(13.29)可知，^{149}Pm 和 ^{149}Sm 会按以下形式变化：

$$N_{\mathrm{Pm149}}(t)\Big|_{t>t_{\mathrm{sd}}}=N_{\mathrm{Pm149}}(t_{\mathrm{sd}})\mathrm{e}^{-\lambda^{\mathrm{Pm149}}(t-t_{\mathrm{sd}})}\overset{t_{\mathrm{sd}}\to\infty}{=}\frac{\gamma^{\mathrm{Nd149}}\Sigma_{\mathrm{f}}\phi}{\lambda^{\mathrm{Pm149}}}\mathrm{e}^{-\lambda^{\mathrm{Pm149}}(t-t_{\mathrm{sd}})} \tag{13.34}$$

$$\begin{aligned}N_{\mathrm{Pm149}}(t)\Big|_{t>t_{\mathrm{sd}}}&=N_{\mathrm{Pm149}}(t_{\mathrm{sd}})\left(1-\mathrm{e}^{-\lambda^{\mathrm{Pm149}}(t-t_{\mathrm{sd}})}\right)+N_{\mathrm{sm149}}(t_{\mathrm{sd}})\\&\overset{t_{\mathrm{sd}}\to\infty}{=}\frac{\gamma^{\mathrm{Nd149}}\Sigma_{\mathrm{f}}\phi}{\lambda^{\mathrm{Pm149}}}\left(1-\mathrm{e}^{-\lambda^{\mathrm{Pm149}}(t-t_{\mathrm{sd}})}\right)+\frac{\gamma^{\mathrm{Nd149}}\Sigma_{\mathrm{f}}}{\sigma_{\mathrm{a}}^{\mathrm{Sm149}}}\end{aligned} \tag{13.35}$$

其中，t_{sd}=停堆时刻（即中子通量密度降为零的时刻）。

由于 ^{149}Sm 是稳定核素，而其先驱核 ^{149}Pm 不稳定，显然停堆时堆芯内所有的 ^{149}Pm 最终都会衰变为 ^{149}Sm，即停堆后 ^{149}Sm 浓度的增加量等于停堆时 ^{149}Pm 的浓度。因此，由式(13.35)可得：

$$\lim_{t-t_{\mathrm{sd}}\to\infty}N_{\mathrm{Sm149}}(t)=N_{\mathrm{Pm149}}(t_{\mathrm{sd}})+N_{\mathrm{Sm149}}(t_{\mathrm{sd}})\overset{t_{\mathrm{sd}}\to\infty}{=}\frac{\gamma^{\mathrm{Nd149}}\Sigma_{\mathrm{f}}\phi}{\lambda^{\mathrm{Pm149}}}+\frac{\gamma^{\mathrm{Nd149}}\Sigma_{\mathrm{f}}}{\sigma_{\mathrm{a}}^{\mathrm{Sm149}}} \tag{13.36}$$

由式(13.36)[†]可以看出，若停堆前 ^{149}Pm 和 ^{149}Sm 达到平衡，则停堆很长时间后，堆内 ^{149}Sm 浓度是停堆前堆内平均中子通量密度的函数。为求出导致反应堆从平衡状态停堆后堆内 ^{149}Sm 浓度增加超过一倍的中子通量密度水平，需要满足：

---

[*] 译者认为：即便令 $N_{\mathrm{Pm149}}(0)=N_{\mathrm{Sm149}}(0)=0$，也无法由式(13.29)直接推导出式(13.32)，英文原文直接忽略了式(13.29)中$\left[\exp\left(-\sigma_{\mathrm{a}}^{\mathrm{Sm149}}\phi t\right)-\exp\left(-\lambda^{\mathrm{Pm149}}t\right)\right]$一项，且未做任何说明，而谢仲生《核反应堆物理分析》等国内教材中均未忽略此项。特此注明。

[†] 英文原文为“式(13.35)”，有误。

$$\frac{\gamma^{\text{Nd149}}\Sigma_{\text{f}}\phi}{\lambda^{\text{Pm149}}} > \frac{\gamma^{\text{Nd149}}\Sigma_{\text{f}}}{\sigma_{\text{a}}^{\text{Sm149}}} \Rightarrow \phi > \frac{\lambda^{\text{Pm149}}}{\sigma_{\text{a}}^{\text{Sm149}}} \approx 10^{14}\ \frac{\text{neut}}{\text{cm}^2\ \text{s}} \tag{13.37}$$

作为中子通量密度特性和带功率运行时间的函数，^{149}Sm 随时间变化的行为如图 13.7 所示。

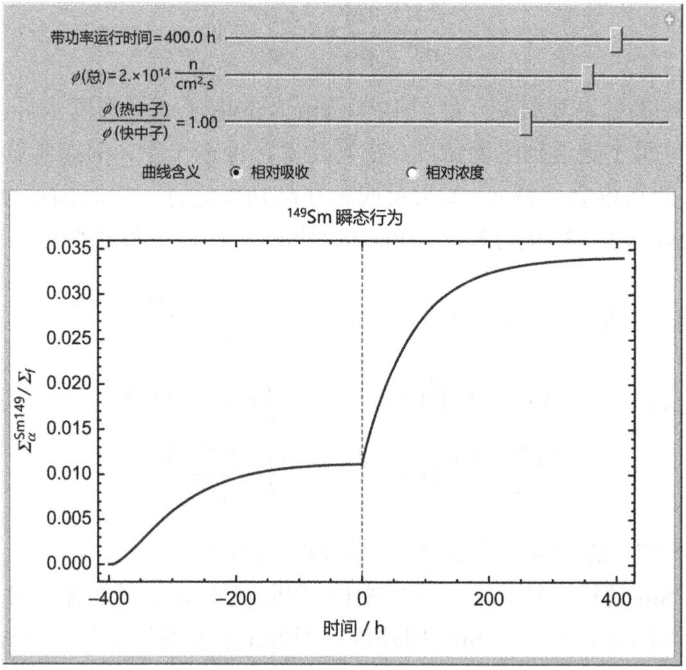

图 13.7 反应堆运行和停堆过程中的 ^{149}Sm 瞬态行为

13.4 燃料燃耗对反应堆运行的影响

除了裂变产物积累导致中子吸收率上升之外，以 ^{235}U 为典型代表的主要易裂变核素的裂变并随之消失，也会导致中子产生率逐渐下降。中子产生率下降与中子吸收率上升的净结果是导致 k_{eff} 随时间而下降，而 k_{eff} 在反应堆最初启动时总是大于 1 的。在一个典型的反应堆内，借助用强烈吸收中子的控制棒或控制鼓（通常由硼的化合物构成）的控制系统来保持恰好临界状态；这些控制棒或控制鼓在反应堆运行过程中缓慢提出或转出，以补偿因燃料燃耗导致的 k_{eff} 的持续下降，即：

$$k_{\mathrm{eff}} \equiv 1 = \frac{\text{裂变产生的中子}}{\left(\begin{array}{c}\text{中子泄漏}+\text{裂变产物、结构材料等吸收的中子}\\ +\text{控制系统吸收的中子}+\text{可燃毒物吸收的中子}\end{array}\right)} \tag{13.38}$$

当控制棒完全提出或控制鼓完全转出后，反应堆继续运行会导致 k_{eff} 降至 1 以下，反应堆进入次临界。此时中子链式反应将终止，反应堆停堆。对于核火箭而言，燃料燃耗通常并不显著，因为即便反应堆功率水平很高，也仅有极少部分燃料可以在相对较短的发动机点火时间内被消耗掉。不过，对于提供能量的反应堆，例如用于驱动离子推进系统的反应堆，则需要考虑其长期运行期间的燃料燃耗效应。

为减少控制系统必须补偿的Δk_{eff}，尤其是在设计需要极长时间运行的反应堆时，通常的处理方法是在反应堆核燃料中加入可燃毒物（通常是硼或钆的化合物）。可燃毒物会降低反应堆寿期初的 k_{eff}，且会随时间推移而逐渐燃尽，从而可以在很大程度上补偿易裂变材料的消耗与裂变产物的积累。可燃毒物一般被设计成到反应堆堆芯寿期末时可几乎全部被消耗掉。添加可燃毒物，还可以减少在反应堆运行过程中为保持反应堆临界所需的控制系统驱动机构的动作量。

图 13.8 是模拟燃料燃耗与嬗变、氙和钐积累、控制毒物动作及可燃毒物对反应堆 k_{eff} 影响效应的交互图像。尽管图中只考虑了有限数目的核素，但其结果在定性层面上是正确的，并且可以模拟范围相当广泛的反应堆状态。

习题

1. 对于深空机器人任务，有时采用热电偶发电机给航天器供电。驱动这些发电机的能量通常来源于通用型热源（GPHS），后者由 ^{238}Pu 衰变产生热量。该热源中的 ^{238}Pu 是由 ^{237}Np 在特定的生产堆中经中子辐照得到。^{237}Np 在自然界中并不存在，而大量存在于后处理的乏燃料当中。^{238}Pu 的生产链如下：

$$n + {}^{237}\mathrm{Np} \rightarrow {}^{238}\mathrm{Np} \xrightarrow[(2.1\,\mathrm{day})]{\beta^-} {}^{238}\mathrm{Pu} \xrightarrow[(89\ \mathrm{years})]{\alpha} {}^{234}\mathrm{U}$$

假设在初始时刻只有 ^{237}Np，推导 ^{238}Pu 浓度随时间变化的关系式。同时，给出 ^{238}Pu 浓度达到最大值的时间。

2. 假设某反应堆在以稳定功率运行很长时间后停堆，推导 Xe 浓度随时间变化的关系式，并给出 Xe 浓度达到最大值的时间。

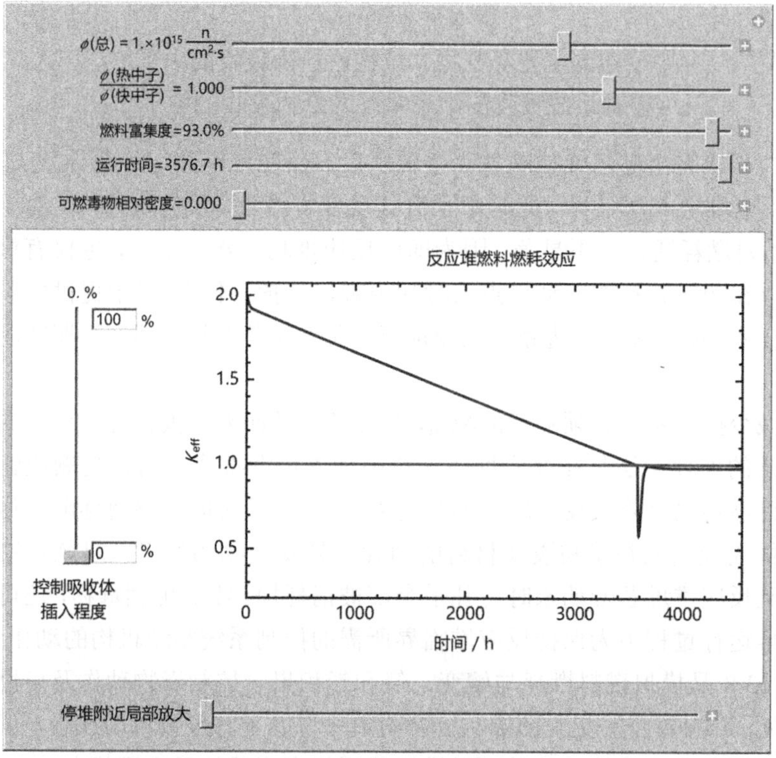

图 13.8　考虑燃耗影响的反应堆运行

注释

1 原文方程为 $N_{\mathrm{I135}}(t)\Big|_{t>t_{\mathrm{sd}}}=\dfrac{\lambda^{\mathrm{I135}}N_{\mathrm{I135}}(t_{\mathrm{sd}})}{\lambda^{\mathrm{I135}}-\lambda^{\mathrm{Xe135}}}\left[\mathrm{e}^{-\lambda^{\mathrm{Xe135}}(t-t_{\mathrm{sd}})}-\mathrm{e}^{-\lambda^{\mathrm{I135}}(t-t_{\mathrm{sd}})}\right]+N_{\mathrm{Xe135}}(t_{\mathrm{sd}})\mathrm{e}^{-\lambda^{\mathrm{Xe135}}(t-t_{\mathrm{sd}})}$

$\overset{t_{\mathrm{sd}}\to\infty}{=}\dfrac{\gamma^{\mathrm{Te135}}\Sigma_{\mathrm{f}}\phi}{\lambda^{\mathrm{I135}}-\lambda^{\mathrm{Xe135}}}\left[\mathrm{e}^{-\lambda^{\mathrm{Xe135}}(t-t_{\mathrm{sd}})}-\mathrm{e}^{-\lambda^{\mathrm{I135}}(t-t_{\mathrm{sd}})}\right]+\dfrac{\left(\gamma^{\mathrm{Te135}}+\gamma^{\mathrm{Xe135}}\right)\Sigma_{\mathrm{f}}\phi}{\sigma_{\mathrm{a}}^{\mathrm{Xe135}}\phi+\lambda^{\mathrm{Xe135}}}\mathrm{e}^{-\lambda^{\mathrm{Xe135}}(t-t_{\mathrm{sd}})}$，有误。

2 原文方程为 $\dfrac{\mathrm{d}N_{\mathrm{Xe135}}}{\mathrm{d}t}=\Sigma_{\mathrm{f}}\phi\left(\dfrac{\phi\sigma_{\mathrm{a}}^{\mathrm{Xe135}}-\gamma^{\mathrm{Xe135}}\lambda^{\mathrm{Xe135}}}{\phi\sigma_{\mathrm{a}}^{\mathrm{Xe135}}+\lambda^{\mathrm{Xe135}}}\right)$，有误。

第14章 核火箭辐射屏蔽

在核火箭的运行中，发生裂变的反应堆会放出大量辐射，如果没有合适的屏蔽，这些辐射对于乘员来说将是致命的。总的来讲，在屏蔽设计时只有 γ 辐射和中子辐射是重要的，因为 β 辐射（高能电子）和 α 辐射（氦核）可以被薄层材料轻易衰减。由于辐射屏蔽在航天器上属于沉重负担，因此在屏蔽设计时必须注意尽可能以最小的重量达到对乘员最大的辐射防护效果。一种可以显著减少屏蔽重量的方法是使用“阴影屏蔽”，即屏蔽仅布置在朝向乘员居住舱的方向上。另一种减少屏蔽重量的方法是在屏蔽设计中混合使用多层不同材料，其中每一层都负责衰减一种不同类型的辐射。

14.1 屏蔽方程的推导

核火箭发动机的屏蔽设计，需面对地面核反应堆一般不会遇到的独特挑战。由于有效的辐射屏蔽一般都需要具有相当厚度的高密度材料，因此必须尽可能明智地选择屏蔽材料以尽量降低全系统重量。商用动力堆通常使用混凝土和铁的组合作为屏蔽。这种屏蔽虽然很有效且便宜，但过于笨重，因此一般不适合用在航天器上。

还有一个事实导致了航天器屏蔽设计的复杂性：在反应堆附近会有相当数量的设备，这些设备会将来自堆芯的中子向许多（常常不可预测的）方向散射。在屏蔽设计过程中，如果没有认真而妥善地考虑反应堆周围的这些设备和结构件，那么这些设备上哪怕有很小的裂缝或开口，都会导致射线的背散射，致使航天器各处的剂量水平显著高于预期。另外，来自反应堆的 γ 射线是多方面的，很多复杂的核反应过程（例如瞬发裂变、裂变产物衰变和中子俘获）都会产生 γ 辐射，如图 14.1 所示。

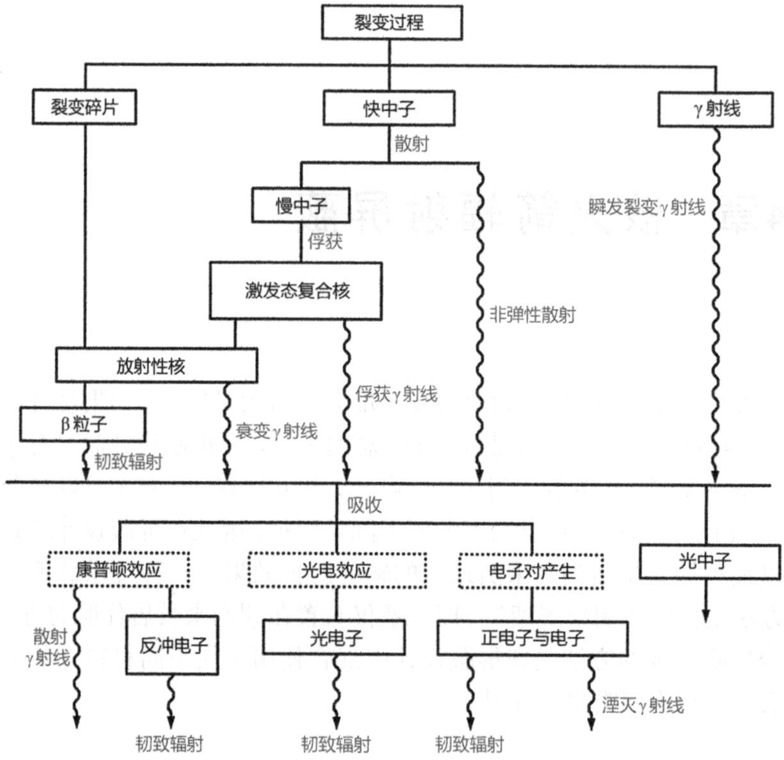

图 14.1　裂变导致的核反应过程

以下仅分析直接来自裂变过程的 γ 辐射，即在堆芯内产生的 γ 辐射（瞬发裂变 γ）和屏蔽体内慢中子俘获产生的 γ 辐射（俘获 γ）。从屏蔽设计的角度，这些 γ 辐射通常是最为重要的，而且分析起来也更加容易。

应当说明的是，从设计的角度看，完全包裹住核火箭发动机的辐射屏蔽是非常不现实的，因为至少发动机的喷管必须敞开以允许火箭喷气。另外，这样的屏蔽还极重。为降低航天器所需屏蔽质量，通常会采用的一种策略是，以“阴影”屏蔽保护乘员和航天器的其他关键部件。在阴影屏蔽中，屏蔽材料仅布置在核发动机与乘员舱之间，以及其他被认为易受射线背散射影响的位置处。总之，在仅暴露于空旷太空的方向上没有必要进行屏蔽。还可以通过采用多层不同屏蔽材料的方式实现辐射屏蔽的减重，这样可以更好地屏蔽不同类型的射线，并且不同材料之间还可以实现屏蔽性能的互补。图 14.2 即展示了这样的多层屏蔽布置。

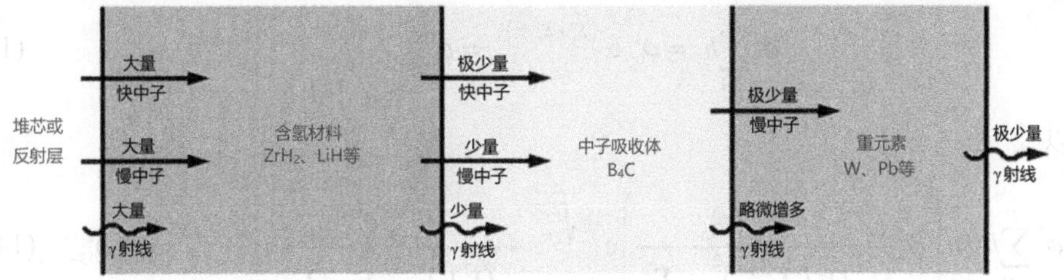

图 14.2 典型的多层屏蔽结构

考虑到屏蔽体几何结构对屏蔽性能影响的复杂性，在下面的推导中仅考虑一维半无限屏蔽体结构形式。这些推导尽管比较简略，却可以让我们深入了解不同类型的辐射在屏蔽体中衰减的行为特征。

14.1.1 中子的衰减

NTR 发动机在运行中会产生非常高的中子注量率，这一中子注量率必须进行极大地衰减以保护乘员和反应堆附近的敏感设备。由于快中子截面几乎总是极低，因此有效的衰减方法是先利用某些含氢材料的散射作用，将这些中子慢化到热能区，再利用以硼为代表的热中子强吸收体衰减慢化后的热中子。为简化对这一过程的分析，假定快中子的注量率以指数形式衰减：

$$\phi^1(z)=\phi_0^1 e^{-\left(\Sigma_s^{1\to 2}+\Sigma_c^1\right)z} \tag{14.1}$$

另一方面，假定热中子注量率的行为遵从之前讨论的扩散理论，其中式(14.1)中来自快能群的中子散射项对热能群而言就是源项：

$$D^2\frac{d^2}{dz^2}\phi^2-\Sigma_c^2\phi^2+\Sigma_s^{1\to 2}\phi_0^1 e^{-\left(\Sigma_s^{1\to 2}+\Sigma_c^1\right)z}=0 \qquad (14.2)[1]$$

求解式(14.2)热中子注量率微分方程，可以得到：

$$\phi^2(z)=\left(\phi_0^2-\frac{\Sigma_s^{1\to 2}\phi_0^1}{D^2\left(\Sigma_s^{1\to 2}\right)^2-\Sigma_c^2}\right)e^{-z\sqrt{\frac{\Sigma_c^2}{D^2}}}-\frac{\Sigma_s^{1\to 2}\phi_0^1}{D^2\left(\Sigma_s^{1\to 2}\right)^2-\Sigma_c^2}e^{-\left(\Sigma_s^{1\to 2}+\Sigma_c^1\right)z} \qquad (14.3)[2]$$

其中，ϕ_0^1=反应堆/屏蔽体交界面处（即 z=0 处）的快中子注量率，ϕ_0^2=反应堆/屏蔽体交界面处（即 z=0 处）的热中子注量率。

在各材料区域之间过渡时，中子注量率必须是连续的，因此由式(14.1)~式(14.3)可以得到：

$$\phi^1 \sum_{j=1}^{i} h_j = \phi_{0,i}^1 \mathrm{e}^{-\left(\Sigma_c^1 + \Sigma_s^{1\to2}\right)h_i} = \phi_{0,i+1}^1 \tag{14.4}$$

以及

$$\phi^2 \sum_{j=1}^{i} h_j = \left(\phi_{0,i}^2 - \frac{\Sigma_s^{1\to2}\phi_{0,i}^1}{D^2\left(\Sigma_s^{1\to2}\right)^2 - \Sigma_c^2} \right) \mathrm{e}^{-h_i\sqrt{\frac{\Sigma_c^2}{D^2}}} - \frac{\Sigma_s^{1\to2}\phi_{0,i}^1}{D^2\left(\Sigma_s^{1\to2}\right)^2 - \Sigma_c^2} \mathrm{e}^{-\left(\Sigma_s^{1\to2} + \Sigma_c^1\right)h_i} = \phi_{0,i+1}^2 \quad (14.5)^3$$

其中，$\phi_{0,i}^1$=在材料区 i 起始处的快中子注量率，$\phi_{0,i}^2$=在材料区 i 起始处的热中子注量率。

由于在中子注量率梯度较高的区域使用了扩散理论近似，式(14.4)和式(14.5)严格来讲并不精确，但应该已经足够给出中子衰减的大致数值。一般来讲，为了得到数值上较为精确的解，就必须采用输运理论。

14.1.2 瞬发裂变 γ 的衰减

瞬发裂变 γ 射线是那些直接来自裂变过程的 γ 射线。这些 γ 射线穿透性极强，尽管有一些 γ 射线会因反应堆的自屏效应（即反应堆各部件对辐射的吸收）而在堆内消失，但仍有许多 γ 射线会逃逸至堆外。那些逃出堆外的 γ 射线必须被辐射屏蔽衰减至可控水平。裂变中产生的 γ 射线并不是单一能量的，而是服从如图 14.3 所示的函数分布[1]。

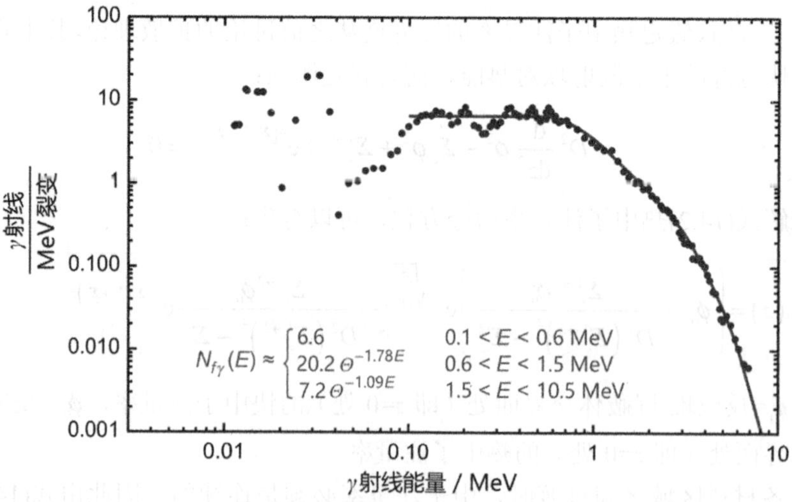

图 14.3 瞬发裂变 γ 射线的能量分布

在下面的分析中，反应堆被假想成放出均匀 γ 射线通量的射线源，γ 射线射向毗邻反应堆外边缘的辐射屏蔽体表面。当 γ 射线穿过屏蔽体时，它们会与屏蔽体材料发生相互作用，在离开屏蔽体之前经历各种可以衰减辐射的散射与吸收反应。图 14.4 假定来自反应堆的 γ 辐射穿过中心位于 *O* 点的圆柱形屏蔽体。接下来将推导 γ 射线穿过屏蔽体并最终由 *P* 点射出的衰减特性公式。

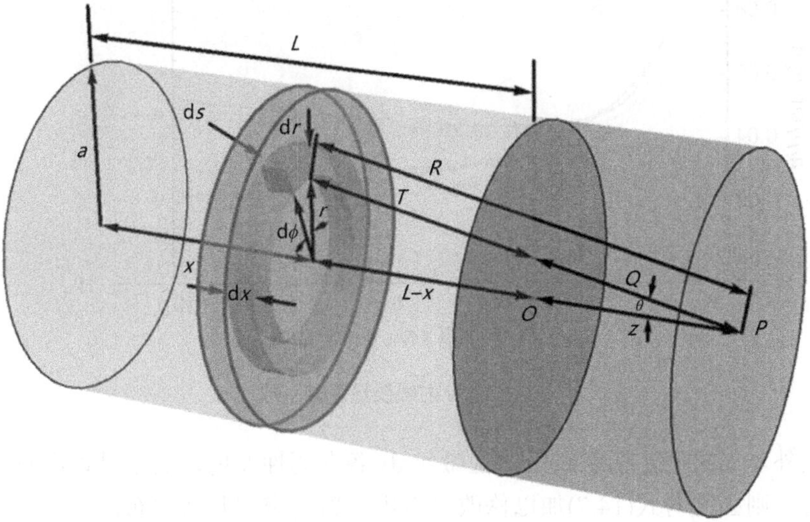

图 14.4 来自圆柱形体源的 γ 射线通量

分析从来自源区内小体积微元的 γ 辐射开始：

$$ds = SvN_{\gamma f}\left(E\right)dV = SvN_{\gamma f}\left(E\right)rd\phi drdx \tag{14.6}$$

其中，Sv=γ 射线点源的强度γ's $cm^{-3}\cdot s^{-1}$，$N_{\gamma f}(E)$=裂变产生的 γ 射线的能量分布。

再回顾之前提到的，一束准直中子（或 γ 射线）窄束的衰减可以用简单的指数函数表示。假设来自图 14.4 中 d*s* 处源微元的 γ 射线，穿过由共线的线段 *T*（源区内）和线段 *Q*（屏蔽体内）构成的直线路径到达 *P* 点，则 γ 射线沿此路径衰减的微分可以用以下表达式定义：

$$d\phi_{\gamma f}\left(R\right) = e^{-\mu_r T}e^{-\mu_s Q}ds \tag{14.7}$$

其中，μ_r 和 μ_s 分别是 γ 射线在源区和屏蔽体内的衰减系数。

式(14.7)中的 γ 射线衰减系数取决于辐射所穿过的材料类型和辐射的能量。图 14.5 给出了一些材料的 γ 射线衰减系数。这些曲线所依据的数据来自美国国家标准与技术研究所（National Institute of Standards and Technology，NIST）的X射线质量衰减系数和质能吸收系数表。注意，其中水的曲线和聚乙烯的曲线非常接近。许多塑料材料与水之间都存在这种相当典型的高度相关性。

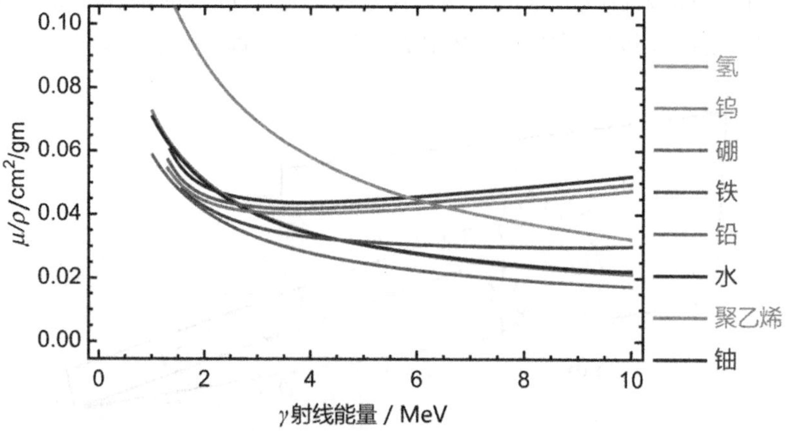

图 14.5　γ射线质量衰减系数

此外，如果假定γ射线由体源微元 ds 各向同性发射，而不是以准直窄束形式发射，则必须对式(14.7)加以修改以考虑辐射的空间几何散布：

$$\mathrm{d}\phi_{\gamma\mathrm{f}}\left(R\right)=\mathrm{e}^{-\mu_{\mathrm{t}}T}\frac{\mathrm{e}^{-\mu_{\mathrm{s}}Q}}{4\pi R^{2}}\mathrm{d}s \tag{14.8}$$

需要注意，衰减表达式(14.8)默认假设所有的粒子在经历首次碰撞后，均被吸收或散射到感兴趣的范围之外。因此 $\mathrm{d}\phi_{\gamma\mathrm{f}}(R)$项表示的是由点源发出的未经历碰撞的γ射线。对于薄屏蔽体而言，由于次级碰撞可忽略不计，因而以上假设是合理的。但当屏蔽体较厚时，多次碰撞非常普遍，因此以上所计算的衰减会明显高于实际的衰减*，如图 14.6 所示。

为考虑多次碰撞而导致的衰减误差，在 γ 射线的点衰减表达式中加入被称为积累因子或 $B(\mu R)$的经验项。积累因子项通常是专门加入到式(14.8)中的，即：

* 英文原文是“the attenuation calculated will be too low”，实际情况是因为没有考虑厚屏蔽体内多次散射，式(14.8)计算出的衰减会明显高于实际的衰减，相对应地，按此计算得到的屏蔽体后的剂量率会明显低于实际剂量率。所以对厚屏蔽体的屏蔽效果而言，式(14.8)过于乐观，因此才引入了积累因子。

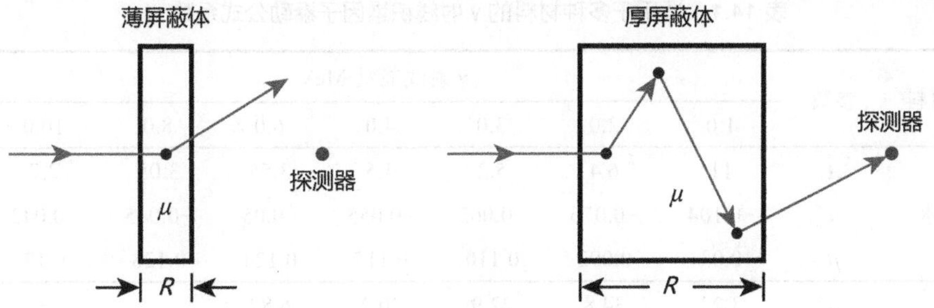

图 14.6 薄屏蔽体和厚屏蔽体在散射方面的差别

$$d\phi_{\gamma f}(R)=e^{-\mu_t T}B(\mu_s R)\frac{e^{-\mu_s Q}}{4\pi R^2}ds \tag{14.9}$$

积累因子通常只用于 γ 辐射。理论上积累因子也可用于中子，但实践中几乎从未用过。相关文献给出了很多积累因子的公式，但下面的分析将采用泰勒公式[2]，原因在于此公式便于使用且相当准确。积累因子的泰勒公式可表示为两个指数项的和：

$$B(\mu Y)=Ae^{-\alpha\mu Y}+(1-A)e^{-\beta\mu Y} \tag{14.10}$$

表 14.1 给出了适用于多种材料的泰勒积累因子公式系数[3,4]。通过这些系数而确定的积累因子，一般可精确到误差在 5%以内。

将式(14.10)给出的积累因子的泰勒形式代入式(14.9)给出的 γ 射线衰减表达式的微分式，可以得到：

$$d\phi_{\gamma f}(R)=e^{-\mu_t T}\left[Ae^{-\alpha\mu_s Q}+(1-A)e^{-\beta\mu_s Q}\right]\frac{e^{-\mu_s Q}}{4\pi R^2}ds=e^{-\mu_t T}G_\gamma(\mu_s Q)ds \tag{14.11}$$

式(14.11)中的 $G_\gamma(\mu_s Q)$被称为 γ 射线的点衰减核：

$$G_\gamma(\mu_s Q)=\left[Ae^{-\alpha\mu_s Q}+(1-A)e^{-\beta\mu_s Q}\right]\frac{e^{-\mu_s Q}}{4\pi R^2} \tag{14.12}$$

点衰减核本质上是描述点源发出的 γ 辐射在特定材料内穿行指定距离的衰减程度的关系式。P 点处总的 γ 射线通量可由式(14.9)对图 14.4 中全部体积积分而得到：

$$\phi_{\gamma f}(z)=\int_{体积}e^{-\mu_t T}G_\gamma(\mu_s Q)ds \tag{14.13}$$

表 14.1　适用于多种材料的 γ 射线积累因子泰勒公式系数

材料	参数	γ 射线能量/MeV						
		1.0	2.0	3.0	4.0	6.0	8.0	10.0
水	A	11	6.4	5.2	4.5	3.55	3.05	2.7
	α	−0.104	−0.076	−0.062	−0.055	−0.05	−0.045	−0.042
	β	0.03	0.092	0.110	0.117	0.124	0.128	0.13
液氢	A	3.22	34.8	22.9	20.2	6.82	–	–
	α	−0.165	0.021	0.031	0.025	−0.016	–	–
	β	0.078	0.042	0.058	0.050	0.043	–	–
铁	A	8.0	5.5	4.4	3.75	2.9	2.35	2.0
	α	−0.089	−0.079	−0.077	−0.075	−0.082	−0.083	−0.095
	β	0.04	0.07	0.075	0.082	0.075	0.055	0.012
铅	A	6.0	11.6	10.9	6.29	3.5	3.5	2.39
	α	−0.009	−0.021	−0.036	−0.06	−0.108	−0.157	−0.214
	β	0.053	0.015	0.001	−0.007	−0.03	−0.1	−0.092
钨	A	3.3	2.9	2.7	2.05	1.2	0.7	0.6
	α	−0.043	−0.069	−0.086	−0.118	−0.171	−0.205	−0.212
	β	0.148	0.188	0.134	0.070	0.00	0.052	0.144
铀	A	2.081	3.550	4.883	2.800	0.975	0.602	0.399
	α	−0.0386	−0.0344	−0.0495	−0.0824	−0.1589	−0.1919	−0.2131
	β	0.2264	0.0881	0.0098	0.0037	0.2110	0.0277	0.0208

将式(14.6)、式(14.9)和式(14.10)代入式(14.13)得到：

$$\phi_{\gamma\mathrm{f}}(z)=SvN_{\gamma\mathrm{f}}(E)\int_0^L\int_0^a\int_0^{2\pi}r\left[A\mathrm{e}^{-\alpha\mu_{\mathrm{s}}Q}+(1-A)\mathrm{e}^{-\beta\mu_{\mathrm{s}}Q}\right]\frac{\mathrm{e}^{\mu_{\mathrm{T}}T}\mathrm{e}^{\mu_{\mathrm{s}}Q}}{4\pi R^2}\mathrm{d}\phi\mathrm{d}r\mathrm{d}x \tag{14.14}$$

由图 14.4 可得以下几何关系：

$$T=\frac{L-x}{\cos(\theta)}\ \text{和}\ Q=\frac{z}{\cos(\theta)} \tag{14.15}$$

其中，$\cos(\theta)=\dfrac{L-x+z}{R}\Rightarrow T=\dfrac{(L-x)R}{L-x+z}$ 以及 $Q=\dfrac{zR}{L-x+z}$。

从图 14.4 中还可以观察到：

$$R^2=(L-x+z)^2+r^2 \tag{14.16}$$

将式(14.16)*对 r 求导得到：

$$R\mathrm{d}R=r\mathrm{d}r \tag{14.17}$$

将式(14.15)和式(14.17)代入式(14.14)，积分变量从 r 换成 R，对 ϕ 积分得到：

$$\begin{aligned}\phi_{\gamma f}(z)=SvN_{\gamma f}(E)\int_0^L\int_{L-x+z}^{\sqrt{(L-x+z)^2+a^2}}2\pi R\left[A\mathrm{e}^{-\alpha\mu_s\frac{z}{L-x+z}R}+(1-A)\mathrm{e}^{-\beta\mu_s\frac{z}{L-x+z}R}\right]\\ \times\frac{\mathrm{e}^{-\mu_r\frac{L-x}{L-x+z}R}\mathrm{e}^{-\mu_s\frac{z}{L-x+z}R}}{4\pi R^2}\mathrm{d}R\mathrm{d}x\end{aligned} \tag{14.18}$$

求解式(14.18)积分，可以得到 γ 射线沿半径为 a 的圆盘状屏蔽体中轴线的衰减表达式，其形式是关于 γ 射线源区厚度的函数。为简化结果表达式，并且使结果更一般化，按照 $a\to\infty$和 $L\to\infty$积分，结果为由无限大源所发出的 γ 射线在半无限大平板屏蔽中的衰减的表达式：

$$\begin{aligned}\phi_{\gamma f}(z)&=\frac{SvN_{\gamma f}(E)}{2}\lim_{L\to\infty}\int_0^L\lim_{a\to\infty}\left\{\int_{L-x+z}^{\sqrt{(L-x+z)^2+a^2}}\frac{1}{R}\left[A\mathrm{e}^{-\alpha\mu_s\frac{z}{L-x+z}R}+(1-A)\mathrm{e}^{-\beta\mu_s\frac{z}{L-x+z}R}\right]\mathrm{e}^{-\mu_r\frac{L-x}{L-x+z}R}\mathrm{e}^{-\mu_s\frac{z}{L-x+z}R}\mathrm{d}R\right\}\mathrm{d}x\\&=\frac{SvN_{\gamma f}(E)}{2\mu_r}\left\{AE_2\left[\mu_s(1+\alpha)z\right]+(1-A)E_2\left[\mu_s(1+\beta)z\right]\right\}\end{aligned} \tag{14.19}$$

其中，$E_n(z)=\int_1^\infty \mathrm{e}^{-zt}t^{-n}\mathrm{d}t$，为指数积分函数。

在反应堆/屏蔽体交界面（即 z=0 处），式(14.19)简化为

$$\phi_{\gamma f}(z)=\frac{SvN_{\gamma f}(E)}{2\mu_r}=S_a(E) \tag{14.20}$$

其中，$S_a(E)$=屏蔽体表面处的 γ 射线源强。

利用屏蔽体表面处的 γ 射线源强，可以计算出 γ 射线在任意屏蔽结构中的衰减，而不需要明确知道反应堆内 γ 射线产生的相关细节。将式(14.20)代入式(14.19)，则屏蔽体内的 γ 射线分布变为：

$$\phi_{\gamma f}(z)=S_a(E)\left\{AE_2\left[\mu_s(1+\alpha)z\right]+(1-A)E_2\left[\mu_s(1+\beta)z\right]\right\} \tag{14.21}$$

---

* 英文原文此处是式(14.7)，译者认为实际应该是式(14.16)。

在各材料区域之间过渡时，γ 通量必须是连续的，因此由式(14.21)得到：

$$S_{\mathrm{a}}^{i}(E)\left\{A^{i}E_{2}\left[\mu_{\mathrm{s}}^{i}\left(1+\alpha^{i}\right)h^{i}\right]+\left(1-A^{i}\right)E_{2}\left[\mu_{\mathrm{s}}^{i}\left(1+\beta^{i}\right)h^{i}\right]\right\}=S_{\mathrm{a}}^{i+1}(E) \tag{14.22}$$

其中，i=区域编号，h^{i}=区域 i 的厚度。

14.1.3 俘获 γ 的衰减

俘获 γ 射线是指因材料俘获中子而产生的 γ 射线。由于对大多数材料而言，热中子俘获截面要显著大于快中子俘获截面，因而在屏蔽体内，γ 射线的产生率通常遵循热中子注量率的分布。与前面一节介绍的瞬发裂变 γ 射线的差别在于，俘获 γ 射线是按照离散能级发射的，而能级则取决于俘获中子的材料的类型。中子俘获事件产生的 γ 射线的发射能级线的数据汇编可在美国国家核数据中心（National Nuclear Data Center）查询。由于大多数材料都有许多条 γ 射线发射能级线，因此各条能级线通常会被合并成若干宽能群，这样可以简化与能量相关的 γ 射线通量的计算要求。为了有效衰减这些俘获 γ 射线，设计的辐射屏蔽必须能够在中子首次进入屏蔽体后，在很短距离内将中子注量率降至较低水平。一旦中子俘获率（及相应的 γ 射线产生率）降低，剩下的屏蔽体就可以被设计用于衰减屏蔽体内的、中子注量率较高的内表面附近所产生的俘获 γ 射线。

在接下来的分析中，假定屏蔽体内的俘获γ射线产生率正比于之前得到的热中子注量率的分布。如图 14.7 所示，假设堆芯内产生的中子射入以 O 点为中心的圆柱形屏蔽体。中子在屏蔽体内会被逐渐吸收，并且在其被俘获的位置产生γ射线。产生的γ射线会穿过余下的屏蔽体并被逐渐衰减，直至最终由外表面离开屏蔽体。以下分析计算屏蔽体外表面 P 点处的γ射线强度。

从某一体积微元内中子俘获放出的 γ 辐射开始分析：

$$\mathrm{d}s=S_{\mathrm{p}}(x)\mathrm{d}V=S_{\mathrm{p}}(x)r\mathrm{d}\phi\mathrm{d}r\mathrm{d}x \tag{14.23}$$

假定 γ 射线源 $S_{\mathrm{p}}(x)$与式(14.3)给出的热中子注量率分布成正比：

$$S_{\mathrm{p}}(x)=f_{\gamma}(E)\Sigma_{\mathrm{c}}^{2}\phi^{2}(x)=f_{\gamma}(E)\Sigma_{\mathrm{c}}^{2}\left(B\mathrm{e}^{-\xi x}-C\mathrm{e}^{-\psi x}\right) \tag{14.24}$$[4]

其中，$B=\phi_{0}^{2}-\dfrac{\Sigma_{\mathrm{s}}^{1\to2}\phi_{0}^{1}}{D^{2}\left(\Sigma_{\mathrm{s}}^{1\to2}\right)^{2}-\Sigma_{\mathrm{c}}^{2}}$，$\xi=\sqrt{\dfrac{\Sigma_{\mathrm{c}}^{2}}{D^{2}}}$，$C=\dfrac{\Sigma_{\mathrm{s}}^{1\to2}\phi_{0}^{1}}{D^{2}\left(\Sigma_{\mathrm{s}}^{1\to2}\right)^{2}-\Sigma_{\mathrm{c}}^{2}}$，$\psi=\Sigma_{\mathrm{s}}^{1\to2}$，$f_{\gamma}(E)$=俘获 γ 射线发射能级线的分布函数。

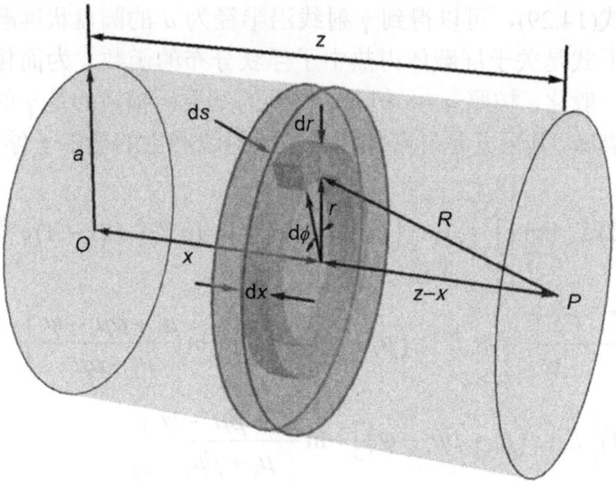

图 14.7 中子俘获产生的 γ 射线通量

在以直线 $\overline{OP}$ 为中心的整个屏蔽体积内对点 γ 射线源积分，可得到 P 点处的俘获 γ 辐射注量率。假设 γ 射线源与 r 无关，则可以得到：

$$\phi_{\gamma c}=\int_0^z\int_0^a\int_0^{2\pi}S_p(x)rG_\gamma(\mu R)\mathrm{d}\phi\mathrm{d}r\mathrm{d}x \tag{14.25}$$ [5]

由图 14.7 可知：

$$R^2=r^2+(z-x)^2 \tag{14.26}$$

将式(14.26)对 r 求导得到：

$$R\mathrm{d}R=r\mathrm{d}r \tag{14.27}$$

将式(14.26)和式(14.27)代入式(14.25)，积分变量从 r 换成 R，对 ϕ 积分得到：

$$\phi_{\gamma c}(z)=2\pi\int_0^z\int_{z-x}^{\sqrt{(z-x)^2+a^2}}S_p(x)RG_\gamma(\mu R)\mathrm{d}R\mathrm{d}x \tag{14.28}$$ [6]

将式(14.24)给出的中子俘获导致的 γ 射线源和与式(14.12)中类似的 γ 射线点衰减核，代入式(14.28)给出的中子俘获屏蔽关系式中，可以得到：

$$\phi_{\gamma c}(z)=2\pi\int_0^z\int_{z-x}^{\sqrt{(z-x)^2+a^2}}f_\gamma(E)\Sigma_c^2\left(B\mathrm{e}^{-\xi x}-C\mathrm{e}^{-\psi x}\right)\left[A\mathrm{e}^{-\alpha\mu_s R}+(1-A)\mathrm{e}^{-\beta\mu_s R}\right]R\frac{\mathrm{e}^{-\mu_s R}}{4\pi R^2}\mathrm{d}R\mathrm{d}x \tag{14.29}$$ [7]

求解积分式(14.29)，可以得到 γ 射线沿半径为 a 的圆盘状屏蔽体中轴线的衰减表达式，其形式是关于屏蔽体内热中子俘获分布的函数。为简化结果表达式，并且使结果更一般化，按照 $a\to\infty$积分，得到的结果所描述的是 γ 射线在半无限大平板屏蔽中的衰减，其形式是屏蔽体内导致 γ 射线产生的热中子俘获事件的函数：

$$
\begin{aligned}
\phi_{\gamma c}(z) &= 2\pi f_{\gamma}(E)\Sigma_{c}^{2}\lim_{a\to\infty}\left\{\int_{0}^{z}\int_{z-x}^{\sqrt{(z-x)^2+a^2}}\left(B\mathrm{e}^{-\xi x}-C\mathrm{e}^{-\psi x}\right)\left[A\mathrm{e}^{-\alpha\mu_s R}+(1-A)\mathrm{e}^{-\beta\mu_s R}\right]\frac{\mathrm{e}^{-\mu_s R}}{4\pi R}\mathrm{d}R\mathrm{d}x\right\} \\
&= \frac{f_{\gamma}(E)\Sigma_{c}^{2}}{2}\frac{C\mathrm{e}^{-\psi z}}{\psi}\left\{A\left(E_1\left[z(\mu_s+\alpha\mu_s-\psi)\right]+\ln\frac{\mu_s+\alpha\mu_s-\psi}{\mu_s+\alpha\mu_s}\right)\right. \\
&\quad \left.+(1-A)\left(E_1\left[z(\mu_s+\beta\mu_s-\psi)\right]+\ln\frac{\mu_s+\beta\mu_s-\psi}{\mu_s+\beta\mu_s}\right)\right\} \\
&\quad -\frac{f_{\gamma}(E)\Sigma_{c}^{2}}{2}\frac{B\mathrm{e}^{-\xi z}}{\xi}\left\{A\left(E_1\left[z(\mu_s+\alpha\mu_s-\xi)\right]+\ln\frac{\mu_s+\alpha\mu_s-\xi}{\mu_s+\alpha\mu_s}\right)\right. \\
&\quad \left.+(1-A)\left(E_1\left[z(\mu_s+\beta\mu_s-\xi)\right]+\ln\frac{\mu_s+\beta\mu_s-\xi}{\mu_s+\beta\mu_s}\right)\right\} \\
&\quad -\frac{f_{\gamma}(E)\Sigma_{c}^{2}}{2}\frac{C\xi-B\psi}{\xi\psi}\left\{AE_1\left[z(1+\alpha)\mu_s\right]+(1-A)E_1\left[z(1+\beta)\mu_s\right]\right\}
\end{aligned}
$$

(14.30)[8]

在各材料区域之间过渡时，俘获 γ 注量率必须是连续的；而在材料交界面的起始边界处，必然有$\phi_{\gamma c}(0)=0$。因此，某内部材料区域总的俘获 γ 注量率是：

$$\text{总的}\phi_{\gamma c}^{i+1}(z)=\phi_{\gamma c}^{i}(h^i)+\phi_{\gamma c}^{i+1}(z) \tag{14.31}$$

其中，i=材料编号，h^i=材料区域 i 的厚度。

14.1.4 多层屏蔽中的辐射衰减

基于之前得到的辐射屏蔽关系式，对与图 14.2 类似的多层屏蔽结构进行分析。图 14.8 中需要特别注意的是，由于屏蔽材料的中子共振俘获和 γ 射线发射特性影响，辐射水平可能会随能量剧烈变化。图中所给出的单位面积质量，是以 1 cm^2 截面积沿整个屏蔽体厚度垂直截取而得到的质量。如果此屏蔽体被设计用于防护核火箭发动机产生的辐射，那么需要付出很多努力来优化屏蔽布置，以尽量降低达到特定中子和 γ 射线衰减程度所需的单位面积质量。

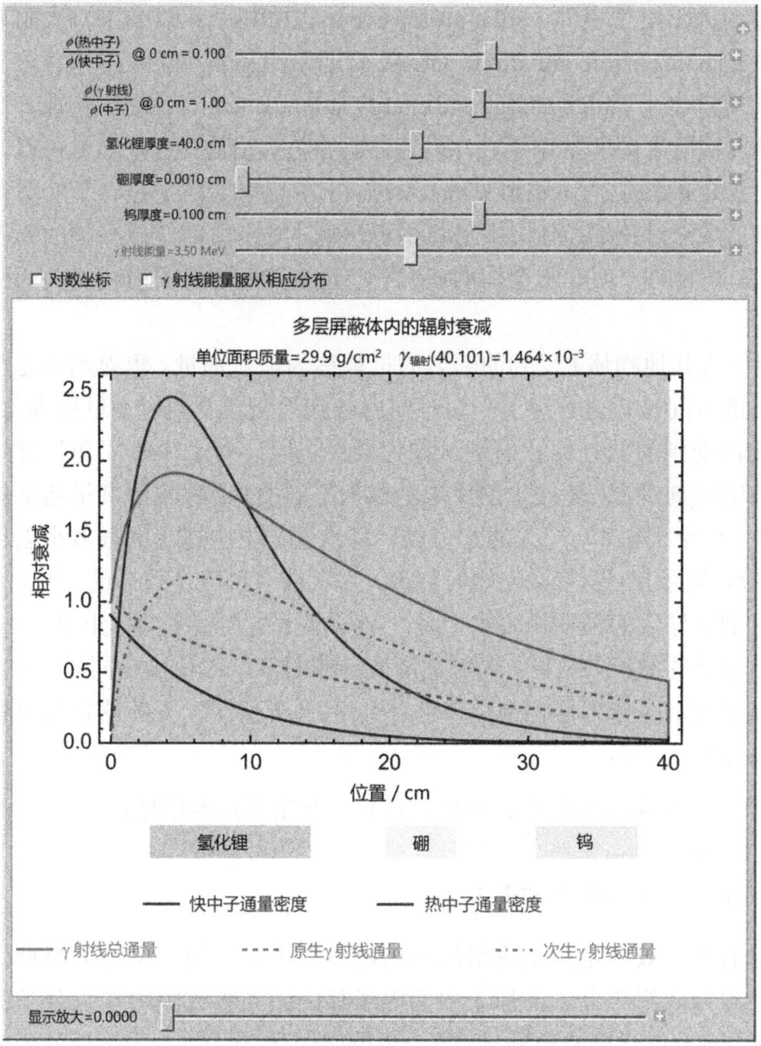

图 14.8 多层屏蔽中的辐射衰减

14.2 辐射防护与保健物理

为确定保护乘员免受核火箭发动机辐射伤害所需的屏蔽总量，有必要先简要探讨不同类型辐射对于人体的影响。需要指出的是，飞往月球或火星的深空任务，乘员还会暴露于除 NTR 以外的其他来源的辐射。这些来源包括通常由太阳耀斑产生的太阳质子事件（solar proton events，SPEs）；以及来自太阳系外的宇宙辐射（galactic cosmic radiation，GCR），通常由超新星爆发等事件产生，并且主要由高能重离子（high charge and energy atomic nuclei，HZE）构成。这些空间（或宇宙）辐射来源非常重要，若缺乏合适的防护措施，这些辐射可以轻易令核火箭运行产生的辐射剂量相形见绌。不过，宇宙辐射的防护是一个非常复杂的问题，超出了当前讨论的范围，本书将不再讨论。对宇宙射线感兴趣的读者可以参考 NASA 开展的一项非常全面的研究[5]，其中涉及与宇宙射线相关的诸多细节问题。

人体（或其他物体）受到的辐射的量被称为辐射剂量。辐射剂量通常按暴露在辐射下的时间长短进行分类。短时间内受到的高强度辐射剂量称为急性辐照，而长时间内受到的低强度辐射剂量称为慢性辐照。对于短时间和长时间内受到的相等的辐射剂量，人体产生的反应是极为不同的。急性辐照剂量通常对人体的伤害更大。作个类比，一个人通常可以轻易承受一生中遇到的很多小创伤和擦伤；但如果同样多的伤害发生在很短时间内，那就很有可能是致命的。因此，在计算给定辐射剂量导致的预期伤害水平时，剂量水平与剂量率同样重要。

评估辐射的健康效应时，辐射剂量被身体的哪个部位接受同样重要。因此，通常把辐射剂量区分为器官剂量和全身剂量。一般来讲，人体器官按对辐射的敏感度可以分为：

- 高敏感度——淋巴结、骨髓、肠胃、生殖系统和眼睛；
- 中敏感度——皮肤、肺和肝脏；
- 低敏感度——肌肉和骨骼。

辐射的生物效应是由生物组织内的电离作用导致的。生物组织吸收电离辐射后会导致构成组织分子的原子中的电子移出。当吸收辐射导致分子键中公用电子被打出时，化学键断裂并导致分子中的原子相互分离，最终使分子分崩离析。当电离辐射与细胞发生相互作用时，有时会打击到细胞的关键分子，例如染色体。由于染色体内含有细胞功能执行和复制增殖所需的基因信息，因此这样的损伤常常会导致细胞的死亡。细胞的修复机制有时可以修复细胞损伤，甚至是染色体的损伤；但如果细胞修复发生错误，而又未达到使细胞死亡的程度，那么就有可能产生癌细胞。电离能力最强，因而也是对细胞组织伤害最大的辐射类型有：

- α粒子——这种粒子电离能力强，但在组织中射程很短。这种辐射可以被阻止在皮肤表面。最严重的组织损伤发生在剂量被吸收于体内时。

- β粒子——这种粒子电离能力中等，在组织中射程也比较短。这种辐射可以被阻止于刚刚穿透皮肤处。最严重的组织损伤发生在剂量被吸收于体内时。
- γ射线——这种辐射电离能力中等，穿透能力很强。因为这种辐射可以深度穿透组织，故体外剂量十分重要。
- 中子——这种粒子电离能力中等，穿透能力也很强。因为这种粒子可以深度穿透组织，故体外剂量十分重要。
- 中微子——这种辐射尽管穿透能力极强，但几乎没有电离能力。由于这种辐射与组织发生相互作用的可能性极小，因此其剂量多少完全不重要。

辐射剂量通常用拉德（RAD）衡量，其含义是单位质量材料吸收的辐射能量，定义是 1 RAD=100 erg/g。吸收剂量的国际单位制（SI）单位是戈瑞（Gray，Gy），1 Gy=100 RAD。使用拉德或戈瑞单位衡量生物损伤的问题在于等量的不同类型辐射对于人体生理机能的影响不同。举个例子，1 拉德 α 粒子辐射和 1 拉德 γ 射线辐射产生的生物损伤是不同的。从生物学角度来讲，为了能够以同样的标准衡量各种类型的辐射，必须对不同类型的辐射引入另外一个被称为相对生物学效应（Relative Biological Effectiveness，RBE）的因子。RBE 将不同类型的辐射按照同一参考辐射归一，从而为任一辐射每单位吸收剂量造成的生物损伤提供了统一度量。RBE 的定义如下：

$$\mathrm{RBE}=\frac{200\ \mathrm{keV}\ \gamma\text{射线的物理剂量}}{\text{产生相同生物学效应的其它类型辐射的物理剂量}}$$

国际辐射防护委员会（International Commission on Radiological Protection，ICRP）采用一系列这样的 RBE 因子描述不同类型辐射的效应[6]。该委员会对低能量转移的所有辐射以及所有能量的 γ 辐射都选取了值为 1 的 RBE 因子。其他值则根据具有广泛代表性的生物学研究结果，尤其是与癌症和遗传效应相关的研究结果进行选取。表 14.2 针对各种类型的辐射给出了 ICRP 推荐的 RBE 因子。

利用 RBE 因子可定义新的被称为雷姆（人体伦琴当量，Roentgen Equivalent Man，REM）和西弗（希沃特，Sievert，Sv）的辐射剂量单位。这些单位在生物学上比拉德和戈瑞更有意义，并且可以用以下公式表示：

表 14.2 相对辐照生物学效应因子

辐射类型	RBE
γ 射线	1
快中子	20
慢中子	5
α 粒子	20
β 粒子	1
质子	5

$$\text{REM}=\sum_{i=1}^{n}\text{RBE}(i)\times\text{RAD}(i)\text{ 以及 }Sv=\sum_{i=1}^{n}\text{RBE}(i)\times\text{Gy}(i)=100\text{ REM} \tag{14.32}$$

其中，i=计算剂量时考虑的辐射类型编号，n=计算剂量时考虑的辐射类型总数。

对中子而言，如果以中子注量（即中子注量率×时间）形式来衡量辐照更为方便的话，那么就需要引入其他转换因子。这些转换因子已由美国职业安全与健康管理局（Occupational Safety and Health Administration，OSHA）确定，其数据汇编见表 14.3[7]。如果中子注量率的能量分布未知，则 OSHA 建议将转换因子取为 1 REM=1.4×10^7 n/cm^2。

人体吸收的以 REM 计量的急性剂量，与辐照预期产生的各种生理效应直接相关。表 14.4 列出了这些生理效应。表中信息节录自美国国家医学研究院（Institute of Medicine）和美国国家研究委员会（National Research Council）的一份报告，所依据的数据大部分来自于对二战末期日本广岛和长崎原子弹爆炸幸存者以及苏联切尔诺贝利事故的研究结果。

相比于高剂量急性辐照，对与癌症及其他疾病发病相关的低剂量慢性辐照效应的了解还远远不够。不过，研究人员多年来已开展了多项针对慢性辐照效应的统计研究。这些研究根据高剂量辐射健康效应观察结果的外推数据，提出了一系列不同的模型，用以估计低剂量辐射的健康效应（尤其是癌症）。图 14.9 给出了这些辐射健康模型的曲线。尽管这些模型的细节已经历多年的激烈争论，但仍然没有任何一个模型的正确性已达到能令人信服的程度。

表 14.3 中子剂量等效注量率*

中子能量 / MeV	等效于 1 REM 的中子注量 / n/cm^2	等效于 40 h 内 100 mREM 的中子注量率 / n/(cm^2·s)
热中子	9.7×10^8	670
0.0001	7.2×10^8	500
0.005	8.2×10^8	570
0.002	4.0×10^8	280
0.1	1.2×10^8	80
0.5	4.3×10^7	30
1.0	2.6×10^7	18
2.5	2.9×10^7	20
5.0	2.6×10^7	18
7.5	2.4×10^7	17
10	2.4×10^7	17
10~30	1.4×10^7	10

表 14.4 急性辐照生物学效应

REM	健康效应	致命性（未接受治疗的情况下）
0~25	无明显效应	0%
25~100	血液生理指标轻度变化，恶心	0%
100~200	恶心呕吐，血液生理指标中度变化	<5%
200~300	恶心呕吐，脱发，血液生理指标重度变化	<50%
300~600	恶心呕吐，血液生理指标重度变化，肠胃损伤，出血	50%~99%
600~1000	恶心呕吐，严重肠胃损伤，严重出血	99%~100%

* 中子剂量等效注量率：指辐射生物效应等于某一剂量当量的中子注量及注量率。

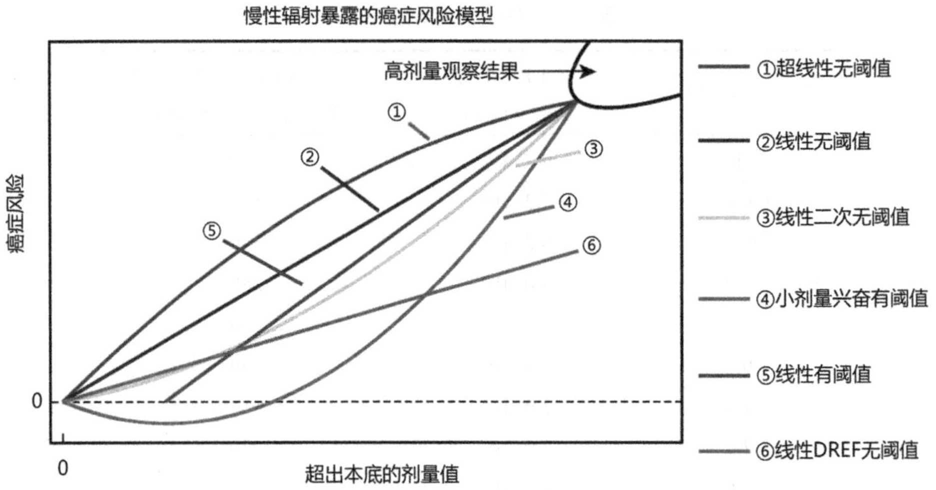

图 14.9 慢性辐照的癌症模型

简单来讲，线性模型认为，癌症风险与高剂量辐照所导致的吸收剂量直接成正比，并且不存在一个只要低于它就不会导致癌症风险增加的剂量水平（即不存在阈值剂量）。超线性模型与线性模型相似，不同之处在于超线性模型预测的辐照导致的癌症风险会高于线性模型的预测结果。不过，一些现有的卫生数据似乎表明，线性和超线性模型过高估计了癌症风险。因此，研究人员提出了其他模型，这些模型对于低剂量辐照导致癌症风险的预测值要低于前述模型。这些模型包括线性二次模型和线性剂量率有效因子模型（线性 DREF 模型，linear dose-rate effectiveness factor model），前者以剂量的二次函数而非线性函数形式外推癌症风险，后者假定癌症风险随剂量线性变化，但并不由高剂量辐照的癌症风险数据直接外推得到。线性二次模型和线性 DREF 模型都假定，不存在只要低于它就能使癌症风险为零的阈值剂量。此外还有其他一些不包含剂量风险“无阈值”假设的模型。这些模型包括线性阈值模型和小剂量兴奋模型，前者外推的癌症风险在某个非零的小剂量水平处为零，后者假设极低剂量水平的辐照实际上可能会对健康有一定益处。

美国核管理委员会（Nuclear Regulatory Commission，NRC）发布了适用于一般公众[9]和放射性工作人员[10]的规定，以控制个人可接受的最大允许辐射剂量。这些规定中，各群体的最大允许辐照都远低于可能导致明显健康效应的剂量水平。由于航天员在深空任务中可能受到的剂量水平远高于 NRC 规定值，因此

NASA 采用了美国国家辐射防护与测量委员会（National Council on Radiation Protection and Measurements，NCRP）的建议，以作为航天员辐照补充标准的基础。这些剂量值显著高于放射性工作人员和一般公众的允许值，不过即便如此，这些剂量导致的航天员的终身癌症风险与正常水平相比增加也不超过 3%。表 14.5 汇总了各种适用规定。

表 14.5 成年人个人剂量限制规定

群体	年全身剂量限制/REM
一般公众	0.1
放射性工作人员	5
航天员	50

为尽量减少参与涉及电离辐照活动的个人的吸收剂量，保健物理学界提出了一种被称为“合理可行尽量低”的概念（As Low As Reasonably Achievable, ACRR）。ALARA 是一种辐射安全原则，该原则要求以一切合理手段尽量减少放射性剂量和放射性释放。ALARA 的有关尽量减少个人吸收剂量水平的三条主要原则包括：

- 时间——尽量减少放射性暴露持续的时间；
- 距离——通过尽量增大与辐射源之间的距离来尽量减少暴露，因为辐射强度随距离的二次方衰减；
- 屏蔽——采用能够有效吸收辐射的材料阻挡辐射。

采用核能推进的航天器可预期会较好地顺应 ALARA 原则，至少对核发动机系统而言是如此，因为发动机通常仅工作很短时间、而航天器本身可能运行很长时间，以及航天器设计上也可能带有较小的阴影屏蔽体。

参考文献

[1] R.W. Peele, F.C. Maienschein. The Absolute Spectrum of Photons Emitted in Coincidence with Thermal Neutron Fission of Uranium 235. ORNL-4457, Oak Ridge National Laboratory, Oak Ridge, TN, 1970.

[2] J.J. Taylor. Application of Gamma-Ray Buildup Data to Shield Design. Westinghouse

Electric Corporation, Atomic Power Division, 1954. U.S. AEC Report WAPD-RM-217.
[3] O.J. Wallace. Gamma-Ray Dose and Energy Absorption Build-up Factor Data for Use in Reactor Shield Calculations. Report WAPD-TM-1012, June 1974.
[4] M.O. Burrell. Nuclear Radiation Transfer and Heat Deposition Rates in Liquid Hydrogen. NASA Technical Note TN D-1115, August 1962.
[5] J.W. Wilson, et al. Transport Methods and Interactions for Space Radiation. NASA Reference Publication 1257 (NASA-RP-1257), December 1991.
[6] ICRP. Recommendations of the International Commission on Radiological Protection. Ann. ICRP 1, No. 3, 1991.
[7] OSHA Regulation 29CFR1910.1096(b)(1).
[8] Institute of Medicine and National Research Council. Exposure of the American People to Iodine-131 from Nevada Nuclear-bomb Tests. Review of the National Cancer Institute Report and Public Health Implications. National Academy Press, Washington, DC, 1999.
[9] NRC Regulation 10CFR20.1301.
[10] NRC Regulation 10CFR20.1201.
[11] National Council on Radiation Protection. Guidance on Radiation Received in Space Activities. Report 98, July 1989.

习题

1. 为减小火星任务的屏蔽重量，期望能够利用液氢储箱的屏蔽作用，以保护航天员免受反应堆 γ 射线的伤害。航天器结构如下图所示：

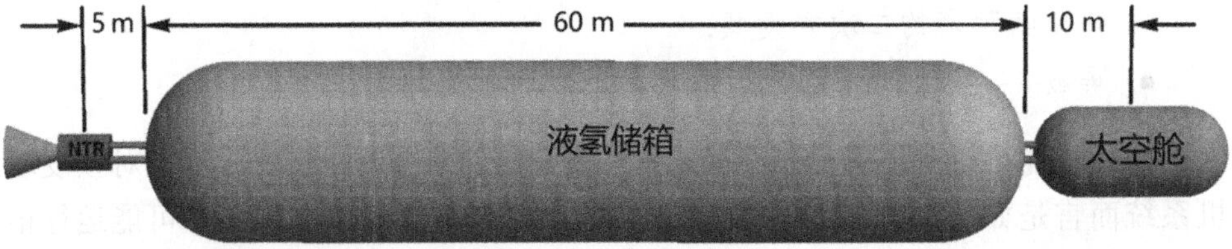

在发动机运行过程中，液氢（20 K）储箱中的液位以 2.5 cm/s 的速度递减。NTR 产生的能量为 6 MeV 的 γ 射线所对应的功率为 2 kW。假设反应堆可视为点放射源，确定：

a. 在发动机运行结束时，对位于太空舱中间的某航天员而言，由 6 MeV 的 γ 射线所对其造成的全身剂量（以 REM 为单位）。

b. 画出由 6 MeV 的 γ 射线对该航天员造成的剂量（以 REM 为单位）随时间的变化关系。

c. 假设液氢并不提供屏蔽作用，画出由 6 MeV 的 γ 射线对该航天员造成的剂量（以 REM 为单位）随时间的变化关系。

假设航天员的体重为 75 kg，其有效截面积为 8000 cm^2。同时假设在发动机运行结束时，液氢储箱里的液氢已全部消耗完，并且储箱内除了液氢之外没有其他物质能起到屏蔽作用。如果还需要其他假设，描述清楚并说明理由。对利用液氢储箱减小航天员所受剂量的有效性进行评价。

注释

1 原文方程为 $D^2\dfrac{\mathrm{d}^2}{\mathrm{d}z^2}\phi^2-\Sigma_\mathrm{c}^2\phi^2+\phi_0^1\mathrm{e}^{-\Sigma_\mathrm{s}^{1\to2}z}=0$，有误。

2 原文方程为 $\phi^2(z)=\left(\phi_0^2-\dfrac{\Sigma_\mathrm{s}^{1\to2}\phi_0^1}{D^2\left(\Sigma_\mathrm{s}^{1\to2}\right)^2-\Sigma_\mathrm{c}^2}\right)\mathrm{e}^{-z\sqrt{\frac{\Sigma_\mathrm{c}^2}{D^2}}}-\dfrac{\Sigma_\mathrm{s}^{1\to2}\phi_0^1}{D^2\left(\Sigma_\mathrm{s}^{1\to2}\right)^2-\Sigma_\mathrm{c}^2}\mathrm{e}^{-\Sigma_\mathrm{s}^{1\to2}z}$，有误。

3 原文方程为 $\phi^2\sum\limits_{j=1}^{i}h_j=\left(\phi_{0,i}^2-\dfrac{\Sigma_\mathrm{s}^{1\to2}\phi_{0,i}^1}{D^2\left(\Sigma_\mathrm{s}^{1\to2}\right)^2-\Sigma_\mathrm{c}^2}\right)\mathrm{e}^{-h_i\sqrt{\frac{\Sigma_\mathrm{c}^2}{D^2}}}-\dfrac{\Sigma_\mathrm{s}^{1\to2}\phi_{0,i}^1}{D^2\left(\Sigma_\mathrm{s}^{1\to2}\right)^2-\Sigma_\mathrm{c}^2}\mathrm{e}^{-\Sigma_\mathrm{s}^{1\to2}h_i}=\phi_{0,i+1}^2$，有误。

4 原文方程为 $S_\mathrm{p}(x)=f_\gamma(E)\sum\limits_\mathrm{c}^{2}\phi^2(x)=f_\gamma(E)\sum\limits_\mathrm{c}^{2}\left(B\mathrm{e}^{-\xi x}-C\mathrm{e}^{-\psi x}\right)$，有误。

5 原文方程为 $\phi_{\gamma\mathrm{c}}=\int\limits_0^z 0\int\limits_0^a\int\limits_0^{2\pi}S_\mathrm{p}(x)rG_\gamma(R)\mathrm{d}\phi\mathrm{d}r\mathrm{d}x$，有误。

6 原文方程为 $\phi_{\gamma\mathrm{c}}(z)=2\pi\int\limits_0^z\int\limits_{z-x}^{\sqrt{(z-x)^2+a^2}}S_\mathrm{p}(x)RG_\gamma(R)\mathrm{d}R\mathrm{d}x$，有误。

7 原文方程为 $\phi_{\gamma\mathrm{c}}(z)=$

$$2\pi\int_0^z\int_{z-x}^{\sqrt{(z-x)^2+a^2}}f_\gamma(E)\sum_\mathrm{c}^{2}\left(B\mathrm{e}^{-\xi x}-C\mathrm{e}^{-\psi x}\right)\left[A\mathrm{e}^{-\alpha\mu_\mathrm{s}R}+(1-A)\mathrm{e}^{-\beta\mu_\mathrm{s}R}\right]R\frac{\mathrm{e}^{-\mu_\mathrm{s}R}}{4\pi R^2}\mathrm{d}R\mathrm{d}x$$

，有误。

8 原文方程为

$$\phi_{\gamma\mathrm{c}}(z)=\frac{f_\gamma(E)\Sigma_\mathrm{c}^2}{2}\lim_{a\to\infty}\left\{\int\limits_0^z\int\limits_{z-x}^{\sqrt{(z-x)^2+a^2}}\left(B\mathrm{e}^{-\xi x}-C\mathrm{e}^{-\psi x}\right)\left[A\mathrm{e}^{-\alpha\mu_\mathrm{s}R}+(1-A)\mathrm{e}^{-\beta\mu_\mathrm{s}R}\right]\frac{\mathrm{e}^{-\mu_\mathrm{s}R}}{4\pi R}\right\}\mathrm{d}R\mathrm{d}x$$

$$
\begin{aligned}
&= \frac{f_\gamma(E)\Sigma_c^2}{2}\frac{C\mathrm{e}^{-\psi z}}{\psi}\left\{A\left(E_1\left[z(\mu_s+\alpha\mu_s-\psi)\right]+\ln\frac{\mu_s+\alpha\mu_s-\psi}{\mu_s+\alpha\mu_s}\right)\right.\\
&\qquad\left.+(1-A)\left(E_1\left[z(\mu_s+\beta\mu_s-\psi)\right]+\ln\frac{\mu_s+\beta\mu_s-\psi}{\mu_s+\beta\mu_s}\right)\right\}\\
&-\frac{f_\gamma(E)\Sigma_c^2}{2}\frac{B\mathrm{e}^{-\xi z}}{\xi}\left\{A\left(E_1\left[z(\mu_s+\alpha\mu_s-\xi)\right]+\ln\frac{\mu_s+\alpha\mu_s-\xi}{\mu_s+\alpha\mu_s}\right)\right.\\
&\qquad\left.+(1-A)\left(E_1\left[z(\mu_s+\beta\mu_s-\xi)\right]+\ln\frac{\mu_s+\beta\mu_s-\xi}{\mu_s+\beta\mu_s}\right)\right\}\\
&-\frac{f_\gamma(E)\Sigma_c^2}{2}\frac{C\xi-B\psi}{\xi\psi}\left\{AE_1\left[z(1+\alpha)\mu_s\right]+(1-A)E_1\left[z(1+\beta)\mu_s\right]\right\}
\end{aligned}
$$

，有误。

第15章 核热火箭的材料

由于核发动机运行环境恶劣，用作燃料、慢化剂和其他部件的材料必须具有非常好的适应性，以保证能够在任意长的时间内经受住这样的严苛条件。例如，燃料中的温度可达 3000 K 甚至更高。除了极高的温度之外，选择材料时还必须考虑氢或其他推进剂的腐蚀效应以及强辐射环境。这些因素毫无意外地导致可考虑的燃料元件制造选项极其有限。慢化剂和其他结构材料也必须能够经受类似的恶劣环境，尽管他们一般不太会像燃料所处环境那样极端。材料方面的限制制约了核发动机的极限性能，因此如果要将核发动机工作运行范围在目前设想的基础上大幅扩展，那么未来还需要投入很大努力。

15.1 燃料

通常建议用于核火箭燃料元件的易裂变核素是 ^{235}U。铀的这种同位素天然存在，在天然铀中的质量分数约为 0.7%。天然铀中余下的 99.3%由不易裂变的 ^{238}U*构成。对于这样的富集度，很难（但并非不可能）构造出可临界的反应堆设计。天然铀在地壳中比较常见，其含量约为 4 ppm 左右。已开采的含铀量通常为 1%~4%的高等级铀矿称为沥青铀矿。这种高等级铀矿见于加拿大和非洲部分地区。含铀量 0.1%~0.5%的中等级铀矿则分布于包括美国在内的全世界许多地区。

商用动力堆燃料所用的 ^{235}U 其富集度通常会提升（或富集）至 5%左右，这样就可以采用普通的现有材料设计出尺寸合理的反应堆。这些铀几乎都以某种机械及热工性能优良的合金或化合物形式存在。常用的铀化合物是二氧化铀

---

* ^{238}U：英文原文是 ^{235}U，译者认为有误。

（UO_2）。尽管 UO_2 适合用于动力堆，但因一些固有缺陷而阻碍了其在核火箭发动机中的应用。这些缺陷包括热导率较低导致燃料相对于推进剂的温度较高，以及并不算很高的 2865 °C 的熔点。

如前所述，核火箭发动机的比冲随推进剂排气温度的升高而升高。因此，探寻具有最高可能工作温度的燃料形式是有意义的。与商用动力堆的情况一样，核火箭燃料中常用的易裂变核素也是 ^{235}U。不过，由于非常希望核火箭发动机的体积小、质量相对较轻，所以核火箭中的燃料富集度比商用核反应堆所采用的燃料富集度要高，因为一般来讲 ^{235}U 的富集度越高则反应堆临界体积越小。NERVA 反应堆使用了 93%富集度的 ^{235}U，这一富集度已高到可被认定为武器级。由于如此高的 ^{235}U 富集度需要大量安保措施以防止核扩散，因此大多数计划用于核火箭的核反应堆系统预期会选择 20%的富集度。采用未达到武器级别的 20%富集度，已足以设计出较为紧凑的反应堆，同时又不像高富集（93%）反应堆那样需要高度安保措施。另一种经常被考虑用于核火箭的核素是 ^{239}Pu。从核的角度来讲，^{239}Pu 的性能在一定程度上要优于 ^{235}U 的性能，因为前者裂变截面更高；但是，核扩散的政治顾虑及其自身的剧毒性阻碍了 ^{239}Pu 近期应用的可能性。^{242m}Am 也偶尔被建议用作核火箭的潜在燃料，因为它在所有已知核素中具有最高的裂变截面（几乎比 ^{235}U 高出一个数量级）；但由于这种核素极其罕见并且很难大量生产，因此除了可能用于有限的特定用途外，^{242m}Am 到底能否用于核火箭发动机是值得怀疑的。

在火箭发动机点火过程中，反应堆在高功率水平下运行，产生少量但不可忽略的裂变产物。为防止这些裂变产物释放到火箭喷出的气体中，燃料中的可裂变同位素必须包裹在某种材料中，以确保它们不会逃逸出燃料元件并被推进剂携带喷出。在 NERVA 计划中，试验的燃料元件主要由直径约 150 μm 的小燃料颗粒构成，燃料颗粒由 UO_2 或 UC_2 核芯、内层多孔热解碳包裹层和外层高密度致密热解碳包裹层构成。这些燃料颗粒（称为 BISO 颗粒，即缓冲–各向同性包覆颗粒或双层热解碳包覆颗粒，Buffered ISOtopic，BISO）被石墨基质束缚在基体内。其中多孔石墨层被设计用于容纳运行过程中核芯内产生的裂变产物，防止燃料颗粒内逐渐累积的压力过大导致颗粒破裂。外层高密度热解石墨层被设计当作一道屏障，防止缓冲层内的裂变产物迁移至外部石墨基质中。BISO 型燃料颗粒的结构如图 15.1 所示。

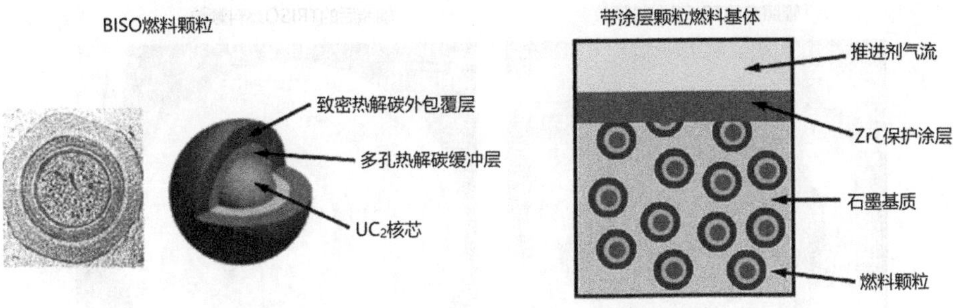

图 15.1 NERVA 型燃料元件中的 BISO 燃料颗粒

这些燃料颗粒被进一步挤压成包含 19 个冷却剂孔道的燃料元件，如图 1.3 所示。这些冷却剂孔道本身覆盖有 ZrC 涂层，以提供额外的保护屏障，阻止裂变碎片释放进入喷出气流中。但这些努力并未取得完全成功，因为试验表明，在发动机点火过程中燃料颗粒会出现破裂，从而导致裂变产物向石墨基质中释放。破裂还发生在燃料推进剂流道的 ZrC 涂层中，导致石墨基质中的裂变产物向推进剂气流扩散，并通过发动机喷气逃逸到环境中。

在 PBR 中，制造了一种更先进的燃料颗粒以用于防止裂变产物向推进剂气流释放。这些燃料颗粒与 BISO 颗粒类似，有一个 UC_2 核芯，外部包裹一层多孔热解碳和一层高密度致密热解碳。不过，在这些燃料颗粒中，高密度致密热解碳包裹层外还有一层由 ZrC 构成的包裹层。ZrC 作为附加的高强度屏障，可防止裂变产物的释放，并保护内层石墨层不受高温氢推进剂气流的侵蚀，因为在这种反应堆设计中氢推进剂会与燃料颗粒直接接触。这些燃料颗粒称为 TRISO 颗粒（三层各向同性包覆颗粒），因为它们包含三层裂变产物保护屏障。尽管这些燃料颗粒总体表现相当好，但颗粒床反应堆中的高热梯度会导致 UC_2 核芯逐渐迁移穿透其保护屏障涂层，最终使燃料颗粒失效。这种核芯迁移穿透保护涂层的现象被称为阿米巴效应，其显微照片如图 15.2 所示。

在 NERVA 计划接近尾声时，燃料颗粒基体的概念被抛弃，取而代之的是称为复合燃料的设计。复合燃料由(U, Zr)C 非均匀分布于石墨燃料元件内构成。这种燃料元件在几何上与颗粒燃料元件非常相似，并且也包含带 ZrC 涂层的推进剂孔道。这种燃料设计被认为能够更好地抵御氢腐蚀，而氢腐蚀始终困扰着燃料颗粒设计。这种燃料元件确实在核熔炉试验（nuclear furnace test）中表现出比燃料颗粒元件更优的性能，但也仅是略有提升而已[1]。

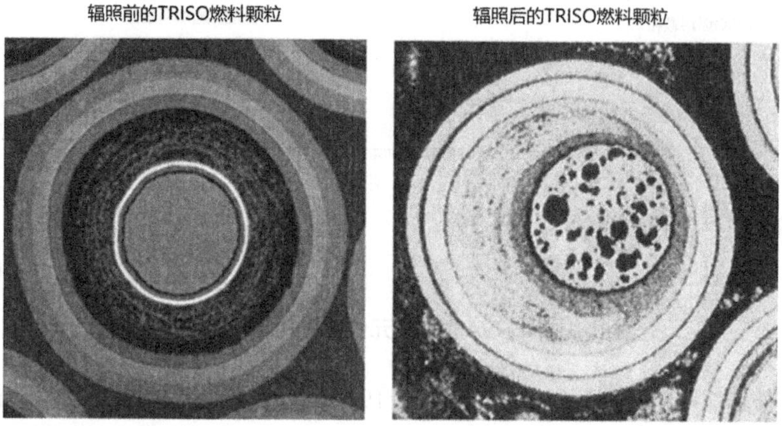

图 15.2 展示“阿米巴效应”的 TRISO 燃料颗粒

在 NERVA 计划末期，还开始了对固溶体碳化物燃料元件的应用研究。这些燃料元件不含自由碳，因而大大减弱了氢腐蚀的影响。核熔炉试验了采用这种设计的两根燃料元件。尽管这些燃料元件确实出现了相当大的破损，但高温氢对其的腐蚀极小[1]。自 NERVA 试验时期以来，对碳化物燃料元件的研究工作一直在延续。苏联研究者测试了(U,Zr,Nb)C 等三元碳化物燃料形式，结果表明排气温度有望达到 3100 K 以上。苏联关于三元碳化物燃料的研究工作，近年来在美国得到了较低程度的延续，并且前景似乎很有希望。在图 15.3 所示的显微照片[3]中，可以看出制造样品所用的压制和烧结工艺，可以使样品仅有少量孔隙且密度接近理论密度。图中白色条纹是 UC，这意味着加工的材料中存在一定的非均匀性。值得指出的是，更长的烧结时间可以获得更少的孔隙率和更高的均匀性。

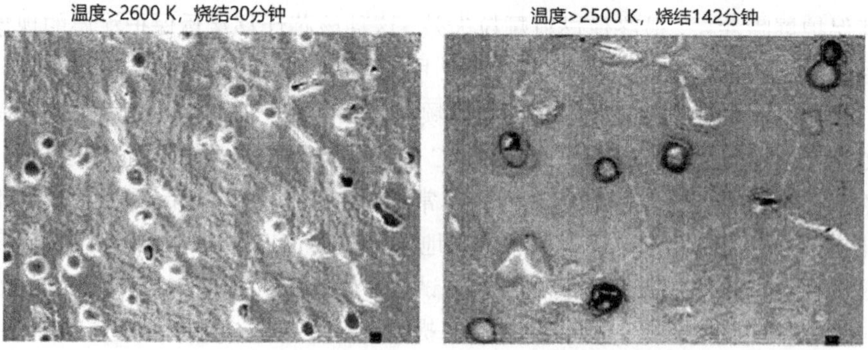

图 15.3 ($U_{0.1}$, $Zr_{0.45}$, $Nb_{0.45}$)三元碳化物燃料微观结构

除了上面介绍的碳化物燃料外，还有另一类曾被考虑用作核燃料的材料称为金属陶瓷。核火箭所用的金属陶瓷（陶瓷与金属的复合）材料，通常由先冷压后在 2400~2600 K 温度下烧结而制造的 W-UO_2 或 Mo-UO_2 混合物构成。在被制作成燃料元件之前，金属陶瓷材料的外表面一般会镀上由钨、钽、钼等构成的难熔金属合金。金属陶瓷材料中常常会加入 $GdO_{1.5}$、$DyO_{1.5}$、$YO_{1.5}$ 等稳定剂，以缓解铀在高温下分解并扩散进入镀层材料而导致燃料组件强度下降的趋势。很多关于金属陶瓷的早期工作，都是 1962—1968 年期间作为 GE710 计划的一部分开展的[4]。其他关于用于核火箭的金属陶瓷材料的工作，也是由美国阿贡国家实验室（Argonne National Laboratory，ANL）开展的[5]。图 15.4 展示了认为适合用于核火箭的金属陶瓷材料。据估计这些材料足够强健，可允许推进剂出口温度达到 2800~2900 K 的范围。关于不同金属陶瓷研发项目进展的综述文章，可以在美国爱达荷国家实验室（Idaho National Laboratory，INL）收集的资料汇编中找到[6]。

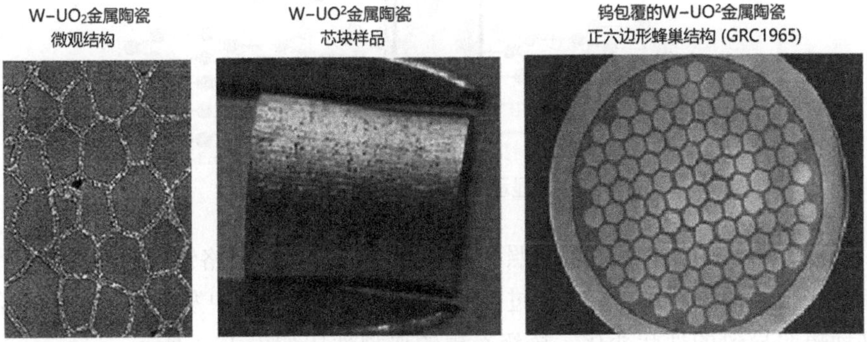

图 15.4　金属陶瓷燃料样品的外形特征

15.2 慢化剂

由于中子慢化剂的作用是将中子慢化到可以被热中子裂变截面大的裂变材料轻易俘获的能区，所以要求慢化剂具有低的吸收截面和相对高的散射截面。另外，如果慢化剂只需要少数几次散射作用就能使中子热化，那么对于反应堆也将是非常有益的。这一要求也意味着慢化材料应当具有较低的质量数。这些条件严格限制了可用作慢化剂的材料的数量。因此，可用作慢化剂的材料仅限于包含氢、铍或碳的少数化合物。

在 NERVA 计划中，堆芯内主要的中子慢化作用由高密度非渗透性石墨形式的碳提供。石墨作为慢化剂其性能不如铍或某些含氢化合物，但价格便宜、化学性质不活泼，并且具有相对较好的热工和力学性能。它在最高可达 3200 °C 的极大温度范围内都能保持稳定。石墨不会融化，但会在 3650 °C 左右升华。石墨晶体具有六方对称性，大的扁平晶面间距离相对较远。由于这些晶面通常朝向某一特定方向，所以石墨的热工、力学和电学性能往往是各向异性的，并且会根据测量方向的不同呈现出很明显的差异。图 15.5 展示了石墨的晶体结构。

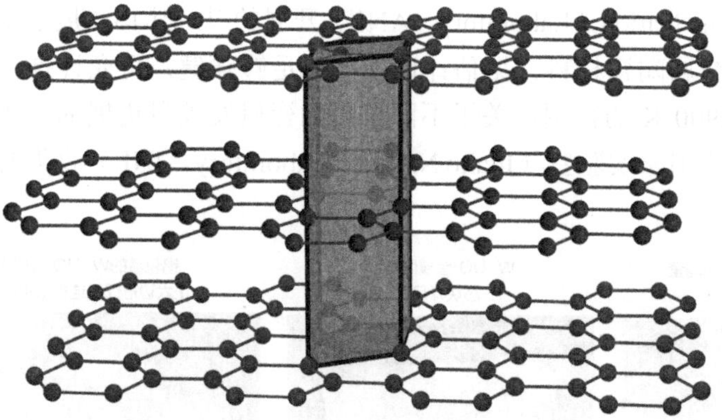

图 15.5 显示晶胞构型的石墨晶体结构

在低温下，高水平的中子辐照会使晶体结构中出现晶格错位，导致石墨尺寸发生变化，同时热导率下降。不过，在更高温度下，石墨中发生的退火过程会缓解这种辐照导致的性状变化。核级石墨的典型性质如表 15.1 所示。

另一种可用作核火箭慢化剂的有价值的材料是铍。作为慢化剂，铍的性能稍好于石墨，这主要归因于其质量数更低。但也确实存在一些缺陷限制了它的使用。铍最主要的缺陷是具有剧毒性，尤其是当其以粉状形式出现时。吸入铍粉尘会强烈刺激呼吸道，皮肤接触也会导致起疹和其他过敏。接触足够浓度的铍甚至可以致人死亡。另外，这种材料还非常昂贵。

铍具有相对较高的熔点 1280 °C；但其晶粒尺寸较大，导致该金属较脆，并且很难保证加工时不出现表面损伤和内部开裂。铍与快中子会发生(n,α)反应产生氦，发生$(n,2n)$反应产生氚。如果中子注量足够高（如高于 10^{21} nvt），则这些气体会在金属块内积聚并导致金属肿胀。铍金属的典型性质如表 15.2 所示。

表 15.1 核级石墨的典型性质

温度/K	密度/g/cm³	热膨胀系数/K⁻¹	比热/J/(g·K)	热导率/W/(cm·K)	极限抗拉强度/MPa	耐压强度/MPa	杨氏模量/MPa
100	1.605	0.0000040	1.80	0.57	17	58	14,100
1500	1.595	0.0000050	2.00	0.43	21	–	13,800
2000	1.580	0.0000055	2.10	0.35	26	–	13,100
2500	1.570	0.0000058	2.15	0.30	28	–	–
3000	1.555	0.0000060	2.18	–	–	–	–
3500	1.540	0.0000063	2.30	–	–	–	–

表 15.2 铍金属的典型性质

温度/K	密度/g/cm³	热膨胀系数/K⁻¹	比热/J/(g·K)	热导率/W/(cm·K)	极限抗拉强度/MPa	耐压强度/MPa	杨氏模量/MPa
200	1.855	–	1.00	0.30	–	269	291,000
400	1.840	0.0000150	2.30	0.16	385	–	283,000
600	1.825	0.0000218	2.55	0.13	337	–	275,000
800	1.810	0.0000205	2.80	0.11	300	–	266,000
1000	1.788	0.0000205	3.10	0.09	–	–	255,000
1200	1.760	0.0000225	3.25	0.08	–	–	–

由于氢在非低温环境下为气态，所以实际的含氢中子慢化剂必须将氢元素合成至高温下呈固态（或至少呈液态）的化合物中。很多地面动力堆选用的氢化合物是水，水除了可以用作中子慢化剂外，还可以用作反应堆冷却剂。考虑到核火箭和动力堆之间的固有差别，能否将水等液体慢化剂用于核火箭发动机是值得怀疑的；不过，有许多固态的碳氢化合物，例如有机聚苯或聚乙烯等，可用于此用途。这些化合物的慢化特性大多与水相似，并且可以在相当高的温度下保持稳定。它们在较高水平的中子辐照下也能保持相对稳定，但是在相近的中子辐照水平下，它们所受的损伤确实要高于石墨或铍。

如果采用同位素氘和碳-13 合成碳氢化合物，那么就有可能制造出一种令人很感兴趣的慢化材料。这些同位素核素具有异常低的中子吸收截面，同时又保留了相对高的中子散射截面。对于常规的固态堆芯核反应堆而言，这些氘碳化合物的中子学特性对堆芯反应性的影响很小；但是，如果能设计出实用的气态堆芯反应堆，则由氘-碳-13 化合物构成的反射层对于堆芯反应性将会有极大的影响。对堆芯反应性的这种影响十分显著，表现为氘碳化合物反射层可以使中等大小的气态堆芯反应堆在合理的压力水平下达到临界，而如果改用常规碳氢化合物反射层，则达到临界所需的压力将会高到不可接受的程度。

另一种曾作为中子慢化剂得到过成功应用的含氢化合物是氢化锆。这种化合物在中子辐照下非常稳定；但是它在 800 °C 左右会分解，因此它在核火箭发动机中的应用仅限于燃料的设计能够保证反应堆运行时氢化锆能保持在相当低的温度下。

15.3 控制材料

核反应堆控制材料的主要评判标准包括：它们是中子的强吸收体，能够承受相当高的中子反应发热，以及在辐照下保持尺寸稳定。幸运的是，有相当多的材料能够很好地满足这些标准。最常见的用于反应性控制的材料，很可能就是以化合物形式存在的硼，例如碳化硼（B_4C）以及将硼弥散在不锈钢或铜中。在 NERVA 反应堆中，反应堆反射层区域内控制转鼓的一面附有铜硼合金片。这种设计实际上通过调整含硼合金片与堆芯之间的相对位置来改变系统的中子泄漏份额，从而实现对反应堆反应性水平的控制。在反应堆控制系统中使用硼的主要问题是，如果中子注量水平足够高，则(n,α)反应所释放的氦气会导致材料肿胀和开裂。但如前所述，由于核火箭发动机中子注量的预期值相当低，因此氦气导致的硼材料失效不大可能构成一个显著问题。

铪的几种同位素在超热共振能区内具有非常大的共振俘获截面，这使其在热堆中可以非常有效地吸收中子。核火箭发动机中高中子注量率环境很可能导致控制材料的高发热率，而碳化铪也具有极高的熔点，因而在核火箭发动机应用方面极具吸引力。钆在所有稳定同位素中具有最高的中子吸收截面（氙-135 的热中子吸收截面更高，但它是气态而且不稳定），但到目前为止它还未在反应性主动控制系统中得到应用；不过，钆偶尔会被用作可燃毒物。曾被用作中子吸收材料的其他材料还包括银、铟、镉和镝等。图 15.6 给出了几种中子吸收材料的吸收截面。

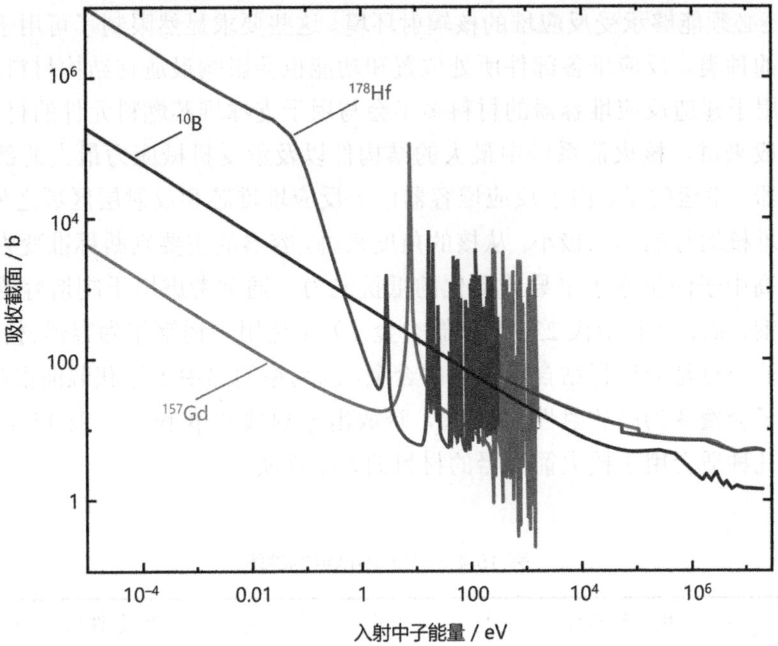

图 15.6 几种常见中子吸收材料的吸收截面

表 15.3 给出了几种曾用于在核反应堆中吸收中子进而控制反应性的材料的一些物理特性。表中列出的材料绝称不上详尽无遗，但确实提供了有望适用于核火箭系统的材料样本。

表 15.3 几种中子吸收材料的性质

材料	分子式	密度/g/cm^3	熔点/K	热导率/W/(cm·K)
碳化硼	B_4C	2.52	2445	35
碳化铪	HfC	12.2	3890	293
钆	Gd	7.9	1312	10.6

15.4 结构材料

核火箭发动机的典型的严苛工作环境，对选择建造发动机系统的合适结构材料形成了独特挑战。核火箭发动机的结构材料不仅必须易于制造、强度高、质量轻，还必须能够承受反应堆的核辐射环境。这些要求显然限制了可用于核火箭的材料的种类。反应堆各部件所处位置和功能也会影响最适宜结构材料的选择。例如，用于建造反应堆容器的材料多半会与用于支撑堆芯燃料元件的材料不同。

一般来讲，核火箭系统中最大的结构件以及承受机械应力最大的部件是反应堆容器。幸运的是，由于反应堆容器位于反应堆堆芯和反射层区域之外，它对于反应堆核运行的影响极小。从核的角度来讲，容器的主要判断标准变为材料对于相对高中子注量率水平导致活化的抵抗能力。通常考虑用于制造容器的材料是不锈钢、铝、镁和哈氏 230 等高温合金。如果选用不锈钢作为容器材料，那么很重要的一点是应选择钴含量极低的合金，因为钴的热中子俘获截面很高，并且俘获中子会嬗变为高放射性的钴-60，释放出 γ 射线和 β 粒子。表 15.4~表 15.6 给出了几种适合用于核火箭容器的材料的力学性质。

表 15.4　316L 不锈钢的性质

温度/K	密度/g/cm³	热膨胀系数/K^{-1}	比热/J/(g·K)	热导率/W/(cm·K)	极限抗拉强度/MPa	2%条件屈服强度/MPa	杨氏模量/MPa
300	7.96	0.0000171	0.49	0.13	578	290	194,000
500	7.87	0.0000156	0.56	0.16	554	235	177,000
700	7.79	0.0000167	0.60	0.19	524	190	160,000
900	7.70	0.0000183	0.63	0.22	415	149	143,000
1100	7.60	0.0000198	0.67	0.24	177	114	126,000

表 15.5　T6061 铝合金的性质

温度/K	密度/g/cm³	热膨胀系数/K^{-1}	比热/J/(g·K)	热导率/W/(cm·K)	极限抗拉强度/MPa	2%条件屈服强度/MPa	杨氏模量/MPa
300	2.70	0.0000225	1.02	1.55	311	276	72,100
400	2.68	0.0000242	1.11	1.70	263	240	69,800
500	2.66	0.0000261	1.16	1.79	93	69	66,000
600	2.64	0.0000274	1.21	1.84	31	18	58,900
700	2.62	0.0000296	1.25	1.82	–	–	47,700

表 15.6 哈氏 230 合金的性质

温度/K	密度/g/cm³	热膨胀系数/K^{-1}	比热/J/(g·K)	热导率/W/(cm·K)	极限抗拉强度/MPa	2%条件屈服强度/MPa	杨氏模量/MPa
300	9.05	0.0000127	0.398	0.089	864	395	210,900
500	8.98	0.0000134	0.438	0.129	802	350	200,390
700	8.90	0.0000141	0.467	0.169	740	305	188,390
900	8.81	0.0000149	0.510	0.209	680	272	175,390
1100	8.72	0.0000158	0.599	0.249	502	271	162,120
1200	8.67	0.0000162	0.611	0.269	339	200	155,120
1300	8.61	0.0000166	0.619	0.289	201	117	148,120
1400	8.56	0.0000170	0.627	0.309	108	58	141,120

最适合用于压力容器或推进剂罐的材料的确定取决于多个因素，包括壁面温度、运行压力和辐射抗性；不过，通过简单考虑何种材料能够在给定运行温度和压力下具有最小的压力容器质量，有可能深入了解最有希望的候选材料。从材料强度分析出发，可得到薄壁压力容器中的应力水平，用以下公式表示：

$$\sigma=\frac{pR}{t} \quad \text{（圆柱形壳）} \tag{15.1}$$

$$\sigma=\frac{pR}{2t} \quad \text{（球形壳）} \tag{15.2}$$

其中，p=压力容器运行压力，t=压力容器壁厚，R=压力容器半径，σ=压力容器中的应力水平。

压力容器壁中的应力水平必须保持在低于其材料屈服应力限值的水平下。通常在计算应力时还会引入一个安全系数，以补偿制造工艺、材料性质等的不确定性。假定压力容器是带有半球形端头的圆柱体，则压力容器的质量可由式(15.1)和式(15.2)近似求得：

$$\begin{aligned} M &\approx \rho(T)\left[A_{\text{cyl}}t_{\text{cyl}}+A_{\text{sph}}t_{\text{sph}}\right]\approx\rho(t)\left[2\pi RLt_{\text{cyl}}+4\pi R^2t_{\text{sph}}\right] \\ &\approx\rho(T)\left[2\pi RL\frac{pR}{\sigma_{\text{y}}(T)}+4\pi R^2\frac{pR}{2\sigma_{\text{y}}(T)}\right]\approx\frac{2\pi R^2\rho(T)p}{\sigma_{\text{y}}(T)}(L+R) \end{aligned} \tag{15.3}$$

其中，M=压力容器质量，T=压力容器温度，L=压力容器圆柱部分长度，A_{cyl}=压力容器圆柱部分面积，A_{sph}=压力容器球形部分的面积，$\rho(T)$=压力容器材料在温度 T 下的密度。

值得注意的是，由式(15.3)给出的质量一般会或多或少地偏低一些，尤其是当压力容器包含许多管线和驱动机构等的穿孔时。这些穿孔会给容器带来额外的应力，必须通过在此区域添加材料以强化整个结构的方式加以补偿。对于没有穿孔的假设情况，图 15.7 给出了不同材料的压力容器的质量随温度变化的关系。

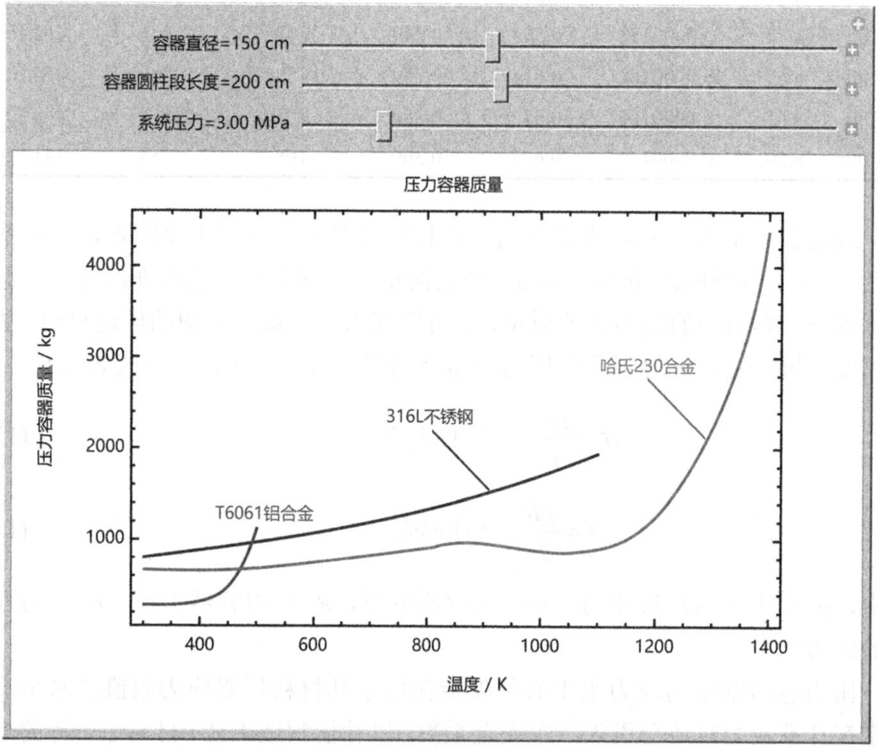

图 15.7 不同结构材料的压力容器特性

注意在图 15.7 中，当温度低于 490 K 时，铝合金压力容器比不锈钢和哈氏 230 的压力容器都要轻，这主要归因于其低温强度高；但在约 400 K 以上时，铝合金的强度会急剧下降。

对于航天器其他部位，环境条件的不同无疑会使得材料的选择与上文所述有所不同。考虑到装备核火箭发动机的航天器在结构和其他方面要求之繁多，以及能满足这些要求的候选材料的多样性，因此不可能以很短的篇幅概括各种特定场景下最适宜的材料。尽管如此，图 15.8 给出了小部分熔点高于 3000 K 的有望用于核火箭发动机高温部分的材料。对于特定场景，最适宜材料的最终确定显然不只取决于熔点，还会与预期应力水平、化学环境和震动条件等相关。

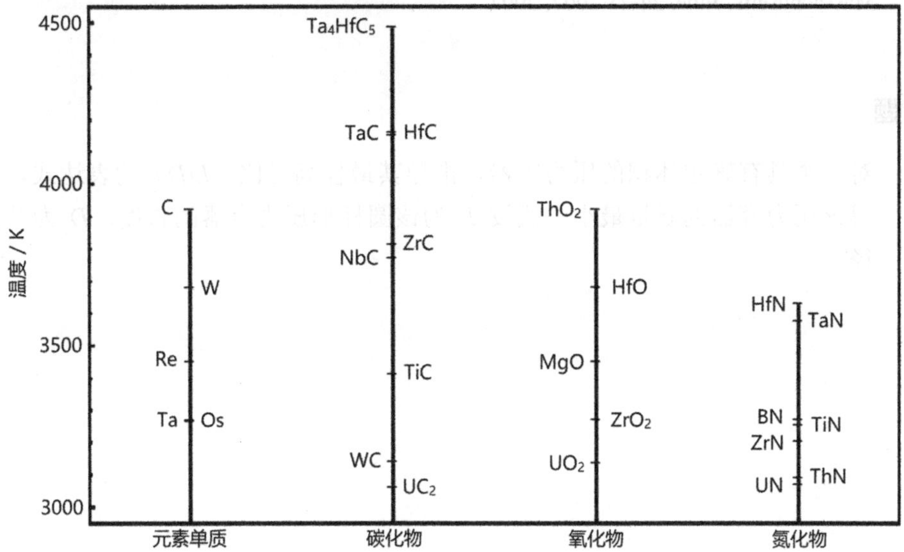

图 15.8 一些材料的熔点

参考文献

[1] L.L. Lyon. Performance of (U, Zr)C-graphite (Composite) and of (U, Zr)C (Carbide) Fuel Elements in the Nuclear Furnace 1 Test Reactor. Los Alamos Informal Report, LA-5398-MS, 1973.

[2] E. D'Yakov, M. Tischenku. Manufacturing and Testing of Solid Solution Ternary Uranium Carbides [(U, Nb, Zr)C and (U, Zr, Ta)C] Fuel in Hot Hydrogen. High Temperature Technology and Design Division Research Institute of the Scientific and Industrial Association LUTCH, Informal Report, July 1974.

[3] T. Knight, S. Anghaie. in: M.S. El-Genk (Ed.), Development and Characterization of Solid Solution Tri-carbides. Space Technology and Applications International Forum (STAIF), 2001.

[4] General Electric. 710 High-Temperature Gas Reactor Program Summary Report: Volume III-fuel Element Development, GEMP-600-V3, 1968.

[5] Argonne National Laboratory. Nuclear Rocket Program Terminal Report, ANL-7236, June 1966.

[6] D.E. Burkes, et al. Overview of current and past W-UO cermet fuel fabrication technology, in: INL/CON-07-12232 for Space Nuclear Conference 2007, Paper 2027, Boston, Massachusetts, June, 24-28 2007, 2007.

习题

1. 对一个具有确定体积的压力容器，推导其最佳高径比（L/D）的表达式，使得该压力容器的质量最小。假设 L 为该圆柱形压力容器的长度，D 为其直径。

第16章　核火箭发动机试验

核火箭发动机在进行任何飞行试验之前，必须先在部件层面以及发动机整机层面开展大量的试验。美国在开展 NERVA 项目的年代里，曾在露天环境中开展发动机的试验，而未顾及发动机排气所包含的裂变产物。尽管 NERVA 试验区域的周围环境受污染程度极低，但在现今的监管环境下，几乎不可能再批准这种试验方式。因此，核火箭发动机的试验会需要一系列的试验设施，包括从用于部件试验的小型非核设施，到用于发动机整机长期试验的、容纳所有排气的超大型设施。

16.1　总体考虑

核火箭发动机的试验预计比常规化学火箭发动机的试验更为复杂。该复杂度既归因于发动机运行时存在大量辐射，也归因于试验结束后发动机本身包含放射性裂变产物，该放射性裂变产物的量足以对生物造成危害。此外，当前的环境法规不允许二十世纪六十及七十年代的核发动机试验方式。美国现有的有害大气污染物排放标准（NESHAP 40 CRF61.90）规定："美国能源部的设施向环境大气所排放放射性核素的量，在任何一年内对任何一名公众人员造成的有效剂量当量不得超过 10 毫雷姆/年。"因此，在当前的监管环境下，像"瞬态核试验"（也叫 TNT，transient nuclear test，见图 16.1）这样的试验是不可能被允许的。该试验通过强制反应堆进入瞬发超临界状态，以有意地损坏发动机。

常规的化学火箭发动机试验，要求许多不同类别的试验须遵循一种步进式的逻辑顺序[1]。这些试验范围涵盖了从相当基础到极其复杂的试验，包括：

图 16.1 NERVA 瞬态核试验

(1) 加工部件的检查和试验，用于确保部件满足关于强度、配合、泄漏率等公差要求；

(2) 部件功能试验，用于确保阀门、驱动装置等正常运行；

(3) 火箭系统静态试验，用于确定发动机在额定工况及非设计工况下的运行特性；

(4) 航天器静态试验，其中发动机安装于一台不能飞的静止的航天器内；

(5) 航天器飞行试验，航天器上满载各种仪器，用于验证航天器在真实飞行状态下的运行特性。

除了上述试验要求之外，核发动机的试验还需要在为此目的而专门设计的设施及零功率临界装置上，对核燃料组件开展大量的非核试验和核试验。在零功率临界试验中，整个核反应堆系统运行在很低的功率水平，用于验证堆芯功率分布以及反应性控制系统的运行特性。

在核火箭发动机试验过程中，除了必须测量一些常规参数，如温度、压强、力、流量、应力、振动等，还需要监测辐射环境，特别是燃料中可能泄漏的裂变产物。一般采用各种类型的传感器进行所需的测量，测量数据输入计算机系统，后者通过分析数据来确定发动机当前的运行状态。如果检测到异常工况，计算机可以命令发动机进行合理的控制变更，或在必要的情况下关停发动机。许多试验中收集到的数据通常要在试验结束之后很久才进行详细分析。这些分析对于工程师非常有用，可指导他们对未来的试验进行设计或运行变更。

需要注意的是：在试验中进行的测量并不完全准确，而是会存在一定的误差。这些误差可分为以下几种类型：

(1) 静态误差。它通常是由于制造过程中的偏差而导致的固有误差。一般通过对测量结果引入合理的修正因子来对这些误差加以修正。

(2) 刻度误差。它是由于周围环境条件随时间变化所导致的测量误差。需要定期对仪器按固定的标准进行校准以消除该误差。

(3) 动态响应误差。它是由于诸如振动、电气干扰等因素使测量数据失真而导致的测量误差。可通过对仪器线路引入合理的电气屏蔽，以及对全系统进行合理的总体设计，来减小这些类型的误差。

(4) 最大频率响应误差。它是由于测量系统（传感器、计算机等等）对所测量参数的变化无法进行足够快速的响应所导致的。可通过采用响应频率比所测量参数的固有频率更高的测量系统来消除这些测量误差。

(5) 线性误差。它是由于所测量参数的输入值与仪器输出信号值之间的比值在仪器整个测量范围内变化所致。一般来说，仪器在其测量范围的中间区域（例如，约为满量程的 20%~80%区域）给出最准确的读数。通过合理选用仪器，使其能够覆盖所有有价值的参数范围，可减小这类误差。

(6) 滞后误差。它是由于所测量参数趋近的方向所导致。这类误差通常与压力系统相关，在这些系统里仪器在任何特定压力下的输出值随压力上升或下降的趋势而变化。

(7) 灵敏度误差。它是由于仪器无法检测被测量参数的微小变化所致。

16.2 燃料组件试验

核火箭发动机中最关键的部分大概是核燃料本身。由于核发动机的性能主要受燃料的温度限值以及燃料耐高温氢推进剂化学侵蚀的有限能力所共同制约，燃料组件通常需要经受极端严苛的运行条件。为使发动机运行效率达到最大，燃料需要能够耐受至少数小时的极端高温、恶劣环境。对这种环境进行模拟需要一些试验设施，以能够同时近似模拟核燃料运行过程中遇到的核、功率、流量以及温度等条件。这样的模拟至关重要，使得深入研究燃料在类似反应堆条件下的行为成为可能。

并非所有反应堆环境模拟设施都需要涉核。燃料元件性能的大量数据可由非核设施获得，这些设施只模拟燃料元件经受的热工及流体流动环境。这样的试验是非常有价值的，因为相比于核试验，这种试验可以用很低的费用获得燃料性能的大量数据。这种非核试验的结果预计能代表核试验的结果，因为燃料受到的辐照剂量以及对应的辐照损伤非常有限。没有严重的辐照损伤，是因为虽然核发动机的中子通量密度水平非常高，但是发动机运行的时间却很短，因此，燃料的总剂量（与功率密度和时间的乘积成正比）也相当低。事实上，核火箭发动机燃料所承受的剂量比一般商业核反应堆燃料累积的剂量低一个数量级以上。

燃料元件非核试验设施的一个例子，是美国马歇尔太空飞行中心（Marshall Space Flight Center, MSFC）[2]的核热火箭元件环境模拟器（nuclear thermal rocket element environmental simulator, NTREES）。NTREES 设计以用于对核热火箭燃料元件及燃料材料开展逼真的非核试验。尽管 NTREES 无法模拟核火箭燃料元件运行时的中子及 γ 射线环境，但它可以模拟热工流体环境，并提供材料性能及相容性的关键信息。NTREES 能够在压强高达 1000 psi、温度接近 3000 K、功率密度接近原型、氢气流动的环境中，对燃料元件及燃料材料进行试验。除了氢气，NTREES 还能够对多种推进剂试验各种潜在的燃料元件。该设施采用电磁感应加热模拟裂变释热过程，通过感应电涡流使燃料元件自身产生功率。因为试验过程中没有辐照，燃料元件可以安全地试验直至损坏，也不会导致任何在类似的核试验中可能引发的灾难性后果。图 16.2 给出了 NTREES 设施以及正在试验的一个原型燃料元件。诸如 NTREES 这样的设施是很有用的，许多潜在的燃料元件

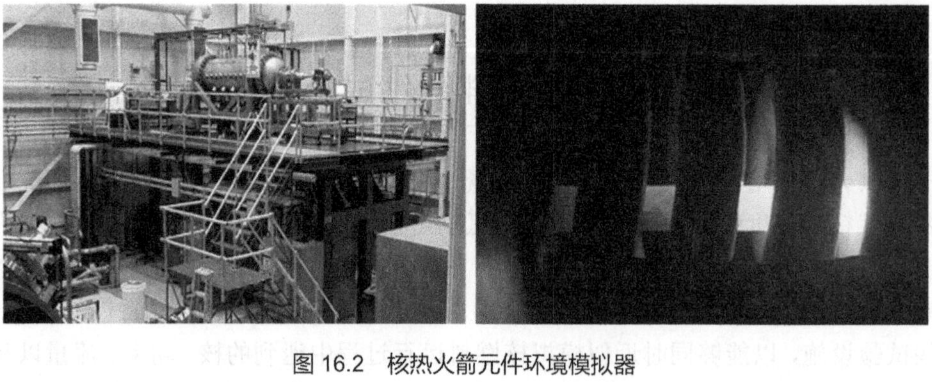

图 16.2　核热火箭元件环境模拟器

设计方案可以在这些设施中得到非常经济的试验，由这些试验可确定最佳设计方案，并进一步研发用于专设核设施试验。

一旦某特定燃料元件被选择用于进一步的研发，它会在一个预备好的核设施中进行试验，该核设施不仅能模拟燃料元件面临的热工流体环境，还能模拟核环境。这样的试验非常昂贵，但可以确保所选燃料元件在装入核火箭发动机后能够按照预期的方式运行。

在 NERVA 试验的最后时期，位于内华达 Jackass Flats 的核火箭研究站（Nuclear Rocket Development Station, NRDS）建造了一个这样的设施。该设施名为“1 号核反应炉”（Nuclear Furnace 1）[3]，是一座水冷反应堆，带有一个闭式回路的废水净化系统。它设计用于在 2444 K 的气体工质中试验备选的核燃料元件，试验时间至少 90 分钟，其运行功率水平为 44 MW。该核反应炉是专用于试验核火箭燃料元件的设施一个例子。根据燃料元件试验的试验目标，一些所需的核试验也可以利用现有的核设施来开展。特别是，美国空军在试验颗粒床反应堆燃料元件（PIPE 1 和 PIPE 2）[4]期间，选择了美国桑迪亚国家实验室（Sandia National Labs）的环形堆芯研究堆（Annular Core Research Reactor, ACRR），用于开展该燃料的试验。图 16.3 为 ACRR[5]。如果燃料元件可以在现有的设施中进行试验，其试验成本无疑会低于需要专用反应堆来开展试验的成本。

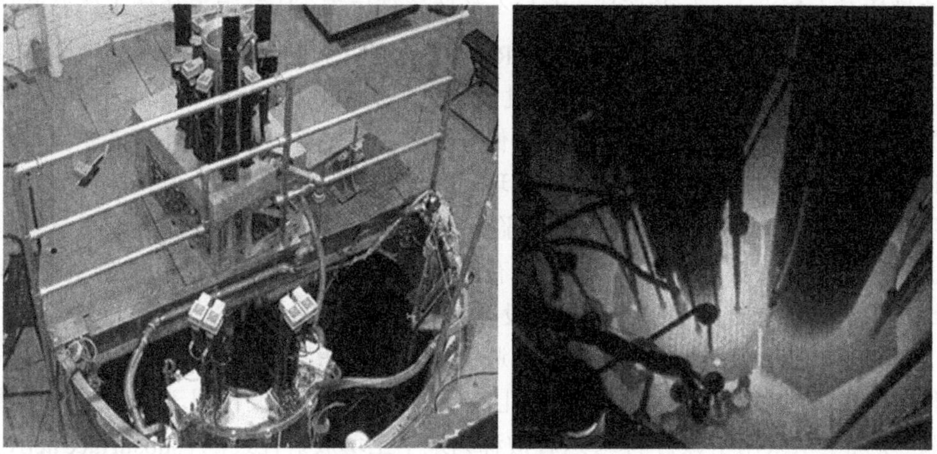

图 16.3 桑迪亚国家实验室的环形堆芯研究堆

通常，用于有限数目核火箭发动机燃料元件试验的专用反应堆会包含两个分开的堆芯区域。其中一个堆芯区域由驱动燃料元件组成，其目的是提供堆芯临界所需的大部分反应性，同时使中子通量密度达到所期望的空间分布和能谱。驱动燃料元件也可以由非推进剂工质冷却。例如，核反应炉的驱动燃料元件由水冷却。绝大多数情况下，驱动燃料元件构成了堆芯的大部分，堆芯其余部分由被试验的燃料元件构成。这些被试验的燃料元件由推进工质（通常是氢气）所冷却。由于这种多区堆芯试验反应堆的复杂性，其建造和运行可能非常昂贵。尽管如此，对用于载人飞船的核火箭发动机，燃料元件试验专用反应堆最终极有可能是必需的，以确保燃料元件按照所设计的安全和有效的方式运行。

16.3 发动机地面试验

核火箭发动机的地面试验对其获得太空应用资质是至关重要的，特别是在发动机用于推进载人飞船的情况下。化学火箭发动机通常要经过数月甚至数年的试验才能获得太空应用的资质。因此，有理由预期，核火箭发动机也将需要完成类似的严格试验计划才能获得太空应用资质。

在 NERVA 试验期间，几乎所有发动机试验都将火箭排气不经任何过滤直接排放至大气当中。如前所述，在如今的监管环境下，这种露天的核火箭发动机试验是不可能被允许的。在开展 NERVA 发动机试验的时候，NRDS[6]的设施只包括用于装配和拆解反应堆和发动机部件的建筑，以及试验台和运行、控制区域。如果未来恢复核火箭发动机试验，类似的试验设施是必需的。另外还需要额外的设施，用于在火箭发动机排气释放至环境之前将其收集和净化。值得注意的是，尽管过去所有的 NERVA 发动机试验都将排气产物直接排放至大气，甚至某些试验还导致了反应堆的损坏，但都没有造成任何人员受伤或受过量辐照。图 16.4 给出了 NRDS 的几处 NERVA 试验设施。

在开展核火箭发动机试验时，为避免将未经过滤的排气释放至大气当中，一种可能的方法是将发动机向一个钻孔排气，该钻孔原本设计用于容纳核武器试验（实际上从未用于该目的）。这种被称为地下土壤放射性过滤（subsurface active filtering of exhaust, SAFE）[7]的技术依赖于钻孔周围的冲积土（疏松的土壤）的多孔特性，以吸收和过滤火箭发动机的排气。在这种概念里，发动机位于钻孔的顶部，并用一座钢铁和混凝土的壳体结构罩住。发动机启动时，孔里的排气压力随之上升，直到排气进入多孔岩石的质量流率与火箭发动机推进剂的质量流率持平时才停止上升。理论上，在土壤中的火箭排气产物达到饱和之前，火箭发动机可以在很大范围的功率水平下长时间运行。在这种类型的试验中，目前仍不确定钻孔中的压力水平是否可以保持在合理的水平。图 16.5 给出了 SAFE 概念的示意图。

图 16.4 内华达 Jackass Flats 的核火箭研发平台（NRDS）

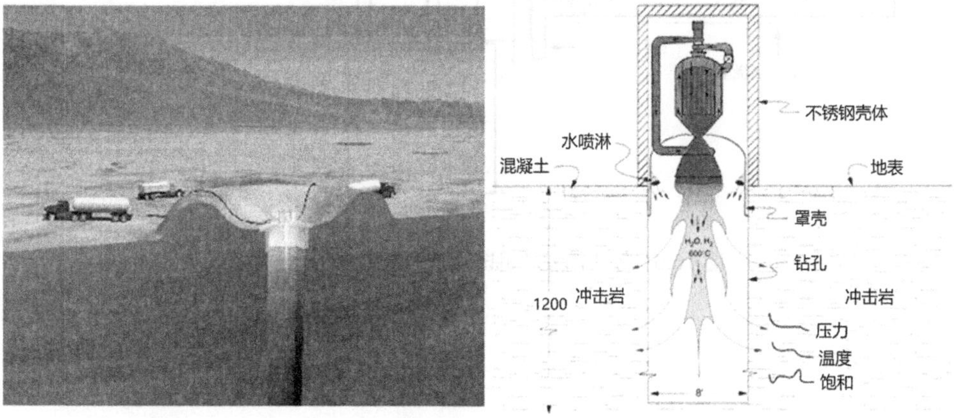

图 16.5 采用地下排气放射性过滤方式的核火箭发动机试验

另一种能够在核火箭试验时避免将未过滤的排气释放至大气的技术是，将排气全部收集并包容在相对较小的容积内。在这个概念中，首先将火箭发动机排气引入至一个水冷扩压器，形成亚音速氢气流，然后将其与液氧混合并在高温下燃烧，生成水蒸汽以及多余的氧气。用一个蒸汽冷凝器将富含氧气的水蒸气连带排气中的任何放射性污染物一起冷却，产生的污水之后送入储水箱进行过滤和净化，再排放至外界环境里的储水池中。受污染的水蒸气和气态氧气的混合物被导入到干燥过滤器中，在其中水蒸汽被分离凝结成水并排放至储水箱。受污染的氧气被引入到氧气冷凝装置并液化和净化。最终，净化后的氧气被排放至大气，该流程也随之结束。以这种方式，火箭发动机的所有排气都被收集和完全净化。图 16.6 给出了核火箭发动机试验排气收集设施的示意图。

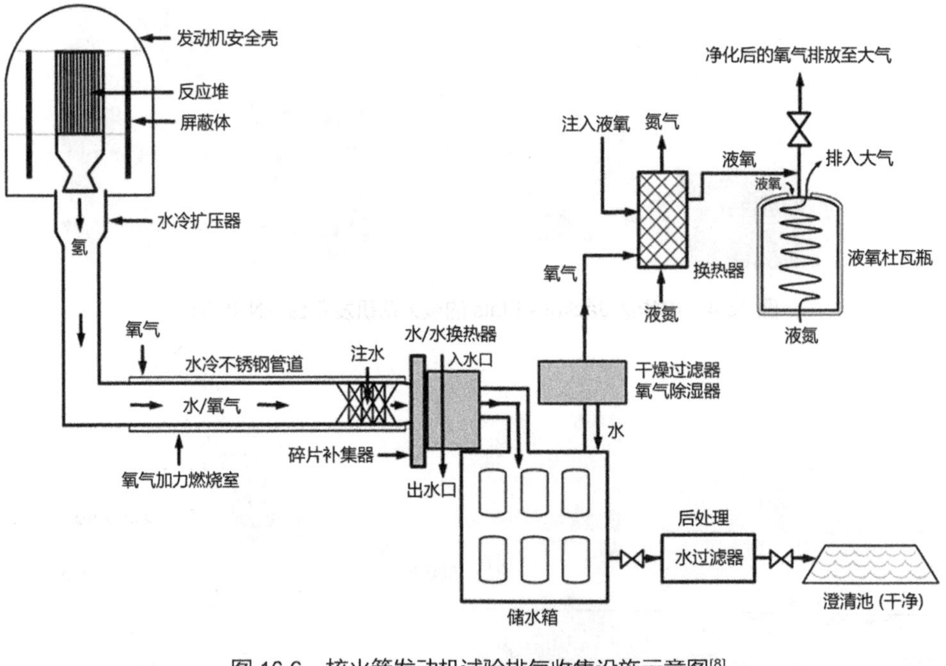

图 16.6　核火箭发动机试验排气收集设施示意图[8]

参考文献

[1] G.P. Sutton. Rocket Propulsion Elements, An Introduction to the Engineering of Rockets, fifth ed., John Wiley & Sons, New York, 1986. ISBN: 0-471-80027-9.

[2] W.J. Emrich. Nuclear thermal rocket element environmental simulator(NTREES). in: M.S. El-Genk(Ed.), Space Technology and Application International Forum: 25th Symposium on Space Nuclear Power and Propulsion, Albuquerque, NM, 2008, pp. 541-548.

[3] W.L. Kirk. Nuclear Furnace-1 Test report. Los Alamos Scientific Laboratory LA-5189-MS, March 1973.

[4] M.E. Vernon. PIPE Series Experiment Plan. Sandia National Laboratories, Albuquerque, New Mexico, 1988.

[5] U. S. Department of Energy. Operational Readiness Review of the Annular Core Research Reactor. Technical Area V, Sandia National Laboratories, Albuquerque, New Mexico, June 1998. Phase 1 Report.

[6] D.E. Bernhardt, R.B. Evans, R.F. Grossman. NRDS Nuclear Rocket Effluent Program 1959-1970, U. S. Environmental Protection Agency, Las Vegas, Nevada, June 1974. NERC-LV-539-6.

[7] S.D. Howe, et al. Ground testing a nuclear thermal rocket: design of a sub-scale demonstration experiment. in: 48th AIAA/ASME/SAE/ASEE Joint Propulsion Conference, Atlanta, GA, Paper AIAA 2012-3743, (July 30 to August 1, 2012) 2012.

[8] D. Cooct, K. Power, H. Gerrish, G. Doughty. Review of nuclear thermal propulsion ground test options. in:AIAA Propulsion and Energy Forum, Orlando, FL, Paper AIAA 2015-3773, July 27-29, 2015.

第17章 先进核火箭概念

由于固态堆芯核热火箭的材料限制，这种发动机可实现的最大比冲约为 900 s。要想显著提高比冲，则推进剂的温度需要高得多，因此需要完全不同的堆芯设计。一种曾被考虑过的实现更高比冲的方法是使用核脉冲系统。在该方法中，航天器由外部一连串定时的核爆炸所产生的冲击波来推进。脉冲概念曾在 20 世纪 60 年代的猎户座（Orion）计划中实际进行过试验，该试验采用的是化学爆炸而不是核爆炸。实现更高比冲的另一种方法是采用气态裂变堆芯，以消除燃料在极高温下熔化的问题。可以预期这个概念在设计上会面临许多重要挑战，其中一个基本挑战就是设计出一种可行的方案，能将气态裂变堆芯的热量传递至气体推进剂。

17.1 脉冲核火箭（猎户座）

在脉冲核火箭的概念中，小型核弹从航天器的后部弹出，并在离航天器合适的距离处引爆。航天器上有专门设计的“推进板”可拦截一部分爆炸的冲击波，该“推进板”通过巨型减震器连接到航天器主体。这些减震器用于减轻航天器所受的冲击（如加速度的时间变化率），使航天器主体的加速度减小并平稳到船员可承受的水平。在 20 世纪 50 年代末 60 年代初，美国在猎户座[1]项目中真的启动了一个这样的脉冲核推进计划。猎户座项目由通用原子公司（General Atomic）的泰德 · 泰勒（Ted Taylor）*和普林斯顿大学（Princeton University）的物理学家

* 泰德 · 泰勒（Ted Taylor）：美国物理学家。

弗里曼·戴森（Freeman Dyson）*领衔。他们与一个由科学家和工程师组成的小团队，一起建造并试飞了数台称为 Putt-Putts 或 Hot Rods 的小型原理验证模型。这些飞行器采用化学爆炸作为推进介质，而不是核爆炸。在数次失败之后，有一台飞行器最终实现了稳定飞行并飞到了约 100 英尺(约 30 m)的高度，试验场景见图 17.1。

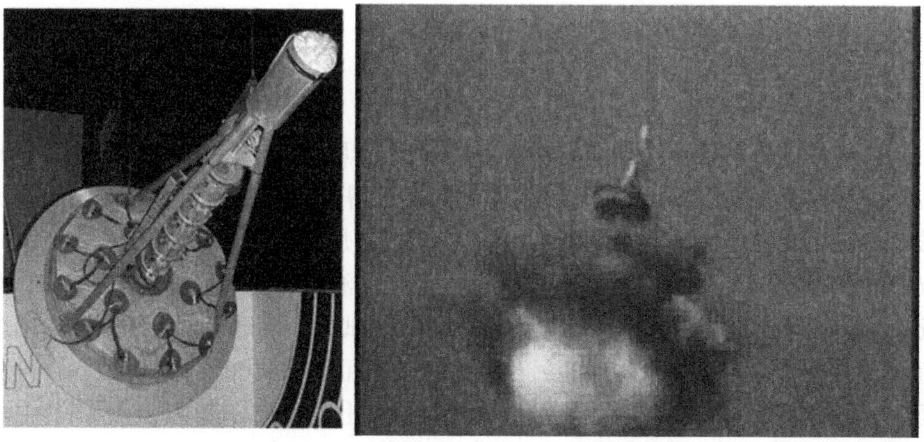

图 17.1 Putt-Putts 猎户座飞行器试验

原理验证飞行器试验是猎户座项目的一部分，除此之外，该计划还完成了数个行星际航天器的概念设计。这些设计涵盖的范围很宽泛，可用于各种类型的任务，甚至包括星际任务。图 17.2 给出了其中一个航天器的概念图。

脉冲核火箭使用的核弹的性能特征将由前文推导的点堆动力学方程来估算。需要说明的是，在后面的推导中，许多假设是非常粗略的。核弹分析是一项相当复杂的任务，需要通过细致的计算机模拟并根据实测数据进行校正，才能获得可接受的设计。尽管如此，这些分析还是可给出定性的正确趋势以及大致的当量结果。通常，核反应堆堆芯被由致密材料构成的反射层包围，该反射层被称为惰层（tamper），用于在爆炸过程中延长堆芯保持完整的时间，从而增加爆炸当量。惰层和堆芯一起统称为核弹的核心（pit）。

* 弗里曼·戴森（Freeman Dyson）：美国物理学家。

图 17.2 猎户座航天器的概念图

为引爆核装置，核心的周围被高爆化学炸药包覆，炸药被引爆后将产生内聚冲击波并压缩核心。随着核心被压缩，其反应性将随之上升，最终达到超瞬发临界状态（首次临界）。如果装置内带有合适的中子源，那么裂变功率将开始迅速上升。到某个时刻，装置的功率水平和内压将变得足够高，从而终止引爆过程的压缩阶段。压缩量最大的时刻也是剩余反应性最大的时刻。随着功率的继续上升，装置的压力和温度也继续升高，并且核心开始膨胀。在核心的外边缘，压力骤降至接近零的水平，使得位于核心外边缘的材料薄层内产生巨大的压力梯度。该压力梯度非常大，以至于核心的外表层瞬时炸开，并加速飞离装置的主体，同时产生一个往回传播至核心的膨胀波。该膨胀波将核心外表层的炸开速率限制在不超过该核心材料内的声速。最终，核心表层材料的吹除以及核心本身的膨胀，共同导致装置的反应性降至超瞬发临界以下（第二次临界），从而终止了功率的指数增长，引爆过程也随之结束。

以下推导主要确定的设计参数是装置的爆炸效率，也就是爆炸过程中可裂变材料的实际裂变份额。在该推导中，主要的假设包括：

(1) 当膨胀波到达核心的临界半径时，装置的超瞬发临界状态将终止；

(2) 在膨胀波到达核心的临界半径之前，装置的超瞬发临界反应性数值为常量，当膨胀波到达核心的临界半径时，装置的反应性则变为零；

(3) 核心为一个裸球心，外围没有惰层；

(4) 核心内的温度足够高，可将其视为光子气体（比如，辐射压力超过动态气体压力）；

(5) 爆炸过程中没有能量损失（比如，装置是绝热的）。

根据第(1)条假设，装置处于超瞬发临界状态的时长可由下式确定：

$$r_{\mathrm{i}} - r_{\mathrm{c}} = \int_0^{t_{\mathrm{f}}} c(t)\mathrm{d}t \tag{17.1}$$

其中，$c(t)$=时刻 t 的声速，r_{i}=核心在压缩量最大（密度最大）时的半径，r_{c}=核心在密度最大时的临界半径，t_{f}=膨胀波由 r_{i} 传播至 r_{c} 所需的时长。

前文已提到，液体内的声速可由下式得到：

$$c = \sqrt{\gamma RT} = \sqrt{\frac{4}{3}RT} \tag{17.2}$$

其中，γ=气化核心的比热容比（根据第 4 条假设，该值为$\frac{4}{3}$），R=核心的比气体常数，T=核心的绝对温度。

根据第(5)条假设，并结合气体动力学理论以及理想气体定律，将气化核心的内能与压力联系起来，注意到：

$$P = \rho RT \Rightarrow RT = \frac{P}{\rho_{\mathrm{P}}} = \frac{U}{3\rho_{\mathrm{P}}} = \frac{E_{\mathrm{d}}}{3\rho_{\mathrm{P}}V} = \frac{E_{\mathrm{d}}}{3m} \tag{17.3}$$

其中，E_{d}=爆炸结束时核心的总内能，U=爆炸结束时核心的比内能，m=核心的质量，V=核心的体积，ρ_{P}=核心的密度。

将式(17.3)代入式(17.2)，可得：

$$c = \frac{2}{3}\sqrt{\frac{E_{\mathrm{d}}}{m}} \tag{17.4}$$

从前文推导的点堆动力学方程出发，并根据第(2)条假设，式(11.33)可给出在正反应性阶跃引入时反应堆功率随时间变化的表达式如下：

$$P(t) \approx P_0\left[\underbrace{\frac{\rho}{\rho-\beta}}_{\approx 1}\mathrm{e}^{\frac{\rho-\beta}{\Lambda}t} - \underbrace{\frac{\beta}{\rho-\beta}\mathrm{e}^{\frac{-\rho\lambda}{\rho-\beta}t}}_{\text{微小量}}\right] \tag{17.5}$$

若假设引入的反应性非常大（比如，极大超瞬发临界，$\rho \gg \beta$），那么式(17.5)中右边第二项（缓发中子项）可忽略，该表达式可简化为：

$$P(t) \approx P_0\mathrm{e}^{\frac{\rho}{\Lambda}t} \tag{17.6}$$

为确定核心在进入超瞬发临界之后到 t 时刻产生的总能量，必须将式(17.6)对该时间区域求积分，从而可得：

$$E_{\mathrm{d}}(t)=P_0\int_0^t \mathrm{e}^{\frac{\rho}{\Lambda}t'}\mathrm{d}t'=\frac{P_0\Lambda}{\rho}\left(\mathrm{e}^{\frac{\rho}{\Lambda}t}-1\right)\approx\frac{P_0\Lambda}{\rho}\mathrm{e}^{\frac{\rho}{\Lambda}t}=\frac{E_1}{\rho}\mathrm{e}^{\frac{\rho}{\Lambda}t} \tag{17.7}$$ [1]

其中，$E_1=P_0\Lambda$，为 $t=0$ 时所释放的能量（初始裂变），在此假设为由一次裂变所释放的能量。

因此爆炸过程所释放的总能量可由式(17.7)得到：

$$E_{\mathrm{d}}(t)=\frac{E_1}{\rho}\mathrm{e}^{\frac{\rho}{\Lambda}t_{\mathrm{f}}} \tag{17.8}$$

将式(17.4)和式(17.7)代入式(17.1)，可得：

$$r_{\mathrm{i}}-r_{\mathrm{c}}=\int_0^{t_{\mathrm{f}}}\frac{2}{3}\sqrt{\frac{E_1}{\rho m}\mathrm{e}^{\frac{\rho}{\Lambda}t}}\mathrm{d}t=\frac{2}{3}\sqrt{\frac{E_1}{\rho m}}\int_0^{t_{\mathrm{f}}}\mathrm{e}^{\frac{\rho}{2\Lambda}t}\mathrm{d}t=\frac{4\Lambda}{3\rho}\sqrt{\frac{E_1}{\rho m}}\left(\mathrm{e}^{\frac{\rho}{2\Lambda}t_{\mathrm{f}}}-1\right) \tag{17.9}$$

通常有 $\mathrm{e}^{\frac{\rho}{2\Lambda}t_{\mathrm{f}}}\gg 1$*，变换式(17.9)可得其中积分项的表达式为：

$$\mathrm{e}^{\frac{\rho}{\Lambda}t_{\mathrm{f}}}=\frac{9}{16}\left(\frac{\rho}{\Lambda}\right)^2\frac{\rho m}{E_1}\left(r_{\mathrm{i}}-r_{\mathrm{c}}\right)^2 \tag{17.10}$$

将由式(17.10)得到的结果代入式(17.8)，即可将爆炸过程所释放的总能量改写为：

$$E_{\mathrm{d}}=\frac{E_1}{\rho}\frac{9}{16}\left(\frac{\rho}{\Lambda}\right)^2\frac{\rho m}{E_1}\left(r_{\mathrm{i}}-r_{\mathrm{c}}\right)^2=\frac{9}{16}\left(\frac{\rho}{\Lambda}\right)^2 m\left(r_{\mathrm{i}}-r_{\mathrm{c}}\right)^2 \tag{17.11}$$

令 $r_{\mathrm{i}}=r_{\mathrm{c}}(1+\Delta r)$，则式(17.8)可改写为：

$$E_{\mathrm{d}}=\frac{9}{16}\left(\frac{\rho}{\Lambda}\right)^2 m r_{\mathrm{c}}^2\Delta r^2 \tag{17.12}$$

要求得爆炸的效率，假设在所有可裂变材料全部裂变的情况下，首先需要确定装置可释放的总能量。该最大可能释放的能量为：

$$E_{\max}=E_2 m \tag{17.13}$$

* 此为译者增加的说明。

其中，E_2=单位质量的可裂变材料所释放的能量。

将式(17.12)与式(17.13)相除，即可得到爆炸效率ε的表达式：

$$\varepsilon=\frac{E_d}{E_{max}}=\frac{1}{E_2 m}\frac{9}{16}\left(\frac{\rho}{\Lambda}\right)^2 m r_c^{\ 2}\Delta r^2=\frac{9}{16E_2\Lambda^2}r_c^{\ 2}\Delta r^2\rho^2 \tag{17.14}$$

在此需要注意的是，式(17.14)所给出的爆炸效率关系式并不十分有用，因为该关系式包含了两个相互依赖的未知数，分别为核心的反应性ρ以及核心的压缩量Δr。要确定这两个量之间的关系式，需注意到已有：

$$\rho=1-\frac{1}{k_{eff}}=1-\frac{1}{\dfrac{\upsilon\Sigma_f}{DB^2+\Sigma_a}}=1-\frac{\Sigma_a}{\upsilon\Sigma_f}-\frac{DB^2}{\upsilon\Sigma_f} \tag{17.15}$$

$$\rho_{crit}=0=1-\frac{1}{k_{crit}}=1-\frac{1}{\dfrac{\upsilon\Sigma_f}{DB_c^2+\Sigma_a}}=1-\frac{\Sigma_a}{\upsilon\Sigma_f}-\frac{DB_c^2}{\upsilon\Sigma_f} \tag{17.16}$$

以及

$$\rho_\infty=1-\frac{1}{k_\infty}=1-\frac{1}{\dfrac{\upsilon\Sigma_f}{\Sigma_a}}=1-\frac{\Sigma_a}{\upsilon\Sigma_f} \tag{17.17}$$

将式(17.17)代入式(17.15)和式(17.16)，可得：

$$\rho=\rho_\infty-\frac{DB^2}{\upsilon\Sigma_f}\Rightarrow\frac{D}{\upsilon\Sigma_f}=\frac{\rho_\infty-\rho}{B^2} \tag{17.18}$$

以及

$$0=\rho_\infty-\frac{DB_c^2}{\upsilon\Sigma_f}\Rightarrow\frac{D}{\upsilon\Sigma_f}=\frac{\rho_\infty}{B_c^2} \tag{17.19}$$

由式(17.18)和式(17.19)可得到反应性与几何、材料参数之间的关系式：

$$\frac{D}{\upsilon\Sigma_f}=\frac{\rho_\infty-\rho}{B^2}=\frac{\rho_\infty}{B_c^2}\Rightarrow\rho=\rho_\infty\left[1-\left(\frac{B}{B_c}\right)^2\right] \tag{17.20}$$

假设核心为球形，其几何曲率可由表 8.2 确定，从而可得：

$$B^2=\left(\frac{\pi}{r}\right)^2 \tag{17.21}$$

将式(17.21)代入式(17.20)，并采用前文描述的 r_i 变换关系式，可以得到核心的反应性为：

$$\rho=\rho_\infty\left[1-\left(\frac{r_c}{r_i}\right)^2\right]=\rho_\infty\left\{1-\left[\frac{r_c}{r_c(1+\Delta r)}\right]^2\right\}=\rho_\infty\left[1-\left(\frac{1}{1+\Delta r}\right)^2\right] \tag{17.22}$$

将该反应性表达式代入式(17.14)，即可得爆炸效率的表达式为：

$$\varepsilon=\frac{9}{16E_2\Lambda^2}r_c^2\rho_\infty^2\left[\Delta r-\frac{\Delta r}{(1+\Delta r)^2}\right]^2 \tag{17.23}$$[2]

注意到 $0<\Delta r<1$，式(17.23)中方括号里的表达式可近似为：

$$\left[\Delta r-\frac{\Delta r}{(1+\Delta r)^2}\right]^2\approx 0.6\Delta r^3 \tag{17.24}$$

将式(17.24)代入式(17.23)，可得到一个更有用的关于核心爆炸效率的表达式：

$$\varepsilon=\frac{9}{16E_2\Lambda^2}r_c^2\rho_\infty^2\left(0.6\Delta r^3\right)=\frac{0.338}{E_2}\left(\frac{r_c\rho_\infty}{\Lambda}\right)^2\Delta r^3 \tag{17.25}$$[3]

式(17.25)给出的爆炸效率表达式是赛贝（Serber）方程[2]的微小修改版。赛贝方程在 1943 年春天由罗伯特·赛贝（Robert Serber）*首次提出，用以估算二战末期投放至日本的原子弹的当量。相对于原始的于赛贝方程，这里所调整的只是方程里的常数项，并且反映了凯莉·萨布莱特（Carey Sublett）†在她的互联网档案“核武器常见问题”中所提出的一些建议，此外还修改了方程中的一些符号，以更清楚地说明点堆动力学参数对赛贝方程的影响。图 17.3 详细给出了由式(17.25)而得的爆炸效率随爆炸冲击压缩量的变化情况。

* 罗伯特·赛贝（Robert Serber）：美国物理学家。

† 凯莉·萨布莱特（Carey Sublett）：Nuclear Weapons Frequently Asked Questions 网站站长。

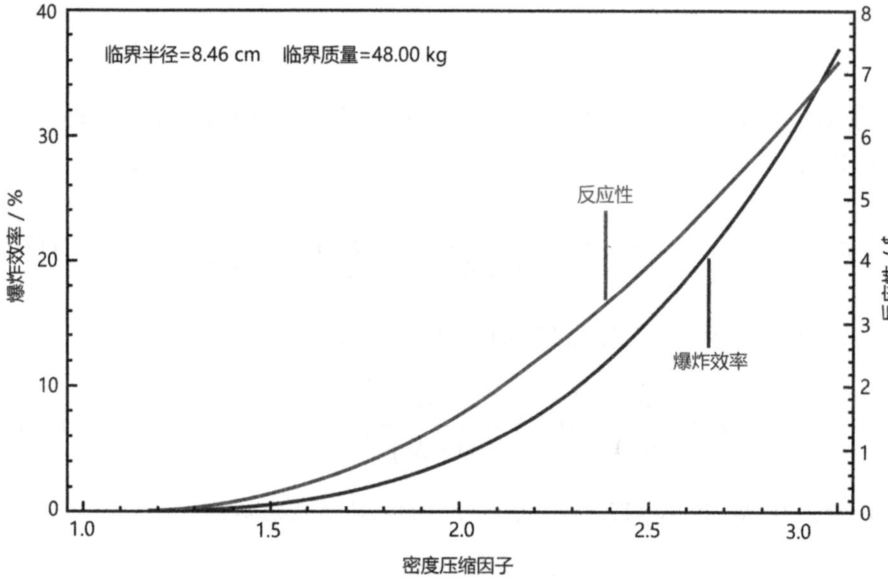

图 17.3 ^{235}U 一次核脉冲的爆炸当量

要实现给定的爆炸效率，同时尽可能减小核心的压缩程度，核心的初始构造需要使易裂变材料的球体半径刚好略小于冲击压缩之前的临界半径。换言之，初始核心必须处于略微次临界状态。式(17.25)给出的效率方程的一大局限是没有考虑易裂变材料的燃耗，因此，这些效率方程仅适用于燃耗相对较低的情况（比如低效率的情况）；而在高燃耗水平下，这些方程会变得越来越不准确，甚至会给出效率超过 100%的计算结果。

为将核心压缩至引发发散的链式核反应所需的高密度，其所需的能量并非是微不足道的。图 17.4 中的曲线给出了对铀采用等熵压缩和冲击压缩两种方法所需要的能量的差别。从中可见，铀冲击压缩所需的能量要比缓和的零熵等熵压缩所需的能量高得多。但不幸的是，等熵压缩并不能引发期望的爆炸式链式反应，因为等熵压缩引发的核反应速度不够快，不足以建立任何显著的爆炸过程。而冲击压缩却可以使核心压缩得非常迅速，因此可以引发所需的快速、发散的链式反应，以实现高能核爆炸。然而，就其性质而言，冲击压缩是高度不可逆的，并且会在核心造成大量的耗散热效应。因此，与等熵压缩相比，冲击压缩的效率要低得多，使得达到同等压缩程度其所需的能量要高得多。

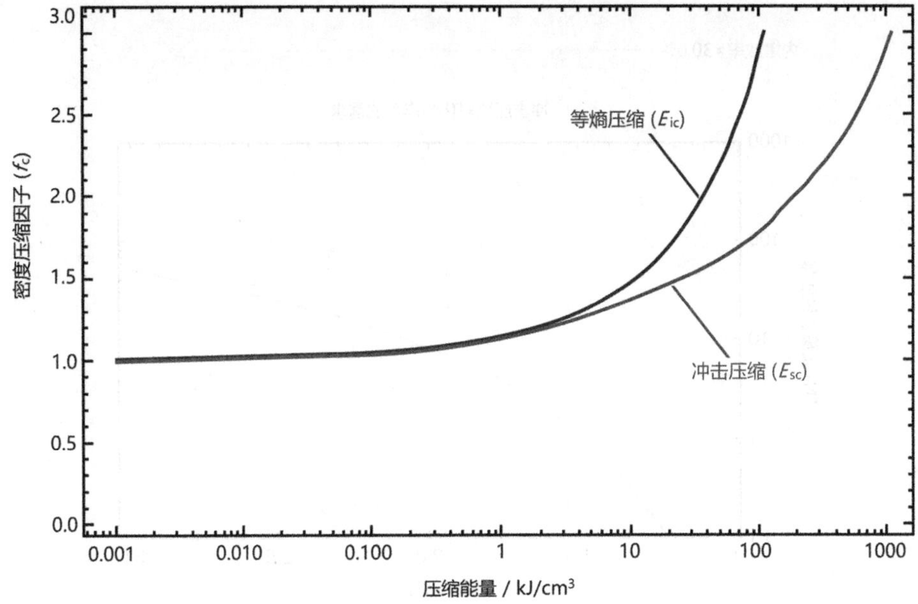

图 17.4 压缩铀所需的比能量

如果已知用于引发冲击压缩的化学炸药的类型，则可以计算出所需要的炸药量，以将核心压缩至能够达到期望的爆炸当量。请注意，即使是一个设计良好的内爆系统，由于内爆过程的微小不对称性会导致压缩过程效率低下，因此内爆效率很难达到 30%以上。如果内爆系统设计不合理，那么内爆效率极有可能远远低于 30%。若已知核心质量、用以压缩核心的化学炸药类型以及将单位质量的核心压缩至指定程度所需的能量，则达到指定的压缩程度所需的化学炸药质量可由下式确定：

$$m_e = \frac{m_c E_{sc}(f_c)}{\eta \varepsilon_c} \tag{17.26}$$

其中，$E_{sc}(f_c)$=采用化学炸药将单位质量的核心冲击压缩至指定程度（以 f_c 表征核心被压缩的程度）所需的能量，ε_c=内爆过程的压缩效率，m_e=将核心压缩至 f_c 程度所需化学炸药的质量，η=转换因子（单位质量的化学炸药所对应的能量）。

举例来说，如果采用三硝基甲苯（TNT，η=4184 J/g）内爆压缩铀核心，根据式(17.26)，要达到指定的压缩程度，所需炸药的量可从图 17.5 确定。

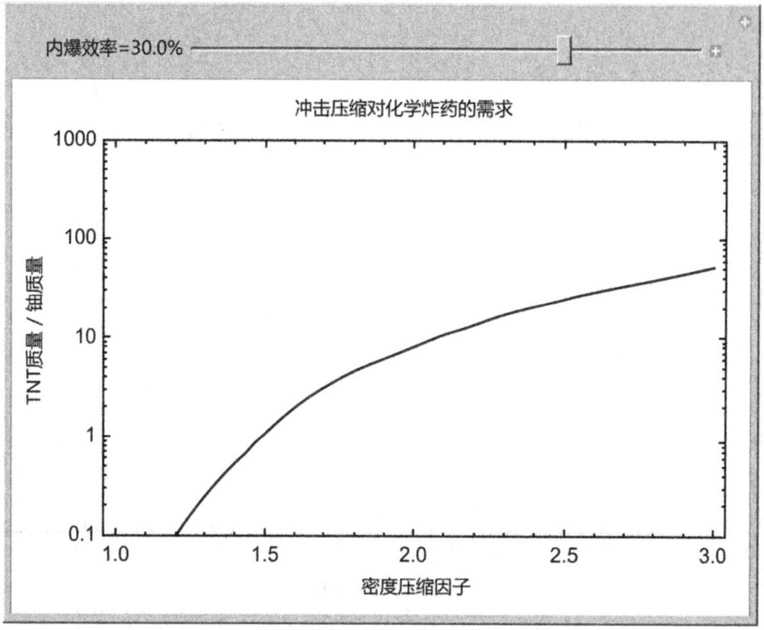

图 17.5　冲击压缩铀核心对化学炸药的需求

由于脉冲核爆炸是在离航天器一定的距离处引爆的，所以只有一部分爆炸的能量被航天器所截获。航天器截获能量的份额主要取决于爆炸点和推进板之间的距离。如果使用特别形状的核弹，还必须考虑爆炸的能量分布，本书的分析均假设爆炸是球对称的。首先，考虑图 17.6 所示的情况。爆炸发生在航天器后方距离为 L 处，爆炸产生的冲击波撞击航天器的推进板，并推动航天器整体向前。需注意，撞击推进板的冲击波中只有与航天器飞行速度矢量平行的那一部分才能对航天器的向前运动起到作用。

核爆炸导致的能量通量可表示为：

$$Q = \frac{E_{\mathrm{d}}}{4\pi P^2} \tag{17.27}$$

其中，Q=爆炸导致的能量通量，P=爆炸点与航天器推进板上某一点之间的距离。

那么投射到推进板上某一微分圆环上的能量就可由下式确定：

$$\mathrm{d}E_{\mathrm{v}} = Q(2\pi r\mathrm{d}r)\cos(\theta) = \frac{E_{\mathrm{d}}}{4\pi P^2}(2\pi r\mathrm{d}r)\frac{L}{P} = \frac{E_{\mathrm{d}}Lr}{2P^3}\mathrm{d}r \tag{17.28}$$

其中，E_{v}=对航天器起到加速作用的那一部分爆炸能量。

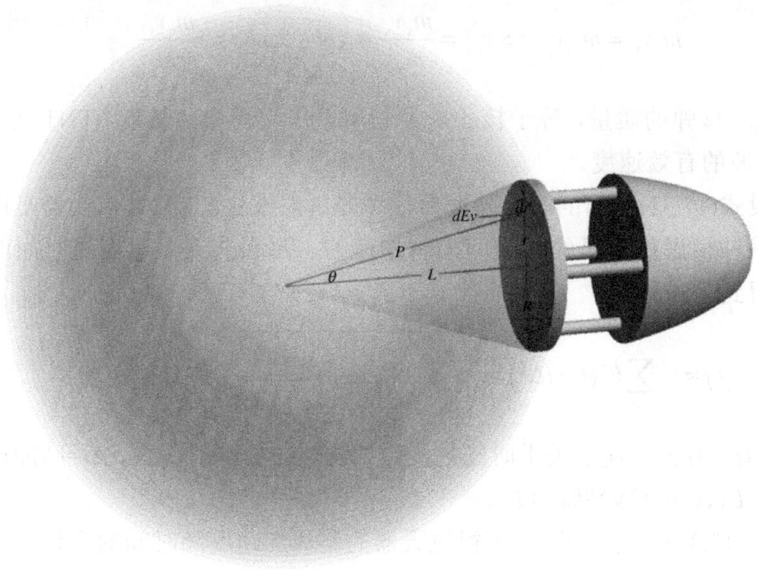

图 17.6 核脉冲航天器

由勾股定理可知：

$$P = \sqrt{L^2 + r^2} \tag{17.29}$$

将式(17.29)代入式(17.28)，并对整个推进板求积分，可得投射到航天器的总能量为：

$$E_{\mathrm{v}} = \int_0^R \mathrm{d}E_{\mathrm{v}} = \int_0^R \frac{E_{\mathrm{d}} L r}{2\left(L^2 + r^2\right)^{3/2}} \mathrm{d}r = \frac{E_{\mathrm{d}} L}{2}\left(\frac{1}{L} - \frac{1}{\sqrt{L^2 + R^2}}\right) \tag{17.30}$$

式(17.30)可用于确定单次爆炸所能够给予航天器的速度增量。假定由爆炸能量向航天器动能的转换效率为$\varepsilon_{\mathrm{KE}}$，则：

$$\varepsilon_{\mathrm{KE}} E_{\mathrm{v}} = \frac{1}{2} m_{\mathrm{v}} v_{\mathrm{v}}^2 = \varepsilon_{\mathrm{KE}} \frac{E_{\mathrm{d}} L}{2}\left(\frac{1}{L} - \frac{1}{\sqrt{L^2 + R^2}}\right) \Rightarrow v_{\mathrm{v}} = \sqrt{\varepsilon_{\mathrm{KE}} \frac{E_{\mathrm{d}}}{m_{\mathrm{v}}}\left(1 - \frac{L}{\sqrt{L^2 + R^2}}\right)} \tag{17.31}$$

其中，m_{v}=航天器的质量，v_{v}=单次爆炸给予航天器的速度增量。

由于单次爆炸脉冲给予航天器的速度增量以及核弹的质量已知，因此可以确定航天器的有效比冲。比冲可由核弹的有效速度来确定，根据动量守恒原理可建立如下关系式：

$$m_{\mathrm{v}}v_{\mathrm{v}}=m_{\mathrm{pu}}v_{\mathrm{pu}}\Rightarrow v_{\mathrm{pu}}=\frac{m_{\mathrm{v}}v_{\mathrm{v}}}{m_{\mathrm{pu}}}=g_{\mathrm{c}}I_{\mathrm{sp}}\Rightarrow I_{\mathrm{sp}}=\frac{m_{\mathrm{v}}v_{\mathrm{v}}}{g_{\mathrm{c}}m_{\mathrm{pu}}} \tag{17.32}$$

其中，m_{pu}=核弹的质量，等于核心质量与用于压缩的炸药装量（TNT 等）之和；v_{pu}=爆炸波的有效速度。

假设式(17.31)给出的航天器速度增量是瞬时发生的，并且航天器是由一系列这样的脉冲核爆按适当的时间间隔所加速的，那么航天器速度随时间的变化可由下式得到：

$$V_{\mathrm{v}}(t)=v_{\mathrm{v}}\sum_{i=0}^{n}U(t-i\Delta t)=\sqrt{\varepsilon_{\mathrm{KE}}\frac{E_{\mathrm{d}}}{m_{\mathrm{v}}}\left(1-\frac{L}{\sqrt{L^2+R^2}}\right)}\sum_{i=0}^{n}U(t-i\Delta t) \tag{17.33}$$

其中，$V_{\mathrm{v}}(t)$=航天器速度关于时间的函数，n=脉冲核爆的次数，Δt=脉冲核爆的时间间隔，$U(x)$=单位阶跃函数。

将式(17.33)对时间求导，可得航天器的整体加速度随时间的变化关系式如下：

$$a_{\mathrm{v}}(t)=v_{\mathrm{v}}\sum_{i=0}^{n}\delta(t-i\Delta t)=\sqrt{\varepsilon_{\mathrm{KE}}\frac{E_{\mathrm{d}}}{m_{\mathrm{v}}}\left(1-\frac{L}{\sqrt{L^2+R^2}}\right)}\sum_{i=0}^{n}\delta(t-i\Delta t) \tag{17.34}$$

其中，$a_{\mathrm{v}}(t)$=航天器加速度关于时间的函数，$\delta(x)$=狄拉克δ函数（Dirac delta function）。

航天器的平均加速度可简单地通过式(17.31)给出的单次爆炸引起的速度增量除以爆炸的时间间隔来计算。这样航天器的平均加速度为：

$$a_{\mathrm{ave}}=\frac{v_{\mathrm{v}}}{\Delta t}=\frac{1}{\Delta t}\sqrt{\varepsilon_{\mathrm{KE}}\frac{E_{\mathrm{d}}}{m_{\mathrm{v}}}\left(1-\frac{L}{\sqrt{L^2+R^2}}\right)} \tag{17.35}$$

如前文所述，核脉冲推进航天器装有巨大的减震器用以减轻核爆炸对航天器主体的冲击。为使减震器正常工作，必须把握好核爆炸的时机，使其与整个航天器的频率响应特性相匹配。在下面的分析中，航天器被视为一个简单的双体弹簧–质量–减震器系统，该系统的推进板暴露于一系列的核爆炸冲击中。图 17.7 突出了所研究的航天器动态结构的细节。

由于该航天器的结构基本上是两体问题，需要用两个运动方程来表征其动态响应。假设减震器几乎不影响航天器的动态特性，并在分析过程中忽略减震器的质量，那么单次核爆脉冲所对应的航天器主体的运动方程为：

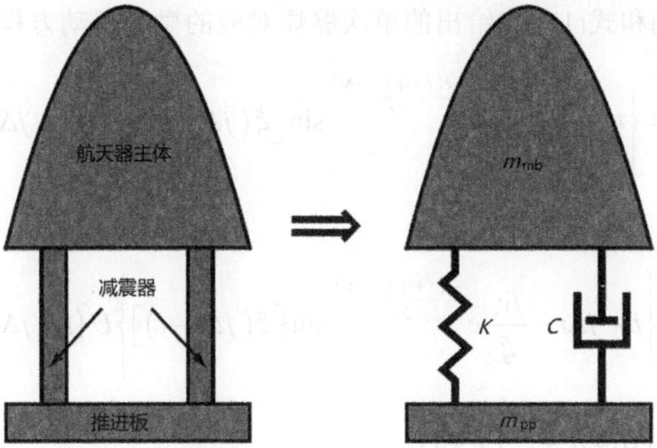

图 17.7 核脉冲推进航天器的简化动态模型

$$m_v \frac{f}{f+1}\frac{d^2 z_{mb}}{dt^2} + C\left(\frac{dz_{mb}}{dt} - \frac{dz_{pp}}{dt}\right) + K\left(z_{mb} - z_{pp}\right) = 0 \tag{17.36}$$

其中，$f = \frac{m_{mb}}{m_{pp}}$，$m_{mb}$=航天器主体的质量，$m_{pp}$=推进板的质量，$z_{mb}$=航天器主体的位置，$z_{pp}$=推进板的位置，$C$=减震器的阻尼系数，$K$=减震器的弹簧常数。

如果将式(17.36)改写为比质量的形式，那么航天器主体的运动方程可改写为：

$$\frac{f}{f+1}\frac{d^2 z_{mb}}{dt^2} + c\left(\frac{dz_{mb}}{dt} - \frac{dz_{pp}}{dt}\right) + k\left(z_{mb} - z_{pp}\right) = 0 \tag{17.37}$$

其中，$c = \frac{C}{m_v}$，$k = \frac{K}{m_v}$。

单次核爆脉冲所对应的推进板的运动方程为：

$$m_v \frac{1}{f+1}\frac{d^2 z_{pp}^j}{dt^2} - C\left(\frac{dz_{mb}^j}{dt} - \frac{dz_{pp}^j}{dt}\right) - K\left(z_{mb}^j - z_{pp}^j\right) = \tau\delta\left(t - j\Delta t\right) \tag{17.38}$$

其中，τ=上一次核爆炸对推进板造成的冲击力，j=之前的核爆炸的总次数，Δt=核爆炸的时间间隔。

如果将式(17.38)也改写为比质量的形式，那么推进板的运动方程可改写为：

$$\frac{1}{f+1}\frac{d^2 z_{pp}^j}{dt^2} - c\left(\frac{dz_{mb}^j}{dt} - \frac{dz_{pp}^j}{dt}\right) - k\left(z_{mb}^j - z_{pp}^j\right) = \frac{\tau}{m_v}\delta\left(t - j\Delta t\right) = \frac{v_v}{dt}\delta\left(t - j\Delta t\right) \tag{17.39}$$

解式(17.37)和式(17.39)给出的单次爆炸对应的微分运动方程，可得：

$$z_{\mathrm{mb}}^{j}(t)=\left\{t-j\Delta t+\frac{v_{\mathrm{v}}}{\xi}\mathrm{e}^{\frac{-c(f+1)^{2}(t-j\Delta t)}{2f}}\sin\left[\xi(j\Delta t-t)\right]\right\}U(t-j\Delta t) \tag{17.40}$$

以及

$$z_{\mathrm{pp}}^{j}(t)=\left\{t-j\Delta t-\frac{fv_{\mathrm{v}}}{\xi}\mathrm{e}^{\frac{-c(f+1)^{2}(t-j\Delta t)}{2f}}\sin\left[\xi(j\Delta t-t)\right]\right\}U(t-j\Delta t) \tag{17.41}$$

其中，$\xi=\dfrac{(f+1)\sqrt{4fk-c^{2}(f+1)^{2}}}{2f}$，为航天器的共振频率。

有了式(17.40)和式(17.41)所给出的运动方程，就可确定单次爆炸脉冲中减震器的行程长度随时间的变化关系式：

$$H^{j}(t)=z_{\mathrm{mb}}^{j}(t)-z_{\mathrm{pp}}^{j}(t)=\frac{v_{\mathrm{v}}(f+1)}{\xi}\mathrm{e}^{\frac{-c(f+1)^{2}(t-j\Delta t)}{2f}}\sin\left[\xi(j\Delta t-t)\right]U(t-j\Delta t) \tag{17.42}$$

为确定由一系列爆炸脉冲所导致的减震器行程长度，将各单次脉冲对应的运动方程简单相加，可得：

$$\begin{aligned}H(t)&=\sum_{i=0}^{n}H^{i}(t)=\sum_{i=0}^{n}\left[z_{\mathrm{mb}}^{i}(t)-z_{\mathrm{pp}}^{i}(t)\right]\\&=\sum_{i=0}^{n}\frac{v_{\mathrm{v}}(f+1)}{\xi}\mathrm{e}^{\frac{-c(f+1)^{2}(t-i\Delta t)}{2f}}\sin\left[\xi(i\Delta t-t)\right]U(t-i\Delta t)\end{aligned} \tag{17.43}$$

要求得航天员所在的航天器主体的加速度，可先将式(17.40)对时间求微分，得到单次爆炸脉冲所对应的航天器主体的速度为：

$$\begin{aligned}v_{\mathrm{mb}}^{j}(t)=&\left\{1-v_{\mathrm{v}}\mathrm{e}^{\frac{-c(f+1)^{2}(t-j\Delta t)}{2f}}\left(\cos\left[\xi(j\Delta t-t)\right]+\frac{c(f+1)^{2}}{2f\xi}\sin\left[\xi(j\Delta t-t)\right]\right)\right\}\\&\times U(t-j\Delta t)\end{aligned} \tag*{(17.44)[4]}$$

再将速度表达式(17.44)对时间求微分，可得单次爆炸脉冲下，航天器上航天员所经受的加速度为：

$$a_{\mathrm{mb}}^{j}(t)=v_{\mathrm{v}}\mathrm{e}^{\frac{-c(f+1)^{2}(t-j\Delta t)}{2f}}\times\left\{\frac{c(1+f)^{2}}{f}\cos\left[\xi(j\Delta t-t)\right]+\left(\frac{c^{2}(1+f)^{4}}{4f^{2}\xi}-\xi\right)\sin\left[\xi(j\Delta t-t)\right]\right\}U(t-j\Delta t) \tag{17.45}$$

航天员所受的由一系列爆炸导致的净加速度，同样可通过将式(17.45)给出的各单次爆炸的加速度简单相加得到：

$$a_{\mathrm{mb}}(t)=\sum_{i=0}^{n}a_{\mathrm{mb}}^{i}(t)=\sum_{i=0}^{n}v_{\mathrm{v}}\mathrm{e}^{\frac{-c(f+1)^{2}(t-i\Delta t)}{2f}}\left\{\frac{c(1+f)^{2}}{f}\cos\left[\xi(i\Delta t-t)\right]+\left[\frac{c^{2}(1+f)^{4}}{4f^{2}\xi}-\xi\right]\sin\left[\xi(i\Delta t-t)\right]\right\}U(t-i\Delta t) \tag{17.46}$$

根据式(17.43)和式(17.46)，图 17.8 给出了由一系列核加速脉冲导致的航天器设计特性和动态响应。需注意，与可能预期的相反，在爆炸发生的时间段内，航天员所受的加速度即使有些不舒服，但还是完全可以忍受的。还要注意，启动过程中发生的瞬态加速度变化幅度以及减震器行程长度，要稍大于在初始瞬态响应项消失后所发生的情况。因此，为使启动瞬态对整个航天器动态响应的影响最小化，可能需要适当调整初始爆炸所释放的能量大小。出于同样的原因，对加速末期的几次爆炸也可能需要进行调整。单次脉冲对应的航天器速度由作用于推进板上的力所决定，后者是关于爆炸与航天器间的距离、推进板的直径以及爆炸脉冲所释放能量的函数。前面的式(17.31)给出了这些参数间的关系。单次爆炸所释放的能量又是关于核心中心部分直径以及压缩因子的函数，见式(17.10)。达到预期爆炸当量所需的压缩因子决定了所需要的化学炸药的量。图 17.5 中的化学炸药量以及核心的质量在很大程度上决定了核弹的质量。

17.2 开式循环气态堆芯核火箭

限制固态堆芯核火箭性能的主要因素，是其燃料温度必须维持在足够低的水平，以保证发动机运行过程中燃料的结构完整性。该温度限值将固态堆芯核火箭可达到的最大比冲限制于 900 s 左右。在气态堆芯核火箭中并没有这样的燃料

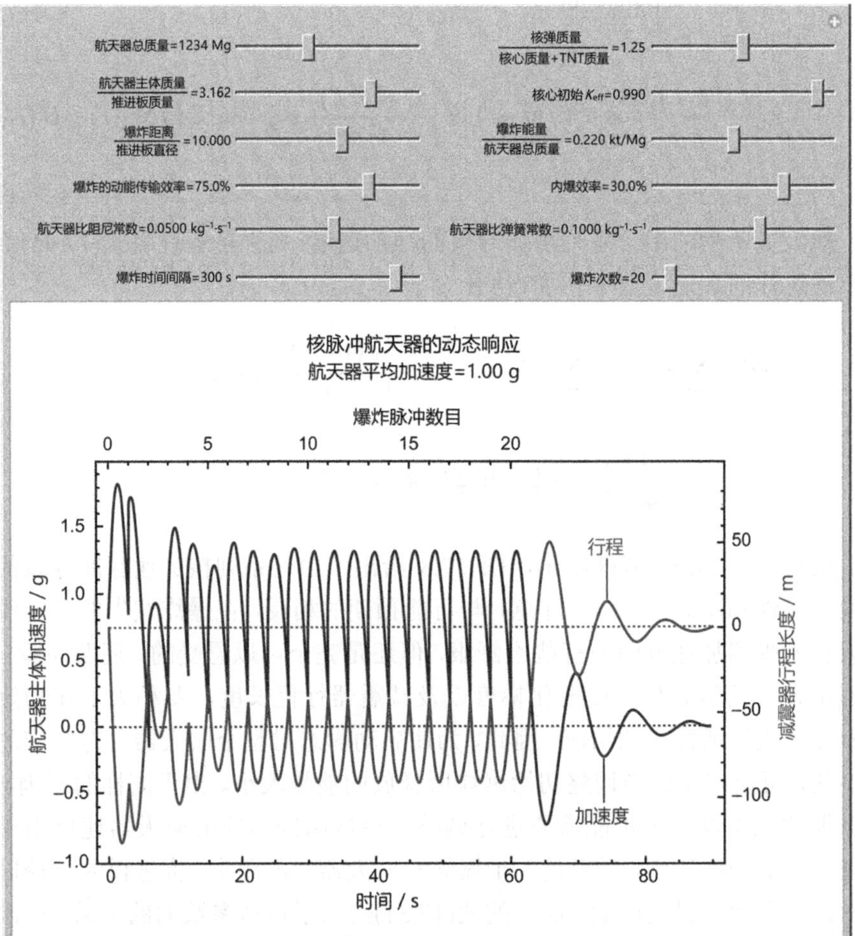

航天器主体质量=937.5 Mg	推进板质量=296.5 Mg	核心质量=46.8 kg
TNT质量=1982.0 kg	核弹质量=2535.0 kg	密度压缩因子=2.87
压缩反应性=6.30 $	爆炸能量=271.5 kt	航天器推重比=1.00
比冲=1455 s	单次脉冲速度增量=29.34 m/s	航天器共振频率=0.12 Hz

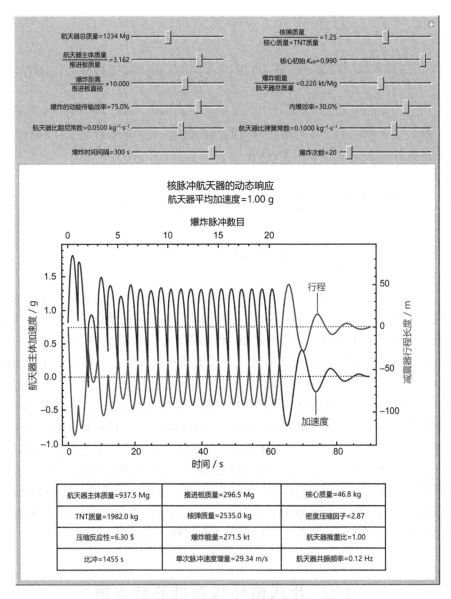

图 17.8　核脉冲航天器的动态响应

温度限制，因为燃料一直处于气体状态。然而，气态堆芯核火箭所显现的其他问题却给其可行性带来了疑问。在这些可行性问题中，首要的问题是防止气态裂变堆芯以不可接受的高速率从喷管逸出。要使该型核火箭切实可行，气态堆芯必须维持在稳定的临界状态，并尽可能减小可裂变材料通过喷管逸出的损失率，同时尽可能增大堆芯向氢气工质的传热速率，并仅允许氢气工质从喷管排出。如此严苛的要求在实践中无疑是难以实现的。

图 17.9 给出了将要进行分析的气态堆芯核火箭概念的实例。在这种结构内，某种可裂变材料被注入芯部，随后因芯部的高温而被蒸发。通过反射层的多孔壁在芯部外侧的一角注入氢推进剂。用这种方法注入氢时，反射层既可以保持适当的冷却，又同时在气态裂变的芯部建立起一个稳定的气态漩涡。

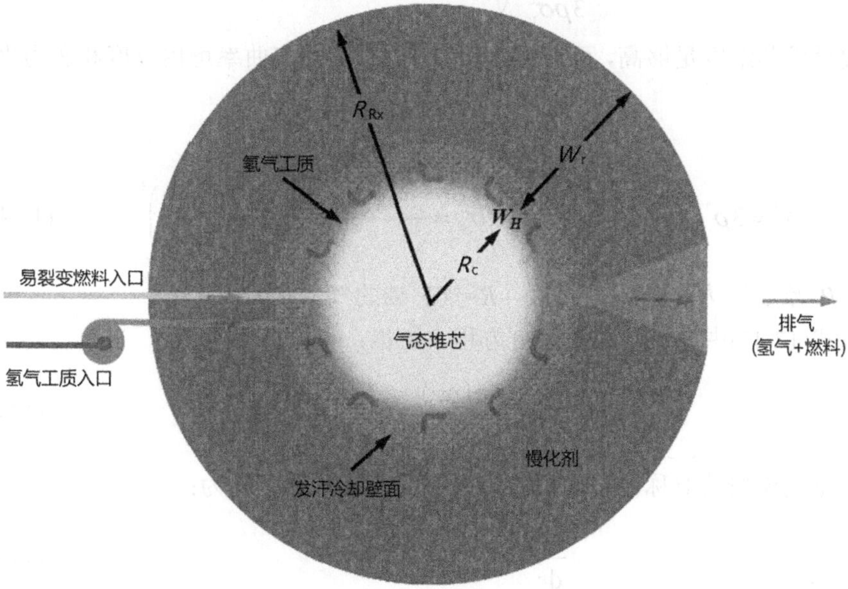

图 17.9 气态堆芯核火箭

17.2.1 中子学

如图 17.9 所示，要分析的模型是一个三区球形反应堆，包含气态堆芯、氢气工质层以及固态反射层。在这个模型中，固态反射层同时也用作为堆芯容器。

在进行临界计算中，将采用球形几何的单群扩散理论进行中子学分析，同时忽略喷管及其他非均匀因素的影响。又假设铀的密度在整个堆芯活性区内保持为常数。由临界计算得到的功率分布将用于后续的热工流体分析，以确定发动机的性能特点。

对气态铀堆芯开展中子学分析，首先可写出球形几何的单群中子扩散方程如下：

$$0 = D_{\mathrm{c}}\nabla^2\phi + \frac{\nu\Sigma_{\mathrm{f}}}{k_{\mathrm{eff}}}\phi - \Sigma_{\mathrm{a}}\phi = \frac{D_{\mathrm{c}}}{r^2}\frac{\mathrm{d}}{\mathrm{d}r}\left(r^2\frac{\mathrm{d}\phi}{\mathrm{d}r}\right) + \frac{\nu\Sigma_{\mathrm{f}}^{\mathrm{c}}}{k_{\mathrm{eff}}}\phi - \Sigma_{\mathrm{a}}^{\mathrm{c}}\phi$$
$$= \frac{1}{r^2}\frac{\mathrm{d}}{\mathrm{d}r}\left(r^2\frac{\mathrm{d}\phi}{\mathrm{d}r}\right) + \alpha^2\phi \qquad (17.47)$$

其中，$\alpha^2 = \dfrac{\dfrac{\nu\Sigma_{\mathrm{f}}^{\mathrm{c}}}{k_{\mathrm{eff}}} - \Sigma_{\mathrm{a}}^{\mathrm{c}}}{D_{\mathrm{c}}} = \dfrac{\dfrac{\nu\rho N_{\mathrm{A}}\sigma_{\mathrm{f}}^{\mathrm{c}}}{Mk_{\mathrm{eff}}} - \dfrac{N_{\mathrm{A}}}{M}\rho\sigma_{\mathrm{a}}^{\mathrm{c}}}{\dfrac{1}{3\rho\sigma_{\mathrm{tr}}^{\mathrm{c}}}\dfrac{M}{N_{\mathrm{A}}}}$ [5]，为堆芯曲率。

假设堆芯温度足够高，可被视为理想气体，则堆芯曲率可用温度和压力来表示：

$$\alpha^2 = 3\rho^2\left(\frac{N_{\mathrm{A}}}{M}\right)^2\left(\frac{\nu\sigma_{\mathrm{f}}^{\mathrm{c}}}{k_{\mathrm{eff}}} - \sigma_{\mathrm{a}}^{\mathrm{c}}\right)\sigma_{\mathrm{tr}}^{\mathrm{c}} = \frac{3P^2\left(\dfrac{\nu\sigma_{\mathrm{f}}^{\mathrm{c}}}{k_{\mathrm{eff}}} - \sigma_{\mathrm{a}}^{\mathrm{c}}\right)\sigma_{\mathrm{tr}}^{\mathrm{c}}}{R^2T^2}\left(\frac{N_{\mathrm{A}}}{M}\right)^2 \qquad (17.48)$$ [6]

其中，P=堆芯压力，T=堆芯温度，R=气态铀的气体常数。

解式(17.47)中的中子扩散微分方程，可得：

$$\phi(r) = C_1\frac{\sin(\alpha r)}{\alpha r} + C_2\frac{\cos(\alpha r)}{\alpha r} \qquad (17.49)$$

注意到模型的对称性，则反应堆中心的边界条件可写为：

$$\frac{\mathrm{d}\phi}{\mathrm{d}r} = 0 \quad （r=0\text{ 处}） \qquad (17.50)$$

将式(17.49)中的中子通量密度表达式对径向位置求导，可得：

$$\frac{\mathrm{d}\phi}{\mathrm{d}r} = \frac{(C_1\alpha r - C_2)\cos(\alpha r)}{\alpha r^2} - \frac{(C_1 + C_2\alpha r)\sin(\alpha r)}{\alpha r^2} \qquad (17.51)$$

再将式(17.50)中的边界条件代入式(17.51)，可得：

$$0 = (C_1\alpha 0 - C_2)\cos(\alpha 0) - (C_1 + C_2\alpha 0)\sin(\alpha 0) \Rightarrow C_2 = 0 \qquad (17.52)$$

将式(17.52)代入式(17.49)，可得堆芯内的中子通量密度表达式为：

$$\phi_{\mathrm{c}}(r) = C_1\frac{\sin(\alpha r)}{\alpha r} \qquad (17.53)$$

在氢气工质层，氢气的宏观中子截面非常小，可视为零，那么，该区域内中子扩散方程可写为：

$$0=D_{\mathrm{H}}\nabla^{2}\phi-\Sigma_{\mathrm{a}}\phi=\frac{D_{\mathrm{H}}}{r^{2}}\frac{\mathrm{d}}{\mathrm{d}r}\left(r^{2}\frac{\mathrm{d}\phi}{\mathrm{d}r}\right)-\Sigma_{\mathrm{a}}^{\mathrm{H}}\phi=\frac{1}{r^{2}}\frac{\mathrm{d}}{\mathrm{d}r}\left(r^{2}\frac{\mathrm{d}\phi}{\mathrm{d}r}\right)-\underbrace{\mu^{2}}_{0}\phi=\frac{\mathrm{d}}{\mathrm{d}r}\left(r^{2}\frac{\mathrm{d}\phi}{\mathrm{d}r}\right) \quad (17.54)$$

对式(17.54)求积分，可得氢气工质层内的中子通量密度表达式为：

$$\phi_{\mathrm{H}}(r)=\frac{C_{3}}{r}+C_{4} \quad (17.55)$$

由于中子通量密度在堆芯和氢气工质层的交界处必然连续，则以下关系式必定成立：

$$\phi_{\mathrm{c}}(R_{\mathrm{c}})=C_{1}\frac{\sin(\alpha R_{\mathrm{c}})}{\alpha R_{\mathrm{c}}}=\phi_{\mathrm{H}}(R_{\mathrm{c}})=\frac{C_{3}}{R_{\mathrm{c}}}+C_{4} \quad (17.56)$$

类似地，中子流密度在堆芯和氢气工质层的交界处也必然连续，因此：

$$\begin{aligned}J_{\mathrm{c}}(R_{\mathrm{c}})&=D_{\mathrm{c}}\left.\frac{\mathrm{d}\phi_{\mathrm{c}}}{\mathrm{d}r}\right|_{r=R_{\mathrm{c}}}=C_{1}\frac{D_{\mathrm{c}}\cos(\alpha R_{\mathrm{c}})}{R_{\mathrm{c}}}-C_{1}\frac{D_{\mathrm{c}}\sin(\alpha R_{\mathrm{c}})}{\alpha R_{\mathrm{c}}^{2}}=J_{\mathrm{H}}(R_{\mathrm{c}})\\&=D_{\mathrm{H}}\left.\frac{\mathrm{d}\phi_{\mathrm{H}}}{\mathrm{d}r}\right|_{r=R_{\mathrm{c}}}=-C_{3}\frac{D_{\mathrm{H}}}{R_{\mathrm{c}}^{2}}\end{aligned} \quad (17.57)^{7}$$

联立求解式(17.56)和式(17.57)，可得任意常数 C_3 和 C_4 的表达式为：

$$\begin{aligned}C_{3}&=C_{1}\frac{D_{\mathrm{c}}}{D_{\mathrm{H}}}\left[\frac{\sin(\alpha R_{\mathrm{c}})}{\alpha R_{\mathrm{c}}}-\cos(\alpha R_{\mathrm{c}})\right]R_{\mathrm{c}}\\C_{4}&=C_{1}\frac{D_{\mathrm{c}}}{D_{\mathrm{H}}}\left[\cos(\alpha R_{\mathrm{c}})-\frac{\sin(\alpha R_{\mathrm{c}})}{\alpha R_{\mathrm{c}}}\right]+C_{1}\frac{\sin(\alpha R_{\mathrm{c}})}{\alpha R_{\mathrm{c}}}\end{aligned} \quad (17.58)^{8}$$

将式(17.58)中两个任意常数的表达式代入式(17.55)所给出的氢气工质层内中子通量密度的表达式中，可以得到关于氢气工质层内中子通量密度的一个新的表达式，该表达式只含一个任意常数 C_1，如下：

$$\begin{aligned}\phi_{\mathrm{H}}(r)=&C_{1}\frac{D_{\mathrm{c}}}{D_{\mathrm{H}}}\left[\frac{\sin(\alpha R_{\mathrm{c}})}{\alpha R_{\mathrm{c}}}-\cos(\alpha R_{\mathrm{c}})\right]\frac{R_{\mathrm{c}}}{r}\\&+C_{1}\frac{D_{\mathrm{c}}}{D_{\mathrm{H}}}\left[\cos(\alpha R_{\mathrm{c}})-\frac{\sin(\alpha R_{\mathrm{c}})}{\alpha R_{\mathrm{c}}}\right]+C_{1}\frac{\sin(\alpha R_{\mathrm{c}})}{\alpha R_{\mathrm{c}}}\end{aligned} \quad (17.59)^{9}$$

在反射层内，中子扩散方程可写为：

$$0 = D_{\mathrm{r}}\nabla^2\phi - \Sigma_{\mathrm{a}}^{\mathrm{r}}\phi = \frac{D_{\mathrm{r}}}{r^2}\frac{\mathrm{d}}{\mathrm{d}r}\left(r^2\frac{\mathrm{d}\phi}{\mathrm{d}r}\right) - \Sigma_{\mathrm{a}}^{\mathrm{r}}\phi = \frac{1}{r^2}\frac{\mathrm{d}}{\mathrm{d}r}\left(r^2\frac{\mathrm{d}\phi}{\mathrm{d}r}\right) - \beta^2\phi \tag{17.60}$$

其中，$\beta^2 = \dfrac{\Sigma_{\mathrm{a}}^{\mathrm{r}}}{D_{\mathrm{r}}}$，为反射层内的材料曲率。

对式(17.60)进行求解可得：

$$\phi_{\mathrm{r}}(r) = C_5\frac{\sinh\left[\beta\left(R_{\mathrm{RX}}^* - r\right)\right]}{\beta r} + C_6\frac{\cosh\left[\beta\left(R_{\mathrm{RX}}^* - r\right)\right]}{\beta r} \tag{17.61}$$

其中，$R_{\mathrm{RX}}^* = R_{\mathrm{c}} + W_{\mathrm{H}} + W_{\mathrm{r}} + 2D_{\mathrm{r}} = R_{\mathrm{c}} + W_{\mathrm{H}} + W_{\mathrm{r}}^*$，为反射层的外推半径。

注意到在反应堆外推边界处，中子通量密度为零，则由式(17.61)可得：

$$\phi_{\mathrm{r}}\left(R_{\mathrm{RX}}^*\right) = 0 = C_5\frac{\sinh(0)}{\beta R_{\mathrm{RX}}^*} + C_6\frac{\cosh(0)}{\beta R_{\mathrm{RX}}^*} \Rightarrow C_6 = 0 \tag{17.62}$$

将式(17.62)得到的结果代入式(17.61)，可得反射层内中子通量密度分布的最终表达式为：

$$\phi_{\mathrm{r}}(r) = C_5\frac{\sinh\left[\beta\left(R_{\mathrm{RX}}^* - r\right)\right]}{\beta r} \tag{17.63}$$

在氢气工质层和反射层之间的交界处，中子通量密度也必然连续，因此，由式(17.59)和式(17.63)可得：

$$\begin{aligned}
&\phi_{\mathrm{H}}\left(R_{\mathrm{c}} + W_{\mathrm{H}}\right) = \phi_{\mathrm{r}}\left(R_{\mathrm{c}} + W_{\mathrm{H}}\right) \\
&\Rightarrow C_1\frac{D_{\mathrm{c}}}{D_{\mathrm{H}}}\left[\frac{\sin\left(\alpha R_{\mathrm{c}}\right)}{\alpha R_{\mathrm{c}}} - \cos\left(\alpha R_{\mathrm{c}}\right)\right]\frac{R_{\mathrm{c}}}{R_{\mathrm{c}} + W_{\mathrm{H}}} \\
&\quad + C_1\frac{D_{\mathrm{c}}}{D_{\mathrm{H}}}\left[\cos\left(\alpha R_{\mathrm{c}}\right) - \frac{\sin\left(\alpha R_{\mathrm{c}}\right)}{\alpha R_{\mathrm{c}}}\right] + C_1\frac{\sin\left(\alpha R_{\mathrm{c}}\right)}{\alpha R_{\mathrm{c}}} = C_5\frac{\sinh\left(\beta W_{\mathrm{r}}^*\right)}{\beta\left(R_{\mathrm{c}} + W_{\mathrm{H}}\right)}
\end{aligned} \tag{17.64}$$
[10]

类似地，在氢气工质层和反射层之间的交界处，中子流密度也必定连续，因此，由式(17.59)和式(17.63)可得：

$$\begin{aligned}
&J_{\mathrm{H}}\left(R_{\mathrm{c}} + W_{\mathrm{H}}\right) = J_{\mathrm{r}}\left(R_{\mathrm{c}} + W_{\mathrm{H}}\right) \Rightarrow D_{\mathrm{H}}\left.\frac{\mathrm{d}\phi_{\mathrm{H}}}{\mathrm{d}r}\right|_{r=R_{\mathrm{c}}+W_{\mathrm{H}}} = D_{\mathrm{r}}\left.\frac{\mathrm{d}\phi_{\mathrm{r}}}{\mathrm{d}r}\right|_{r=R_{\mathrm{c}}+W_{\mathrm{H}}} \\
&\Rightarrow \frac{C_1\left[\sin\left(\alpha R_{\mathrm{c}}\right) - \alpha R_{\mathrm{c}}\cos\left(\alpha R_{\mathrm{c}}\right)\right]D_{\mathrm{c}}}{\alpha\left(R_{\mathrm{c}} + W_{\mathrm{H}}\right)^2} = C_5\left[\frac{\cosh\left(\beta W_{\mathrm{r}}^*\right)}{R_{\mathrm{c}} + W_{\mathrm{H}}} + \frac{\sinh\left(\beta W_{\mathrm{r}}^*\right)}{\beta\left(R_{\mathrm{c}} + W_{\mathrm{H}}\right)^2}\right]D_{\mathrm{r}}
\end{aligned} \tag{17.65}$$
[11]

若以式(17.65)除以式(17.64)，则可消去所有任意常数项，得到一个临界方程：

$$\frac{D_{\mathrm{H}}R_{\mathrm{c}}D_{\mathrm{c}}\left[\tan(\alpha R_{\mathrm{c}})-\alpha R_{\mathrm{c}}\right]}{-W_{\mathrm{H}}D_{\mathrm{c}}\left[\tan(\alpha R_{\mathrm{c}})-\alpha R_{\mathrm{c}}\right]+D_{\mathrm{H}}(R_{\mathrm{c}}+W_{\mathrm{H}})\tan(\alpha R_{\mathrm{c}})} = D_{\mathrm{r}}\left[1+\frac{\beta(R_{\mathrm{c}}+W_{\mathrm{H}})}{\tanh(\beta W_{\mathrm{r}}^{*})}\right] \tag{17.66}$$[12]

由式(17.64)可得 C_5 的表达式为：

$$C_5 = C_1\beta\frac{\frac{D_{\mathrm{c}}}{D_{\mathrm{H}}}\left[\alpha W_{\mathrm{H}}R_{\mathrm{c}}\cos(\alpha R_{\mathrm{c}})-W_{\mathrm{H}}\sin(\alpha R_{\mathrm{c}})\right]+(R_{\mathrm{c}}+W_{\mathrm{H}})\sin(\alpha R_{\mathrm{c}})}{\alpha R_{\mathrm{c}}\sinh(\beta W_{\mathrm{r}}^{*})} \tag{17.67}$$[13]

将式(17.67)代入式(17.63)，则最终可得反射层内中子通量密度表达式为：

$$\phi_{\mathrm{r}}(r) = C_1\frac{\frac{D_{\mathrm{c}}}{D_{\mathrm{H}}}\left[\alpha W_{\mathrm{H}}R_{\mathrm{c}}\cos(\alpha R_{\mathrm{c}})-W_{\mathrm{H}}\sin(\alpha R_{\mathrm{c}})\right]+(R_{\mathrm{c}}+W_{\mathrm{H}})\sin(\alpha R_{\mathrm{c}})}{\alpha R_{\mathrm{c}}\sinh(\beta W_{\mathrm{r}}^{*})} \times\frac{\sinh\left[\beta(R_{\mathrm{RX}}^{*}-r)\right]}{r} \tag{17.68}$$[14]

其中 C_1 可由堆芯平均功率密度来确定，进而可得到中子通量密度和局部功率密度的绝对值。假设堆芯平均功率密度已知，C_1 的值可通过将式(17.53)对堆芯体积求积分来确定：

$$\begin{aligned}\text{堆芯总功率} = Q = q_{\mathrm{ave}}\left(\frac{4}{3}\pi R_{\mathrm{c}}^{3}\right) &= C_1\,\Sigma_{\mathrm{f}}\,E_{\mathrm{f}}\int_0^{R_{\mathrm{c}}}\frac{\sin(\alpha r)}{\alpha r}(4\pi r^2)\,\mathrm{d}r \\ &= \frac{4\pi}{\alpha^3}C_1\,\Sigma_{\mathrm{f}}\,E_{\mathrm{f}}\left[\sin(\alpha R_{\mathrm{c}})-\alpha R_{\mathrm{c}}\cos(\alpha R_{\mathrm{c}})\right] \\ \Rightarrow C_1 = \frac{q_{\mathrm{ave}}\alpha^3R_{\mathrm{c}}^3/(\Sigma_{\mathrm{f}}\,E_{\mathrm{f}})}{3\left[\sin(\alpha R_{\mathrm{c}})-\alpha R_{\mathrm{c}}\cos(\alpha R_{\mathrm{c}})\right]} &= \frac{q_0}{\Sigma_{\mathrm{f}}\,E_{\mathrm{f}}}\end{aligned} \tag{17.69}$$[15]

其中，E_{f}=平均每次裂变释放出的能量。

代入式(17.53)、式(17.59)以及式(17.68)并将各式联立，可得整个气态堆芯反应堆内的中子通量密度分布为：

$$\phi(r)=\begin{cases}\dfrac{q_0}{\Sigma_f E_f}\dfrac{\sin(\alpha r)}{\alpha r}, & 0\le r\le R_c\\ \dfrac{q_0}{\Sigma_f E_f}\left\{\dfrac{D_c}{D_H}\left[\dfrac{\sin(\alpha R_c)}{\alpha R_c}-\cos(\alpha R_c)\right]\dfrac{R_c}{r}+\dfrac{D_c}{D_H}\left[\cos(\alpha R_c)-\dfrac{\sin(\alpha R_c)}{\alpha R_c}\right]+\dfrac{\sin(\alpha R_c)}{\alpha R_c}\right\}, & R_c\le r\le R_c+W_H\\ \dfrac{q_0}{\Sigma_f E_f}\dfrac{\dfrac{D_c}{D_H}\left[\alpha W_H R_c\cos(\alpha R_c)-W_H\sin(\alpha R_c)\right]+(R_c+W_H)\sin(\alpha R_c)}{\alpha R_c\sinh(\beta W_r^*)}\dfrac{\sinh\left[\beta(R_{RX}^*-r)\right]}{r}, & R_c+W_H\le r\le R_c+W_H+W\end{cases}$$

(17.70)[16]

17.2.2 堆芯温度分布

在堆芯运行的极高温度下，热辐射将是铀气体进行热传输的主要方式。然而，因为铀气体并不完全透明，使得起始于堆内任意位置的辐射都将从其起点开始逐渐衰减，直至离开堆芯。辐射的衰减系数取决于铀气体的不透明度，后者又取决于辐射的频率以及铀气体的密度。辐射将按照比尔（Beer）定律衰减，如下：

$$\frac{dI_\upsilon(x)}{dx}=-\kappa_{\upsilon,U}\rho I_\upsilon(x)\ \Rightarrow\ I_\upsilon(x)=I_\upsilon(0)e^{-\kappa_{\upsilon,U}\rho x}=I_\upsilon(0)e^{-\kappa_{\upsilon,U}\frac{P}{RT}x} \tag{17.71}$$

其中，$I_\upsilon(x)$=频率相关的辐射强度关于距其起始点的距离的函数，$I_\upsilon(0)$=频率相关的辐射强度在其起始点的值，$\kappa_{\upsilon,U}$=铀气体的不透明度关于频率υ的函数，x=辐射从其起始点开始所穿行的距离。

需要注意的是，铀气体并不以单一的频率进行热辐射，而是按照普朗克定律所定义的频谱进行热辐射，该定律描述了黑体发射电磁辐射的特性，其表达式如下：

$$B_\upsilon(T)=\frac{2h\upsilon^3}{c^2}\frac{1}{e^{\frac{h\upsilon}{kT}}-1} \tag{17.72}$$

其中，$B_\upsilon(T)$=普朗克黑体辐射能量密度分布函数，h=普朗克常数，k=玻尔兹曼常数，c=光速。

图 17.10 给出了由普朗克定律给出的辐射光谱。请注意，在气态堆芯核火箭的运行温度下，堆芯所辐射的大部分功率均处于紫外光（UV）区域。另外值得注意的是，在太阳表面温度下（大约 10,000 K），光谱的峰值处于可见光区域。

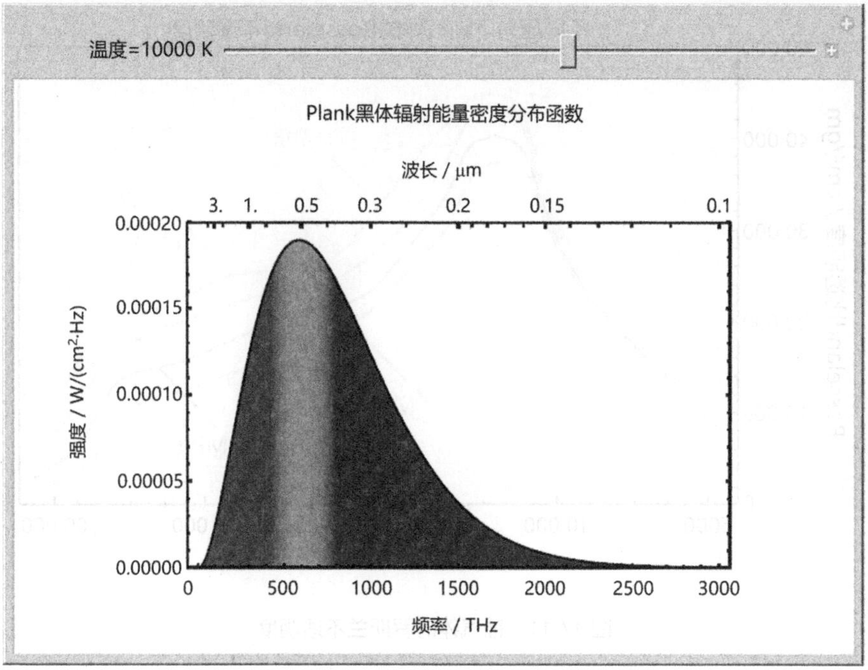

图 17.10 普朗克黑体辐射光谱

采用式(17.72)中的普朗克定律对气体不透明度进行加权，可得到对光谱求平均的不透明度，该不透明度为温度的函数，可用于计算气态堆芯的热辐射的衰减特性。由于铀气体一般都是相当不透明的，其合理的加权方式是采用辐射输运方程的扩散近似。由此得到的加权平均不透明度被称为罗斯兰（Rosseland）不透明度。罗斯兰不透明度在光学厚的气体中是有效的，在这样的系统中热辐射的平均自由程小于系统的特征尺寸（例如，在气态堆芯中为堆芯的半径），并且辐射场是相当各向同性的。罗斯兰不透明度的加权表达式为：

$$\frac{1}{\kappa_{\mathrm{U}}}=\frac{\int_0^{\infty}\frac{1}{\kappa_{\upsilon,\mathrm{U}}}\frac{\partial B_{\upsilon}(T)}{\partial T}\mathrm{d}\upsilon}{\int_0^{\infty}\frac{\partial B_{\upsilon}(T)}{\partial T}\mathrm{d}\upsilon} \tag{17.73}$$

其中，κ_{U}=铀气体的罗斯兰不透明度。

采用测量的光学数据[3]，对不同温度和压力下的铀气体罗斯兰不透明度分别进行了计算，结果如图 17.11 所示。

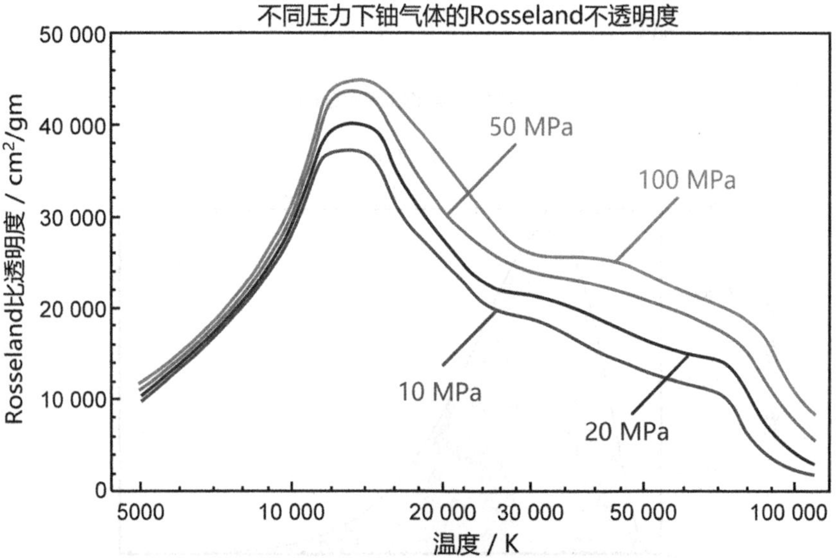

图 17.11 铀气体的罗斯兰不透明度

为简化堆芯温度分布的分析，忽略铀气体球中的对流，并假设气体内所有的热传递都是以热传导的形式实现。采用罗斯兰平均不透明度，可以定义一个伪热导率[4]，该热导率适用于光学厚的气体。在这个近似中，铀气体的热导率为：

$$k_{\mathrm{u}}=\frac{16\sigma T^3}{3\kappa_{\mathrm{U}}} \tag{17.74}$$

其中，σ=斯特藩–玻耳兹曼常数，k_{u}=铀气体的热导率。

将由式(17.53)确定的堆芯功率分布以及由式(17.74)给出的罗斯兰热导率关系式代入式(9.10)的泊松传热方程，可得到一个微分方程如下，求解该方程即可得铀气体堆芯中的温度分布：

$$\nabla^2 T+\frac{q}{k_{\mathrm{u}}}=\frac{\mathrm{d}^2T}{\mathrm{d}r^2}+\frac{2}{r}\frac{\mathrm{d}T}{\mathrm{d}r}+q_0\frac{3\kappa_{\mathrm{U}}}{16\sigma T^3}\frac{\sin(\alpha r)}{\alpha r}=0 \tag{17.75}$$

其中，q=堆芯局部功率密度。

由于式(17.75)是非线性的，不可能以解析方法对其求解，因此需要一种数值方法来进行求解。

17.2.3 壁面温度计算

根据堆芯外边界的热流密度以及推进工质层的辐射吸收特性，可计算出反射层内边界的壁面温度。由于氢气工质层不能像铀气体堆芯那样被认为是光学不透明的，因此必须采用一种不同的方法，来正确评估向工质传热的模式以及计算工质和反射层交界处的壁面温度。

堆芯辐射的能量作用于氢气工质层，在其穿过工质的过程中能量被逐渐吸收，并将工质加热至高温。在这样的高温下，工质同时会向外辐射所吸收的大量热量。

分析的第一步是确定辐射传递给推进工质的热量。参照图 17.12，对于推进工质层中的一个微分体积，辐射热平衡方程可写为：

$$\frac{\mathrm{d}\left[4\pi r^2 I(r)\right]}{\mathrm{d}r}=\left[-\underbrace{\kappa_{\mathrm{H}}(T)I(r)}_{\text{吸收}}+\underbrace{\kappa_{\mathrm{H}}(T)J(r)}_{\text{辐射}}\right]\left(4\pi r^2\right) \tag{17.76}$$

其中，$J(r)=\sigma T^4$，为氢气工质所发出的黑体热辐射；$\kappa_{\mathrm{H}}(T)$=氢气工质的普朗克不透明度。

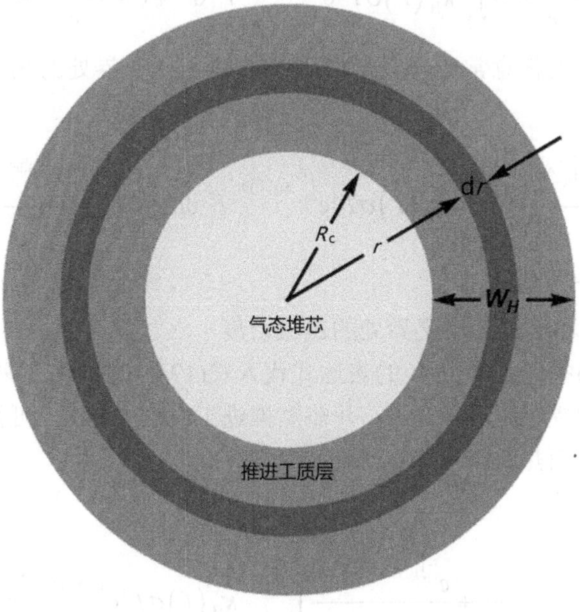

图 17.12 由气态堆芯向推进工质层传热

式(17.76)中采用了普朗克不透明度而非罗斯兰不透明度,这是因为虽然推进工质层的辐射场是平衡的，但它却既不各向同性也不像铀气体堆芯那样在光学上讲是厚的。用于计算普朗克不透明度的加权表达式，直接通过普朗克分布函数对频率相关的氢气不透明度进行了加权，具体如下：

$$\kappa_{\mathrm{H}}(T)=\frac{\int_0^\infty \kappa_{v,\mathrm{H}} B_v(T)\mathrm{d}v}{\int_0^\infty B_v(T)\mathrm{d}v} \tag{17.77}$$

在数学上，式(17.76)是所谓的史瓦西（Schwarzschild）方程的球形几何形式。研究人员经常采用该方程的一种形式来确定大气中吸收的太阳能。然而，在此处的具体情况下，它将用于计算气态堆芯反应堆推进工质区域里的辐射传热。将式(17.76)改写为更常见的形式如下：

$$\frac{\mathrm{d}I(r)}{\mathrm{d}r}+\left[\frac{2}{r}+\kappa_{\mathrm{H}}(T)\right]I(r)=\kappa_{\mathrm{H}}(T)\sigma T^4 \tag{17.78}$$

通过积分因子的方法可得到式(17.78)的解析解如下：

$$I(r)=\frac{\mathrm{e}^{-\int_{R_c}^{r}\kappa_{\mathrm{H}}(T)\mathrm{d}r'}}{r^2}\int_{R_c}^{r}\kappa_{\mathrm{H}}(T)\sigma T^4 \mathrm{e}^{\int_{R_c}^{r'}\kappa_{\mathrm{H}}(T)\mathrm{d}r''} r'^2\mathrm{d}r'+C\frac{\mathrm{e}^{-\int_{R_c}^{r}\kappa_{\mathrm{H}}(T)\mathrm{d}r'}}{r^2} \tag{17.79}$$ [17]

为确定式中的任意常数 C，将堆芯和推进工质交界处的热流密度作为边界条件，可得：

$$I(R_c)=q_{\mathrm{int}}=\frac{\mathrm{e}^{-\int_{R_c}^{R_c}\kappa_{\mathrm{H}}(T)\mathrm{d}r'}}{R_c^2}\int_{R_c}^{R_c}\kappa_{\mathrm{H}}(T)\sigma T^4 \mathrm{e}^{\int_{R_c}^{R_c}\kappa_{\mathrm{H}}(T)\mathrm{d}r''} r'^2\mathrm{d}r'+C\frac{\mathrm{e}^{-\int_{R_c}^{R_c}\kappa_{\mathrm{H}}(T)\mathrm{d}r'}}{R_c^2}=C\frac{1}{R_c^2} \tag{17.80}$$

$$\Rightarrow\ C=q_{\mathrm{int}}R_c^2$$

其中，q_{int}=堆芯和推进工质交界处的热流密度。

将式(17.80)中任意常数 C 的表达式代入式(17.79)中推进工质/反射层边界处氢气推进工质的辐照强度关系式，并在氢推进工质层上积分，可得推进工质和反射层交界处的壁面热流密度为：

$$I(R_c+W_{\mathrm{H}})=q_s$$

$$=q_{\mathrm{int}}R_c^2\frac{\mathrm{e}^{-\int_{R_c}^{R_c+W_{\mathrm{H}}}\kappa_{\mathrm{H}}(T)\mathrm{d}r'}}{(R_c+W_{\mathrm{H}})^2}+\frac{\mathrm{e}^{-\int_{R_c}^{R_c+W_{\mathrm{H}}}\kappa_{\mathrm{H}}(T)\mathrm{d}r'}}{(R_c+W_{\mathrm{H}})^2}\int_{R_c}^{R_c+W_{\mathrm{H}}}\kappa_{\mathrm{H}}(T)\sigma T^4 \mathrm{e}^{\int_{R_c}^{r'}\kappa_{\mathrm{H}}(T)\mathrm{d}r''} r'^2\mathrm{d}r' \tag{17.81}$$ [18]

其中，q_s=反射层内表面的热流密度。

由于推进工质层内氢气温度随位置的变化关系未知，所以式(17.81)在目前的形式下还无法求积分。因此，为解决这个问题，假设推进工质内的温度在其两侧的交界面之间呈线性变化。推进工质的平均温度（推进工质层中心的温度）被定义为其出口温度，因而：

$$T = 2T_{\text{ave}} - T_s - \frac{2}{W_H}\left(T_{\text{ave}} - T_s\right)\left(r - R_c\right) \tag{17.82}$$

其中，T_s=反射层内表面的温度，T_{ave}=推进工质的平均出口温度。

将式(17.82)代入式(17.81)可得：

$$\begin{aligned} I\left(R_c + W_H\right) = q_s = q_{\text{int}} R_c^2 \frac{e^{-\int_{R_c}^{R_c+W_H} \kappa_H(T)\mathrm{d}r'}}{\left(R_c + W_H\right)^2} + \frac{e^{-\int_{R_c}^{R_c+W_H} \kappa_H(T)\mathrm{d}r'}}{\left(R_c + W_H\right)^2} \\ \times \int_{R_c}^{R_c+W_H} \kappa_H(T)\sigma\left[2T_{\text{ave}} - T_s - \frac{2}{W_H}\left(T_{\text{ave}} - T_s\right)\left(r - R_c\right)\right]^4 \times e^{\int_{R_c}^{r'} \kappa_H(T)\mathrm{d}r''} r'^2 \mathrm{d}r' \end{aligned} \tag{17.83}$$[19]

需注意，由于式(17.83)包含三个未知量，即反射层内表面的热流密度 q_s，堆芯和推进工质交界面处的热流密度 q_{int}，以及反射层内表面的温度 T_s，因此还需要另外两个方程才能对这三个变量进行求解。通过反射层内表面的热平衡可以得到其中一个方程，如下：

$$0 = \underbrace{q_s}_{\text{传递至壁面的辐射热}} + \underbrace{h_c\left(T_{\text{ave}} - T_s\right)}_{\text{由壁面向氢气工质的发汗传热}} - \underbrace{\frac{\dot{m}}{A_s} c_p\left(T_s - T_i\right)}_{\text{氢气工质的吸热}} \tag{17.84}$$

其中，h_c=发汗传热系数，A_s=反射层内表面的面积，$\dot{m}$=流经反射层内表面的推进工质的总质量流率，T_i=推进工质的入口温度。

若堆芯总功率以及推进工质平均出口温度均已知，则可得：

$$Q = qV_{\text{core}} = \dot{m}c_p\left(T_{\text{ave}} - T_i\right) \Rightarrow \dot{m}c_p = \frac{qV_{\text{core}}}{\left(T_{\text{ave}} - T_i\right)} \tag{17.85}$$

其中，V_{core}=堆芯体积。

将式(17.85)代入式(17.84)，转化后最终可得：

$$
\begin{aligned}
q_{\mathrm{s}} &= q\frac{V_{\mathrm{core}}}{A_{\mathrm{s}}}\frac{T_{\mathrm{s}}-T_{\mathrm{i}}}{T_{\mathrm{ave}}-T_{\mathrm{i}}}-h_{\mathrm{c}}\left(T_{\mathrm{ave}}-T_{\mathrm{s}}\right)=q\frac{\frac{4}{3}\pi R_{\mathrm{c}}^{3}}{4\pi\left(R_{\mathrm{c}}+W_{\mathrm{H}}\right)^{2}}\frac{T_{\mathrm{s}}-T_{\mathrm{i}}}{T_{\mathrm{ave}}-T}-h_{\mathrm{c}}\left(T_{\mathrm{ave}}-T_{\mathrm{s}}\right) \\
&= q\frac{R_{\mathrm{c}}^{3}}{3\left(R_{\mathrm{c}}+W_{\mathrm{H}}\right)^{2}}\frac{T_{\mathrm{s}}-T_{\mathrm{i}}}{T_{\mathrm{ave}}-T}-h_{\mathrm{c}}\left(T_{\mathrm{ave}}-T_{\mathrm{s}}\right)
\end{aligned}
\tag{17.86}
$$

对于最后一个所需的方程，注意到，由于堆芯内产生热量的速率必定等于热量通过堆芯边界传输的速率（散度定理），因此有：

$$
Q=qV_{\mathrm{core}}=q_{\mathrm{int}}A_{\mathrm{int}} \Rightarrow q_{\mathrm{int}}=q\frac{V_{\mathrm{core}}}{A_{\mathrm{int}}}=q\frac{\frac{4}{3}\pi R_{\mathrm{c}}^{3}}{4\pi R_{\mathrm{c}}^{2}}=\frac{qR_{\mathrm{c}}}{3}
\tag{17.87}
$$

其中，A_{int}=堆芯表面积。

将式(17.86)和式(17.87)代入式(17.83)可得到一个只含有一个未知量的方程，该未知量为反射层的内表面温度。具体方程如下：

$$
\begin{aligned}
&q\frac{R_{\mathrm{c}}^{3}}{3\left(R_{\mathrm{c}}+W_{\mathrm{H}}\right)^{2}}\frac{T_{\mathrm{s}}-T_{\mathrm{i}}}{T_{\mathrm{ave}}-T}-h_{\mathrm{c}}\left(T_{\mathrm{ave}}-T_{\mathrm{s}}\right) \\
&=\frac{qR_{\mathrm{c}}^{3}}{3\left(R_{\mathrm{c}}+W_{\mathrm{H}}\right)^{2}}\mathrm{e}^{-\int_{R_{\mathrm{c}}}^{R_{\mathrm{c}}+W_{\mathrm{H}}}\kappa_{\mathrm{H}}(T)\mathrm{d}r'}+\frac{\mathrm{e}^{-\int_{R_{\mathrm{c}}}^{R_{\mathrm{c}}+W_{\mathrm{H}}}\kappa_{\mathrm{H}}(T)\mathrm{d}r'}}{\left(R_{\mathrm{c}}+W_{\mathrm{H}}\right)^{2}} \\
&\quad\times\int_{R_{\mathrm{c}}}^{R_{\mathrm{c}}+W_{\mathrm{H}}}\kappa_{\mathrm{H}}(T)\sigma\left[2T_{\mathrm{ave}}-T_{\mathrm{s}}-\frac{2}{W_{\mathrm{H}}}\left(T_{\mathrm{ave}}-T_{\mathrm{s}}\right)\left(r-R_{\mathrm{c}}\right)\right]^{4}\mathrm{e}^{\int_{R_{\mathrm{c}}}^{r'}\kappa_{\mathrm{H}}(T)\mathrm{d}r''}r'^{2}\mathrm{d}r'
\end{aligned}
\tag{17.88}
$$
[20]

假设对氢气工质的不透明度采用一个温度平均值，则可对式(17.88)进行整合，以得到反射层内表面温度的封闭形式的符号解。该方程十分复杂和冗长，对深入理解氢气工质吸收能量的物理行为并无帮助，因而将不在此展示。然而，该方程将会用于后续的数值计算，以确定一种气态堆芯核火箭的定性性能特征。

还需要注意的是，在温度低于约 10,000 °C 时，氢气的不透明度是相当小的[5]。因此，一般会设想将某种材料植入氢气工质中以增加其不透明度。植入材料通常由颗粒直径介于 0.02~0.5 μm 的钨气溶胶组成。实验表明，植入不到 1%的钨即可对氢气工质的不透明度产生极大的影响[6]。图 17.13 给出了植入钨后，氢气工质不透明度的变化情况。请注意，在图中较低温度区域的不透明度实验值非常分散，并且可能只是从定性上说是正确的。

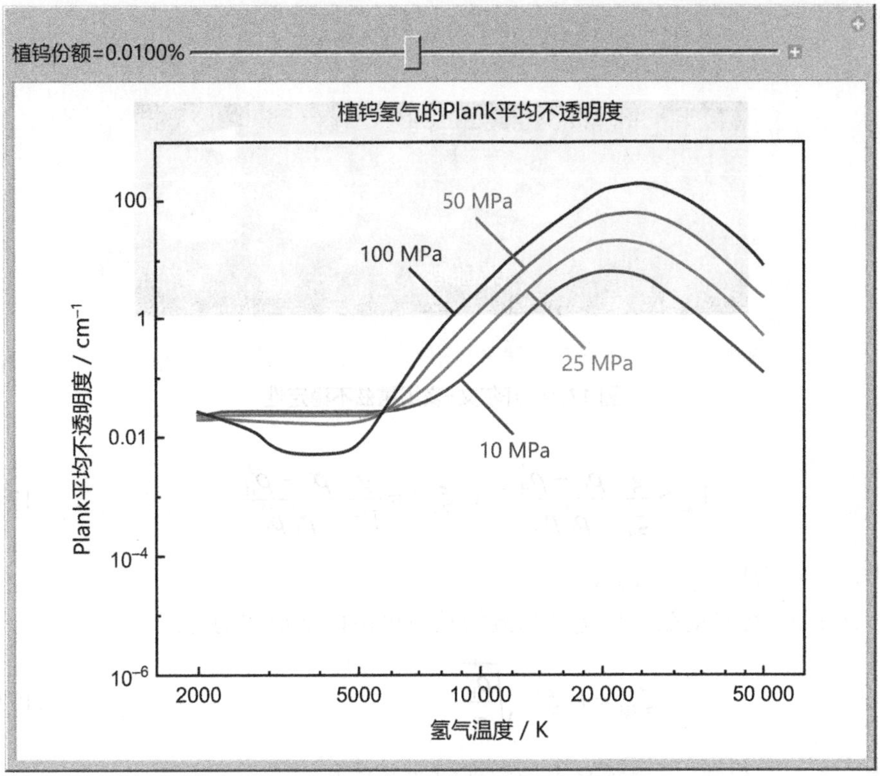

图 17.13 植钨氢气的普朗克平均不透明度

17.2.4 铀损失率计算

到现在为止，前面所有关于气态堆芯核火箭的分析均假设气态铀堆芯与氢气工质层相互之间没有混合。然而，实际的情况并非如此。两个区域之间的扰动混合是不可避免的，从而会导致交界面处的流体振动。在某些情况下，这些振动可能是不稳定的。这些不稳定性通常有两种类型，开尔文–亥姆霍兹（Kelvin–Helmholtz）不稳定性以及声学不稳定性。开尔文–亥姆霍兹不稳定性发生在两种不同密度的流体以不同速度相互移动的情况下。在气态堆芯核火箭中，由速度较快的氢气工质层越过速度较慢或固定的气态铀堆芯时，会导致开尔文–亥姆霍兹不稳定性。图 17.14 给出了这种不稳定性的图例说明。

假设铀堆芯的速度为零，在重力的影响下，气态堆芯核火箭的不稳定性可由下式给出[7]：

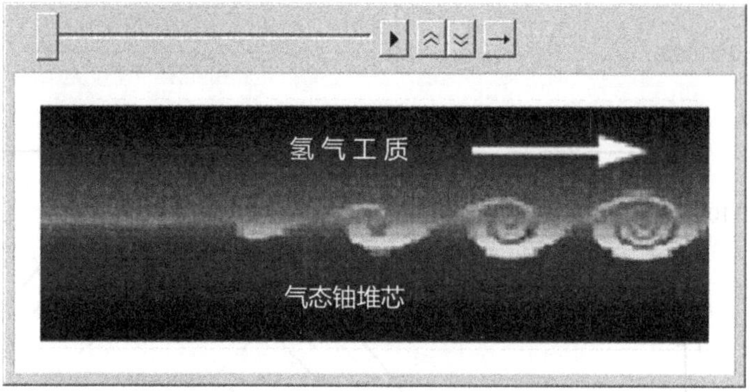

图 17.14 开尔文-亥姆霍兹不稳定性

$$V_\infty^2 > \frac{g}{\xi_v}\frac{\rho_U^2-\rho_H^2}{\rho_U^2\rho_H^2} \Rightarrow \xi_v^{\min} = \frac{g}{V_\infty^2}\frac{\rho_U^2-\rho_H^2}{\rho_U^2\rho_H^2} \tag{17.89}$$

其中，g=重力加速度，ξ_v=波数。

开尔文-亥姆霍兹不稳定性的波增长率可由以下形式的等式来表示：

$$\zeta_{KH} = V_\infty \xi_v^{\min}\sqrt{\frac{\rho_H}{\rho_U}} \tag{17.90}$$

其中，ζ_{KH}=开尔文-亥姆霍兹不稳定性的波增长率。

采用式(17.89)中的波数以及式(17.90)中的波增长率，铀向氢气工质流转移的扩散系数可表示为：

$$D_{KH} = \frac{\zeta_{KH}}{\left(\xi_v^{\min}\right)^2} \tag{17.91}$$

其中，D_{KH}=扩散系数。

采用式(17.91)中的扩散系数，现在可通过以下扩散方程来估算铀向氢气工质流的转移：

$$F = D_{KH}\nabla\rho_U \tag{17.92}$$

其中，F=铀从堆芯区域向氢气工质层转移的质量流密度。

假设堆芯的铀密度为常数，考虑到堆芯是球对称的，则式(17.92)可转化为：

$$F = \frac{D_{KH}}{r^2}\frac{d}{dr}\left(r^2\rho_U\right) = \frac{2D_{KH}\rho_U}{r} \tag{17.93}$$

为确定由开尔文–亥姆霍兹不稳定性导致铀从堆芯向氢气工质层转移的总速率，将式(17.93)中的铀质量流密度与堆芯表面积相乘，可得：

$$L_{\mathrm{KH}} = 4\pi r_{\mathrm{c}}^{2} F = 4\pi r_{\mathrm{c}}^{2} \frac{2D_{\mathrm{KH}}\rho_{\mathrm{U}}}{r_{\mathrm{c}}} = 8\pi r_{\mathrm{c}} D_{\mathrm{KH}} \rho_{\mathrm{U}} \tag{17.94}$$

其中，L_{KH}=由开尔文–亥姆霍兹不稳定性导致铀从堆芯向氢气工质层转移的总质量流量。

在气态堆芯核火箭中，铀堆芯内的温度和密度波动会导致声学不稳定性。在这种声学不稳定情况下，堆芯内会出现声驻波。在波中铀密度高的区域裂变数将增加，并产生更多的能量。类似地，在波中铀密度较低的区域，功率将减小。不同区域之间的功率变化会增加波内的压力梯度，并导致裂变功率转移到波中。该功率增量的一部分会由于辐射而逸出堆芯。此外，堆芯内辐射的扩散将趋于抹去不同区域之间的一些温度波动。随着声驻波的波长变短，由于抹去效应的增加，堆芯内的温度波动将减小。所有这些竞争过程的净效应是，会存在一个临界波长，声波低于该波长时是稳定的。如果堆芯的尺寸小于该临界波长，则堆芯是声学稳定的。反过来，如果堆芯尺寸大于该临界波长，则随之而来的声学不稳定性将会导致额外的铀损失。将波数与声波频率联系起来的频散方程已被解决[8]，得到如下关系式：

$$\zeta_{\mathrm{A}} = \frac{2q_{\mathrm{ave}} - \dfrac{\xi_{\upsilon}^{2} k_{\mathrm{U}}}{R}\left(V_{\mathrm{s}}^{2} - 2RT_{0}\right)}{6\rho_{0} V_{\mathrm{s}}^{2}} \tag{17.95}$$

其中，ζ_{A}=声学不稳定性的波增长率，R=铀气体的气体常数，ξ_{υ}=声学波数，V_{s}=铀堆芯内的声速，ρ_0=平衡堆芯的平均铀密度，T_0=平衡堆芯的平均温度。

式(17.95)中的声速可由式(2.22)的一种形式来确定，后者已被修改以考虑铀的电离效应，具体如下：

$$V_{\mathrm{s}} = \sqrt{\gamma Z R T_{0}} \tag{17.96}$$

其中，Z=铀的电荷态，γ=铀气体的比热容比。

将式(17.96)代入式(17.95)可得声学不稳定性增长率的表达式为：

$$\zeta_{\mathrm{A}} = \frac{2q_{\mathrm{ave}} - \xi_{\upsilon}^{2} k_{\mathrm{U}} \left(\gamma Z - 2\right) T_{0}}{6\rho_{0} \gamma Z R T_{0}} \tag{17.97}$$

注意到增长率的正值表示一种声波波幅随时间增大的不稳定状态，而负值则表示声波波幅随时间减小或衰减。可以推断出，增长率为零的情况表示声波稳定性可以保持的极限。假设声学不稳定性的增长率等于零，则由式(17.97)可得临界波数的表达式为：

$$\xi_{\upsilon}^{\mathrm{crit}}=\sqrt{\frac{2q_{\mathrm{ave}}}{k_{\mathrm{U}}\left(\gamma Z-2\right)T_{0}}} \tag{17.98}$$

将式(17.98)代入式(17.97)，转化后最终可得声学不稳定性的增长率为：

$$\zeta_{\mathrm{A}}=\frac{k_{\mathrm{U}}\left(\gamma Z-2\right)}{6\rho_{0}\gamma ZR}\left[\left(\xi_{\upsilon}^{\mathrm{crit}}\right)^{2}-\xi_{\upsilon}^{2}\right] \tag{17.99}$$

采用式(17.98)确定的临界波数，可得临界波长为：

$$\lambda_{\mathrm{A}}=\frac{2\pi}{\xi_{\upsilon}^{\mathrm{crit}}} \tag{17.100}$$

如果临界波长超过了气态铀堆芯的尺寸，则声驻波不可能存在，系统将处于声学稳定状态。另一方面，如果堆芯尺寸大于临界波长，则系统内可能存在声驻波，堆芯可能会遭受声学不稳定性。为了得到这些声学不稳定性的增长率，采用波长与堆芯半径相同的波，其波数为：

$$\xi_{\upsilon}=\frac{2\pi}{r_{\mathrm{c}}} \tag{17.101}$$

将式(17.101)中的波数代入式(17.99)，可得堆芯内声学不稳定性的增长率为：

$$\zeta_{\mathrm{A}}=\frac{k_{\mathrm{U}}\left(\gamma Z-2\right)}{6\rho_{0}\gamma ZR}\left[\left(\xi_{\upsilon}^{\mathrm{crit}}\right)^{2}-\left(\frac{2\pi}{r_{\mathrm{c}}}\right)^{2}\right] \tag{17.102}$$

现在可以采用类似于用来计算由开尔文–亥姆霍兹不稳定性导致的铀损失率的方法，来估算由声学不稳定性导致的堆芯铀损失率。首先，采用式(17.101)中的波数和式(17.102)中的增长率，根据式(17.91)可得扩散系数为：

$$D_{\mathrm{A}}=\frac{\zeta_{\mathrm{A}}}{\xi_{\upsilon}^{2}} \tag{17.103}$$

最后，通过将式(17.103)中的扩散系数代入式(17.94)中的铀损失率表达式，可得由声学不稳定性导致的铀从堆芯逸出进入氢气工质层的总速率为：

$$L_{\mathrm{A}}=8\pi r_{\mathrm{c}}D_{\mathrm{A}}\rho_{\mathrm{U}} \tag{17.104}$$

其中，L_A=由声学不稳定性导致的铀从堆芯逸出的总质量流量。

图 17.15 定性地展示了由式(17.70)、式(17.75)、式(17.88)、式(17.90)、式(17.94)、式(17.102)以及式(17.103)所表征的气态堆芯核火箭的性能特征。需注意，图中所示的堆芯内功率分布十分平坦，这是由于铀气体内中子的平均自由程非常长所导致。在许多情况下，中子通常可以直接穿过堆芯而不发生任何相互作用。

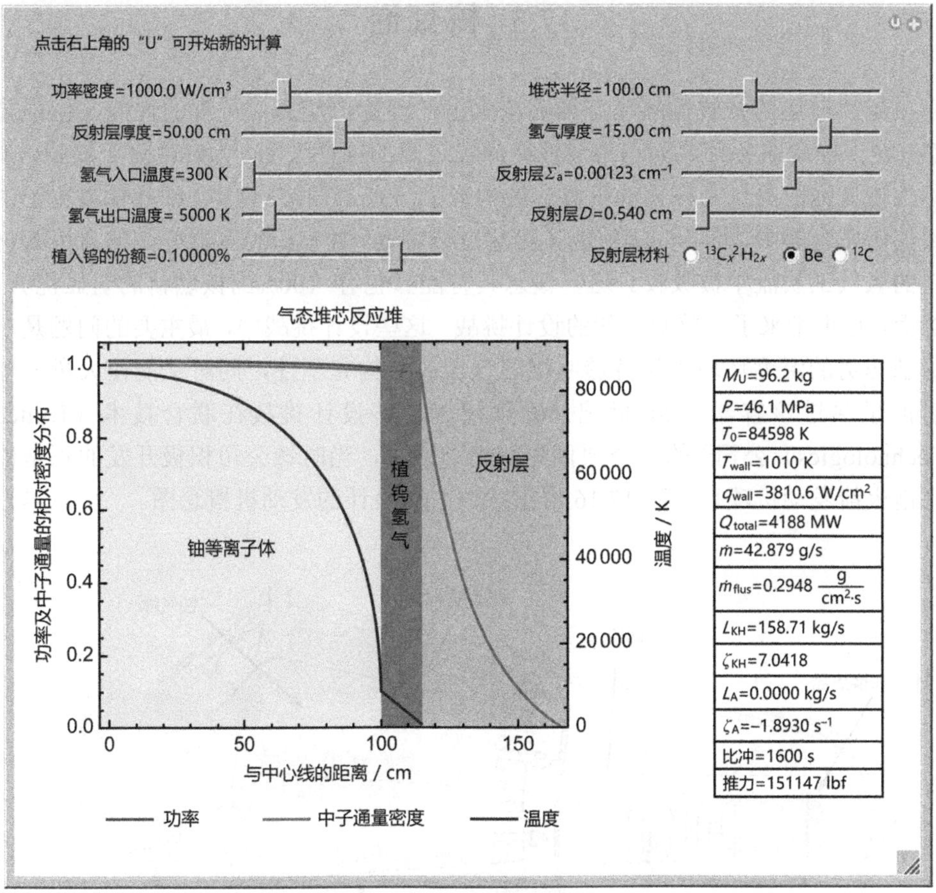

图 17.15 气态堆芯核火箭的性能特征

另外还需要注意，虽然气态堆芯核火箭通常处于声学稳定的状态，但因开尔文–亥姆霍兹不稳定性而导致的铀损失也是非常严重的。对于给定的预设情况，整个堆芯中的铀燃料每半秒钟就会损失一次。如此高的铀损失率使该型核火箭的可行性变得很成问题。这不仅在于需要很大的替代铀装量，还在于泄漏的铀会使得核火箭排气的分子量增大而严重影响发动机的比冲性能。很显然，需要有某种替代的流动构型，能在铀气体和推进工质之间维持一种有效而稳定的平衡分离，以减轻这些不稳定性并尽可能减少铀向氢气流的迁移。

17.3 核灯泡

虽然前述的开式循环气态堆芯核火箭在理论上能提供可观的性能，但很显然，这一概念的各种流动不稳定性会导致过高的铀损失率。为解决这一缺陷，被称为核灯泡的另一个核发动机概念被构想了出来。在核灯泡中，铀气体被置于密封的透明容器中，堆芯的辐射能量可穿过该容器，并在流经容器外围的含植入材料的氢气工质流中被吸收。这一概念具有能够包容 100%的核燃料的明显优势，然而，它也带来了一整套全新的设计挑战。这些设计挑战中，最主要的问题是在极端恶劣的温度环境中保持透明堆芯容器的结构完整性，同时又能使大量的辐射能量穿过该容器。20 世纪 60 年代，这些设计挑战在联合技术（United Technologies）公司[9]的一个项目中得到了解决，当时该公司积极开发的正是核灯泡火箭发动机项目。图 17.16 给出了该公司设计的发动机概念图。

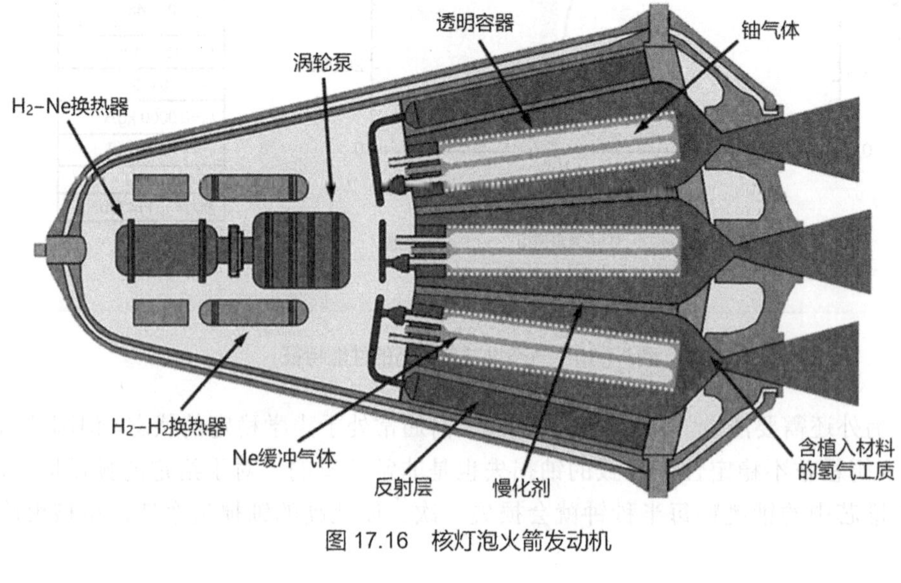

图 17.16 核灯泡火箭发动机

在该设计中，通过在透明容器和铀等离子体之间设置含植入材料的氖气涡流作为缓冲层，来防止极高温的铀等离子体接触容器壁面。一般可能会认为铀等离子体的密度比氖气的密度更大，因为前者具有更大的原子量，这样在离心力的作用下，铀等离子体将会分布于容器的内壁面并使容器熔化。然而事实并非如此。因为铀等离子体的温度比氖气的温度高得多，由理想气体定律可以得出，在同样的压力下，实际上氖气具有更大的密度，它会分布于容器的内壁面并作为缓冲气体。氖气（及其携带的一些铀）将在堆芯边缘与铀分离并不断地被抽出，在一个换热器中冷却之后再重新注入容器中。氖气所排放的热量将部分用于对氢气推进工质进行预热。分离的铀也将重新注入容器中，从而避免了任何铀损失的发生。

高温铀等离子体的辐射（主要是紫外线）穿过透明容器，并被流经容器外围的含植入材料的氢气工质吸收。高温氢气工质随后经喷管排出以产生推力。在核灯泡的设计中，容器的透明壁是受到特别关注的焦点。一个人如果不小心触碰到电灯泡，会痛苦地意识到并非所有灯丝发出的光线都能够穿过电灯泡，部分光线会被电灯泡的玻璃所吸收。核灯泡也是如此。因此，容器的材料不仅必须是高度透明的，还必须被主动冷却，以防止因过热而最终失效。考虑用于容器的材料包括石英玻璃和单晶氧化铍，其中石英玻璃的紫外截止波长（对于紫外波长小于该值的情况，材料将变得不透明）约为 0.18 mm，单晶氧化铍的截止波长为 0.12 mm。波长小于紫外截止波长的所有辐射都将被容器壁所吸收，这些能量必须从容器移除。

为将波长小于紫外截止波长的辐射减少到可控的水平，有一种方法是将 NO/O_2 混合气体植入铀等离子体和氖气缓冲层。该植入材料可使燃料对于波长极短的辐射变得不透明。容器壁所吸收的辐射能量将由专设氢气冷却系统带出。该冷却系统将热量排放到主氢气推进工质流中，使其先完成预热，之后再进入涡轮泵以及加热腔室。图 17.17 给出了核灯泡的简化流程图。

对于核灯泡这一概念，联合技术公司除了开展大量理论研究之外，还进行了大量的实验工作，并在这些实验过程中实现了大量计划目标。在核方面，采用 UF_2 开展了零功率临界试验，以验证达到临界所需的堆芯压力值，并研究气态裂变等离子体的中子学特性。此外还对感应加热等离子体进行了研究，以模拟气态裂变堆芯，包括在高辐射热通量环境中测试内部冷却的透明石英压力容器。图 17.18 给出了用于开展试验的设施以及高温约束等离子体。

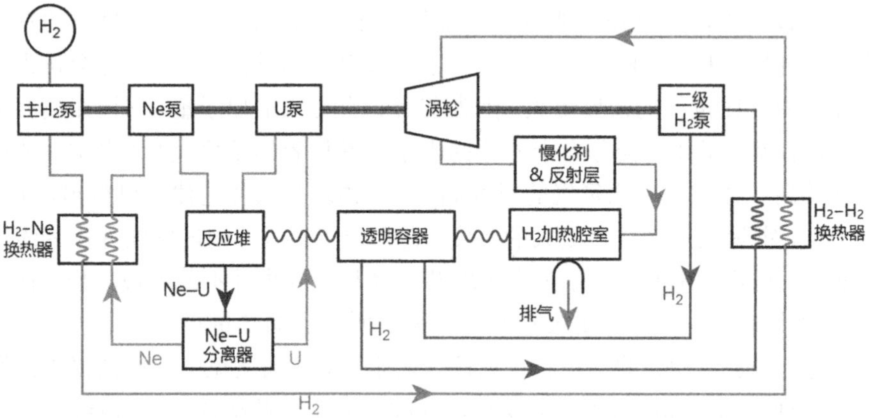

图 17.17 核灯泡的简化流程图

图 17.18 在联合技术公司核灯泡实验设施上的试验

总体而言，试验方案分为四个部分，每个部分都有非常具体的目标。试验的第一部分涉及检验用于模拟裂变堆芯的感应加热氩气的行为特性；试验的第二部分涉及将缓冲气体注入实验腔室中，以检验沿切向流向压力容器壁的涡流特性；实验方案的第三部分研究了穿过容器壁的辐射能量的特性；实验第四部分涉及对纤维缠绕容器的压力试验。这些试验非常成功，对验证核灯泡的可行性贡献良多。

为了分析确定核灯泡发动机的性能特征，需要进行一些简化的假设。由于反应堆的几何结构复杂，因此必须设法降低这种复杂度，以便能计算出达到临界所需的铀气体密度。对于堆芯几何结构复杂的情况，通常采用的做法是将各燃料元件的细节做均匀化处理，以减少需要分析的区域数目。当堆芯内的中子平均自由程大于燃料元件的尺寸时，该过程通常是合理的。由于气态堆芯的中子通常具有相当大的平均自由程，因此在核计算时将各燃料元件做均匀化处理，采用适当的均匀化平均核截面，并不会对临界计算求得的铀气体密度带来较大的误差。对于核灯泡，堆芯简化为两区模型，分别为堆芯区和反射层区。另外还假设堆芯是圆柱形的，同时忽略从反应堆端部泄漏的中子。图 17.19 给出了反应堆的横截面模型。

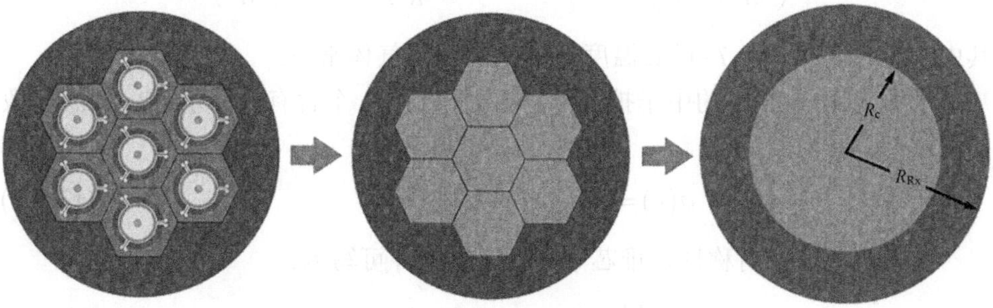

图 17.19　均匀化的核灯泡反应堆堆芯*

17.3.1 中子学

采用圆柱形几何的单群中子扩散理论来开展中子学分析，该圆柱形几何包含堆芯和反射层两个区域。由临界计算确定的中子密度将用于后续的热工流体分析，以确定发动机的性能特征。

从均匀化的铀堆芯开始进行中子学分析，圆柱形几何所对应的单群中子扩散方程可写为：

---

* 均匀化的核灯泡反应堆堆芯：原文为“Nuclear light bulb reactor with smeared core”，其中 smear 本意是涂抹，原文意为对活性区燃料栅格做均匀化处理，抹去精细结构以得到用于理论分析的简化堆芯。

$$0 = D_c\nabla^2\phi + \frac{\nu\Sigma_f}{k_{eff}}\phi - \Sigma_a\phi = \frac{D_c}{r}\frac{d}{dr}\left(r\frac{d\phi}{dr}\right) + \frac{\nu\Sigma_f^c}{k_{eff}}\phi - \Sigma_a^c\phi$$
$$= \frac{1}{r}\frac{d}{dr}\left(r\frac{d\phi}{dr}\right) + \alpha^2\phi \qquad (17.105)^{21}$$

其中，$\alpha^2 = \dfrac{\nu\Sigma_f^c / k_{eff} - \Sigma_a^c}{D_c} = \dfrac{\dfrac{\nu\rho N_A\sigma_f^c}{Mk_{eff}} - \dfrac{N_A}{M}\rho\sigma_a^c}{\dfrac{1}{3\rho\sigma_{tr}^c}\dfrac{M}{N_A}}$ [22]，为堆芯曲率。

假设堆芯温度足够高，使得理想气体定律可以成立，则堆芯曲率可用堆芯温度和压力来表示，具体如下：

$$\alpha^2 = 3\rho^2\left(\frac{N_A}{M}\right)^2\left(\frac{\nu\sigma_f^c}{k_{eff}} - \sigma_a^c\right)\sigma_{tr}^c = \frac{3P^2\left(\dfrac{\nu\sigma_f^c}{k_{eff}} - \sigma_a^c\right)\sigma_{tr}^c}{R^2T^2}\left(\frac{N_A}{M}\right)^2 \qquad (17.106)^{23}$$

其中，P=堆芯压力，T=堆芯温度，R=铀气体的气体常数。

求解式(17.105)中的中子扩散微分方程，可得一个含有贝塞尔（Bessel）函数的解：

$$\phi(r) = C_1J_0(\alpha r) + C_2Y_0(\alpha r) \qquad (17.107)$$

注意到模型的对称性，堆芯中心的边界条件可写为：

$$\frac{d\phi}{dr} = 0 \quad （r=0\text{ 处}） \qquad (17.108)$$

将式(17.107)中的中子通量密度对径向位置求导，可得：

$$\frac{d\phi}{dr} = -C_1\alpha J_1(\alpha r) - C_2\alpha Y_1(\alpha r) \qquad (17.109)$$

将式(17.108)中的边界条件应用于式(17.109)，可得：

$$0 = -C_1\alpha J_1(0) - C_2\alpha Y_1(0) \Rightarrow C_2 = 0 \qquad (17.110)$$

将式(17.110)所得的 C_2 的值代入式(17.107)，可得：

$$\phi_c(r) = C_1J_0(\alpha r) \qquad (17.111)$$

在反射层区域，对应的中子扩散微分方程可写为：

$$0=D_{\mathrm{r}}\nabla^{2}\phi-\Sigma_{\mathrm{a}}^{\mathrm{r}}\phi=\frac{D_{\mathrm{r}}}{r}\frac{\mathrm{d}}{\mathrm{d}r}\left(r\frac{\mathrm{d}\phi}{\mathrm{d}r}\right)-\Sigma_{\mathrm{a}}^{\mathrm{r}}\phi=\frac{1}{r}\frac{\mathrm{d}}{\mathrm{d}r}\left(r\frac{\mathrm{d}\phi}{\mathrm{d}r}\right)-\beta^{2}\phi \tag{17.112}$$

其中，$\beta^{2}=\dfrac{\Sigma_{\mathrm{a}}^{\mathrm{r}}}{D_{\mathrm{r}}}$，为反射层的材料曲率。

求解式(17.112)中的反射层中子扩散方程，可得：

$$\phi_{\mathrm{r}}(r)=C_{3}I_{0}(\beta r)+C_{4}K_{0}(\beta r) \tag{17.113}$$

注意到在反应堆外推边界处，中子通量密度为零，则由式(17.113)可得：

$$\phi_{\mathrm{r}}\left(R_{\mathrm{Rx}}^{*}\right)=0=C_{3}I_{0}\left(\beta R_{\mathrm{Rx}}^{*}\right)+C_{4}K_{0}\left(\beta R_{\mathrm{Rx}}^{*}\right) \Rightarrow C_{4}=-C_{3}\frac{I_{0}\left(\beta R_{\mathrm{Rx}}^{*}\right)}{K_{0}\left(\beta R_{\mathrm{Rx}}^{*}\right)} \tag{17.114}$$

将式(17.114)的结果代入式(17.113)，可得反射层内的中子通量密度分布为：

$$\phi_{\mathrm{r}}(r)=C_{3}\left[I_{0}(\beta r)-\frac{I_{0}\left(\beta R_{\mathrm{Rx}}^{*}\right)}{K_{0}\left(\beta R_{\mathrm{Rx}}^{*}\right)}K_{0}(\beta r)\right] \tag{17.115}$$

在堆芯和反射层交界处，中子通量密度必定是连续的，因此，由式(17.111)和式(17.115)可得：

$$\phi_{\mathrm{c}}(R_{\mathrm{c}})=\phi_{\mathrm{r}}(R_{\mathrm{c}}) \Rightarrow C_{1}J_{0}(\alpha R_{\mathrm{c}})=C_{3}\left[I_{0}(\beta R_{\mathrm{c}})-\frac{I_{0}\left(\beta R_{\mathrm{Rx}}^{*}\right)}{K_{0}\left(\beta R_{\mathrm{Rx}}^{*}\right)}K_{0}(\beta R_{\mathrm{c}})\right] \tag{17.116}$$

类似地，在堆芯和反射层交界处，中子流密度也必定连续，因此，由式(17.111)和式(17.115)可得：

$$\begin{aligned}&J_{\mathrm{c}}(R_{\mathrm{c}})=J_{\mathrm{r}}(R_{\mathrm{c}}) \Rightarrow D_{\mathrm{c}}\left.\frac{\mathrm{d}\phi_{\mathrm{c}}}{\mathrm{d}r}\right|_{r=R_{\mathrm{c}}}=D_{\mathrm{r}}\left.\frac{\mathrm{d}\phi_{\mathrm{r}}}{\mathrm{d}r}\right|_{r=R_{\mathrm{c}}}\\&\Rightarrow -C_{1}\alpha D_{\mathrm{c}}J_{1}(\alpha R_{\mathrm{c}})=-C_{3}\beta D_{\mathrm{r}}\left[I_{1}(\beta R_{\mathrm{c}})+\frac{I_{0}\left(\beta R_{\mathrm{Rx}}^{*}\right)}{K_{0}\left(\beta R_{\mathrm{Rx}}^{*}\right)}K_{1}(\beta R_{\mathrm{c}})\right]\end{aligned} \tag{17.117}$$

若将式(17.117)除以式(17.116)，则可消去所有的任意常数项，得到一个临界方程如下：

$$\alpha D_{\mathrm{c}}\frac{J_{1}(\alpha R_{\mathrm{c}})}{J_{0}(\alpha R_{\mathrm{c}})}=\beta D_{r}\frac{K_{0}\left(\beta R_{\mathrm{Rx}}^{*}\right)I_{1}(\beta R_{\mathrm{c}})+I_{0}\left(\beta R_{\mathrm{Rx}}^{*}\right)K_{1}(\beta R_{\mathrm{c}})}{K_{0}\left(\beta R_{\mathrm{Rx}}^{*}\right)I_{0}(\beta R_{\mathrm{c}})-I_{0}\left(\beta R_{\mathrm{Rx}}^{*}\right)K_{0}(\beta R_{\mathrm{c}})} \tag{17.118}$$

17.3.2 燃料腔室温度分布

为确定堆芯的温度，将对图 17.20 所给出的单个燃料元件进行分析。由于气态堆芯内的功率分布整体上非常平坦，即便忽略单个燃料元件内功率分布的空间差异，也几乎不会引入误差。和分析开式循环气态堆芯核火箭的堆芯温度分布时一样，忽略发生裂变的燃料区域内的对流过程，并假设气体内的传热只通过热传导来实现。

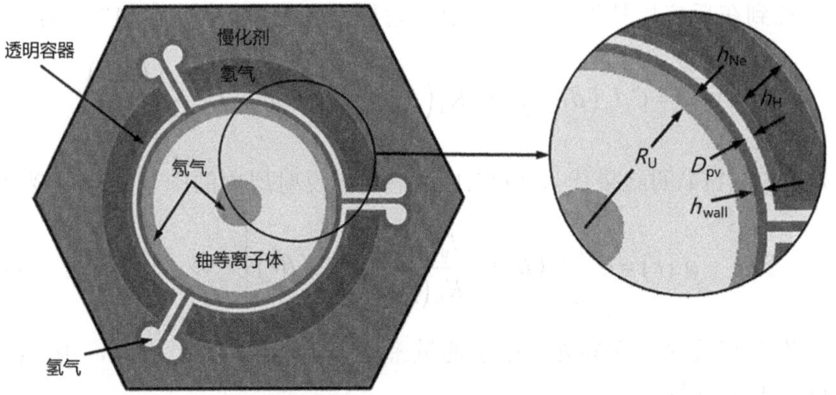

图 17.20 核灯泡燃料元件截面

采用式(17.74)中的罗斯兰平均热导率，并假设堆芯功率分布均匀，则式(9.10)中圆柱几何的泊松传热方程可写为：

$$\nabla^2 T + \frac{q}{k_u} = \frac{d^2 T}{dr^2} + \frac{1}{r}\frac{dT}{dr} + q_0 \frac{3\kappa_U}{16\sigma T^3} = 0 \Rightarrow T = T_U(r) \tag{17.119}$$

其中，q_0=堆芯平均功率密度，$T_U(r)$=铀等离子体的径向温度分布。

为求解式(17.119)，还需要两个边界条件。其中一个边界条件可由对称性得到，在燃料元件的中心线上，温度梯度必定为零。另一个边界条件为，在铀等离子体和氖气缓冲气体的交界处，通过该交界面向外辐射的功率等于铀等离子体产生的裂变功率，因此：

$$\frac{q_0 V_U}{A_U} = q_0 \frac{\pi R_U^2 L_{cav}}{2\pi R_U L_{cav}} = \sigma\left[T_U(R_U)\right]^4 \Rightarrow T_U(R_U) = \left(\frac{q_0 R_U}{2\sigma}\right)^{\frac{1}{4}} \tag{17.120}$$

其中，L_{cav}=燃料元件腔的长度，V_U=铀等离子体柱的体积，A_U=铀等离子体柱的表面积。

和开式循环气态堆芯核火箭同样，式(17.119)中的热传导关系式是非线性的，不可能通过解析方法求解，因此需要采用数值方法来进行求解。

17.3.3 氖气缓冲层的吸热*

根据联合技术公司的分析[10]，含植入材料的氖气缓冲层的温度近似以一定的衰减因子呈指数下降，该衰减因子取决于植入的 NO/O_2 混合物的分压。这种假设要求氖气不能再辐射能量。若给定容器壁的温度以及铀等离子体和氖气缓冲层交界面的温度，则氖气缓冲层里的温度分布为：

$$T_{\mathrm{Ne}}(r)=\frac{T_{\mathrm{wall}}-T_{\mathrm{int}}\mathrm{e}^{-\xi h_{\mathrm{Ne}}}}{1-\mathrm{e}^{-\xi h_{\mathrm{Ne}}}}-\frac{T_{\mathrm{wall}}-T_{\mathrm{int}}}{1-\mathrm{e}^{-\xi h_{\mathrm{Ne}}}}\mathrm{e}^{-\xi(r-R_{\mathrm{U}})} \tag{17.121}$$

其中，$T_{\mathrm{Ne}}(r)$=含植入材料的氖气缓冲层的径向温度分布，T_{wall}=容器壁的温度，T_{int}=铀等离子体和氖气缓冲层交界面的温度，ξ=氖气的温度分布衰减因子。

式(17.121)中的氖气温度分布衰减因子是关于所植入 NO/O_2 混合物的分压的函数。联合技术公司的报告给出了该衰减因子与 NO/O_2 分压的函数关系，见图 17.21。

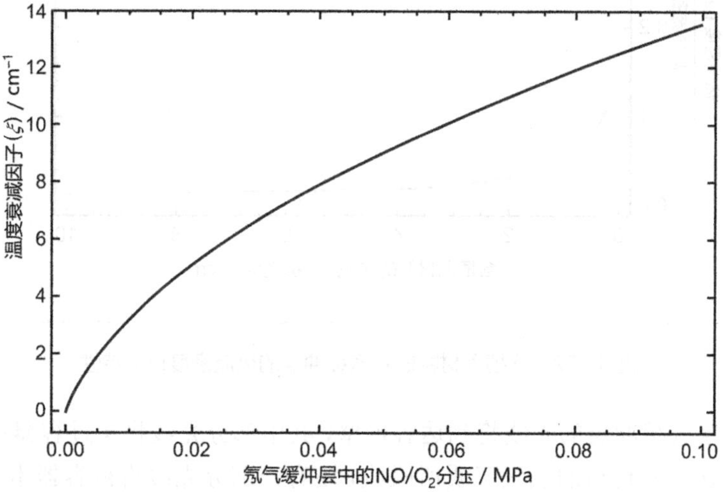

图 17.21 氖气温度衰减因子与 NO/O_2 分压的关系

---

* 原文在 3.3 节开头有一段与 3.2 节最后一段完全相同的文字，译者已将其删去。

氖气缓冲层的功率分布也是 NO/O_2 分压的函数，此外，它还是铀等离子体在其与氖气缓冲层交界处的温度的函数。在氖气中植入的 NO/O_2，通常只对光谱的紫外光区域中波长小于约 0.13 μm 的光线起到衰减作用。波长更长的光线穿过氖气层时几乎不衰减。在含植入材料的氖气中，0.13 μm 并不是一个确定的截止波长，只是用来说明光谱的衰减在该区域处开始变得显著。联合技术公司的报告也给出了含 NO/O_2 的氖气对应的光谱衰减特性，如图 17.22 所示。显然，如果在氖气中植入其他材料，则其吸收光谱的截止波长将随之改变。

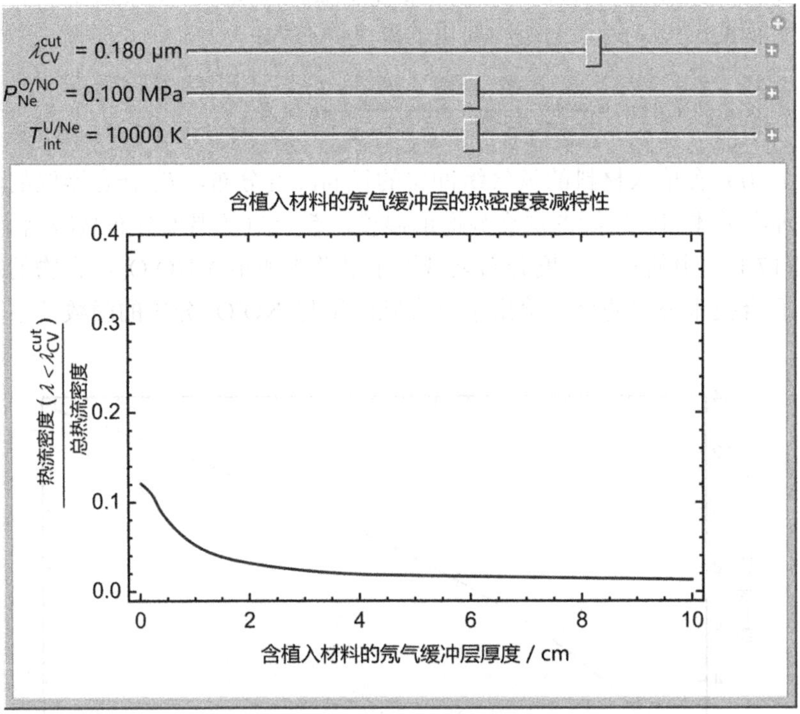

图 17.22　含植入材料的氖气缓冲层的热流密度衰减特性

穿过氖气缓冲层的光线将到达容器壁，其中部分光线将穿过容器壁，并被容器外围的含植入材料的氢气工质所吸收，还有一部分光线将被容器本身所吸收。如果设计得当，则含植入材料的氖气将吸收掉那些原本会被容器所吸收的光线。这样该含植入材料的氖气将作为保护容器的屏蔽体，防止容器因吸收大量光线而导致过热。单晶 BeO 作为容器壁材料，已证明能与 NO/O_2 十分匹配，因为单晶 BeO 的截止波长为 0.125 μm。此外，BeO 的热导率相当高，使得容器壁的温度梯度相对可控。石英玻璃（SiO_2）也曾被考虑用作容器壁材料。然而，由于 SiO_2 的截止波长为 0.18 μm，使得它会比 BeO 吸收多得多的光能，这是因为有大量波长介于 0.125 μm 和 0.18 μm 的光能会不经衰减地穿过氖气层。SiO_2 还有一个缺点，就是其热导率相对较低，使得容器壁的温度梯度较大。

氖气缓冲层所吸收的热量，可由从铀等离子体进入缓冲层的热量减去由缓冲层进入容器壁的热量来得到。根据图 17.22 的热流密度曲线，可得如下关系式：

$$\begin{aligned} Q_{\mathrm{Ne}} &= 2\pi R_{\mathrm{U}} L_{\mathrm{cav}} q_{\mathrm{Ne}}^{\lambda_{\mathrm{ONO}}}\left(R_{\mathrm{U}}\right) - 2\pi\left(R_{\mathrm{U}}+h_{\mathrm{Ne}}\right) L_{\mathrm{cav}} q_{\mathrm{Ne}}^{\lambda_{\mathrm{ONO}}}\left(R_{\mathrm{U}}+h_{\mathrm{Ne}}\right) \\ &= \dot{m}_{\mathrm{Ne}} c_{\mathrm{p}}^{\mathrm{Ne}}\left(T_{\mathrm{Ne}}^{\mathrm{ave}} - T_{\mathrm{Ne}}^{\mathrm{CV}}\right) \end{aligned} \tag{17.122}$$

其中，Q_{Ne}=含植入材料的氖气层所吸收的热量，$q_{\mathrm{Ne}}^{\lambda_{\mathrm{ONO}}}(r)$=氖气层中 r 处的热流密度，$\dot{m}_{\mathrm{Ne}}$=氖气的质量流率，$c_{\mathrm{p}}^{\mathrm{Ne}}$=氖气的比热容，$T_{\mathrm{Ne}}^{\mathrm{ave}}$=氖气离开燃料元件时的平均温度，$T_{\mathrm{Ne}}^{\mathrm{CV}}$=容器壁处的氖气温度（假设为容器壁的温度，氖气由容器壁注入燃料元件）。

根据式(17.122)，可得到将缓冲层中由于辐射而吸收的热量带出去所需的氖气质量流率为：

$$\begin{aligned} \dot{m}_{\mathrm{Ne}} &= \frac{Q_{\mathrm{Ne}}}{c_{\mathrm{p}}^{\mathrm{Ne}}\left(T_{\mathrm{Ne}}^{\mathrm{ave}} - T_{\mathrm{Ne}}^{\mathrm{CV}}\right)} \\ &= \frac{2\pi L_{\mathrm{cav}}\left[R_{\mathrm{U}} q_{\mathrm{Ne}}^{\lambda_{\mathrm{ONO}}}\left(R_{\mathrm{U}}\right) - \left(R_{\mathrm{U}}+h_{\mathrm{Ne}}\right) q_{\mathrm{Ne}}^{\lambda_{\mathrm{ONO}}}\left(R_{\mathrm{U}}+h_{\mathrm{Ne}}\right)\right]}{c_{\mathrm{p}}^{\mathrm{Ne}}\left(T_{\mathrm{Ne}}^{\mathrm{ave}} - T_{\mathrm{Ne}}^{\mathrm{CV}}\right)} \end{aligned} \tag{17.123}$$[24]

式(17.122)中的氖气平均温度由式(17.121)中氖气缓冲层内温度分布对体积求平均得到：

$$\begin{aligned} T_{\mathrm{Ne}}^{\mathrm{ave}} &= \frac{2\pi\int_{R_{\mathrm{U}}}^{R_{\mathrm{U}}+h_{\mathrm{Ne}}} r T_{\mathrm{Ne}}(r)\,\mathrm{d}r}{\pi\left[\left(R_{\mathrm{U}}+h_{\mathrm{Ne}}\right)^2 - R_{\mathrm{U}}^2\right]} \\ &= \frac{T_{\mathrm{Ne}}^{\mathrm{CV}} - T_{\mathrm{int}}\mathrm{e}^{-\xi h_{\mathrm{Ne}}}}{1-\mathrm{e}^{-\xi h_{\mathrm{Ne}}}} + 2\frac{T_{\mathrm{int}} - T_{\mathrm{Ne}}^{\mathrm{CV}}}{1-\mathrm{e}^{-\xi h_{\mathrm{Ne}}}} \times \frac{1+\xi R_{\mathrm{U}} - \left[1+\xi\left(h_{\mathrm{Ne}}+R_{\mathrm{U}}\right)\right]\mathrm{e}^{-\xi h_{\mathrm{Ne}}}}{\xi^2\left[h_{\mathrm{Ne}}\left(h_{\mathrm{Ne}}+2R_{\mathrm{U}}\right)\right]} \end{aligned} \tag{17.124}$$[25]

氖气所吸收的热量在 H_2/Ne 换热器中传递至主氢气推进工质，之后氢气推进工质将在 H_2/H_2 换热器中进一步加热。根据 H_2/Ne 换热器的热平衡可得：

$$Q_{\mathrm{Ne}} = \dot{m}_{\mathrm{H}}^{\mathrm{prop}} c_{\mathrm{p}}^{\mathrm{H_2}} \left(T_{\mathrm{H_2}}^{\mathrm{NeHX}} - T_{\mathrm{H_2}}^{\mathrm{tank}} \right) \Rightarrow T_{\mathrm{H_2}}^{\mathrm{NeHX}} = \frac{Q_{\mathrm{Ne}}}{\dot{m}_{\mathrm{H}}^{\mathrm{prop}} c_{\mathrm{p}}^{\mathrm{H_2}}} + T_{\mathrm{H_2}}^{\mathrm{tank}} \tag{17.125}$$

其中，$\dot{m}_{\mathrm{H}}^{\mathrm{prop}}$=氢气工质的质量流率，$c_{\mathrm{p}}^{\mathrm{H_2}}$=氢气工质的比热容，$T_{\mathrm{H_2}}^{\mathrm{tank}}$=氢气工质由氢气储箱进入发动机时的温度，$T_{\mathrm{H_2}}^{\mathrm{NeHX}}$=氢气工质离开 H_2/Ne 换热器时的温度。

17.3.4 容器的吸热

频率大于容器截止频率并且未被氖气缓冲层吸收的辐射光线，会被容器所吸收，因此必须移除该热量以防止容器过热。在联合技术公司的设计中，容器由许多环形管道组成，这些管道连接到一个共同的集流系统，每个管道围绕容器周向 1/3 的区域。*如图 17.20 所示，容器在径向上分三个部分，每个部分的张角为 120°。容器的各个部分在轴向上分别由许多环形管道相叠而成，环形管道的两端分别与两个集流管道相连。氢气冷却剂由一个集流管道进入各环形管道，流经环形管道后进入另一个集流管道并离开容器。**[*]由于距离较短，氢气冷却剂必须在进入 H_2/H_2 换热器之前流经容器；氢气冷却剂的温升被保持在较低的水平，以尽可能减小容器所承受的温度变化。容器管壁的内外温降可通过对某一段容器管道采用泊松方程分析得到：

$$Q_{\mathrm{tube}} = q_{\mathrm{CV}}^{\lambda_{\mathrm{CV}}} A_{\mathrm{tube}}^{\mathrm{OD}} = k_{\mathrm{CV}} A_{\mathrm{tube}} \frac{\mathrm{d}T}{\mathrm{d}r} \Rightarrow \mathrm{d}T = \frac{q_{\mathrm{CV}}^{\lambda_{\mathrm{CV}}}}{k_{\mathrm{CV}}} \frac{A_{\mathrm{tube}}^{\mathrm{OD}}}{A_{\mathrm{tube}}} \mathrm{d}r \tag{17.126}$$

其中，Q_{tube}=该段容器管壁所吸收的热量，$A_{\mathrm{tube}}^{\mathrm{OD}}$=该段容器管道暴露于堆芯辐射的外表面积，$A_{\mathrm{tube}}$=该段容器管壁内某一径向位置所对应的面积，$q_{\mathrm{CV}}^{\lambda_{\mathrm{CV}}}$=容器管壁吸收热量的热流密度（根据图 17.22），k_{CV}=容器管壁的热导率。

假设容器管道围绕容器周向 1/3 的区域，并且管道周长的 1/3 部分暴露于堆芯的热辐射当中，则可计算出式(17.126)中的容器管道的面积参数。若将所得的方程再对容器壁厚求积分，则可得到容器壁的内外温差为：

[*] 为方便读者理解，斜体部分为译者作的补充描述。

$$\int_{T_{\mathrm{CV}}^{\mathrm{ID}}}^{T_{\mathrm{CV}}^{\mathrm{OD}}} \mathrm{d}T = T_{\mathrm{CV}}^{\mathrm{OD}} - T_{\mathrm{CV}}^{\mathrm{ID}} = \Delta T_{\mathrm{wall}}$$

$$= \int_{\frac{D_{\mathrm{c}}}{2}}^{\frac{D_{\mathrm{c}}}{2}+h_{\mathrm{wall}}} \frac{q_{\mathrm{CV}}^{\lambda_{\mathrm{CV}}}}{k_{\mathrm{CV}}} \frac{\left[\frac{1}{3}\pi\left(Ru+h_{\mathrm{Ne}}\right)\right]\left[\frac{2}{3}\pi\left(\frac{D_{\mathrm{c}}}{2}+h_{\mathrm{wall}}\right)\right]}{\left[\frac{1}{3}\pi\left(Ru+h_{\mathrm{Ne}}\right)\right]\left[\frac{2}{3}\pi r\right]} \mathrm{d}r \tag{17.127}$$

$$= \frac{q_{\mathrm{CV}}^{\lambda_{\mathrm{CV}}}}{k_{\mathrm{CV}}}\left(\frac{D_{\mathrm{c}}}{2}+h_{\mathrm{wall}}\right)\int_{\frac{D_{\mathrm{c}}}{2}}^{\frac{D_{\mathrm{c}}}{2}+h_{\mathrm{wall}}} \frac{\mathrm{d}r}{r} = \frac{q_{\mathrm{CV}}^{\lambda_{\mathrm{CV}}}}{2k_{\mathrm{CV}}}\left(D_{\mathrm{c}}+2h_{\mathrm{wall}}\right)\ln\left(\frac{D_{\mathrm{c}}+2h_{\mathrm{wall}}}{D_{\mathrm{c}}}\right)$$

其中，$T_{\mathrm{CV}}^{\mathrm{ID}}$=容器内壁面的温度，$T_{\mathrm{CV}}^{\mathrm{OD}}$=容器外壁面的温度，$\Delta T_{\mathrm{wall}}$=容器内外壁的温差。

容器管壁所吸收的热量将由管道内的氢气工质带出。氢气的质量流率必须能保证容器壁的最高温度低于其所用材料的最高许用温度。若指定氢气的温升，则各个容器冷却剂管道中所需的氢气质量流率为：

$$Q_{\mathrm{tube}} = \dot{m}_{\mathrm{H_2}}^{\mathrm{tube}} c_{\mathrm{p}}^{\mathrm{H_2}} \Delta T_{\mathrm{H_2}}^{\mathrm{tube}} \Rightarrow \dot{m}_{\mathrm{H_2}}^{\mathrm{tube}} = \frac{Q_{\mathrm{tube}}}{c_{\mathrm{p}}^{\mathrm{H_2}} \Delta T_{\mathrm{H_2}}^{\mathrm{tube}}} \tag{17.128}$$

其中，$\dot{m}_{\mathrm{H_2}}^{\mathrm{tube}}$=单个容器管道中的氢气质量流率，$\Delta T_{\mathrm{H_2}}^{\mathrm{tube}}$=氢气流经容器冷却剂管道前后的温升。

注意到容器管壁所吸收的热量将被传递至管道内的氢气工质，由此可得与容器管壁材料最高温度限值相对应的氢气最高允许出口温度为：

$$\begin{aligned} &Q_{\mathrm{tube}} = \dot{m}_{\mathrm{H_2}}^{\mathrm{tube}} c_{\mathrm{p}}^{\mathrm{H_2}} \Delta T_{\mathrm{H_2}}^{\mathrm{tube}} = h_{\mathrm{c}}^{\mathrm{CV}} A_{\mathrm{wall}}^{\mathrm{ID}}\left(T_{\mathrm{CV}}^{\mathrm{ID}} - T_{\mathrm{H_2}}^{\mathrm{out}}\right) = h_{\mathrm{c}}^{\mathrm{CV}} A_{\mathrm{wall}}^{\mathrm{ID}}\left(T_{\mathrm{CV}}^{\max} - \Delta T_{\mathrm{wall}} - T_{\mathrm{H_2}}^{\mathrm{out}}\right) \\ &\Rightarrow T_{\mathrm{H_2}}^{\mathrm{out}} = T_{\mathrm{CV}}^{\max} - \Delta T_{\mathrm{wall}} - \frac{Q_{\mathrm{tube}}}{h_{\mathrm{c}}^{\mathrm{CV}} A_{\mathrm{wall}}^{\mathrm{ID}}} \end{aligned} \tag{17.129}$$

其中，$T_{\mathrm{H_2}}^{\mathrm{out}}$=氢气离开容器冷却剂管道时的温度，$T_{\mathrm{CV}}^{\max}$=容器管壁的最高许用温度，$h_{\mathrm{c}}^{\mathrm{CV}}$=容器管道内氢气的换热系数，$A_{\mathrm{wall}}^{\mathrm{ID}}$则=单个容器冷却剂管道内的总换热面积。

根据式(17.129)以及指定的氢气温升即可求得所需的氢气入口温度为：

$$T_{\mathrm{H_2}}^{\mathrm{in}} = T_{\mathrm{H_2}}^{\mathrm{out}} - \Delta T_{\mathrm{H_2}}^{\mathrm{tube}} \tag{17.130}$$

其中，$T_{\mathrm{H_2}}^{\mathrm{in}}$=氢气进入容器冷却剂管道时的温度。

容器管道中氢气工质所吸收的热量将在 H_2/H_2 换热器中被传递至主氢气推

进工质。推进工质被进一步加热后进入主加热腔室。根据 H_2/H_2 换热器的热平衡可得：

$$N_{\text{tube}}Q_{\text{tube}}=\dot{m}_{\text{H}}^{\text{prop}}c_{\text{p}}^{\text{H}_2}\left(T_{\text{H}_2}^{\text{HHX}}-T_{\text{H}_2}^{\text{NeHX}}\right)\Rightarrow T_{\text{H}_2}^{\text{HHX}}=\frac{N_{\text{tube}}Q_{\text{tube}}}{\dot{m}_{\text{H}}^{\text{prop}}c_{\text{p}}^{\text{H}_2}}+T_{\text{H}_2}^{\text{NeHX}} \tag{17.131}$$

其中，$T_{\text{H}_2}^{\text{HHX}}$=氢气推进工质离开 H_2/H_2 换热器时的温度，$T_{\text{H}_2}^{\text{NeHX}}$=氢气推进工质离开 H_2/Ne 换热器时的温度，N_{tube}=反应堆容器内的冷却剂管道总数。

17.3.5 氢气推进工质的吸热

堆芯辐射能量中未被氖气缓冲层或容器壁所吸收的部分，将会进入容器外围含植入材料的氢气推进工质中，并被氢气工质吸收，使氢气工质被加热后由发动机喷管排出以产生推力。该能量为：

$$Q_{\text{CVo}}=q_0V_{\text{tot}}-N_{\text{FE}}Q_{\text{Ne}}-N_{\text{tube}}Q_{\text{tube}} \tag{17.132}$$

其中，Q_{CVo}=穿过容器并进入推进工质腔室的总热量，V_{tot}=发动机内发生核反应的总体积，N_{FE}=发动机内燃料元件的数目。

通过已知容器外壁面的热流密度以及含植入材料的氢气推进工质的辐射吸收特性，可计算得到燃料元件慢化剂区域的内表面温度。由于氢气推进工质通常是光学透明的，与开式循环气态堆芯类似，推进工质和慢化剂交界处的壁面温度也可用史瓦西方程来计算。

堆芯的辐射能量进入氢气推进工质之后，在其穿过推进工质的过程中，该能量被逐渐吸收，并使推进工质加热至高温。而在高温下，推进工质又会辐射出大量所吸收的热量。

分析的第一步是要确定辐射传递至推进工质的热量。参考图 17.20，对于推进工质层的一个微分单元，其辐射热平衡方程可写为：

$$\frac{\mathrm{d}\left[rI(r)\right]}{\mathrm{d}r}=\left[-\underbrace{\kappa_{\text{H}}(T)I(r)}_{\text{吸收}}+\underbrace{\kappa_{\text{H}}(T)J(r)}_{\text{辐射}}\right]r \tag{17.133}$$

其中，$I(r)$=氢气推进工质中的黑体热辐射强度；$J(r)=\sigma T^4$，为氢气推进工质释放的黑体热辐射；$\kappa_{\text{H}}(T)$=氢气推进工质的普朗克不透明度。

将式(17.133)调整为更常规的形式如下：

$$\frac{\mathrm{d}I(r)}{\mathrm{d}r}+\left[\frac{1}{r}+\kappa_{\mathrm{H}}(T)\right]I(r)=\kappa_{\mathrm{H}}(T)\sigma T^{4} \tag{17.134}$$

采用积分因子法可得到式(17.134)的一个解析解如下：

$$I(r)=\frac{\mathrm{e}^{-\int_{R_{\mathrm{cvo}}}^{r}\kappa_{\mathrm{H}}(T)\mathrm{d}r'}}{r}\int_{R_{\mathrm{cav}}}^{r}\kappa_{\mathrm{H}}(T)\sigma T^{4}\mathrm{e}^{\int_{R_{\mathrm{cvo}}}^{r'}\kappa_{\mathrm{H}}(T)\mathrm{d}r''}r'\mathrm{d}r'+C\frac{\mathrm{e}^{-\int_{R_{\mathrm{cvo}}}^{r}\kappa_{\mathrm{H}}(T)\mathrm{d}r'}}{r} \tag{17.135}$$

[26]

为确定式中的任意常数 C，采用容器外表面的热流密度作为边界条件，从而得到：

$$I(R_{\mathrm{CVo}})=\frac{Q_{\mathrm{CVo}}}{A_{\mathrm{CVo}}}=q_{\mathrm{CVo}}=\frac{\mathrm{e}^{-\int_{R_{\mathrm{CVo}}}^{R_{\mathrm{CVo}}}\kappa_{\mathrm{H}}(T)\mathrm{d}r'}}{R_{\mathrm{CVo}}}\int_{R_{\mathrm{CVo}}}^{R_{\mathrm{CVo}}}\kappa_{\mathrm{H}}(T)\sigma T^{4}\mathrm{e}^{\int_{R_{\mathrm{CVo}}}^{r'}\kappa_{\mathrm{H}}(T)\mathrm{d}r''}r'\mathrm{d}r'$$
$$+C\frac{\mathrm{e}^{-\int_{R_{\mathrm{c}}}^{R_{\mathrm{c}}}\kappa_{\mathrm{H}}(T)\mathrm{d}r'}}{R_{\mathrm{CVo}}}=C\frac{1}{R_{\mathrm{CVo}}} \tag{17.136}$$

[27]

$$\Rightarrow C=q_{\mathrm{CVo}}R_{\mathrm{CVo}}$$

其中，q_{CVo}=容器外表面的热流密度，A_{CVo}=容器外表面的总面积，R_{CVo}=容器的外径。

将式(17.136)所得的任意常数 C 的表达式代入式(17.135)中氢气推进工质层内的辐射强度关系式，并对氢气推进工质层求积分，可得慢化剂表面的热流密度为：

$$I(R_{\mathrm{CVo}}+h_{\mathrm{H}})=q_{\mathrm{mod}}=q_{\mathrm{CVo}}\frac{R_{\mathrm{CVo}}}{R_{\mathrm{CVo}}+h_{\mathrm{H}}}\mathrm{e}^{-\int_{R_{\mathrm{CVo}}}^{R_{\mathrm{CVo}}+h_{\mathrm{H}}}\kappa_{\mathrm{H}}(T)\mathrm{d}r}+\frac{\mathrm{e}^{-\int_{R_{\mathrm{CVo}}}^{R_{\mathrm{CVo}}+h_{\mathrm{H}}}\kappa_{\mathrm{H}}(T)\mathrm{d}r}}{R_{\mathrm{CVo}}+h_{\mathrm{H}}}$$
$$\times\int_{R_{\mathrm{CVo}}}^{R_{\mathrm{CVo}}+h_{\mathrm{H}}}\kappa_{\mathrm{H}}(T)\sigma T^{4}\mathrm{e}^{\int_{R_{\mathrm{CVo}}}^{r}\kappa_{\mathrm{H}}(T)\mathrm{d}r'}r\mathrm{d}r \tag{17.137}$$

[28]

其中，q_{mod}=慢化剂表面的热流密度。

为求得式(17.137)的解析解，假设推进工质的温度在整个工质层内为常量。该假设将使式(17.137)中的积分项变得相当简单，并且该假设应该是非常合理的，因为在推进工质流中应该存在大量的湍流混合，会导致其温度分布十分均匀。由此可得：

$$q_{\mathrm{mod}}=\frac{\mathrm{e}^{-h_{\mathrm{H}}\kappa_{\mathrm{H}}}\left[\left(q_{\mathrm{CVo}}R_{\mathrm{CVo}}+h_{\mathrm{H}}\sigma T_{\mathrm{prop}}^{4}\right)\kappa_{\mathrm{H}}-\left(1-R_{\mathrm{CVo}}\kappa_{\mathrm{H}}-\kappa_{\mathrm{H}}h_{\mathrm{H}}\right)\left(\mathrm{e}^{h_{\mathrm{H}}\kappa_{\mathrm{H}}}-1\right)\sigma T_{\mathrm{prop}}^{4}\right]}{\kappa_{\mathrm{H}}\left(h_{\mathrm{H}}+R_{\mathrm{CVo}}\right)}$$

(17.138)[29]

为确定慢化剂表面的温度 T_{mod}，还需要另一个方程。该方程可由慢化剂表面的热平衡得到，具体如下：

$$0=\underbrace{q_{\mathrm{mod}}}_{\text{慢化剂壁面的辐射热}}+\underbrace{h_{\mathrm{c}}^{\mathrm{prop}}\left(T_{\mathrm{prop}}-T_{\mathrm{mod}}\right)}_{\text{慢化剂壁面的对流传热}}-\underbrace{\frac{\dot{m}_{\mathrm{H}}^{\mathrm{prop}}}{A_{\mathrm{mod}}}c_{\mathrm{p}}^{\mathrm{H_2}}\left(T_{\mathrm{mod}}-T_{\mathrm{H_2}}^{\mathrm{HHX}}\right)}_{\text{由慢化剂壁面向氢气工质的发汗传热}} \tag{17.139}$$

其中，$h_{\mathrm{c}}^{\mathrm{prop}}$=慢化剂壁面的发汗传热系数，$A_{\mathrm{mod}}$=慢化剂总表面积。

若已知堆芯总功率以及推进工质平均出口温度，则：

$$Q_{\mathrm{CVo}}=q_{\mathrm{CVo}}A_{\mathrm{CVo}}=\dot{m}_{\mathrm{H}}^{\mathrm{prop}}c_{\mathrm{p}}^{\mathrm{H_2}}\left(T_{\mathrm{prop}}-T_{\mathrm{H_2}}^{\mathrm{HHX}}\right)\Rightarrow\dot{m}_{\mathrm{H}}^{\mathrm{prop}}c_{\mathrm{p}}^{\mathrm{H_2}}=\frac{q_{\mathrm{CVo}}A_{\mathrm{CVo}}}{T_{\mathrm{prop}}-T_{\mathrm{H_2}}^{\mathrm{HHX}}} \tag{17.140}$$

将式(17.140)代入式(17.139)可得：

$$q_{\mathrm{mod}}=q_{\mathrm{CVo}}\left(\frac{T_{\mathrm{mod}}-T_{\mathrm{H_2}}^{\mathrm{HHX}}}{T_{\mathrm{prop}}-T_{\mathrm{H_2}}^{\mathrm{HHX}}}\right)\frac{A_{\mathrm{CVo}}}{A_{\mathrm{mod}}}-h_{\mathrm{c}}^{\mathrm{prop}}\left(T_{\mathrm{prop}}-T_{\mathrm{mod}}\right) \tag{17.141}$$

将式(17.141)代入式(17.138)，可得慢化剂表面温度的表达式为：

$$T_{\mathrm{mod}}=\frac{q_{\mathrm{CVo}}A_{\mathrm{CVo}}T_{\mathrm{H_2}}^{\mathrm{HHX}}\boldsymbol{\kappa}_{\mathrm{H}}\left(h_{\mathrm{H}}+R_{\mathrm{CVo}}\right)-A_{\mathrm{mod}}\left(T_{\mathrm{H_2}}^{\mathrm{HHX}}-T_{\mathrm{prop}}\right)\left[h_{\mathrm{c}}^{\mathrm{prop}}T_{\mathrm{prop}}\boldsymbol{\kappa}_{\mathrm{H}}\left(h_{\mathrm{H}}+R_{\mathrm{CVo}}\right)\right]}{\boldsymbol{\kappa}_{\mathrm{H}}\left(h_{\mathrm{H}}+R_{\mathrm{CVo}}\right)\left[q_{\mathrm{CVo}}A_{\mathrm{CVo}}+h_{\mathrm{c}}^{\mathrm{prop}}A_{\mathrm{mod}}\left(T_{\mathrm{prop}}-T_{\mathrm{H_2}}^{\mathrm{HHX}}\right)\right]}$$
$$+\frac{A_{\mathrm{mod}}\mathrm{e}^{-h_{\mathrm{H}}\boldsymbol{\kappa}_{\mathrm{H}}}\left(T_{\mathrm{H_2}}^{\mathrm{HHX}}-T_{\mathrm{prop}}\right)\left\{\boldsymbol{\kappa}_{\mathrm{H}}q_{\mathrm{CVo}}R_{\mathrm{CVo}}+\boldsymbol{\sigma}T_{\mathrm{prop}}^{4}\left[h_{\mathrm{H}}\boldsymbol{\kappa}_{\mathrm{H}}-\left(\mathrm{e}^{h_{\mathrm{H}}\boldsymbol{\kappa}_{\mathrm{H}}}-1\right)\left(1-\boldsymbol{\kappa}_{\mathrm{H}}R_{\mathrm{CVo}}\right)\right]\right\}}{\boldsymbol{\kappa}_{\mathrm{H}}\left(h_{\mathrm{H}}+R_{\mathrm{CVo}}\right)\left[A_{\mathrm{CVo}}q_{\mathrm{CVo}}+A_{\mathrm{mod}}h_{\mathrm{c}}^{\mathrm{prop}}\left(T_{\mathrm{prop}}-T_{\mathrm{H_2}}^{\mathrm{HHX}}\right)\right]}$$

(17.142)[30]

在前文开式循环气态堆芯核火箭的一节中已提到，在温度低于约 10,000 °C 时，氢气的不透明度是相当小的，通常在其中植入一种材料，如钨，以增加其不透明度。图 17.13 给出了氢气推进工质在植入钨之后，其不透明度的变化情况。

式(17.142)可用于确定核灯泡火箭概念的定性的性能特征。图 17.23 给出了其计算结果。需注意，这些计算忽略了一些重要影响因素，比如泵功率损失以及各种由中子和γ辐射引起的热损失。尽管如此，这些参数所对应的趋势应该是合理的，并且大致给出了该发动机可预期的性能水平。

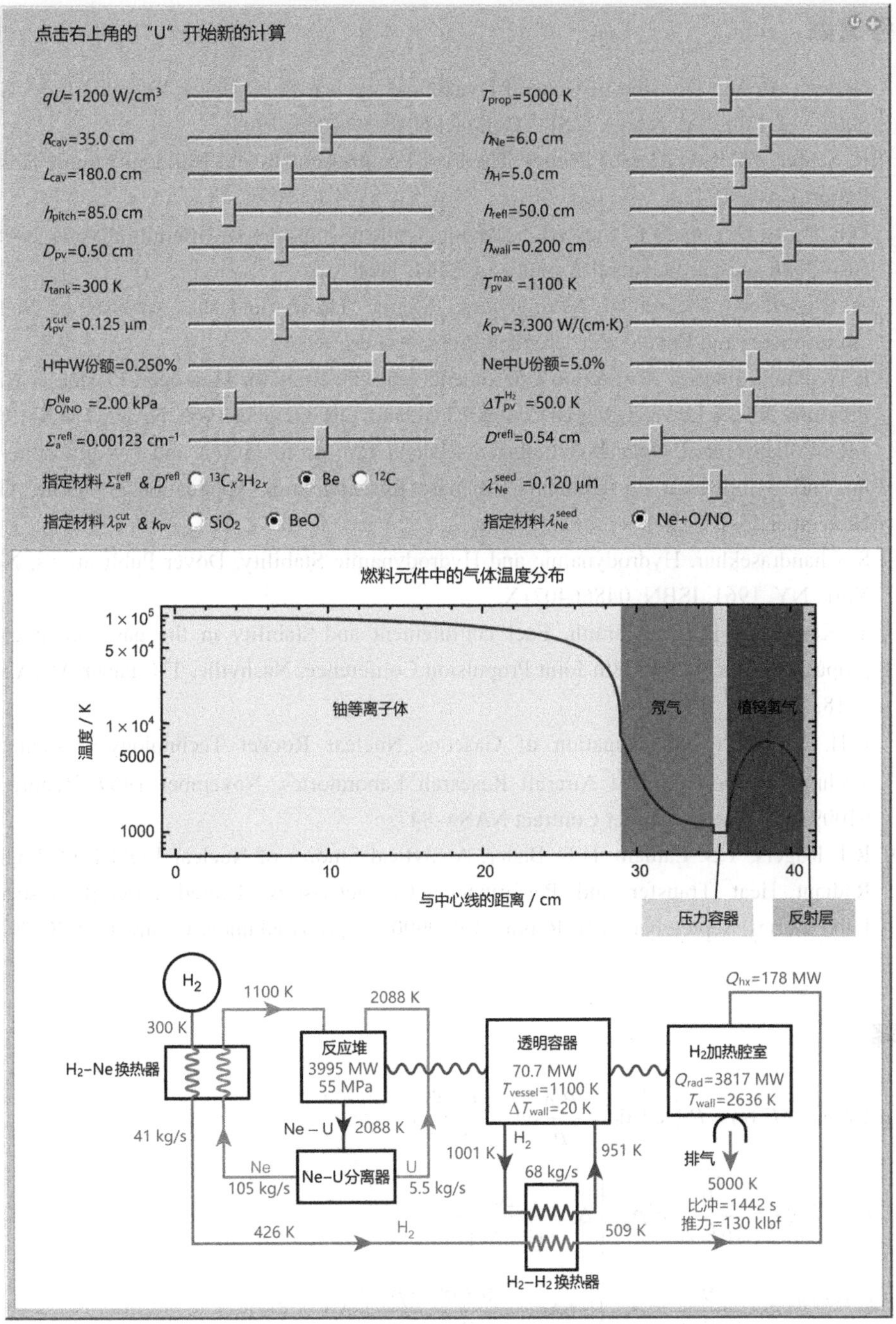

图 17.23 核灯泡的性能特征

参考文献

[1] General Atomic Division of General Dynamics. Nuclear Pulse Space Vehicle Study. GA-5009, vol. I thru IV, NASA/MSFC Contract NAS 8-11053, 1964.

[2] R. Serber. The Los Alamos Primer: The First Lectures on How to Build an Atomic Bomb. Report LA-1, 1943.

[3] D.E. Parks, G. Lane, J.C. Stewart, S. Peyton. Optical Constants of Uranium Plasma. NASA CR-72348 and Gulf General Atomic GA-8244, 1968.

[4] S. Rosseland. Theoretical Astrophysics: Atomic Theory and the Analysis of Stellar Atmospheres and Envelope. Clarendon Press, Oxford, 1936.

[5] R.W. Patch. Interim Absorption Coefficients and Opacities for Hydrogen Plasma at High Pressure. NASA Lewis Research Center, Cleveland, OH, October 1969. NASA TM X-1902.

[6] J.R. Williams, et al. Opacity of tungsten-seeded hydrogen to 2500 K and 115 atmospheres. in: 2nd Symposium on Uranium Plasmas: Research and Applications, Atlanta, GA, November 15-17, 1971.

[7] S. Chandrasekhar. Hydrodynamic and Hydrodynamic Stability. Dover Publications, New York, NY, 1961, ISBN: 048664071X.

[8] T. Kammash, D.L. Galbraith. Fuel confinement and stability in the gas core nuclear propulsion concept. in: 28th Joint Propulsion Conference, Nashville, TN, Paper AIAA 92-3818, July 6-8, 1992.

[9] G.H. Mclafferty. Investigation of Gaseous Nuclear Rocket Technology — Summary Technical Report. United Aircraft Research Laboratories, November 1969. Report H-910093-46, prepared under Contract NASw-847.

[10] R.J. Rogers, T.S. Latham, H.E. Bauer. Analytical Studies of Nuclear Light Bulb Engine Radiant Heat Transfer and Performance Characteristics. United Aircraft Research Laboratories, September 1971. Report H-910900-10, prepared under Contract SNPC-70.

注释

[1] 原文方程为 $E_{\mathrm{d}}(t)=P_0\int_0^t \mathrm{e}^{\frac{\rho}{\Lambda}t'}\mathrm{d}t'=\frac{P_0\Lambda}{\rho}\mathrm{e}^{\frac{\rho}{\Lambda}t}=\frac{E_1}{\rho}\mathrm{e}^{\frac{\rho}{\Lambda}t}$，有误。

[2] 原文方程为 $\varepsilon=\frac{9}{16E_2\Lambda^2}r_{\mathrm{c}}^2\rho_{\max}^2\left[\Delta r-\frac{\Delta r}{(1+\Delta r)^2}\right]^2$，有误。

[3] 原文方程为 $\varepsilon=\frac{9}{16E_2\Lambda^2}r_{\mathrm{c}}^2\rho_{\max}^2\left(0.6\Delta r^3\right)=\frac{0.338}{E_2}\left(\frac{r_{\mathrm{c}}\rho_\infty}{\Lambda}\right)^2\Delta r^3$，有误。

4 原文方程为$v_{\mathrm{mb}}^{j}(t)=$

$$v_{\mathrm{v}}\left\{1-\mathrm{e}^{\frac{-c(f+1)^2(t-j\Delta t)}{2f}}\left(\cos\left[\xi(j\Delta t-t)\right]+\frac{c(f+1)^2}{2f\xi}+\frac{c(f+1)^2}{2f\xi}\sin\left[\xi(j\Delta t-t)\right]\right)\right\}U(t-j\Delta t),$$

有误。

5 原文方程为$\alpha^2=\dfrac{\dfrac{\nu\Sigma_{\mathrm{f}}^{c}}{k_{\mathrm{eff}}}-\Sigma_{\mathrm{a}}^{c}}{D_{\mathrm{c}}}=\dfrac{\dfrac{\nu\rho\sigma_{\mathrm{f}}^{c}}{k_{\mathrm{eff}}}-\rho\sigma_{\mathrm{a}}^{c}}{\dfrac{1}{3\rho\sigma_{\mathrm{tr}}^{c}}}$，有误。

6 原文方程为$\alpha^2=3\rho^2\left(\dfrac{\nu\sigma_{\mathrm{f}}^{c}}{k_{\mathrm{eff}}}-\sigma_{\mathrm{a}}^{c}\right)\sigma_{\mathrm{tr}}^{c}=\dfrac{3P^2\left(\dfrac{\nu\sigma_{\mathrm{f}}^{c}}{k_{\mathrm{eff}}}-\sigma_{\mathrm{a}}^{c}\right)\sigma_{\mathrm{tr}}^{c}}{R^2T^2}$，有误。

7 原文方程为$J_{\mathrm{c}}(R_{\mathrm{c}})=D_{\mathrm{c}}\left.\dfrac{\mathrm{d}\phi_{\mathrm{c}}}{\mathrm{d}r}\right|_{r=R_{\mathrm{c}}}=C_1\dfrac{D_{\mathrm{c}}\cos(\alpha R_{\mathrm{c}})}{R_{\mathrm{c}}}-C_1\dfrac{D_{\mathrm{c}}\sin(\alpha R_{\mathrm{c}})}{\alpha R_{\mathrm{c}}^2}=J_{\mathrm{H}}(R_{\mathrm{c}})=D_{\mathrm{c}}\left.\dfrac{\mathrm{d}\phi_{\mathrm{H}}}{\mathrm{d}r}\right|_{r=R_{\mathrm{c}}}$

$=-C_3\dfrac{D_{\mathrm{c}}}{R_{\mathrm{c}}^2}$，有误。

8 原文方程为$C_3=C_1\left[\dfrac{\sin(\alpha R_{\mathrm{c}})}{\alpha R_{\mathrm{c}}}-\cos(\alpha R_{\mathrm{c}})\right]R_{\mathrm{c}}$ 及 $C_4=C_1\cos(\alpha R_{\mathrm{c}})$，有误。

9 原文方程为$\phi_{\mathrm{H}}(r)=C_1\left[\dfrac{\sin(\alpha R_{\mathrm{c}})}{\alpha R_{\mathrm{c}}}-\cos(\alpha R_{\mathrm{c}})\right]\dfrac{R_{\mathrm{c}}}{r}+C_1\cos(\alpha R_{\mathrm{c}})$，有误。

10 原文方程为$\phi_{\mathrm{H}}(R_{\mathrm{c}}+W_{\mathrm{H}})=\phi_{r}(R_{\mathrm{c}}+W_{\mathrm{H}})\ \Rightarrow$

$C_1\left[\dfrac{\sin(\alpha R_{\mathrm{c}})}{\alpha R_{\mathrm{c}}}-\cos(\alpha R_{\mathrm{c}})\right]\dfrac{R_{\mathrm{c}}}{R_{\mathrm{c}}+W_{\mathrm{H}}}+C_1\cos(\alpha R_{\mathrm{c}})=C_5\dfrac{\sinh(\beta W_r^*)}{\beta(R_{\mathrm{c}}+W_{\mathrm{H}})}$，有误。

11 原文方程为$J_{\mathrm{H}}(R_{\mathrm{c}}+W_{\mathrm{H}})=J_r(R_{\mathrm{c}}+W_{\mathrm{H}})\ \Rightarrow\ D_{\mathrm{c}}\left.\dfrac{\mathrm{d}\phi_{\mathrm{H}}}{\mathrm{d}r}\right|_{r=R_{\mathrm{c}}+W_{\mathrm{H}}}=D_r\left.\dfrac{\mathrm{d}\phi_r}{\mathrm{d}r}\right|_{r=R_{\mathrm{c}}+W_{\mathrm{H}}}\ \Rightarrow$

$\dfrac{C_1\left[\sin(\alpha R_{\mathrm{c}})-\alpha R_{\mathrm{c}}\cos(\alpha R_{\mathrm{c}})\right]D_{\mathrm{c}}}{\alpha(R_{\mathrm{c}}+W_{\mathrm{H}})^2}=C_5\left[\dfrac{\cosh(\beta h_r^*)}{R_{\mathrm{c}}+W_{\mathrm{H}}}+\dfrac{\sinh(\beta W_{\mathrm{r}}^*)}{\beta(R_{\mathrm{c}}+W_{\mathrm{H}})^2}\right]D_r$，有误。

12 原文方程为$D_{\mathrm{c}}\dfrac{\tan(\alpha R_{\mathrm{c}})-\alpha R_{\mathrm{c}}}{\tan(\alpha R_{\mathrm{c}})+\alpha W_{\mathrm{H}}}=D_r\left[1+\dfrac{\beta(R_{\mathrm{c}}+W_{\mathrm{H}})}{\tanh(W_{\mathrm{r}}^*)}\right]$，有误。

13 原文方程为$C_5 = C_1 \dfrac{\beta\left[\alpha W_{\mathrm{H}} \cos(\alpha R_{\mathrm{c}}) + \sin(\alpha R_{\mathrm{c}})\right]}{\alpha \sinh(\beta W_{\mathrm{r}}^*)}$，有误。

14 原文方程为$\phi_{\mathrm{r}}(r) = C_1 \dfrac{\alpha W_{\mathrm{H}} \cos(\alpha R_{\mathrm{c}}) + \sin(\alpha R_{\mathrm{c}})}{\sinh(\beta W_{\mathrm{r}}^*)} \dfrac{\sinh\left[\beta(R_{\mathrm{RX}}^* - r)\right]}{\alpha r}$，有误。

15 原文方程为： 堆芯总功率$= Q = q_{\mathrm{ave}}\left(\dfrac{4}{3}\pi R_{\mathrm{c}}^3\right) = C_1 \int_0^{R_{\mathrm{c}}} \dfrac{\sin(\alpha r)}{\alpha r}(4\pi r^2)\mathrm{d}r$

$= \dfrac{4\pi}{\alpha^3}\left[\sin(\alpha R_{\mathrm{c}}) - \alpha R_{\mathrm{c}} \cos(\alpha R_{\mathrm{c}})\right] \Rightarrow C_1 = \dfrac{q_{\mathrm{ave}} \alpha^3 R_{\mathrm{c}}^2}{3\left[\sin(\alpha R_{\mathrm{c}}) - \alpha R_{\mathrm{c}} \cos(\alpha R_{\mathrm{c}})\right]} = q_0$。对中子通量密度积分直接得到堆芯总功率有些欠妥，故译者进行了修订。

16 原文方程为$\phi(r) =$

$$\begin{cases} q_0 \dfrac{\sin(\alpha r)}{\alpha r}: \quad 0 \le r \le R_{\mathrm{c}} \\ q_0 \left\{\left[\dfrac{\sin(\alpha R_{\mathrm{c}})}{\alpha R_{\mathrm{c}}} - \cos(\alpha R_{\mathrm{c}})\right]\dfrac{R_{\mathrm{c}}}{r} + \cos(\alpha R_{\mathrm{c}})\right\}: \quad R_{\mathrm{c}} \le r \le R_{\mathrm{c}} + W_{\mathrm{H}} \\ q_0 \dfrac{\alpha W_{\mathrm{H}} \cos(\alpha R_{\mathrm{c}}) + \sin(\alpha R_{\mathrm{c}})}{\sinh(\beta W_{\mathrm{r}}^*)} \dfrac{\sinh\left[\beta(R_{\mathrm{RX}}^* - r)\right]}{\alpha r}: \quad R_{\mathrm{c}} + W_{\mathrm{H}} \le r \le R_{\mathrm{c}} + W_{\mathrm{H}} + W \end{cases}$$

，有误。

17 原文方程为$I(r) = \dfrac{\mathrm{e}^{-\int_{R_{\mathrm{c}}}^{r} \kappa_{\mathrm{H}}(T)\mathrm{d}r'}}{r^2} \int_{R_{\mathrm{c}}}^{r} \kappa_{\mathrm{H}}(T) \sigma T^4 \mathrm{e}^{\int_{r'}^{R_{\mathrm{c}}+W_{\mathrm{H}}} \kappa_{\mathrm{H}}(T)\mathrm{d}r''} r'^2 \mathrm{d}r' + C \dfrac{\mathrm{e}^{-\int_{R_{\mathrm{c}}}^{r} \kappa_{\mathrm{H}}(T)\mathrm{d}r'}}{r^2}$，有误。

18 原文方程为$I(R_{\mathrm{c}} + W_{\mathrm{H}}) = q_{\mathrm{s}}$

$$= q_{\mathrm{int}} R_{\mathrm{c}}^2 \frac{\mathrm{e}^{-\int_{R_{\mathrm{c}}}^{R_{\mathrm{c}}+W_{\mathrm{H}}} \kappa_{\mathrm{H}}(T)\mathrm{d}r'}}{(R_{\mathrm{c}} + W_{\mathrm{H}})^2} + \frac{\mathrm{e}^{-\int_{R_{\mathrm{c}}}^{R_{\mathrm{c}}+W_{\mathrm{H}}} \kappa_{\mathrm{H}}(T)\mathrm{d}r'}}{(R_{\mathrm{c}} + W_{\mathrm{H}})^2} \int_{R_{\mathrm{c}}}^{R_{\mathrm{c}}+W_{\mathrm{H}}} \kappa_{\mathrm{H}}(T) \sigma T^4 \mathrm{e}^{\int_{r'}^{R_{\mathrm{c}}+W_{\mathrm{H}}} \kappa_{\mathrm{H}}(T)\mathrm{d}r''} r'^2 \mathrm{d}r'$$，有误。

19 原文方程为$I(R_{\mathrm{c}} + W_{\mathrm{H}}) = q_{\mathrm{s}} = q_{\mathrm{int}} R_{\mathrm{c}}^2 \dfrac{\mathrm{e}^{-\int_{R_{\mathrm{c}}}^{R_{\mathrm{c}}+W_{\mathrm{H}}} \kappa_{\mathrm{H}}(T)\mathrm{d}r'}}{(R_{\mathrm{c}} + W_{\mathrm{H}})^2} + \dfrac{\mathrm{e}^{-\int_{R_{\mathrm{c}}}^{R_{\mathrm{c}}+W_{\mathrm{H}}} \kappa_{\mathrm{H}}(T)\mathrm{d}r'}}{(R_{\mathrm{c}} + W_{\mathrm{H}})^2}$

$$\times \int_{R_{\mathrm{c}}}^{R_{\mathrm{c}}+W_{\mathrm{H}}} \kappa_{\mathrm{H}}(T) \sigma \left[2T_{\mathrm{ave}} - T_{\mathrm{s}} - \frac{2}{W_{\mathrm{H}}}(T_{\mathrm{ave}} - T_{\mathrm{s}})(r - R_{\mathrm{c}})\right]^4 \mathrm{e}^{\int_{r'}^{R_{\mathrm{c}}+W_{\mathrm{H}}} \kappa_{\mathrm{H}}(T)\mathrm{d}r''} r'^2 \mathrm{d}r'$$，有误。

20 原文方程为$q \dfrac{R_{\mathrm{c}}^3}{3(R_{\mathrm{c}} + W_{\mathrm{H}})^2} \dfrac{T_{\mathrm{s}} - T_{\mathrm{i}}}{T_{\mathrm{ave}} - T} - h_{\mathrm{c}}(T_{\mathrm{ave}} - T_{\mathrm{s}}) = \dfrac{q R_{\mathrm{c}}^3}{3(R_{\mathrm{c}} + W_{\mathrm{H}})^2} \mathrm{e}^{-\int_{R_{\mathrm{c}}}^{R_{\mathrm{c}}+W_{\mathrm{H}}} \kappa_{\mathrm{H}}(T)\mathrm{d}r'} + \dfrac{\mathrm{e}^{-\int_{R_{\mathrm{c}}}^{R_{\mathrm{c}}+W_{\mathrm{H}}} \kappa_{\mathrm{H}}(T)\mathrm{d}r'}}{(R_{\mathrm{c}} + W_{\mathrm{H}})^2}$

$$\times\int_{R_c}^{R_c+W_H}\kappa_H(T)\sigma\left[2T_{ave}-T_s-\frac{2}{W_H}(T_{ave}-T_s)(r-R_c)\right]^4 e^{\int_{r'}^{R_c+W_H}\kappa_H(T)dr''}r'^2dr'$$，有误。

21 原文方程为 $0=D_c\nabla^2\phi+\frac{\nu\Sigma_f}{k_{eff}}\phi-\Sigma_a\phi=\frac{D_c}{r^2}\frac{d}{dr}\left(r^2\frac{d\phi}{dr}\right)+\frac{\nu\Sigma_f^c}{k_{eff}}\phi-\Sigma_a^c\phi=\frac{1}{r}\frac{d}{dr}\left(r\frac{d\phi}{dr}\right)+\alpha^2\phi$，有误。

22 原文方程为 $\alpha^2=\frac{\nu\Sigma_f^c/k_{eff}-\Sigma_a^c}{D_c}=\frac{\frac{\nu\rho\sigma_f^c}{k_{eff}}-\rho\sigma_a^c}{\frac{1}{3\rho\sigma_{tr}^c}}$，有误。

23 原文方程为 $\alpha^2=3\rho^2\left(\frac{\nu\sigma_f^c}{k_{eff}}-\sigma_a^c\right)\sigma_{tr}^c=\frac{3P^2\left(\frac{\nu\sigma_f^c}{k_{eff}}-\sigma_a^c\right)\sigma_{tr}^c}{R^2T^2}$，有误。

24 原文方程为 $\dot{m}_{Ne}=\frac{Q_{Ne}}{c_p^{Ne}\left(T_{Ne}^{ave}-T_{Ne}^{CV}\right)}=\frac{2\pi L_{cav}\left[R_Uq_{Ne}(R_U)-(R_U+h_{Ne})q_{Ne}(R_U+h_{Ne})\right]}{c_p^{Ne}\left(T_{Ne}^{ave}-T_{Ne}^{CV}\right)}$，有误。

25 原文方程为 $T_{Ne}^{ave}=\frac{2\pi\int_{R_U}^{R_U+h_{Ne}}rT_{Ne}(r)dr}{\pi\left[(R_U+h_{Ne})^2-R_U^2\right]}$

$$=\frac{T_{Ne}^{CV}-T_{int}e^{-\xi h_{Ne}}}{1-e^{-\xi h_{Ne}}}+2\frac{T_{int}-T_{CV}^{OD}}{1-e^{-\xi h_{Ne}}}\times\frac{1+\xi R_U-\left[1+\xi(h_{Ne}+R_U)\right]e^{-\xi h_{Ne}}}{\xi^2\left[h_{Ne}(h_{Ne}+2R_U)\right]}$$，有误。

26 原文方程为 $I(r)=\frac{e^{-\int_{R_{cav}}^{r}\kappa_H(T)dr'}}{r}\int_{R_{cav}}^{r}\kappa_H(T)\sigma T^4e^{\int_{r'}^{R_{cav}+h_H}\kappa_H(T)dr''}r'dr'+C\frac{e^{-\int_{R_{cav}}^{r}\kappa_H(T)dr'}}{r}$，有误。

27 原文方程为 $I(R_{CVo})=\frac{Q_{CVo}}{A_{CVo}}=q_{CVo}=\frac{e^{-\int_{R_c}^{R_c}\kappa_H(T)dr'}}{R_{CVo}}\int_{R_c}^{R_c}\kappa_H(T)\sigma T^4e^{\int_{R_c}^{R_c}\kappa_H(T)dr''}r'^2dr'$

$$+C\frac{e^{-\int_{R_c}^{R_c}\kappa_H(T)dr'}}{R_{CVo}}=C\frac{1}{R_{CVo}}\Rightarrow C=q_{CVo}R_{CVo}$$，有误。

28 原文方程为 $I(R_{CVo}+h_H)=q_{mod}=q_{CVo}\frac{R_{CVo}}{R_{CVo}+h_H}e^{-\int_{R_{CVo}}^{R_{CVo}+h_H}\kappa_H(T)dr}+\frac{e^{-\int_{R_{CVo}}^{R_{CVo}+h_H}\kappa_H(T)dr}}{R_{CVo}+h_H}$

$$\times\int_{R_{CVo}}^{R_{CVo}+h_H}\kappa_H(T)\sigma T^4e^{\int_r^{R_{CVo}+h_H}\kappa_H(T)dr'}rdr$$，有误。

29 原文方程为 $q_{\mathrm{mod}} = \dfrac{\mathrm{e}^{-h_{\mathrm{H}}\kappa_{\mathrm{H}}}\left[\left(q_{\mathrm{CVo}}R_{\mathrm{CVo}} + h_{\mathrm{H}}\sigma T_{\mathrm{prop}}^{4}\right)\kappa_{\mathrm{H}} - \left(1 - R_{\mathrm{CVo}}\kappa_{\mathrm{H}}\right)\left(1 - \mathrm{e}^{-h_{\mathrm{H}}\kappa_{\mathrm{H}}}\right)\sigma T_{\mathrm{prop}}^{4}\right]}{\kappa_{\mathrm{H}}\left(h_{\mathrm{H}} + R_{\mathrm{CVo}}\right)}$，有误。

30 原文方程为

$$T_{\mathrm{mod}} = \frac{q_{\mathrm{CVo}}A_{\mathrm{CVo}}T_{\mathrm{H_2}}^{\mathrm{HHX}}\kappa_{\mathrm{H}}\left(h_{\mathrm{H}} + R_{\mathrm{CVo}}\right) - A_{\mathrm{mod}}\left(T_{\mathrm{H_2}}^{\mathrm{HHX}} - T_{\mathrm{prop}}\right)\left[h_{\mathrm{c}}^{\mathrm{prop}}T_{\mathrm{prop}}\kappa_{\mathrm{H}}\left(h_{\mathrm{H}} + R_{\mathrm{CVo}}\right)\right]}{\kappa_{\mathrm{H}}\left(h_{\mathrm{H}} + R_{\mathrm{CVo}}\right)\left[q_{\mathrm{CVo}}A_{\mathrm{CVo}} + h_{\mathrm{c}}^{\mathrm{prop}}A_{\mathrm{mod}}\left(T_{\mathrm{prop}} - T_{\mathrm{H_2}}^{\mathrm{HHX}}\right)\right]}$$

$$+\frac{A_{\mathrm{mod}}\mathrm{e}^{-h_{\mathrm{H}}\kappa_{\mathrm{H}}}\left(T_{\mathrm{H_2}}^{\mathrm{HHX}} - T_{\mathrm{prop}}\right)\left\{\kappa_{\mathrm{H}}q_{\mathrm{CVo}}R_{\mathrm{CVo}} + \sigma T_{\mathrm{prop}}^{4}\left[h_{\mathrm{H}}\kappa_{\mathrm{H}} - \left(1 - \mathrm{e}^{-h_{\mathrm{H}}\kappa_{\mathrm{H}}}\right)\left(1 - \kappa_{\mathrm{H}}R_{\mathrm{CVo}}\right)\right]\right\}}{\kappa_{\mathrm{H}}\left(h_{\mathrm{H}} + R_{\mathrm{CVo}}\right)\left[A_{\mathrm{CVo}}q_{\mathrm{CVo}} + A_{\mathrm{mod}}h_{\mathrm{c}}^{\mathrm{prop}}\left(T_{\mathrm{prop}} - T_{\mathrm{H_2}}^{\mathrm{HHX}}\right)\right]},$$

有误。

设计

问题

要设计一艘采用核热火箭发动机的火星航天器，该发动机采用膨胀循环作为主推进系统。该航天器的结构如下图所示：

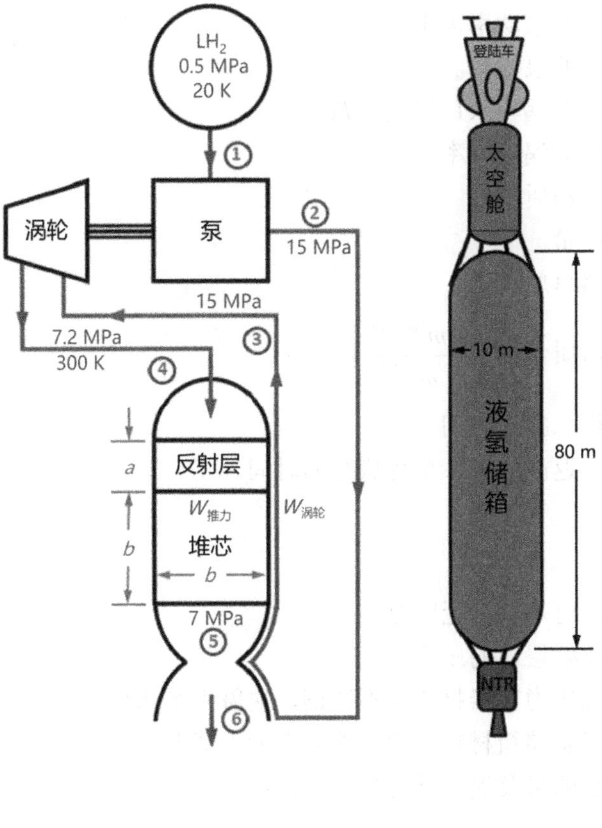

求解

- 临界堆芯尺寸。
- 反射层尺寸。
- 反应堆总功率（$W_{总}=W_{推力}+W_{涡轮}$）。
- 氢气质量流量。
- 堆芯出口温度（T_5）。
- 喷管出口温度及压力（T_6和P_6）。
- 发动机推力水平。
- 发动机比冲。
- NTR 发动机质量，包括堆芯、反射层、反应堆容器以及辅助设备。
- 发动机推重比。
- 涡轮泵转速。
- 涡轮泵叶轮/转子直径。
- 涡轮泵的泵功率需求。
- 涡轮泵的泵效率。
- 涡轮泵的涡轮入口温度（T_3）。
- 涡轮泵的涡轮效率。
- 液氢储箱质量。
- 液氢质量。
- 航天器总质量。
- 航天器质量份额$\left(\dfrac{m_{\text{total}}^{\text{unfueled}}}{m_{\text{total}}^{\text{fueled}}}\right)$。
- 发动机总推进时间。
- 对于往返的任务，单程旅行的时间。

假设

- 反射层可等效为无限厚。
- 忽略反射层内的压降。
- 反应堆压力容器材料为不锈钢，端盖为半球形。
- 推进工质储箱材料为铝，端盖也为半球形。
- 涡轮泵的泵及涡轮具有相同的转速。

- 涡轮泵的涡轮转子直径与涡轮泵的叶轮直径相同。
- 根据表格 4.2 计算火星任务的具体参数。
- NTR 辅助部件（如涡轮泵和喷管等）的质量可由下式确定：

$$m_{anc}\ (\mathrm{kg})=1.5\times W_{total}\ (\mathrm{MW})$$

- 燃料温度和推进工质温度之间的关系可由下式确定：

$$Q(z)=U[T_f(z)-T_p(z)]S$$

其中，$T_f(z)$=燃料轴向温度分布，$T_p(z)$=推进工质轴向温度分布，$Q(z)$=轴向功率密度分布，U=传热系数，S=燃料面积与体积之比。

参数	符号	数值	单位
反射层扩散系数	D_r	0.427	cm
反射层吸收截面	Σ_a^r	0.005	cm^{-1}
堆芯扩散系数	D_c	1.274	cm
堆芯吸收截面	Σ_a^c	0.010	cm^{-1}
堆芯裂变截面	Σ_f^c	0.0083	cm^{-1}
平均裂变中子数	ν	2.5	
参考有效增殖因子	k_{eff}	1.1	
反射层平均密度	ρ_r	5.0	g/cm^3
堆芯平均密度	ρ_c	15.0	g/cm^3
燃料内推进孔道半径	r_i	0.125	cm
燃料栅元等效半径	r_o	0.250	cm
燃料最高温度	T_{max}	3100	K
传热系数	U	6.26	$W/(cm^2\cdot K)$
摩擦系数	f	0.01	
氢气比热容比	γ	1.4	
氢气比热容	c_p	16.4	$(W\cdot s)/(g\cdot K)$
通用气体常数	R_u	8.3143	$(W\cdot s)/(K\cdot mol)$
重力加速度	g	9.8067	m/s
喷管收缩面积比	A_c/A^*	5	

续表

参数	符号	数值	单位
喷管扩张面积比	A_d/A^*	300	
反应堆容器温度	T_v	700	K
推进工质储箱壁温度	T_t	300	K
太空居住舱质量（Hab）	m_{Hab}	35000	kg
火星登陆车质量（MEV）	m_{MEV}	45000	kg
航天器结构质量	m_{VS}	15000	kg
地球驻留轨道高度	H_{Earth}	400	km
火星驻留轨道高度	H_{Mars}	200	km

附录

部分物理常量

参数	符号	数值	单位
玻尔兹曼常数	k	1.3807×10^{-23}	J/K
电子质量	m_e	9.1094×10^{-31}	kg
质子质量	m_p	1.6726×10^{-27}	kg
中子质量	m_n	1.6749×10^{-27}	kg
介子质量	m_{pion}	135~140	MeV/C^2
万有引力常数	G	6.6726×10^{-11}	$m^3/(s^2\cdot kg)$
普朗克常数	h	6.6261×10^{-34}	J·s
真空中的光速	c	2.9979×10^{8}	m/s
普朗克常数×光速	hc	1.24	eV·μm
斯特藩–玻尔兹曼常数	σ	5.6705×10^{-8}	$W/(m^2\cdot K^4)$
1 eV 的温度当量	T_{eV}	11604	K
阿伏伽德罗（Avogadro）常数	N	6.0221×10^{23}	
通用气体常数	R_u	8.3145	J/(K·mole)
原子质量单位（amu）	m_u	1.6605×10^{-27}	kg
1 amu 的能量当量	E_u	1.4916×10^{-10}	J
重力加速度	g	9.8067	m/s^2
标准温度	T_0	273.15	K

续表

参数	符号	数值	单位
标准大气压	P_0	1.0133×10^{5}	Pa
平均裂变能量	E_f	3.2×10^{-11}	J
标准温度和压力下的摩尔体积	V_0	2.2414×10^{-2}	m^3
天文单位（AU）	AU	1.50×10^{11}	m
1 AU 处的太阳能量密度	f	1360	W/m^2

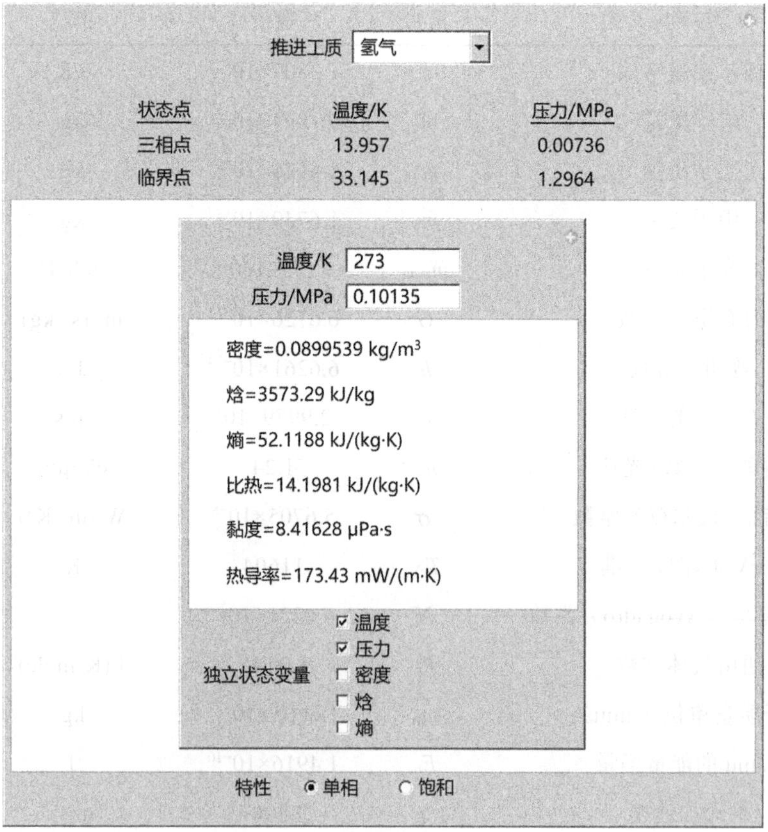

氢气热工物性

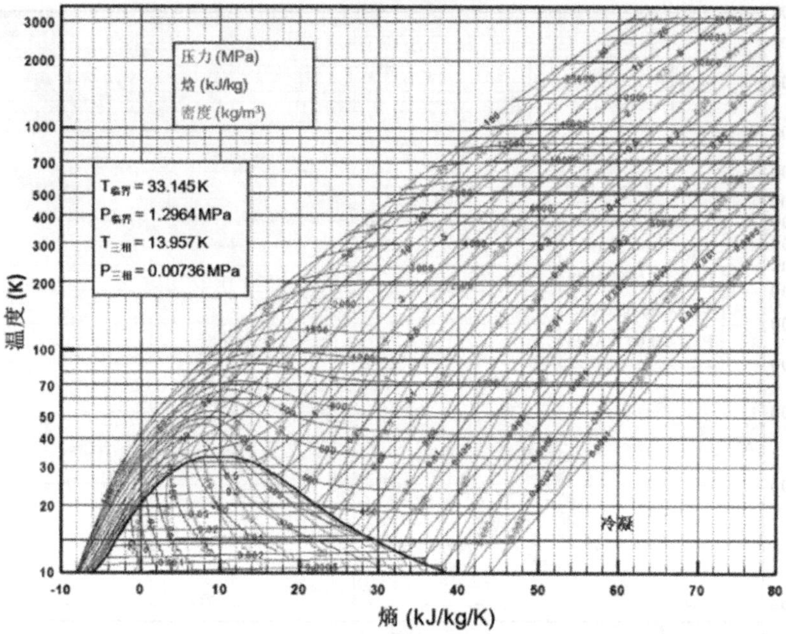

二氧化碳热工物性

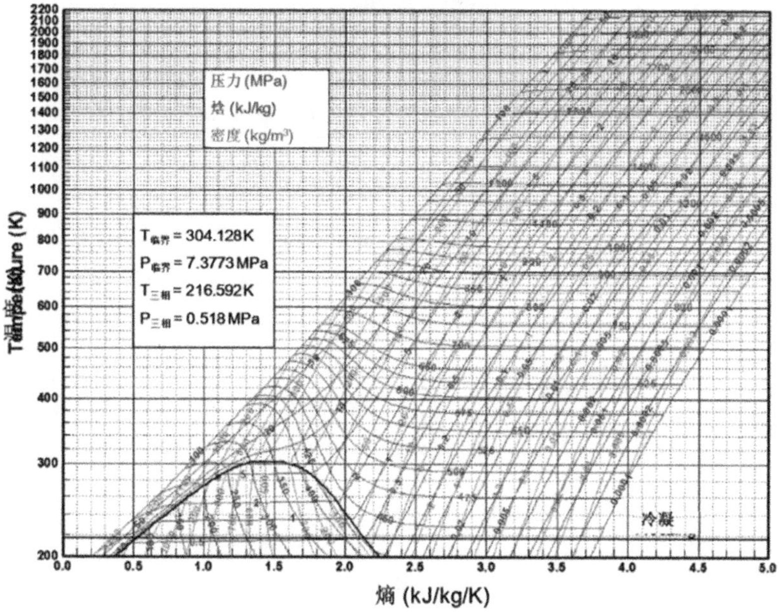

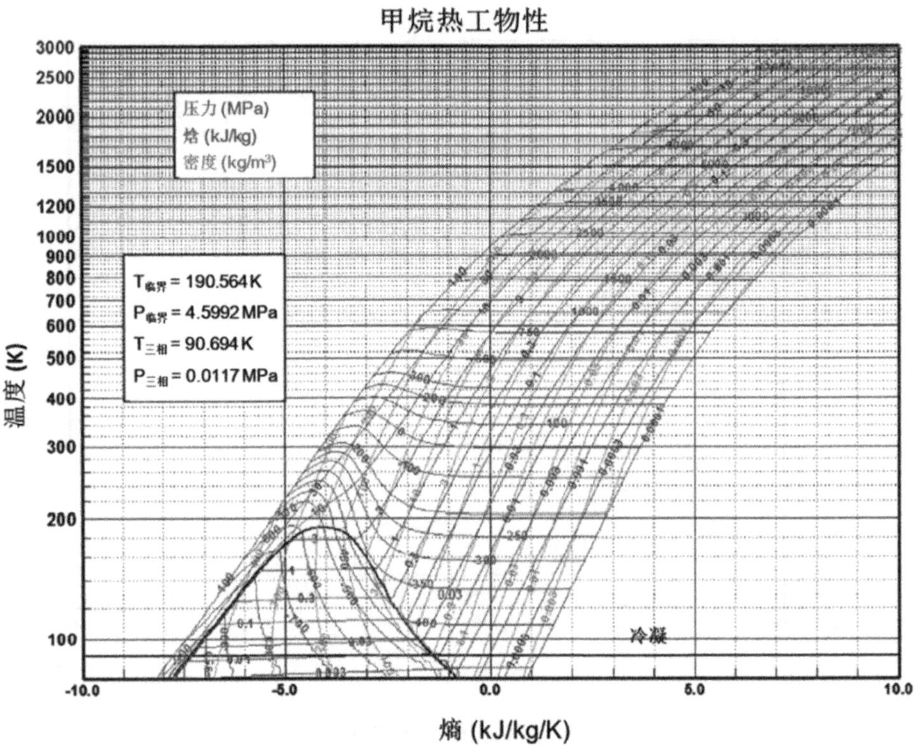
甲烷热工物性
压力(MPa)
焓 (kJ/kg)
密度 (kg/m³)
T临界 = 190.564 K
P临界 = 4.5992 MPa
T三相 = 90.694 K
P三相 = 0.0117 MPa
温度 (K)
熵 (kJ/kg/K)
冷凝

索引

注：页码数字后加“f”表示图，“t”表示表格。

B

C

D

E

F

G

H

J

K

L

M

N

P

Q

R

S

① 原文此处将 ^{149}Sm 误写为 ^{135}Sm。

T

W

X

Y

Z

图书在版编目(CIP)数据

核火箭推进原理 /(美) 小威廉·埃姆里希 (William Emrich, Jr.) 著；安伟健等译. — 杭州：浙江大学出版社，2021.8 (2024.1 重印)

书名原文: Principles of Nuclear Rocket Propulsion

ISBN 978-7-308-20482-8

Ⅰ. ①核… Ⅱ. ①小… ②安… Ⅲ. ①核能—火箭推进—研究 Ⅳ. ①O571.22 ②V43

中国版本图书馆 CIP 数据核字(2020)第 152166 号

核火箭推进原理

[美] 小威廉·埃姆里希(William Emrich, Jr.)　著
安伟健　等　译

责任编辑　林昌东　伍秀芳
责任校对　蔡晓欢
封面设计　续设计
出版发行　浙江大学出版社
(杭州市天目山路 148 号　邮政编码 310007)
(网址：http://www.zjupress.com)
排　　版　浙江大千时代文化传媒有限公司
印　　刷　浙江新华数码印务有限公司
开　　本　710mm×1000mm　1/16
印　　张　25.5
字　　数　444 千
版 印 次　2021 年 8 月第 1 版　2024 年 1 月第 2 次印刷
书　　号　ISBN 978-7-308-20482-8
定　　价　128.00 元

Atlas of ***Principles of Nuclear Rocket Propulsion***, 1st edition
William Emrich, Jr.
ISBN: 978-0-12-804474-2

《核火箭推进原理》（第 1 版）（安伟健等译）
ISBN: 978-7-308-20482-8